高职高专“十三五”规划教材

城镇污水处理系统运营

第二版

李欢　曾桂华　汤杨　主编

陈亮　副主编

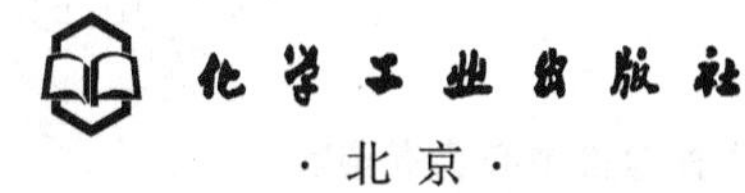

·北京·

本书从污水处理系统涉及的主要方法出发，介绍了物理及化学法、活性污泥法和生物膜法、污泥处理处置通用的运行管理参数控制及管理方法，同时总结了每种方法常见的异常问题并提出解决对策。第二版的《城镇污水处理系统运营》更注重实用性，配合污水处理厂的升级改造，特别增加了污水厂脱氮除磷运行管理章节，也将典型工艺的运行管理单独罗列出来，结合作者在城市污水处理系统运行与过程控制的多年实践经验和科研成果，针对每种工艺的脱氮除磷技术改进也进行了管理控制说明。

本书具有内容新颖、实践性强的特点，可作为高职给水排水、环境工程专业的指导教材，也可作为水污染治理设施运营操作与管理技术人员、科研、设计人员及大专院校相关专业的师生的参考书。

图书在版编目（CIP）数据

城镇污水处理系统运营/李欢，曾桂华，汤杨主编. —2版. —北京：化学工业出版社，2019.8（2024.8重印）

ISBN 978-7-122-34487-8

Ⅰ.①城… Ⅱ.①李…②曾…③汤… Ⅲ.①城市污水处理 Ⅳ.①X703

中国版本图书馆CIP数据核字（2019）第089810号

责任编辑：蔡洪伟 李 瑾　　文字编辑：汲永臻

责任校对：边 涛　　装帧设计：王晓宇

出版发行：化学工业出版社（北京市东城区青年湖南街13号 邮政编码100011）

印 装：北京虎彩文化传播有限公司

787mm×1092mm 1/16 印张16½ 字数409千字 2024年8月北京第2版第6次印刷

购书咨询：010-64518888　　售后服务：010-64518899

网 址：http://www.cip.com.cn

凡购买本书，如有缺损质量问题，本社销售中心负责调换。

定 价：45.00元

前言

本书第一版发行距今已有5年时间，而这5年，公众对良好环境的强烈诉求对环境保护提出了更高要求。2015年4月，国务院印发《水污染防治行动计划》（国发〔2015〕17号），对城镇污水处理厂的升级改造提出了要求，部分地区出台了地方污水排放标准，国家也出台了部分行业标准，《城镇污水处理厂污染物排放标准》（GB 18918—2002）也正在征求意见中，近几年所有这些诉求和政策也在引领着各个城镇污水处理厂积极地进行升级改造。

为配合污水处理厂的升级改造，提高环境污染治理设施运营管理水平，由部分教师、环保运营企业人员和环保科研人员共同编写了《城镇污水处理系统运营》（第二版）。该书根据近年来城镇污水处理工艺的发展和要求，以城镇污水处理的主要工艺为主线，选择了目前应用较广泛的城镇污水处理工艺及一般过程进行介绍，补充了工艺运行中脱氮除磷的运行管理，分析如何进行工艺运行操作及控制，并详细列举了各典型工艺运营过程中存在的异常问题及解决对策。本书借鉴了具有一定代表性的污水处理厂运营经验，具有较强的实践指导意义。

改版后的《城镇污水处理系统运营》在第一版10章的基础上合并为9章，新增一章脱氮除磷技术，一章典型工艺的运行管理，在典型工艺的运行管理中纳入了第一版的MSBR和氧化沟工艺，同时也新增了A^2/O工艺、生物接触氧化、生物转盘工艺的运行管理。全书由李欢担任第一主编，曾桂华担任第二主编，汤杨担任第三主编，陈亮担任副主编。具体分工如下：长沙环境保护职业技术学院李欢编写第4章、第7章、第8章，曾桂华编写第9章，汤杨编写第1章、第2章、第3章、第6.1节；湖南省环境保护科学研究院陈亮编写第5章，陈冬素编写第6.4节、第6.5节；湖南国祯环保科技有限责任公司党朝华编写第6.2节，长沙市开福区污水处理厂义世雄编写第6.3节。

在本书编写过程中，许多企业和环境科学研究院所给予了大力支持，在此一并致以衷心的感谢。由于编者水平有限，实践经验不足，书中难免出现疏漏和不足之处，热诚欢迎读者批评指正。

编者

2019年2月

第一版前言

为贯彻落实《国务院关于大力推进职业教育改革与发展的决定》和国家环境保护部《环境污染治理设施运营资质许可管理办法》(2011 年 12 月 30 日）的精神，提高环境污染治理设施运营管理水平，维护环境污染治理设施运营市场秩序，以及职业教育主动服务经济社会发展的需要，培养生产服务一线的高技能人才尤为重要。因此，职业教育改革要把教学活动与生产实践、社会服务、技术推广及技术开发紧密结合起来，培养从事环境污染治理设施运营的操作与管理型技术人员。

本书是部分教师和环保运营企业人员根据近年来城镇污水处理工艺的发展和要求，以城镇污水处理的主要工艺为主线，选择了目前应用较广泛的城镇污水处理工艺及一般过程进行介绍，补充了近几年农村连片整治实用的村镇污水处理设施运营与维护技术，分析如何进行工艺运行操作及控制，并详细列举各典型工艺运营过程中存在的异常问题及解决对策。本书借鉴了具有一定代表性的污水处理厂运营经验，具有较强的实践指导意义。

全书将城镇污水处理系统运营分为 10 章，由潘琼、曾桂华担任主编，李欢担任副主编。参加编写人员有：长沙环境保护职业技术学院潘琼（第 3 章），汤杨（第 1 章、第 9.1 节），王金菊（第 2 章、第 7 章、第 10 章），李欢（第 6 章、第 8 章），曾桂华（第 5 章）；湖南国祯环保科技有限责任公司党朝华（第 4 章），长沙市开福区污水处理厂义世雄（第 5 章）；湖南清之源环保科技有限公司马涛（第 9.2 节）。

在本书编写过程中，许多企业和环境科学研究院所给予了大力支持，在此一并致以衷心的感谢。由于编者水平有限，实践经验不足，书中难免出现缺点和疏漏，热诚欢迎读者批评指正。

编者

2013 年 4 月

目录

第1章 城镇污水处理系统运营概述 001

1.1 污水的分类及性质 / 001
1.2 城镇污水处理的基本方法与工艺 / 007
1.3 水样的采集和保存 / 009
1.4 污水处理系统的运行维护管理 / 010
1.5 水污染控制的标准体系 / 013

第2章 物理及化学法 016

2.1 沉淀工艺 / 016
2.2 混凝工艺 / 027
2.3 过滤工艺 / 035
2.4 消毒工艺 / 042

第3章 活性污泥法 052

3.1 活性污泥系统的组成 / 052
3.2 活性污泥工艺运行及控制 / 058
3.3 活性污泥运行异常问题与对策 / 070
3.4 活性污泥的培养与驯化 / 077

第4章 生物膜法 079

4.1 生物膜法的净化机理及过程 / 079
4.2 生物膜运行工艺及控制 / 088

4.3 生物膜法运行中异常问题及解决对策 / 090
4.4 生物膜的培养与驯化 / 091

第5章 脱氮除磷技术 093

5.1 城镇生活污水氮磷来源与危害 / 093
5.2 脱氮技术 / 093
5.3 除磷技术 / 096
5.4 脱氮除磷工艺 / 096
5.5 污水厂脱氮除磷的运营管理 / 100
5.6 脱氮除磷运行异常问题与对策 / 103

第6章 典型工艺的运行管理 105

6.1 A^2/O 工艺的运行管理 / 105
6.2 氧化沟工艺的运行管理 / 112
6.3 MSBR 工艺的运行管理 / 126
6.4 生物接触氧化工艺的运行管理 / 136
6.5 生物转盘工艺的运行管理 / 146

第7章 自然生物处理系统运行管理 153

7.1 自然生物处理法概述 / 153
7.2 生物稳定塘处理技术及其运行管理 / 153
7.3 人工湿地污水处理系统及其运行管理 / 159
7.4 污水土地处理系统 / 169

第8章 污泥处理与处置 179

8.1 污泥的性质与一般方法 / 179
8.2 污泥浓缩工序运行管理 / 183

8.3 污泥消化工序运行管理 / 190
8.4 污泥的脱水与干化工序运行管理 / 206
8.5 污泥的资源化利用 / 219

第9章 水处理机械设备运行维护

222

9.1 阀门 / 222
9.2 水泵 / 234
9.3 风机 / 243
9.4 污水污泥处理专用机械设备 / 249

参考文献

256

第1章 城镇污水处理系统运营概述

1.1 污水的分类及性质

1.1.1 污水分类

人们的日常生活和生产活动中需要使用大量的水。水在使用过程中，受到人类活动的影响，其物理性质和化学性质发生了变化，受到了不同程度的污染，故将其称为污水。

污水按其来源分为生活污水、工业废水和降水。

1.1.1.1 生活污水

生活污水是指居民在日常生活中排出的废水。它是从住户、公共设施（饭店、宾馆、影剧院、体育场、机关、学校、商店等）和工厂的厨房、卫生间、浴室及洗衣房等生活设施中排出来的水。

生活污水中通常含有泥沙、油脂、皂液、果核、纸屑和食物屑、病菌、杂物和粪尿等。这些物质按其化学性质来分，可分为无机物和有机物，通常无机物为40%，有机物为60%；按其物理性质来分，可分为不溶性物质、胶体性物质和溶解性物质。

相比工业废水，生活污水的水质一般较稳定，浓度较低，也较容易通过生物化学方法进行处理。

1.1.1.2 工业废水

工业废水是从工业生产过程中排出的水，包括生产废水和生产污水。生产废水是指未受污染或受轻微污染的及水温稍有升高的工业废水。生产污水是指被污染的工业废水，还包括水温过高、排放后造成热污染的工业废水。由于各种工业生产的工艺、原材料、使用设备的用水条件等等的不同，工业废水的性质千差万别。

相比生活污水，工业废水水质水量差异大，通常具有浓度大、毒性大等性质，不易采用一种通用技术或工艺来治理，往往要求其在排出前在厂内处理到一定程度。

1.1.1.3 降水

降水是指地面径流的雨水和融化的冰雪水。降水的特点是来势猛、径流量大，如不能及时排泄，会积水为害。雨水比较清洁，一般不需要处理可直接排入水体，但是降雨初期的雨水却挟带着空气中、地面上和屋面上的各种污染物质，尤其是流经炼油厂、制革厂、化工厂等地区的雨水，可能会含有这些工厂的污染物质，其污染程度不亚于生活污水。因此，流经这些地区的雨水，应经适当处理后才能排入水体。

在排水工程中，排入城镇排水系统的污水称为城镇污水。在分流制排水系统中，用不同管渠分别收集和输送各种废水，在合流制排水系统中，用同一管渠收集和输送各种污水，包括生产废水和截留的雨水。

1.1.2 排水系统体制

如前所述3种污水，是采用一套管渠系统来排除，还是采用两套及以上各自独立的管渠系统来排除，各种不同的排除方式所形成的排水系统，称为排水体制。

排水体制分为分流制和合流制两种类型，在城市情况比较复杂时，也可采用两种体制混合的排水系统。

1.1.2.1 合流制排水系统

合流制排水系统是将生活污水、工业废水和雨水在同一管道内排出的系统。最早的下水道系统就是合流制系统，它收集的各种污水、废水、雨雪水不经处理直接排入邻近的水体中。目前，新建城市或新开发区一般不再建设合流制下水道系统，而老城区的合流制下水道系统也在逐步改建成截流式合流制下水道系统。

截流式合流制下水道系统是在原系统的排水末端（一般为河渠边）横向铺设干管，并设溢流井。平时将城市污水输送至污水处理厂进行处理，降水时，初期雨水与污水一同流入处理厂，当雨水径流量增大时，部分混合后的污水经溢流井，直接排入水体，保证了污水处理厂处理能力不至于过大。带溢流井的截流式合流制排水系统如图1-1所示。

1.1.2.2 分流制排水系统

分流制排水系统是生活污水、工业废水和雨水分别用两套及以上各自独立的管道进行排出的系统。其中排出生活污水和工业废水的系统，称为污水排水系统；专门用来排出雨水的雨水管渠，称为雨水排水系统。分流制排水系统如图1-2所示。

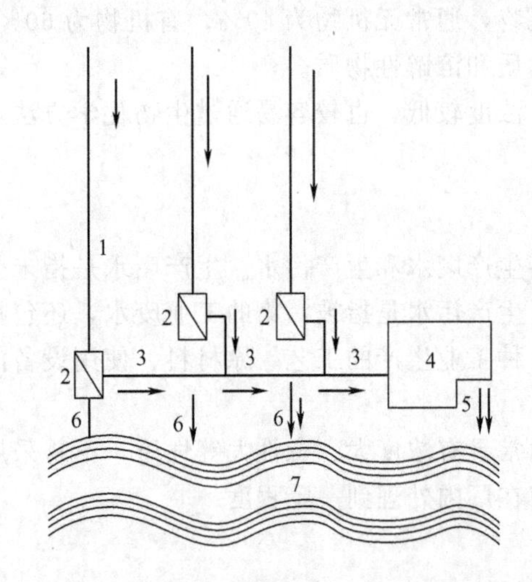

图1-1 带溢流井的截流式合流制排水系统

1—合流干管；2—溢流井；3—截流主干管；4—污水处理厂；5—出水口；6—溢流干管；7—河流

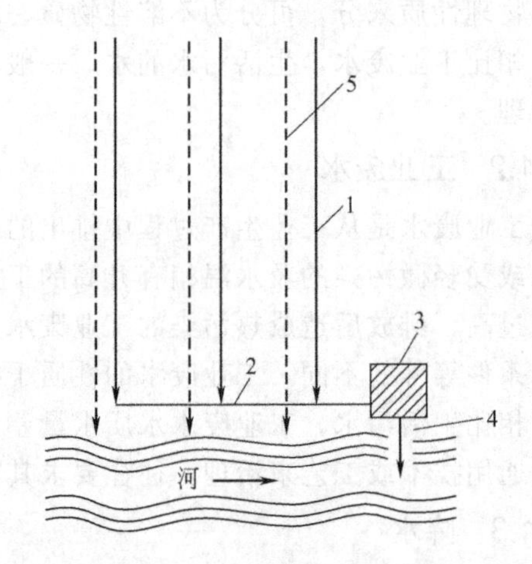

图1-2 分流制排水系统

1—污水干管；2—污水主干管；3—污水处理厂；4—出水口；5—雨水干管

按雨水的排出方式不同，分流制排水系统又分为完全分流制和不完全分流制两种排水系统。完全分流制排水系统，具有污水排水系统和雨水排水系统。不完全分流制排水系统，只有污水排水系统，未建雨水排水系统，雨水沿地面坡度和道路边沟及明沟来排泄，可以在城市进一步发展的同时，再修建雨水排水系统，从而转变为完全分流制排水系统。

1.1.2.3 混合制排水系统

同一城市中，既有合流制排水系统，又有分流制排水系统，称为混合制排水系统。这类排水系统一般是在合流制的城市排水系统的基础上改建或扩建后出现的。在大城市，往往是老城区保留了原有的合流制排水系统，新城区建设为分流制排水系统，因地制宜地采取混合制排水系统是合理的。

从控制和防止水体污染的道理上讲，合流制排水系统将全部城市污水收集输送到污水处理厂集中处理，达标排放，效果应是好的；但实际上由于合流制排水系统干管尺寸相应增大，污水处理厂的规模要求也大，整体建设费用高，往往迟滞了管线与污水处理厂工程建设速度，导致污水不能完全收集，污水处理厂建不起来，污水集中排放，使下游河体严重污染。分流制排水系统仅将生活污水和工业废水收集和输送到污水处理厂内，管线尺寸小，污水处理厂建设规模合理，容易形成完备的处理系统，有利于水污染控制和水环境保护；但初期雨水水质很差，通过雨水管道直接排入水体造成污染。

1.1.2.4 排水系统的基本组成

城镇污水排水系统的主要由室内排水系统及设备、室外污水管渠系统、污水泵站及压力管道、污水处理厂、排出口及事故排出口五部分组成。

(1) 室内排水系统及设备

收集建筑内部用水设备所排出的污（废）水，并将其通过室内排水管道输送至室外污水管中。

室内各种卫生器具（如大便器、污水池、洗脸盆等）和生产车间排水设备起到收集污（废）水的作用，它们是整个排水系统的起端。生活污水及工业废水经过敷设在室内的水封管、支管、立管、干管和出户管等室内污水管道系统流入街区（厂区、街坊或庭院）污水管渠系统。

各建筑物每一出户管与室外街区管道连接点处均设置检查井，供检修之用。

(2) 室外污水管渠系统

室外污水管渠系统包括街坊、庭院或厂区内的污水管渠系统（又称街区污水管渠系统）和街道污水管渠系统两部分。

污水经建筑出户管流入街区管渠系统，然后再流入街道管渠系统。为了便于控制街区管渠系统的工作，在该系统末端设控制井。

街道污水管渠系统敷设在城市街道下面，其作用是排除各街区污水管渠流来的污水。整个系统由支管、干管、主干管及管渠上的附属构筑物（检查井、跌水井、倒虹管等）组成。由支管汇集各街区管渠的污水并输送至干管，然后由干管排入主干管，最终将污水输送至污水处理厂或排放水体。

(3) 污水泵站及压力管道

污水在管道中一般靠重力流排除，因此管道需按一定坡度敷设。当受到地形限制，需要将低处污水提升至高处时，就必须设置污水泵站。设在管道系统中途的泵站，称中途泵站；设在管道系统终点的泵站，称为终点泵站或总泵站。泵站后的污水如果需要压力输送，应设置压力管道。

(4) 污水处理厂

城市污水处理厂一般设在城市的河流下游地段，以利于最终污水的排放，并要求与建筑群有一定的卫生防护距离。

(5) 排出口及事故排出口

污水排入水体的出口称为排出口，是整个城市排水系统终点设施。事故排出口是在污水排水系统中途，易于发生故障部位设置的辅助性出口。例如，在总泵站前面必须设置事故排出口，一旦发生故障，污水可通过事故排出口，直接排入水体。

1.1.3 污水的性质与水质指标

1.1.3.1 物理性质

污水的物理性质的主要指标是水温、色度、臭味、固体含量等。

(1) 水温

水温对污水的物理、化学及生物性质有直接影响，是污水水质的重要物理指标之一。

由于城市下水道系统是铺设在地下的，因此城市污水的水温具有相对稳定的特征，一般在10～20℃，冬季较外部气温高，夏季较外部气温低。城市污水水温的突然变化很可能是工业废水的排放造成的，而水温的明显降低则可能是由于大量雨水的排入造成的。污水水温过低（低于5℃）或过高（高于40℃）都会影响污水生物处理的效果。

(2) 色度

生活污水的正常颜色为灰褐色。但实际上污水的色度主要取决于城市下水管道的排水条件和排入的工业废水的影响。维护不好的管网系统由于污水在下水道中停留时间长，溶解氧降低，可能会发生厌氧反应，则水色会变暗或显黑褐色。工业废水各自有其特殊的颜色，如绿色、蓝色和橙色通常是由电镀工厂排放的废水造成的，而红色、蓝色则多由印染废水造成，白色则是由洗衣废水造成的。

色度由悬浮固体、胶体或溶解性物质形成。悬浮固体形成的色度称为表色，胶体或溶解性物质形成的色度为真色。

(3) 臭味

生活污水的臭味主要由有机物腐败产生的气体造成；工业废水的臭味主要由挥发性化合物造成。

(4) 固体含量

固体物质按存在形态分为悬浮态、胶体态和溶解态三种；按性质的不同分为有机物、无机物与生物体三种。固体含量用总固体量（TS）作为指标。

1.1.3.2 污水的化学性质及指标

(1) 无机化学性质及指标

主要包括pH值、氮、磷、硫酸盐与硫化物、氯化物、非重金属无机有毒物质、重金属离子等。

① pH值。城市污水呈中性，pH值一般为6.5～7.5。当pH值超出6～9的范围时，会对人、畜造成危害，并对污水的物理、化学及生物处理产生不利影响。尤其当pH值低于6时，会对管渠、污水处理构筑物及设备产生腐蚀作用。因此pH值是污水化学性质的重要指标。

pH值降低往往是城市酸雨造成的，这种情况在合流制系统尤其突出。pH值的突然大幅度变化不论是升高还是降低，通常是由于工业废水的大量排入造成的。

② 氮、磷。氮、磷是植物的重要营养物质，也是污水进行生物处理时微生物所必需的营养物质，主要来源于人类排泄物及某些工业废水。氮、磷是导致湖泊、水库、海湾等缓流水体富营养化的主要原因。

a. 氮及其化合物。污水中含氮化合物有四种：有机氮、氨氮、亚硝酸盐氮与硝酸盐氮。四种含氮化合物的总量称为总氮（TN）。

有机氮很不稳定，容易在微生物的作用下分解成其他三种。在无氧的条件下，分解为氨氮；在有氧的条件下，先分解为氨氮，再分解为亚硝酸盐氮与硝酸盐氮。因此把含氮化合物列在无机污染物中加以论述。

凯氏氮（KN）是有机氮与氨氮之和。凯氏氮指标可以用来判断污水在进行生物法处理时，氮营养是否充足。生活污水中凯氏氮含量约 40mg/L（其中有机氮约 15mg/L，氨氮约 25mg/L）。

氨氮在污水中存在形式有游离氨（NH_3）与离子状态氨盐（NH_4^+）两种，故氨氮等于两者之和。污水进行生物处理时，氨氮不仅向微生物提供营养，而且对污水的 pH 起缓冲作用。

b. 磷及其化合物。污水中含磷化合物可分为有机磷和无机磷两类。有机磷的存在形式主要有：葡萄糖-6-磷酸、2-磷酸-甘油酸及磷酸肌酸等；无机磷都以磷酸盐形式存在，包括正磷酸盐（PO_4^{3-}）、偏磷酸盐（PO_3^-）、磷酸氢盐（HPO_4^{2-}）、磷酸二氢盐（$H_2PO_4^-$）等。

生活污水中有机磷含量约为 3mg/L，无机磷含量约为 7mg/L。

③ 硫酸盐与硫化物。污水中的硫酸盐用 SO_4^{2-} 表示。生活污水的硫酸盐主要来源于人类排泄物；工业废水如洗矿、化工、制药、造纸和发酵等工业废水，含有较高浓度的硫酸盐。

污水中的 SO_4^{2-}，在缺氧的条件下，由于硫酸盐还原菌、反硫化菌的作用，被脱硫还原成 H_2S，在排水管道内，H_2S 与管壁附着的水珠接触，生成 H_2SO_4，对管壁有严重的腐蚀作用。

污水中的硫化物主要来源于工业废水（如硫化染料废水、人造纤维废水等）和生活污水。

硫化物在污水中的存在形式有硫化氢（H_2S）、硫氢化物（HS^-）与硫化物（S^{2-}）。当污水 pH 值较低时（如低于 6.5），则以 H_2S 为主（H_2S 约占硫化物总量的 98%）；pH 值较高时（如高于 9），则以 S^{2-} 为主。硫化物属于还原性物质，要消耗污水中的溶解氧，并能与重金属离子反应，生成黑色的金属硫化物沉淀。

④ 氯化物。生活污水中的氯化物主要来自人类排泄物。工业废水（如漂染工业、制革工业等）以及沿海城市采用海水作为冷却水时，都含有很高的氯化物。氯化物含量高时，对管道及设备有腐蚀作用；如灌溉农田，会引起土壤板结；氯化钠浓度过高对生物处理的微生物有抑制作用。

⑤ 非重金属无机有毒物质。非重金属无机有毒物质主要是氰化物与砷化物。

a. 氰化物。污水中的氰化物主要来自电镀、焦化、高炉煤气、制革、塑料、农药以及化纤等工业废水。氰化物是剧毒物质。

氰化物在污水中的存在形式是无机氰（如氢氰酸 HCN、氰酸盐 CN^-）及有机氰化物。

b. 砷化物。污水中的砷化物主要来自化工、有色冶金、焦化、火力发电、造纸及皮革等工业废水。

砷化物在污废水中的存在形式是无机砷化物（如亚砷酸盐 AsO^{2-}、砷酸盐 AsO_4^{3-}）以及有机砷（如三甲基砷）。对人体的毒性排序为有机砷＞亚砷酸盐＞砷酸盐。砷会在人体内积累，属致癌物质。

⑥ 重金属离子。污水中的重金属离子主要有汞、镉、铅、铬、铜、锌、镍等，冶金、电镀、陶瓷、玻璃、氯碱、电池、制革、造纸、塑料及颜料等工业废水，都含有不同的重金属离子。在微量浓度时，有益于微生物、动植物及人类；但当浓度超过一定值后，即会产生毒害作用，特别是汞、镉、铅、铬、砷以及它们的化合物，称为“五毒”。

污水中含有的重金属离子难以净化去除。在处理的过程中，重金属离子浓度的60%左右被转移到污泥中，往往使污泥中的重金属含量超标。

(2) 有机性质及指标

污水的有机污染物指标有生化需氧量、化学需氧量、高锰酸盐指数、总有机碳等。

① 生化需氧量（BOD）。生化需氧量是在指定的温度和指定的时间段内，微生物在分解、氧化水中有机物的过程中所需要的氧的数量，单位一般采用 mg/L。完全的生化需氧量测定需要历时 100d 以上，在实际应用时不可行；根据研究观测，微生物的好氧分解速度开始很快，约至 5 日后其需氧量即达到完全分解需氧量的 70%左右，因此在实际操作中常常用 5 日生化需氧量 BOD_5 来衡量污水中有机污染物的浓度。

生活污水的 BOD_5 一般在 70～250mg/L，工业废水的 BOD_5 则有较大的差别，有的高达数千毫克每升。综合的城市污水 BOD_5 一般在 100～300mg/L。

② 化学需氧量（COD）。以 BOD_5 作为有机物浓度指标，存在以下缺点：测定时间需 5d，时间太长，难以及时反映水质状况；如果污水中难生物降解有机物浓度较高，测定结果误差较大；某些工业废水不含微生物生长所需的营养物质，或者含有抑制微生物生长的有毒有害物质，影响测定结果；BOD_5 测定条件较严格。为了克服上述缺点，可采用化学需氧量指标。

COD 的测定，是指将污水置于酸性条件下，用重铬酸钾（K_2CrO_7）强氧化剂氧化水中的有机物时所消耗的氧量，单位为 mg/L。COD 测定的时间短，一般几小时，不受水质限制。但 COD 测定不像 BOD_5 那样直接反映生化需氧量，另外还有部分还原性无机物（如硫化物）也被氧化，因此也有一些误差，一般在工业废水测定中广泛采用，在城市污水分析时与 BOD_5 同时应用。

城镇污水的 COD 一般大于 BOD_5，两者的差值可反映废水中存在难以被微生物降解的有机物。在城市污水处理分析中，常用 BOD_5/COD 的比值来分析污水的可生化性，称为可生化性指标，比值越大，生化性能越好。$BOD_5/COD \geqslant 0.3$ 的污水，适宜采用生物处理；小于此值的污水应考虑生物技术以外的污水处理技术，或对生化处理工艺进行试验改革，如以传统活性污泥法为基础发展出来的水解酸化-活性污泥法，针对难以生化的城市污水，具有较好的降解效果。

③ 高锰酸盐指数。用高锰酸钾（$KMnO_4$）作氧化剂氧化污水中有机物时所消耗的氧量，称为高锰酸盐指数，单位为 mg/L。按测定溶液的介质不同，分为酸性高锰酸钾法和碱性高锰酸钾法。因为在碱性条件下高锰酸钾的氧化能力比酸性条件下稍弱，此时不能氧化水中的氯离子，故常用于测定含氯离子浓度较高的水样。

国际标准化组织（ISO）建议高锰酸钾法仅限于测定地表水、饮用水和生活污水，不适用于工业废水。

④ 总有机碳（TOC）。总有机碳的分析目前在国内外日趋增多，主要是为解决快速测定和自动控制而发展起来的。总有机碳（TOC）的测定原理是：先将一定数量的水样经过酸化，用压缩空气吹脱其中的无机碳酸盐，排除干扰；然后注入含氧量已知的氧气流中，再通过以铂钢为催化剂的燃烧管，在900℃高温下燃烧，把有机物所含的碳氧化成二氧化碳；用红外气体分析仪记录二氧化碳的数量并折算成含碳量，即为总有机碳值。总有机碳测定仅几分钟，但是由于总有机碳仪属高精尖仪器，价格很贵，目前还不像BOD_5、COD那样是一种普及的指标。

1.1.3.3　污水的生物指标

城镇污水既包括人们生活中排出的洗浴用水、粪便等，也包括公共设施如医院中排出的废水，还包括一些食品工业如屠宰厂排出的工业废水。这些排出的污废水都有可能带来大量的细菌、病毒、致病菌和虫卵。污水的生物指标包括：大肠菌群数、病毒、细菌总数。

① 大肠菌群数。大肠菌群数是每升水样中所含的大肠菌群数目，以个/L计。大肠菌群数用来指示污水被粪便污染的程度。

② 病毒。污水中已被检出的病毒有100多种。病毒的检验方法目前主要是数量测定法与蚀斑测定法两种。

③ 细菌总数。细菌总数是大肠菌群数、病原菌、病毒及其他细菌数的总和，以每毫升水样中细菌的菌落总数表示。细菌总数越多，表示病原菌与病毒存在的可能性越大。因此，用大肠菌群数、病毒及细菌总数3个卫生指标来评价污染的严重程度就比较全面。

1.2　城镇污水处理的基本方法与工艺

1.2.1　城镇污水处理的基本方法

污水处理的基本方法，就是采用各种技术手段，将污废水中所含的污染物质分离去除、回收利用，或将其转化为无害物质，使水质得到净化。

污水处理技术，按原理可分为物理处理法、化学处理法和生物化学处理法三类。

1.2.1.1　物理处理法

利用物理作用分离污水中呈悬浮状态的固体污染物质。方法有：筛滤法、沉淀法、上浮法、气浮法、过滤法和反渗透法等。

1.2.1.2　化学处理法

利用化学反应的作用，分离回收污废水中处于各种形态的污染物质（包括悬浮的、溶解的、胶体的等）。化学处理法又分为两类，一类以化学反应为基础，如中和、混凝、电解、氧化还原等；另一类以传质为基础，如汽提、萃取、吸附、离子交换和电渗析等，后者又称为物理化学法。

1.2.1.3　生物化学处理法

利用微生物代谢作用，使污染水中呈溶解、胶体状态的有机污染物质转化为稳定的无害物质。主要方法可分为两大类：好氧法和厌氧法。前者广泛用于处理城镇污水，包括活性污泥法和生物膜法两种；后者多用于处理高浓度有机污水及污水处理过程中产生的污泥。

上述两类生物处理法属于人工处理工艺，此外，生物法还有利用池塘和土壤处理的自然生物处理法。自然生物处理法主要有稳定塘、土地处理等方法。稳定塘又称“生物塘”，是经过人工适当修整的土地，设围堤和防渗层的污水塘，主要依靠自然生物净化功能使污水得到净化的一种污水生物处理技术。稳定塘又分为好氧塘、厌氧塘、精度处理塘、曝气塘等。土地处理是在人工控制条件下，将污水投配在土地上，通过土壤-植物，使污水得到净化的一种污水处理的自然生物处理技术。土地处理法又分为湿地、慢速渗滤、快速渗滤、地表漫流、污水灌溉等。

城镇污水中污染物质多种多样，往往需要采用几种方法组合，才能处理不同性质的污水与污泥，达到净化的目的与排放标准。

1.2.2 城镇污水处理的基本工艺

城镇污水处理工艺按流程和处理程序划分，可分为一级处理工艺、二级处理工艺、深度处理工艺。此外，污水处理厂还要进行污泥的处理与处置。

1.2.2.1 一级处理工艺

一级处理主要是指去除污水中的漂浮物和悬浮物的净化过程。一级处理工艺通常包括格栅处理、泵房抽升、沉砂处理及初次沉淀池，其中格栅处理、泵房抽升、沉砂处理工艺又称为预处理工艺。

格栅处理的目的是截留大的物质以保护后续水泵管线、设备的正常运行。泵房抽升的目的是提高水头，以保证污水可以靠重力流过后续建在地面上的各处理构筑物。沉砂处理的目的是去除污水中裹携的砂、石与大块颗粒物，以减少它们在后续构筑物中的沉降，防止造成设施淤砂，影响功效，造成磨损堵塞，影响管线设备的正常运行。初次沉淀池的目的是将污水中的悬浮物尽可能沉降去除，一般初次沉淀池可去除50%左右的悬浮物和25%左右的BOD_5。

1.2.2.2 二级处理工艺

二级处理是指污水经一级处理后，用生物方法继续去除没有沉淀的微小粒径的悬浮物、胶体物和溶解性有机物质以及净化氮和磷的过程。只去除有机物的称普通二级处理，去除有机物外，同时去除氮和磷的称二级强化处理。

二级处理主要是由曝气池和二次沉淀池构成，主要目的是通过微生物的新陈代谢将污水中大部分污染物转化成CO_2和H_2O。曝气池内微生物在反应过后与水一起源源不断地流入二次沉淀池，微生物沉在池底，并通过管道和泵回送到曝气池前段与新流入的污水混合，二次沉淀池上面澄清的处理水则源源不断地通过出水堰流出污水处理厂。

1.2.2.3 深度处理工艺

深度处理是为了满足高标准的受纳水体要求或回用于工业等特殊用途而进行的进一步处理，进一步去除二级处理未能去除的污染物。深度处理通常由以下处理单元优化组合而成：混凝沉淀、气浮、吸附、离子交换、膜技术等。

1.2.2.4 污泥的处理与处置

污泥的处理与处置主要包括浓缩、消化、脱水、堆肥或农用填埋。浓缩包括重力浓缩或机械浓缩，后续的消化通常是厌氧中温消化，消化产生的沼气可作为能源燃烧或发电，或用于制作化工产品等。消化后的污泥称为熟污泥，性质稳定，具有肥效，经过脱水、减少体积成饼成形，有利运输；为了进一步改善污泥的卫生学质量，污泥还可以进行人工堆肥或机械堆肥。堆肥后的污泥是一种很好的土壤改良剂。对于重金属含量超标的污泥，经脱水处理后要慎重处置，一般需要将其填埋封闭起来。

城镇污水处理厂典型工艺流程如图 1-3 所示。

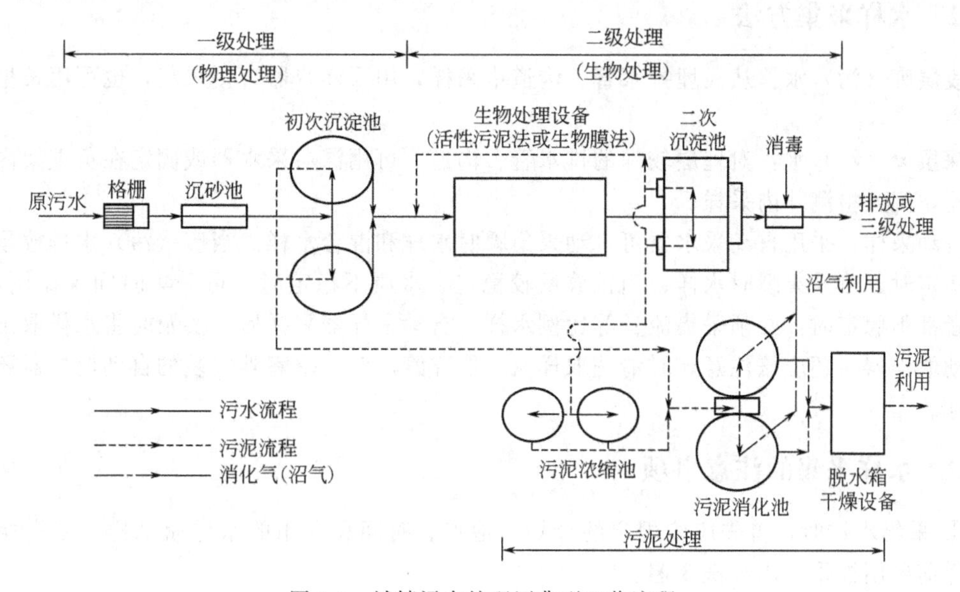

图 1-3 城镇污水处理厂典型工艺流程

1.3 水样的采集和保存

水样采集的目的是用来分析水质状况及污水处理过程中各个工艺环节的运行状况。

水样采集是通过采集很少的一部分来反映被采样体的整体全貌，因此科学认真地采样是采出有代表性样品的关键。

1.3.1 水样类型

1.3.1.1 瞬时水样

瞬时水样是指在某一时间和地点从水体中随机采集的分散水样。当水体水质稳定或其组分在相当长的时间或相当大的空间范围内变化不大时，瞬时水样具有很好的代表性；当水体组分及含量随时间和空间变化时，就应隔时、多点采集瞬时样，分别进行分析，摸清水质的变化规律。

1.3.1.2 混合水样

混合水样是指在同一采样点于不同时间所采集的瞬时水样的混合水样，有时称“时间混合水样”，以与其他混合水样相区别。这种水样在观察平均浓度时非常有用，但不适用于被测组分在贮存过程中发生明显变化的水样。如果水的流量随时间变化，必须采集流量比例混合样，即在不同时间依照流量大小按比例采集的混合样。可使用专用流量比例采样器采集这种水样。

1.3.1.3 综合水样

把不同采样点同时采集的各个瞬时水样混合后所得到的样品称综合水样。这种水样在某些情况下更具有实际意义。例如，当为几条排污河、渠建立综合处理厂时，以综合水样取得的水质参数作为设计的依据更为合理。

1.3.2 水样采集方法

浅层废（污）水：从浅埋排水管、沟道中采样，用采样容器直接采集，也可用长把塑料勺采集。

深层废（污）水：对埋层较深的排水管、沟道，可用深层采水器或固定在负重架内的采样容器，沉入检测井内采样。

自动采样：采用自动采水器可自动采集瞬时水样和混合水样。当废（污）水排放量和水质较稳定时，可采集瞬时水样；当排放量较稳定、水质不稳定时，可采集时间等比例水样；当二者都不稳定时，必须采集流量等比例水样。自动采样器采样后，要及时将水样取出。使用自动取样器时还应该注意定时清洗取样瓶、取样管。对冬季室外安装的自动取样器还要注意防冻。

1.3.3 水样采集的注意事项

① 采集水样时，首先应按规定的计划、地点、时间和专用的水样瓶采样。采样瓶在正式采样前要用被采样水冲洗 3 遍。

② 采管道出水应在放流一定时间后采集，以保证采集的水具有正常情况的代表性。

③ 采样点应设在废水混合均匀、水力紊流处。

④ 应防止采的漂浮物及固体沉积物，采样瓶口需离水面 10cm 左右，在堰口附近应特别小心，因漂浮油脂及沉淀固体会有所增加。

⑤ 避免在采样点充气，充气对测定溶解性气体及挥发物影响很大。

⑥ 采集测定油类水样时，应在水面至水面下 300mm 采集柱状水样，全部用于测定，不能用采集的水样冲洗采样瓶。

⑦ 采集测定溶解氧、生化需氧量和有机污染物的水样时应注满容器，上部不留空间，并采用水封。

⑧ 混合样移入其他容器前，应剧烈振荡。

⑨ 对易变化的水样，采集后应尽快分析或采取恒温、加药固化等措施将水样暂时存放好，并及时进行分析。

1.4 污水处理系统的运行维护管理

污水处理系统运行过程中，运行效果的好坏需要一系列经济技术指标来衡量，同时也需要一整套规范化的制度来进行管理。

1.4.1 技术经济指标

污水处理系统常用的技术经济指标主要包括处理污水量、排放水质、污染物质去除效率、电耗及能耗等，分为技术指标和经济指标。

1.4.1.1 技术指标

(1) 处理污水量

处理污水量是运行管理中的一个指标。在保证一定处理效果的前提下，处理污水量越多，说明运行管理越好。处理污水量一般用巴歇尔咽喉式明渠计量槽测量，并通过提升泵房的运行操作进行调度。

(2) 污染物去除率

包括 BOD_5、COD、SS、TN、NH_3-N 等污染物的去除率。

BOD_5 的总去除量是城市污水处理厂在水污染物总量控制与削减中的一个重要参数；BOD_i 为总进水 BOD_5 浓度（kg/m^3）；BOD_e 为总出水 BOD_5 浓度（kg/m^3）。BOD_5 的去除效率 η_{BOD_5} 可通过式(1-1) 计算：

$$\eta_{BOD_5}=\frac{\eta_{BOD_i}-\eta_{BOD_e}}{\eta_{BOD_i}}\times 100\% \tag{1-1}$$

SS_i 为总进水 SS 浓度（kg/m^3）；SS_e 为总出水 SS 浓度（kg/m^3）。SS 的去除率 η_{SS} 可通过式(1-2) 计算：

$$\eta_{SS}=\frac{\eta_{SS_i}-\eta_{SS_e}}{\eta_{SS_i}}\times 100\% \tag{1-2}$$

(3) 砂、栅渣、浮渣的去除

污水处理中每天都要去除砂、栅渣、浮渣，以保证后续处理单元的正常运行。砂、栅渣和浮渣的去除是随城镇类型、下水管体制、生活方式、使用的设备等的不同差异很大，一般当格栅间隔为 20mm 时，每 $1000m^3$ 污水的栅渣量为 0.2～$0.005m^3$。正常除砂设施每 $1000m^3$ 污水的出砂量为 $0.03m^3$，加有洗砂装备的除砂系统每 $1000m^3$ 污水出砂量为 0.004～$0.18m^3$。通常 1000t 污水的浮渣排放量为 0.1～0.19kg 干浮渣。

(4) 泥饼量

城镇污水处理厂的泥饼量与城镇污水来水情况、消化效果以及脱水工艺、曝气池好氧处理工艺有很大的关联，所以泥饼产量差异极大，难以确定范围。若以传统活性污泥法来计算，每处理 $1000m^3$ 污水可由带式压滤机产生约 $0.7m^3$ 泥饼（含水率 70%～80%）。

(5) 沼气产量及沼气利用指标

初沉淀污泥与剩余污泥的混合污泥通常含有 60%以上的有机物，需要经过厌氧消化方可转换其中 40%的有机物为甲烷等（用作能源），同时污泥在消化过程中得到稳定。在正常消化工艺中，消化每千克的挥发性有机物可产生 0.75～$1.1m^3$ 的沼气。沼气一般由甲烷、二氧化碳与其他微量气体组成。正常运行的消化池所产沼气中一般含甲烷 55%～75%，含二氧化碳 25%～45%，有时含极少量的硫化氢。沼气可用来烧锅炉，良好的沼气锅炉具有 90%以上的热效率，烧出的热水可用来加热生污泥，保持消化池的稳定温度。沼气也可用来发电，发电系统余热还可用来加热生污泥，这种系统电热效率之和可达 85%之多，因此是目前沼气利用中采用较多的一种形式。

(6) 设备完好率和设备使用率

城镇污水处理厂的设备完好率是设备实际完好台数与应当完好台数之比。设备使用率是设备使用台数和设备应当完好台数之比。由于污水处理设施是全天 24h 运转的，为了促进运行维护人员的工作积极性、主动性，也有污水处理厂用完好时数、运转时数作基数进行完好率与使用率计算。管理良好的城市污水处理厂的设备完好率应在95%以上，设备使用率则取决于设计、建设时采购、安装的容余程度和其后管理改造等因素。较高的设备使用率说明设计、建设和管理的合理、经济。

(7) 出水水质达标率

出水水质达标率是出水水质达标天数与全年应该运行天数之比。良好管理运行的污水处理厂出水水质达标天数应达到95%以上。国外有的国家采用日平均、周平均加总量控制出水水质要求，既有灵活性又有原则性，也是一种很好的控制出水水质的方法。

1.4.1.2 经济指标

(1) 电耗或能耗指标

城镇污水处理厂的电耗或能耗指标是全厂每天消耗的总电量与处理污水量之比，也可用全天消耗的总电量与降解 BOD_5 的公斤数之比。城市污水处理厂通常的电耗在0.15～0.3kW·h/m^3 污水或0.65～1.5kW·h/kg BOD_5 之间。

(2) 药材消耗指标

包括污水处理过程中各种药品、水、蒸汽和其他消耗材料的总用量、单位用量。

(3) 维修费用指标

污水处理过程中各种机电设备检查、养护、维修费用。

(4) 产品收益指标

污水处理系统中沼气、污泥或再生水等产品的销售量、销售收入。

(5) 处理成本指标

城镇污水处理系统处理污水污泥所花费的各种费用之和扣去产品销售收益后的费用，即为污水处理成本，除以处理水量，得到单位污水处理成本。

1.4.2 污水处理系统的管理

在城镇污水处理系统的日常管理工作中，为了运行好各种设施设备，管理好各种运营工作，保障设备正常稳定地发挥作用，调动职工的积极性和建立责任感，需要建立和执行岗位责任制等一整套规范化管理制度，并通过奖励与批评，鼓励职工贯彻执行这一制度。

管理制度中首要的是岗位责任制，岗位责任制要有明确的岗位责任、具体的岗位要求。例如：污水运行工在工作中要做到“四懂六勤”，“四懂”即懂污水处理基本知识，懂厂内构筑物的作用和管理办法，懂厂内管道分布和使用方法，懂技术经济指标含义与计算办法、化验指标的含义；“六勤”指勤看、勤听、勤摸、勤嗅、勤捞垃圾、勤动手等。

与岗位责任制相配套的在运行岗位上的其他制度还有设施巡视制、安全操作制、交接班制和设备保养制。在设施巡视制中制定了具体巡视任务、巡视路线、巡视周期及巡视要求；在安全操作制中明确本工种的具体安全活动、安全防护用品、急救措施与方法；在交接班制中明确上下班之间应交与应接的具体内容、交接地点、交班仪式要求，如交班在哪些现场进行，共同巡视、当面交接、签字记录等；在设备保养制中具体规定了对设施设备进行清除、保养的任务、要求与具体做法。

1.5 水污染控制的标准体系

1.5.1 水环境质量标准

为了保护天然水体水质不因污水排放而被污染甚至引起水质恶化，保证水质能达到一定的水环境标准要求，我国制定了一系列水环境质量标准，这些标准是污水排入水体时采用排放标准等级的重要依据。目前我国水环境质量标准主要有《地表水环境质量标准》（GB 3838—2002)、《海水水质标准》（GB 3097—1997)、《地下水质量标准》（GB/T 14848—2017)、《农业灌溉水质标准》(GB 5084—2005)、《渔业水质标准》(GB 11607—89)。

《地表水环境质量标准》(GB 3838—2002）适用于我国江河、湖泊、运河、渠道、水库等地表水域，该标准对水域功能分类、水质要求、标准实施、水质监测等做出了规定。根据地表水水域环境功能和保护目标，按功能高低依次划分为五类：

Ⅰ类主要适用于源头水、国家自然保护区；

Ⅱ类主要适用于集中式生活饮用水地表水源地一级保护区、珍稀水生生物栖息地、鱼虾类产卵场、仔稚幼鱼的索饵场等；

Ⅲ类主要适用于集中式生活饮用水地表水源地二级保护区、鱼虾类越冬场、洄游通道、水产养殖区等渔业水域及游泳区；

Ⅳ类主要适用于一般工业用水区及人体非直接接触的娱乐用水区；

Ⅴ类主要适用于农业用水区及一般景观要求水域。

1.5.2 污水排放标准

污水排放标准根据地域管理权限可分为国家排放标准、地方排放标准和行业标准。

我国现行的国家排放标准有《污水综合排放标准》(GB 8978—1996)、《城镇污水处理厂污染物排放标准》(GB 18918—2002)、《污水排入城镇下水道水质标准》（GB/T 31962—2015）等。

省、直辖市等根据地方社会经济发展水平和管辖地水体污染控制需要，可以依据《中华人民共和国环境保护法》《中华人民共和国水污染防治法》制定地方排水标准。地方污水排放标准可以增加污染物控制指标，但不能减少；可以提高对污染物排放标准的要求，但不能降低要求。

根据部分行业排放污水的特点和治理技术发展水平，国家对部分行业制定了国家行业排放标准，如《制浆造纸工业水污染物排放标准》（GB 3544—2008)、《船舶水污染物排放控制标准》(GB 3552—2018)、《海洋石油勘探开发污染物排放浓度限值》(GB 4914—2008)、《纺织染整工业水污染物排放标准》（GB 4287—2012)、《肉类加工业水污染物排放标准》(GB 13457—1992)、《合成氨工业水污染物排放标准》(GB 13458—2013)、《钢铁工业水污染物排放标准》（GB 13456—2012)、《磷肥工业水污染物排放标准》（GB 15580—2011)、《烧碱、聚氯乙烯工业污染物排放标准》（GB 15581—2016)、《煤炭工业污染物排放标准》(GB 20426—2006）等。

综合性排放标准与行业性排放标准不交叉执行，即有行业性排放标准的执行行业排放标准，没有行业排放标准的执行综合性排放标准。标准执行过程中，地方环境标准优于国家环境标准。

1.5.2.1 《污水综合排放标准》(GB 8978—1996)

按照污水排放去向，该标准规定了69种污染物最高允许排放浓度及部分行业最高允许排水量。

该标准将排放的污染物按其性质及控制方式分为两类。

第一类污染物是指总汞、烷基汞、总镉、总铬、六价铬、总砷、总铅、总镍、苯并[a]芘、总铍、总银、总α放射性和β放射性等毒性大、影响长远的有毒物质。含有此类污染物的废水，不分行业和污水排放方式，也不分受纳水体的功能类别，一律在车间或者车间处理设施排放口采样，其最高允许排放浓度必须达到该标准要求（采矿行业的尾矿坝出水不得视为车间排放口）。

第二类污染物指pH、色度、悬浮物、BOD_5、COD、石油类等。这类污染物的排放标准，按污水排放去向分别执行一、二、三级标准。对排入Ⅲ类水域和二类海域的污水执行一级标准；排入Ⅳ类水域和三类海域的污水执行二级标准；对排入设置二级污水处理厂的城镇排水系统的污水，执行三级标准；对排入未设二级污水处理厂的城镇排水系统污水，按其受纳水域的功能要求，分别执行一级排放标准和二级排放标准。

1.5.2.2 《城镇污水处理厂污染物排放标准》(GB 18918—2002)

城镇污水处理厂既是城市防治水环境污染的重要环境基础设施，又是水污染物重要的排放源。

《城镇污水处理厂污染物排放标准》根据污染物的来源与性质，将污染物控制项目分为基本控制项目和选择控制项目两类。基本控制项目主要包括影响水环境的和城镇污水处理厂一般处理工艺可以去除的常规污染物及部分一类污染物，共19项；选择控制项目包括对环境有较长期影响或毒性较大的污染物，共43项。基本控制项目必须执行，选择控制项目由地方环境保护行政主管部门根据污水处理厂接纳的工业污染物种类和水环境质量要求选择控制。

根据城镇污水处理厂排放的地表水域环境功能和保护目标及污水处理厂的处理工艺，将基本控制项目的常规污染物标准值分为一级标准、二级标准、三级标准。一级标准分为A标准和B标准，部分一类污染物和选择控制项目不分级。

1.5.2.3 《污水排入城镇下水道水质标准》(GB /T 31962—2015)

为了保护城市下水道设施不受破坏，保障城市污水处理厂的正常运行及养护管理人员的人身安全，保护环境，防止污染，充分发挥设施的社会效益、经济效益、环境效益，制定了该标准。标准规定了污水排入城镇下水道的水质、取样与监测要求。

(1) 一般规定

严禁向城镇下水道倾倒垃圾、粪便、积雪、工业废渣、餐厨废物、施工泥浆等易造成下水道堵塞的物质；

严禁向城镇下水道排入易凝聚、沉积等易导致下水道淤积的污水或物质；

严禁向城镇下水道排入具有腐蚀性的污水或物质；

严禁向城镇下水道排入有毒、有害、易燃、易爆、恶臭等可能危害城镇排水与污水处理设施安全和公共安全的物质；

本标准未列入的控制项目，包括病原体、放射性污染物等，根据污染物的行业来源，其限值应按国家现行的有关标准执行；

水质不符合本标准规定的污水，应进行预处理，不得用稀释法降低浓度后排入城镇下水道。

(2) 水质标准

根据城镇下水道末端污水处理厂的处理程度，将控制项目限值分为A、B、C三个等级。

采用再生处理时，排入城镇下水道的污水水质应符合A级的规定；

采用二级处理时，排入城镇下水道的污水水质应符合B级的规定；

采用三级处理时，排入城镇下水道的污水水质应符合C级的规定。

第2章 物理及化学法

物理及化学处理（即物化处理）系指采用物理、化学原理处理污水的一些工艺。这些工艺一般用于城镇污水的一级处理或深度处理。当然，物化处理也可用于二级处理，但处理成本很高，一般很少采用。本章介绍的物化处理工艺主要用于对二级出水的深度处理，以满足各种不同的回用需要。

城镇污水处理厂常用的物理、化学处理工艺有沉淀、混凝、过滤、吸附、消毒等工艺。将这些工艺的一种或几种进行合理的组合，能对二级出水进行有效的深度处理，使之满足绝大部分的回用要求。

2.1 沉淀工艺

2.1.1 沉淀原理

沉淀是利用水中某些悬浮物质（主要是可沉固体）的密度大于水的特性，将其从水中去除的分离过程。

沉淀法的去除对象主要是悬浮液中粒径在 10μm 以上的可沉固体。沉淀是水处理的重要工艺，与其他处理单元配合使用，在各种水处理系统中的作用大致有如下几个方面：

① 作为化学处理与生物处理的预处理；

② 化学处理或生物处理后，用于分离化学沉淀物、活性污泥或生物膜；

③ 污泥的浓缩脱水；

④ 灌溉农田前做灌前处理。

沉淀作用在沉砂池中可以去除水中相对密度较大、易沉淀分离的无机颗粒物质；在初沉池中去除部分悬浮态有机物，减轻后续生物处理负担；在二沉池中可以去除生物处理出水中的活性污泥；在浓缩池中分离污泥中的水分，使污泥得到浓缩；在深度处理领域对二沉池出水加絮凝剂，混凝反应后可以去除水中的悬浮物。这是一种物理过程，简单易行，分离效果好，是水处理的重要工艺之一，几乎在每一种水处理过程中都不可缺少。

2.1.2 沉砂池

沉砂池的目的是在城市污水处理中去除砂粒等粒径较大的重质颗粒物，例如砂、煤渣、果核等。它一般设在泵站或初沉池之前。

2.1.2.1 砂的危害

砂是指城市污水中相对密度较大、易沉淀分离的一些颗粒物质，主要包括无机性的砂粒、砾石和有机性的颗粒，如骨条、种子等，其表面还可能附着有机黏性物质。污水中的砂，如果不加以去除，进入后续处理单元，在渠管内或构筑物内沉积，将影响后续处理单元的运行，也会使输送泵以及污泥脱水设备过度磨损，引起如下危害：

① 砂粒会加速污泥刮板的磨损，缩短使用寿命；

② 管道中砂粒的沉积易导致管道的堵塞，进入泵后会加剧叶轮磨损；

③ 对于氧化沟等进水负荷较低的工艺，大量砂粒将直接进入生化池沉积（形成“死区”），导致生化池有效容积减少，同时还会对曝气装置产生不利影响；

④ 污泥中含砂量的增加会大大影响污泥脱水设备的运行，砂粒进入带式脱水机会加剧滤布的磨损，缩短更换周期，同时会影响絮凝效果，降低污泥成饼率。

由此可知，沉砂池在整个污水处理工艺中具有十分重要的预处理作用。

2.1.2.2 沉砂池的基本设计要求

对砂粒（密度 $2.65g/cm^3$）的去除粒径为 0.2mm，并要求外运沉砂中尽量少含附着与夹带的有机物，以免在沉砂池废渣的处置过程中产生过度腐败问题。

沉砂池设置与设计计算的一般规定：

① 对于合流制处理系统，应按降雨时设计的最大流量计算；

② 当污水用泵抽送入池内时，应按工作水泵的最大组合流量计算；

③ 沉砂池座数或分格数不应少于 2 个，按并联设计，当污水量较少时，可考虑 1 个工作，1 个备用；

④ 城市污水的沉砂量可按照 $0.03L/m^3$ 污水计算，砂的含水率为 60%，堆积密度 $1500kg/m^3$；

⑤ 砂外运前可用洗砂机处理，洗去砂上黏附的有机物。

2.1.2.3 沉砂池的常见类型

常用的沉砂池有平流沉砂池、曝气沉砂池和旋流式沉砂池等。

(1) 平流沉砂池

平流沉砂池结构简单，是早期采用的沉砂池形式，如图 2-1 所示。池型采用渠道式，平面为长方形，横断面多为矩形，两端设有闸板，以控制水流，池底设 1～2 个贮砂斗，定期排砂。可利用重力排砂，也可用射流泵或螺旋泵排砂。

平流沉砂池的主要设计要求：

① 池内最大流速为 0.3m/s，最小流速为 0.15m/s；

② 水在池内停留时间一般为 30～60s；

③ 有效水深不应大于 1.2m，每格宽度不小于 0.6m；

④ 砂斗间歇排砂，砂斗容积一般按 2d 内沉砂量考虑。

平流式沉砂池的沉砂效果不稳定，往往不适应城市污水水量波动较大的特性。水量大时，流速过快，许多砂粒未来得及沉下；水量小时，流速过慢，有机悬浮物也沉下来，沉砂易腐败。平流式沉砂池目前只在个别小厂或老厂中使用。

(2) 曝气沉砂池

曝气沉砂池采用矩形长池，池底设有沉砂斗或集砂槽，在沿池长一侧，距池底 60～80cm 的高度处设置曝气管，通过曝气在池的过水断面上产生旋流，污水呈螺旋状通过沉砂池。重颗粒沉到底部，通过旋流和重力作用下流至集砂槽，定期用排砂机械排出池外；通过

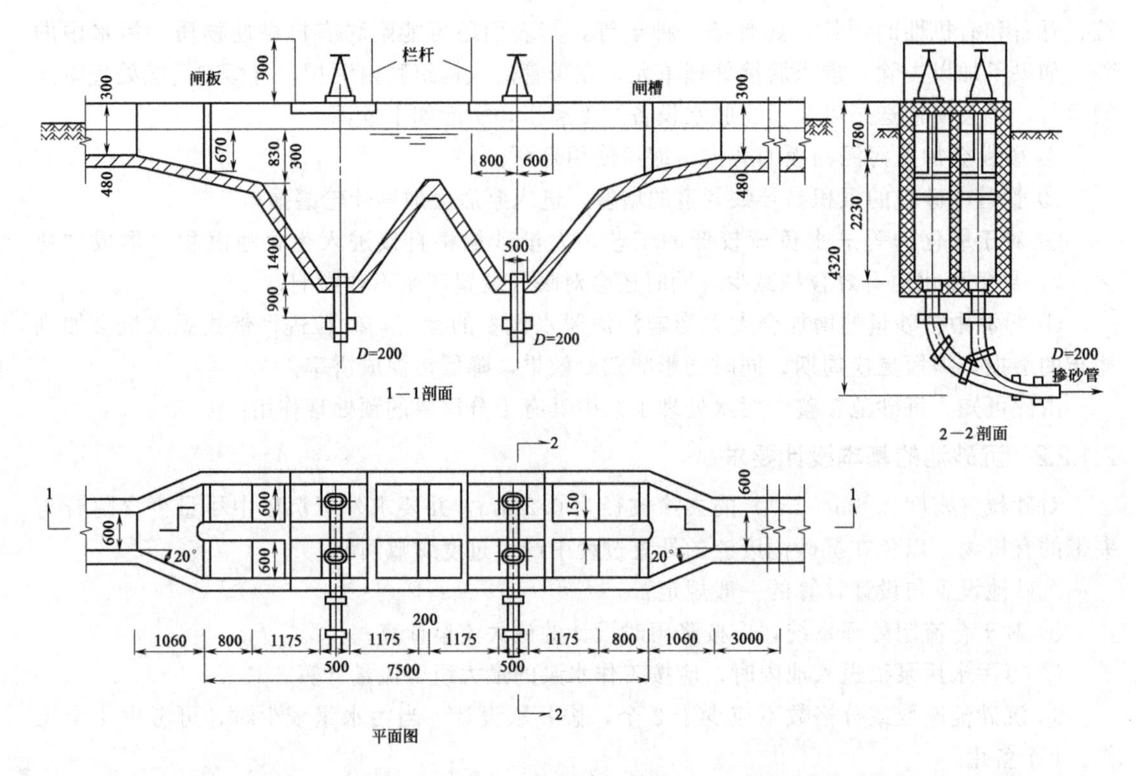

图 2-1　平流沉砂池

水流剪切和颗粒间摩擦使得无机砂粒和有机颗粒分离，较轻的有机颗粒则随旋流流出沉砂池，如图 2-2 所示。

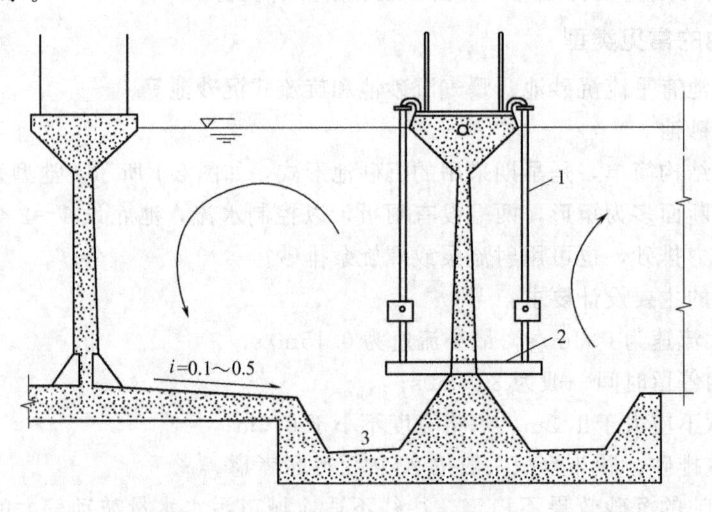

图 2-2　曝气沉砂池剖面图

1—压缩空气管；2—空气扩散板；3—集砂槽

主要设计要求：

① 水平流速一般取 0.06～0.12m/s。

② 污水在池内的停留时间为 3～5min，最大流量时水力停留时间应大于 2min；如作为预曝气，停留时间为 10～30min。

③ 池的有效水深为2～3m，池宽与池深比宜为1～1.5，长宽比在5左右，当池长宽比大于5时，应按此比例进行分格。

④ 采用中孔或大孔的穿孔管曝气，曝气量约为$0.2m^3/m^3$污水，或$3～5m^3$空气/(m^2·h)，或$16～28m^3$空气/（m·h），使水的旋流速度保持在0.25～0.30m/s以上；穿孔管孔径为2.5～6.0mm，距池底为0.6～0.9m，并应有调节阀门。

⑤ 进水方向应与池中旋流方向一致，出水方向应与出水方向垂直，并宜设置挡板。

曝气沉砂池的特点：

① 沉砂池中有机物含量低，不易腐败；

② 有预曝气作用，可脱臭，改善水质，有利于后续处理；

③ 可在水力负荷变动较大的情况下保持稳定的砂粒去除效果；

④ 对污水厂曝气产生了严重的臭气空气污染问题；

⑤ 需要额外的空气消耗。

曝气沉砂池在我国20世纪80年代和90年代初期设计的城市污水处理厂中被广泛采用。由于污水处理厂对空气的污染问题日益得到重视，从90年代中期开始，城市污水处理厂设计中沉砂池的池型多已经改用旋流式沉砂池。

(3) 旋流式沉砂池

旋流式沉砂池采用圆形浅池，池壁上开有较大的进出水口，进水渠道在圆池的切向位置，出水渠道对应圆池中心，池底为平底或向中心倾斜的斜底（“钟式”沉砂池），底部中心的下部是一个较大的砂斗，沉砂池的中心设有搅拌和排砂设备，如图2-3所示。

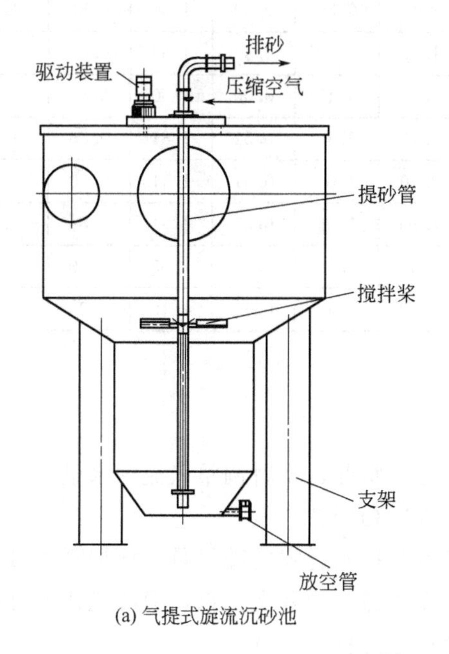

(a) 气提式旋流沉砂池

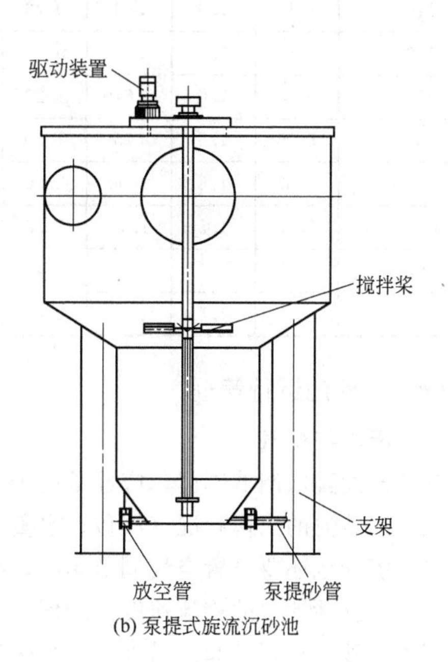

(b) 泵提式旋流沉砂池

图2-3 旋流式沉砂池

污水由切线方向流入池中，在池中形成旋流，池中心的机械搅拌叶片进一步促进了水的旋流。在水的旋流和机械搅拌叶片的作用下，污水中密度较大的砂粒被甩向池壁，落入砂斗，经排砂泵或空气提升器排出池外。调整转速，以达到最佳沉砂效果。

旋流沉砂池的气味小，沉砂中夹带的有机物含量低，可在一定范围内适应水量的变化，有多种规格的定性设计可以选用，见图 2-4 及表 2-1。

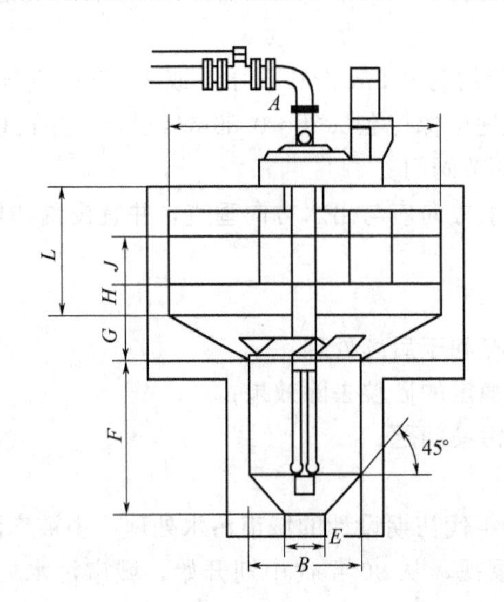

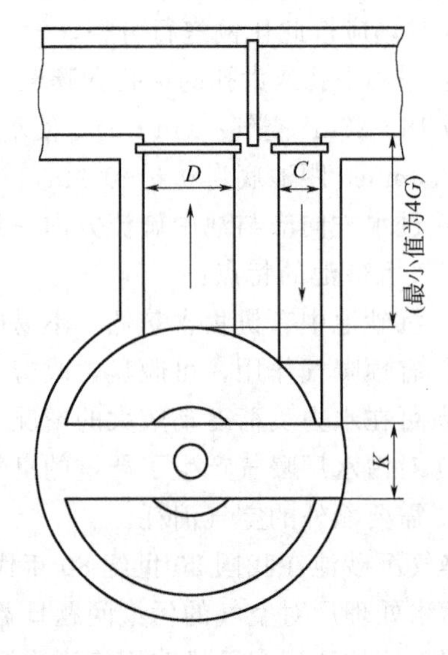

图 2-4 旋流式沉砂池各部分尺寸

表 2-1 旋流式沉砂池各部分尺寸 单位：m

流量/(L/s)	A	B	C	D	E	F	G	H	L	J	K
50	1.83	1.0	0.305	0.61	0.30	1.40	0.30	0.30	1.60	0.80	1.10
110	2.13	1.0	0.308	0.76	0.30	1.40	0.30	0.30	1.60	0.80	1.10
180	2.43	1.0	0.405	0.90	0.30	1.55	0.40	0.30	1.60	0.80	1.15
310	3.05	1.0	0.610	1.20	0.30	1.55	0.45	0.30	1.60	0.80	1.35
530	3.06	1.5	0.750	1.50	0.40	1.70	0.60	0.51	1.81	0.80	1.45
880	4.87	1.5	1.00	2.00	0.40	2.20	1.00	0.51	1.81	0.80	1.85
1320	5.48	1.5	1.10	2.20	0.40	2.20	1.00	0.61	1.91	0.80	1.85
1750	5.8	1.5	1.20	2.40	0.40	2.50	1.30	0.75	2.05	0.80	1.95
2200	6.1	1.5	1.20	2.40	0.40	2.50	1.30	0.89	2.19	0.80	1.95

2.1.2.4 沉砂池运行管理

(1) 配水与配气

沉砂池设置水调节阀门，应经常巡查沉砂池的运行状况，及时调整入流污水量，使每一格（池）沉砂池的工作状况（液位、水量、排砂次数）相同。

曝气沉砂池还要设置空气调节阀门，曝气沉砂池应控制适宜的曝气量。增加曝气量可以提高砂粒在沉砂池中的旋流速度，能促进砂粒间相互摩擦并脱除有机物，但旋流速度过高会导致沉下的砂粒重新泛起。另外，提高曝气量将导致运行费用上升。

(2) 排砂与洗砂

沉砂池最重要的操作是及时排砂。沉砂池沉积下来的沉砂要及时清除，沉砂中的有机物较多时需要进行有效的清洗，并进行砂水分离。清洗分离出来的沉砂有机成分较低，且基本变成固态，可直接装车外运。

砂渣应定期取样化验，主要项目有含水率及灰分。刚排出的砂渣含水率很高，一般在沉砂池下面或旁边设置集砂池或砂水分离设备，降低含水率至60%～70%。砂渣置于空地，定期外运。

排砂机械应经常运转，以免积砂过多引起超负荷，排砂机械的运转间隔时间应根据砂量及机械能力而定。排砂间隙过长，会堵塞排砂管、砂泵，卡堵刮砂机械。排砂间隙过短会使排砂量增大，含水率增高，使后续处理难度增大。

平流沉砂池重力排砂时，应关闭进出水闸门，对多个排砂管应逐个打开排砂闸门，直到沉砂池内贮砂全部排除干净，必要时可稍微开启进水闸门使用废水冲洗池底残砂。沉砂量取决于进水水质，操作人员应在实践中认真摸索并总结本厂砂量的变化规律，应避免数天或数周不排砂而导致沉砂结团、发黑发臭并堵塞排砂口的情况发生。若排砂管堵塞，可用气泵反冲洗，疏通排砂管。

平流式沉砂池操作环境差。由于平流式沉砂池截留大量易腐败的有机物质，恶臭污染严重，特别是夏季，恶臭强度很高，操作人员一定要注意，不要在池上工作或停留时间太长，以防中毒。堆砂处应用次氯酸钠溶液或双氧水定期清洗。

(3) 做好测量与运行记录

每日测量或记录的项目：除砂量、曝气量；

定期测量的项目：湿砂中的含砂量、有机成分含量；

可测量的项目：干砂、中砂粒级配，一般应按0.1mm、0.15mm、0.2mm和0.3mm四级进行筛分测试。

(4) 清除浮渣

沉砂池上的浮渣应定期以机械或人工方式清除，否则会产生臭味影响环境卫生，或因浮渣缠绕造成设备或管道堵塞；应经常巡视浮渣刮渣出渣设施的运行状况、池面浮渣的多少。

(5) 保养

每周都要对进、出水闸门及排渣闸门进行加油、清洁保养，每年定期油漆保养。

(6) 旋流沉砂池的运行管理

旋流沉砂池的主要控制参数是：进水渠道内的流速以控制在0.6～0.9m/s为宜，水力表面负荷一般为$200m^3/(m^2 \cdot h)$，停留时间为20～30s。排砂泵每天开起3～4次，每次排砂5～10min。

合理调节叶轮的转数，可以有效去除在低负荷时难去除的细砂。若污水厂的上游管网采用合流制管网，应根据季节变化、污水含砂量的不同，调整运行参数，使集砂斗中的沉砂不埋没提砂泵或气提管，否则容易堵塞沉砂池。如果此情况发生，应立即停运检修。

2.1.3 沉淀池

沉淀池的作用主要是去除悬浮于污水中可以沉淀的固体悬浮物，在不同的工艺中，所分离的固体悬浮物亦不同。本节所涉及的沉淀池主要为污水处理工艺中的初沉池及二沉池。

2.1.3.1 沉淀池的作用

按照沉淀池在工艺中的位置又可分为初次沉淀池和二次沉淀池。

初次沉淀池是城市污水一级处理的主体构筑物，用于去除污水中的可沉悬浮物。初沉池对可沉悬浮物的去除率在90%以上，并能将约10%的胶体物质由于黏附作用而去除，总的SS去除率为50%～60%，同时能够去除20%～30%的有机物。

二沉池位于生物处理装置后，作用是将活性污泥与处理水分离，并将沉泥加以浓缩，是生物处理的重要组成部分。经生物处理再加上二沉池沉淀后，一般可去除70%～90%的SS和65%～95%的BOD_5。

2.1.3.2 沉淀池的分类

沉淀池按水流方向可分为：平流式沉淀池、辐流式沉淀池和竖流式沉淀池，见图2-5。此外，在沉淀区增加斜板或斜管，即成为斜流式沉淀池。

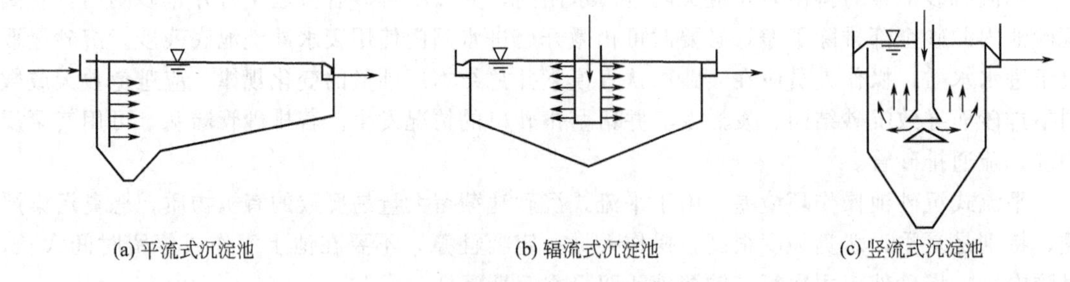

图2-5 沉淀池按水流方向分类类型

(1) 平流式沉淀池

平流式沉淀池平面呈矩形，一般由进水区、出水区、沉淀区、缓冲区、污泥区及排泥装置等构成。废水从池子的一端流入，按水平方向在池内流动，从另一端溢出，在进口处的底部设贮泥斗。

为使入流污水均匀、稳定地进入沉淀池，进水区应有流入装置。流入装置由设有侧向或槽底潜孔的配水槽挡流板组成，起均匀布水作用。挡流板入水深不小于0.25m，水面以上部分为0.15～0.2m，距流入槽0.5m。常见的几种流入装置见图2-6。

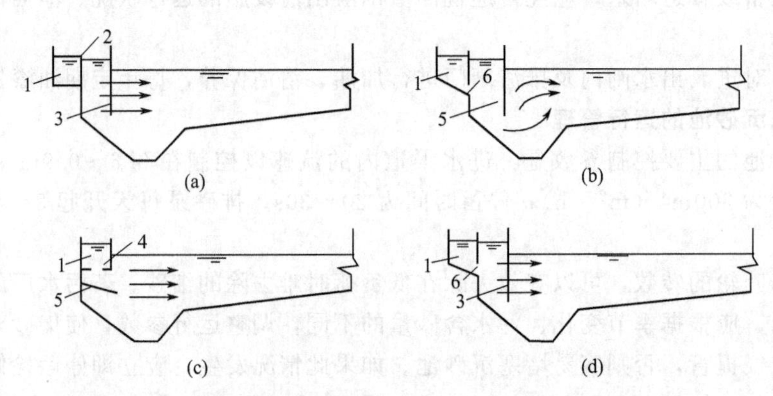

图2-6 平流式沉淀池流入装置

1—进水槽；2—溢流堰；3—穿孔整流墙；4—底孔；5—挡流板；6—潜孔

流出装置多采用自由堰形式，堰前设挡板，阻拦浮渣随水流走，或设浮渣收集和排出装置。溢流堰严格水平，既可保证水流均匀，又可控制沉淀池水位。锯齿形三角堰应用最普遍，如图2-7所示，易于保证出水均匀，且可通过调节堰板高度来调节水位高度，一般水面位于齿高的1/2处。

排泥方式有机械排泥和多斗排泥两种，机械排泥多采用链带式刮泥机和桥式刮泥机。

图2-8所示是使用比较广泛的一种平流式沉淀池结构，流入装置是横向潜孔，潜孔均匀地分布在整个宽度上；在潜孔前设挡板，其作用是消能，使废水均匀分布。挡板高出水面0.15～0.2m，伸入水下的深度不小于0.2m。

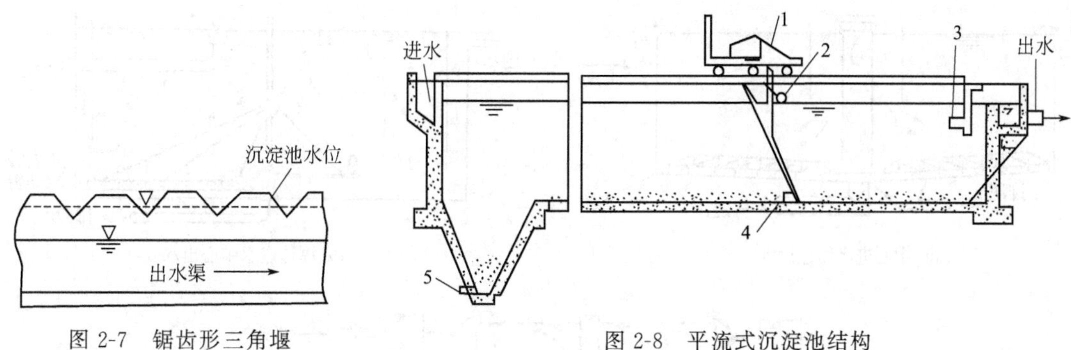

图 2-7 锯齿形三角堰

图 2-8 平流式沉淀池结构

1—驱动装置；2—刮渣板；3—浮渣槽；4—刮泥板；5—排泥管

(2) 竖流式沉淀池

竖流式沉淀池的表面多呈圆形，也有采用方形和多角形的。直径或边长一般在 8m 以下，多介于 4～7m。沉淀池上部呈圆柱状的部分为沉淀区，下部呈截头圆锥状的部分为污泥区，在二区之间留有缓冲层 0.3m。竖流式沉淀池结构如图 2-9 所示。

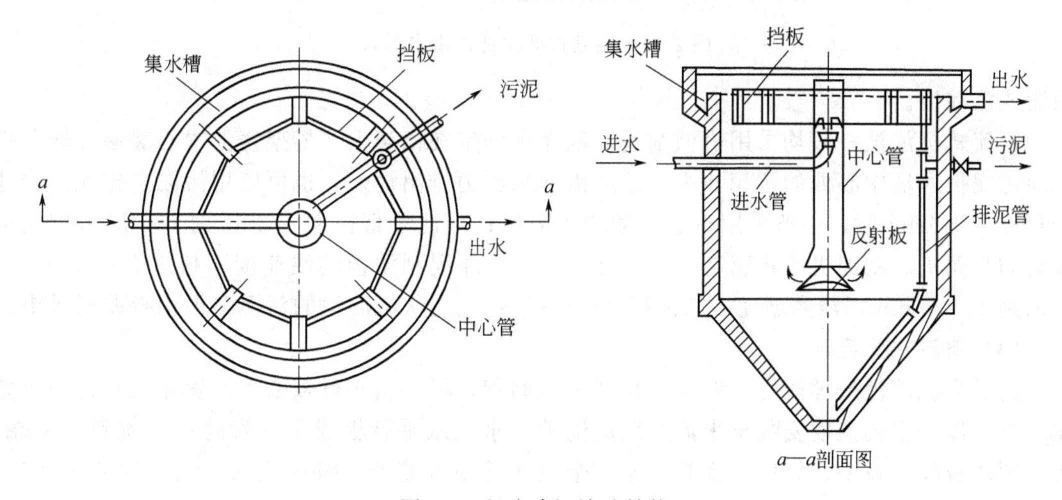

图 2-9 竖流式沉淀池结构

水由中心管的下口流入池中，通过反射板的拦阻向四周分布于整个水平断面上，缓缓向上流动。沉速超过上升流速的颗粒则向下沉降到污泥斗中，澄清后的水由池四周的堰口溢出池外。污泥斗倾斜角度 45°～60°，排泥管直径 200mm，排泥静水压为 1.5～2m，可不必装设排泥机械。

(3) 辐流式沉淀池

辐流式沉淀池是直径较大、水深相对较浅的圆形池子，直径一般在 20～30m，最大可达 100m，池周深度为 1.5～3.0m，池中心深 2.5～5m，适用于大中型污水处理厂，可分为中心进水周边出水、周边进水周边出水和周边进水中心出水三种类型，如图 2-10 所示。其中中心进水周边出水应用最为广泛。

辐流式沉淀池由进水区、沉淀区、缓冲区、污泥区、出水区五区以及排泥装置组成。进水区设穿孔整流板，穿孔率为 10%～20%。出水区设出水堰，堰前设挡板，拦截浮渣。

中心进水的辐流式沉淀池，进口流速很大，呈紊流状，影响沉淀效果，尤其当进水悬浮物浓度较高时更为明显。为克服这一缺点，可采用周边进水中心出水或周边进水周边出水的

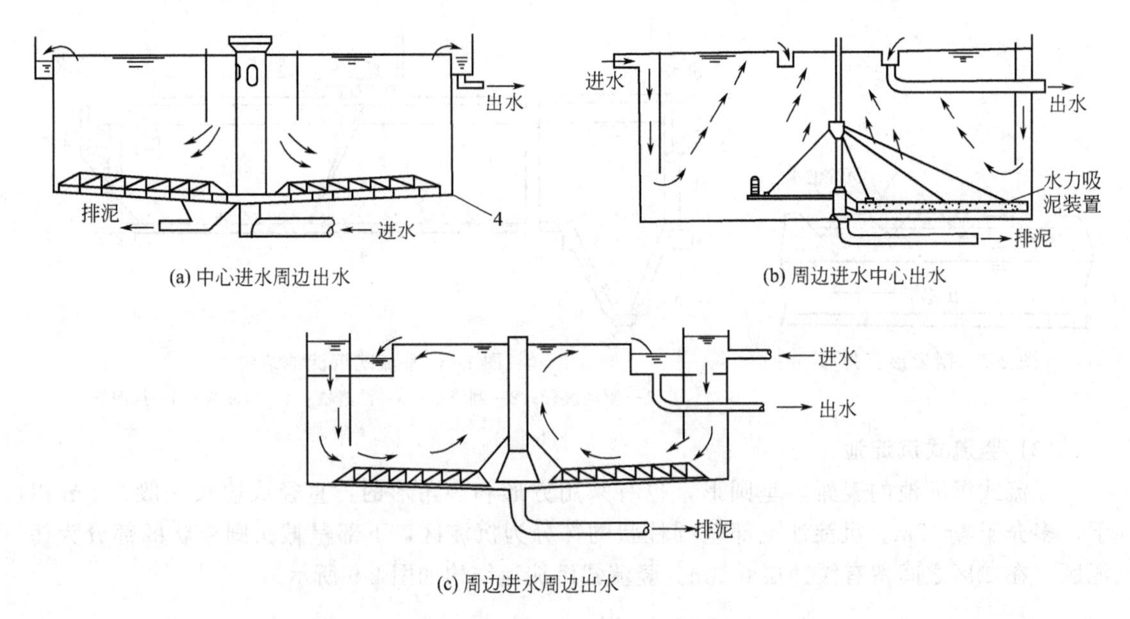

图 2-10　辐流式沉淀池进出水形式

辐流式沉淀池。

辐流式沉淀池一般均采用机械刮泥，刮泥板固定在桁架上，桁架绕池中心缓慢旋转，把沉淀污泥推入池中心处的污泥斗中，然后借静水压力排出池外，也可以用污泥泵排泥。当池子直径小于 20m 时，一般采用中心传动的刮泥机；当池子直径大于 20m 时，一般采用周边传动的刮泥机。刮泥机旋转速度一般为 1～3r/h，外周刮泥板的线速度不超过 3m/min，一般采用 1.5m/min。池底坡度一般采用 0.05～0.10。二次沉淀池的污泥多采用吸泥机排出。

(4) 斜流式沉淀池

为提高沉淀池处理能力，缩小体积和占地面积，将一组平行板或平行管相互平行地重叠在一起，以一定的角度安装于平流式沉淀池中，水流从平行板或平行管的一端流到另一端，使每两块板间或每一根管内，都相当于一个很浅的小沉淀池。斜流式沉淀池结构见图 2-11。斜流式沉淀池利用浅层沉淀原理及层流原理，增加了沉淀面积，缩短了沉降距离，从而大大提高了沉淀效率，减少了沉淀时间。

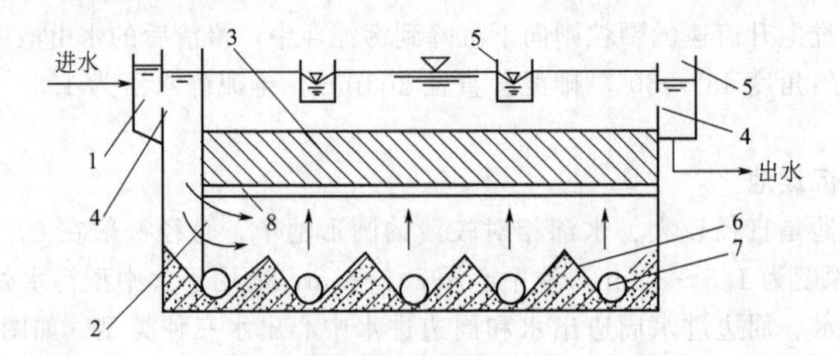

图 2-11　斜流式沉淀池结构

1—配水槽；2—整流墙；3—斜板斜管体；4—淹没孔口；5—集水槽；6—污泥斗；7—穿孔排泥管；8—阻流板

根据水流和泥流的相对方向，将斜流式沉淀池分为逆向流（异向流）、同向流、横向流（侧向流）三种类型，如图 2-12 所示。逆向流为水流向上，泥流向下；同向流为水流、泥流都向下，靠集水支渠将澄清水和沉泥分开；横向流为水流大致水平流动，泥流向下。斜板倾角 60°。横向流斜板水流条件比较差，板间支撑也较难以布置，在国内很少应用。

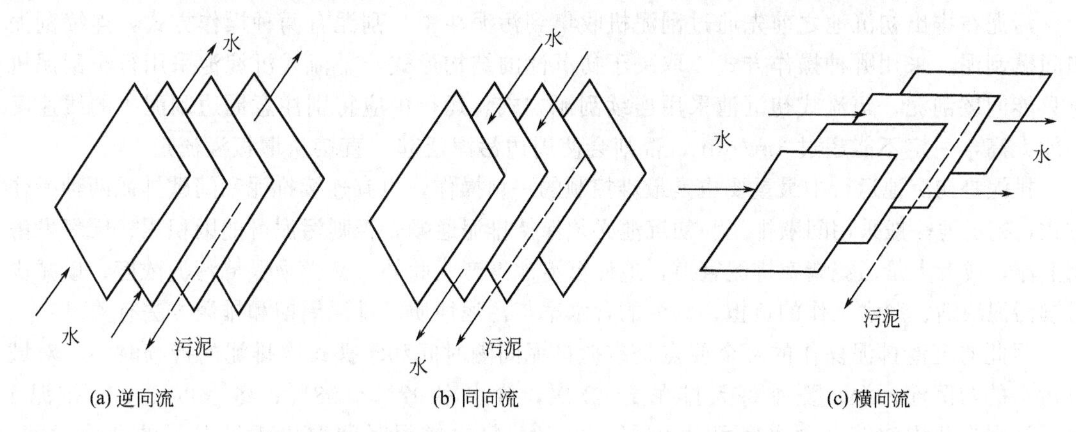

图 2-12　斜流式沉淀池泥流、水流方向示意图

2.1.3.3　沉淀池的优缺点及适用条件

平流式沉淀池：沉淀效果好，耐冲击负荷与温度变化，施工简单，造价较低；但配水不易均匀，采用多个泥斗排泥时每个泥斗需单独设排泥管，操作量大；采用链式刮泥设备，因长期浸泡水中而生锈。适用于大中型污水处理厂和地下水位高、地质条件差的地区。

竖流式沉淀池：排泥方便，管理简单，占地面积少；但池深大，施工困难，对冲击负荷与温度变化适应能力差，造价高，池径不宜过大，否则布水不均。适于小型污水处理厂。

辐流式沉淀池：机械排泥，运行效果较好，管理较方便，排泥设备已定型；但排泥设备复杂，对施工质量要求高。适用于地下水位较高地区和大中型污水处理厂。

斜流式沉淀池：去除率高，停留时同短，占地面积小；但活性污泥容易黏附在斜板（管）上，影响沉淀效果甚至可能堵塞斜板（管），不宜用作二次沉淀池。主要用于对已有污水处理厂挖潜或扩大处理能力，或污水处理厂的设计受到占地面积限制时，作为初次沉淀池。

2.1.3.4　初沉池的运行管理

由于二沉池属于生物处理工艺的一部分，其运行管理将在以后章节中与生物处理的运行管理相结合进行介绍，本节主要针对初沉池的运行管理。

(1) 主要工艺参数控制

工艺控制的目标是将工艺参数控制在要求的范围内。

水力负荷要控制在最佳范围，因为水力负荷太高，SS 的去除率将会下降，水力负荷过低，不但造成浪费，还会因污水停留过长使污水腐败。运行过程中还应控制水力停留时间、堰板水力负荷和水平流速在合理的范围内，水力停留时间不应大于 1.5h，堰板溢流负荷一般不应大于 $10m^3/(m \cdot h)$，水平流速不能大于冲刷流速 50mm/s，如发现上述任何一个参数超出范围，应对工艺进行调整。

工艺措施主要是改变投运池数。大部分污水厂初沉池都有一部分余量，对污水参数的短期变化，也可以采用控制入池的方法，将污水在上游管网内进行短期贮存，有的污水厂初沉池的后续处理单元允许入流的 SS 有一定的波动，此时可不对初沉池进行调节。在没有其他措施的情况下，向初沉池的配水渠道内投加一定量的化学絮凝剂，但前提是在配水渠道内要有搅拌或混合措施。

（2）刮泥和排泥操作

污泥在排出初沉池之前先通过刮泥机收集到污泥斗中。刮泥有两种操作方式：连续刮泥和间歇刮泥。采用哪种操作方式，取决于初沉池的结构形式，平流式沉淀池采用行车刮泥机时只能间歇刮泥，辐流式初沉池采用连续刮泥方式，运行中应特别注意周边刮泥机的线速度不能太高，一定不能超过 3m/min，否则会使周边污泥泛起，直接从堰板溢流走。

排泥是初沉池运行中最重要也是最难控制的一项操作，也有连续排泥和间歇排泥两种操作方式，初沉池一般采用间歇排泥。初沉池必须保持排泥通畅，否则污泥可能因积累、厌氧发酵而上浮，或者大量污泥堵塞排泥管道，迫使沉淀池停产。此外，又必须保持污泥浓度，以减少后续污泥浓缩、脱水工作的负担，污泥的含水率与污泥性质、排泥周期和排泥方法有关。

因此初沉池排泥操作的两个要点是掌握排泥间隔时间和掌握每次排泥的持续时间。对城市污水的初沉池污泥，夏季每天排泥 1～2 次，含水率 97％～98％；冬季可 2～3d 排泥 1 次，污泥在斗内浓缩，含水率可达 95％～96％。每次排泥时间取决于排泥泵的开停时间，小型污水厂可以人工控制排泥泵的开停，大型污水厂一般采用自动控制，最常用的控制方式是时间程序控制，即定时排泥、定时停泵，这种方式要达到准确排泥，需要经常对污泥浓度进行测定，同时调整排泥泵运行时间。

（3）初沉池运行管理注意事项

① 根据初沉池的形式和刮泥机的形式，确定刮泥方式、刮泥周期的长短，避免沉积污泥停留时间过长造成浮泥，或刮泥过于频繁或刮泥过快扰动已沉下的污泥。

② 初沉池一般采用间歇排泥，最好实现自动控制。无法实现自动控制时，要总结经验，人工掌握好排泥次数和排泥时间。当初沉池采用连续排泥时，应注意观察排泥的流量和排泥的颜色，使排泥浓度符合工艺的要求。

③ 巡检时注意观察各池出水量是否均匀，还要观察出水堰口的出水是否均匀，堰口是否被堵塞，并及时调整和清理。

④ 巡检时注意观察浮渣斗上的浮渣是否能顺利排除，浮渣刮板与浮渣斗是否配合得当，并应及时调整，如果刮板橡胶板变形应及时更换。

⑤ 巡检时注意辨听刮泥机、刮渣、排泥设备是否有异常声音，同时检查是否有部件松动等，并及时调整或检修。

⑥ 按规定对初沉池的常规检测项目进行化验分析，尤其是 SS 等重要项目要及时比较，确定 SS 的去除率是否正常，如果下降应采取整改措施。

2.1.3.5 沉淀池常见异常问题分析与对策

（1）避免短流

进入沉淀池的水流，在池中停留的时间通常并不相同，一部分水的停留时间小于设计停留时间，很快流出池外；另一部分的停留时间则大于设计停留时间，这种停留时间不相同的现象叫短流。短流使一部分水的停留时间缩短，得不到充分沉淀，降低了沉淀效率；另一部分水的停留时间可能很长，甚至出现水流基本停滞不动的死水区，减少了沉淀池的有效容积。短流是影响沉淀池出水水质的主要原因之一。

形成短流现象的原因很多，如进入沉淀池的流速过高，出水堰的单位堰长流量过大，沉淀池进水区和出水区距离过近，沉淀池水面受大风影响，池水受到阳光照射引起水温的变化，进水和池内水的密度差，以及沉淀池内存在的柱子、导流壁和刮泥设施等，均可形成短流。

(2) 及时排泥

及时排泥是沉淀池运行管理中极为重要的工作。污水处理中的沉淀池中所含污泥量较多，绝大部分为有机物，如不及时排泥，就会产生厌氧发酵，致使污泥上浮，不仅破坏了沉淀池的正常工作，而且使出水水质恶化，如出水中溶解性 BOD_5 值上升、pH 值下降等。初次沉淀池的排泥周期一般不宜超过 2d，二次沉淀池排泥周期一般不宜超过 2h，当排泥不彻底时应停池（放空），采用人工冲洗的方法清泥，机械排泥的沉淀池要加强排泥设备的维护管理，一旦机械排泥设备出现出水水质恶化的现象，应当及时修理，以避免池底积泥过度，影响出水水质。

(3) 排泥浓度下降

初沉池一般采用间歇排泥，当发现排泥浓度下降，可能的原因是排泥时间偏长，应调整排泥时间。经常测定排泥管内的污泥浓度，达到 3%时需排泥。比较先进的方法是在排泥管路上设置污泥浓度计，当排泥浓度降至设定值时，泥泵自动停止。

(4) 浮渣槽溢流

若发现浮渣槽溢流，可能的原因是浮渣挡板淹没深度不够，或刮渣板损坏，或清渣不及时，也有可能是浮渣刮板与浮渣槽不密合。

(5) 悬浮物去除率低

其原因是水力负荷过高、短流、活性污泥或消化污泥回流量过大，存在工业废水。

解决方法：设调节堰均衡水量和水质负荷；投加絮凝剂，改善沉淀条件，提高沉淀效果。多个初沉池的处理系统中，若仅一个池超负荷，则说明进水口堵塞或堰口不平导致污水流量分布不均匀；工业废水或雨水流量不均匀、出水堰板安装不均匀、进水流速过高等易产生集中流，为证实短流的存在与否，可使用染料进行示踪实验；准确控制二沉池污泥回流和消化污泥投加量，减少高浓度的油脂和碳水化合物废水的进入量。

2.2 混凝工艺

混凝的目的是向污水中投入一些药剂，经充分混合与反应，使污水中难以沉淀的胶体和细小悬浮物能相互聚合，从而长成大的可沉絮体，再通过自然沉淀去除，其流程如图 2-13 所示。混凝沉淀工艺可有效地去除二级出水中残留的悬浮态和胶态固体物质，因而可以使污水浊度大大降低，并能有效地去除一些病原菌和病菌。另外，混凝沉淀工艺能高效除磷，去除率在 90%以上；对重金属离子、COD、色度等都有不同程度的去除，但混凝土沉淀工艺对 TKN 或 NH_3-N 基本上没有去除作用。

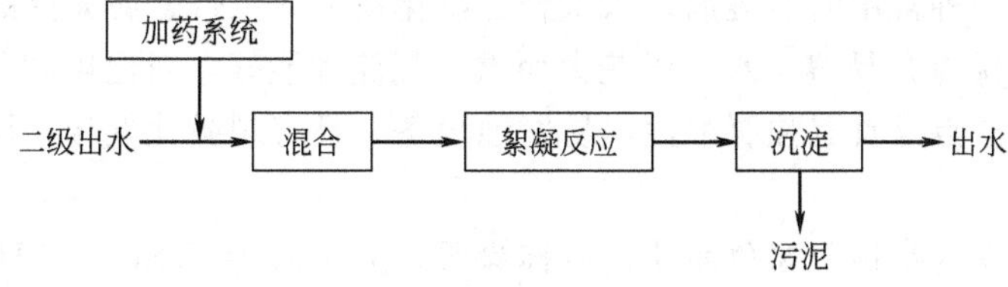

图 2-13 混凝沉淀工艺流程

2.2.1 混凝过程的机理

城市污水处理厂二级出水中的杂质与给水处理的水源水不同，前者主要是生物处理过程中产生的在二沉池中未去除的微生物有机体及其代谢产物，后者则主要是无机黏土或腐殖酸等有机物。因此，二级出水的混凝过程及其机理与给水处理时不同。二级出水中除含有一些二沉池未沉下的针状絮体外，更多的是游离细菌。这些游离细菌或单独存在，或“三五成群”，无法形成可沉生物絮体。它们在水中以负电荷亲水胶体的状态存在，极其稳定，因而不可能借自身重力沉淀下来。一个或几个细菌可以组成一个胶体颗粒，该颗粒表面带有负电荷，且外围包着一层由极性分子组成的稳定水壳。当混凝剂加入污水中并与污水充分混合以后，一方面混凝剂水解出一系列阳离子（Al^{3+}或Fe^{3+}及其络合离子），可以中和胶体颗粒表面所带的负电荷；另一方面由于这些离子有很强的水化能力（与H_2O结合成络合离子），能夺走胶粒周围的水分子，破坏水壳。通过以上两方面的作用，胶粒将失去原有的稳定性，相互之间发生凝聚，形成较大的矾花，经沉淀去除。二沉出水中的磷基本上都以PO_4^{3-}-P的形式存在，磷去除的机理系混凝剂与PO_4^{3-}-P 发生化学反应，产生沉淀而去除。

2.2.2 混凝剂的种类及其特点

混凝剂可分为无机类和有机类两大类。无机类应用最广的主要有铝系和铁系金属盐，主要包括硫酸铝、聚合氯化铝、三氯化铁以及硫酸亚铁和聚合硫酸铁等。有机类混凝剂主要是指人工合成的高分子混凝剂，如聚丙烯酰胺（PAM）、聚乙烯胺等。污水的深度处理中一般都采用无机类混凝剂，有机类混凝剂常用于污泥的调质。在实际工作中，常常只将无机类混凝剂称为混凝剂，而将有机类混凝剂称为絮凝剂。

(1) 硫酸铝

硫酸铝是传统的铝盐混凝剂。常用的硫酸铝一般带18个结晶水，分子式为$Al_2(SO_4)_3 \cdot 18H_2O$，分子量为666.41，相对密度为1.61，外观为白色带光泽的晶体。按照其中不溶物的含量可分为精制和粗制两类。精制硫酸铝一般要求不溶性杂质的含量小于0.3%，硫酸铝含量不小于15%，无水硫酸铝的含量常在50%～52%。粗制硫酸铝的无水硫酸铝含量常在20%～25%。硫酸铝在20～40℃范围内混凝效果最佳，当水温低于10℃时，效果很差。

(2) 聚合氯化铝（PAC）

聚合氯化铝是目前国内广泛使用的高分子无机聚合混凝剂，基本上代替了传统混凝剂的使用。聚合氯化铝对各种水质及pH的适应性都强，易快速形成大的矾花，投加量少，产泥也少，投药量一般比硫酸铝低；另外，聚合氯化铝对温度的适应性也很强，可在低温下使用，且使用、管理操作都较方便，对管道的腐蚀性也小。

(3) 三氯化铁

三氯化铁也是一种常用的混凝剂，六水合三氯化铁为褐色带金属光泽的晶体，分子式为$FeCl_3 \cdot 6H_2O$。其优点是易溶于水，矾花大而重，沉淀性能好，对温度和水质及pH的适应范围宽。其最大的缺点是具有强腐蚀性，易腐蚀设备，且有刺激性气味，操作条件较差。

(4) 硫酸亚铁

七水合硫酸亚铁为半透明绿色晶体，俗称绿矾，分子式为$FeSO_4 \cdot 7H_2O$。硫酸亚铁形成矾花较快，易沉淀，对温度适应范围宽，但只适应于碱性条件，且会使出水的色度升高。

(5) 聚合硫酸铁（PFS）

聚合硫酸铁化学式为$[Fe_2(OH)_n(SO_4)_{3-n/2}]_m$，适宜水温10～50℃，pH值为5.0～8.5。与普通铁盐、铝盐相比，它具有投加剂量小、絮体生成快、对水质的适应范围宽以及水解时消耗水中碱度小等优点，目前在废水处理中应用广泛。

2.2.3 影响混凝的主要因素

影响混凝效果的因素很多，对于某一特定的混凝系统来说，主要有以下因素：二级出水水质及其变化规律，混凝剂的种类及投加顺序，混凝过程中污水的温度，混凝过程中的pH值，混凝过程中的搅拌强度和反应时间。

(1) 混凝剂的选择

主要取决于胶体和细微悬浮物的性质、浓度，但还应考虑来源、成本和是否引入有害物质等因素。很多情况下，将无机混凝剂与高分子混凝剂并用，可明显提高混凝效果，一般先投加无机混凝剂，再投加有机混凝剂。

(2) 温度

一般来说无机混凝剂水解是吸热过程，水温低，水解反应慢，如硫酸铝，水温降低10℃，水解速度常数减小2～4倍。水温在5℃时，硫酸铝水解速度极其缓慢。另外水温低，水的黏度增大，使矾花形成困难，混凝效果下降。这也是冬天混凝剂用量比夏天多的缘故。

(3) pH值

pH值对混凝效果影响很大，这是因为每一种混凝剂只有在要求的pH值范围内，才能形成氢氧化物，以胶体的形态存在，从而发挥其混凝作用。混凝过程中最佳pH值可以通过试验测定。硫酸铝要求的最佳pH值范围为6.5～7.5；硫酸亚铁要求的pH值范围为8.1～9.6；三氯化铁要求的pH值范围为6～10；无机高分子混凝剂对pH值的适应范围都很宽，这是因为在混凝剂的生产工艺中，其发挥絮凝作用的胶状分子结构已经形成，例如聚合氯化铝允许的pH值范围为5～9。混凝剂种类不同，pH值对混凝效果的影响程度也不同。以铁盐和铝盐混凝剂为例，pH值不同，生成的水解产物不同，混凝效果亦不同，且由于水解过程中不断产生H^+，这时需要污水中有足够的碱度去缓冲这些H^+，防止pH值下降。当碱度不适，导致pH值下降时，将抑制混凝剂的水解，从而使混凝剂发挥不出其作用，这时需要投加石灰或烧碱来补充碱度。

(4) 水力条件

水力条件对混凝效果有重要影响。两个主要的控制指标是搅拌强度和搅拌时间。搅拌强度常用速度梯度G表示。速度梯度是指由于搅拌在垂直水流方向上引起的速度差（du）与垂直水流距离（dy）间的比值，即$G=du/dy$。速度梯度实质上反映了颗粒的碰撞机会。速度差越大，颗粒间越易发生碰撞，间距越小，颗粒间也越易发生碰撞。在混合阶段，要求混凝剂与废水迅速均匀地混合，为此要求G在500～1000s^{-1}，搅拌时间应在10～30s。而到了反应阶段，既要创造足够的碰撞机会和良好的吸附条件让絮体有足够的成长机会，又要防止生成的小絮体被打碎，因此搅拌强度要逐渐减小，而反应时间要长，相应G值和T值分别应在20～70s^{-1}和15～30min。

2.2.4 混凝工艺与运行控制

整个混凝处理工艺流程包括混凝剂的选择、配制与投加，混合，絮凝反应及沉淀分离几个部分，其流程如图2-13所示。

(1) 混凝剂的选择、配制与投加

在运行准备工作中，首先是选择使用何种混凝剂。选择混凝剂时应考虑以下四个方面：通过试验确定出适合本水厂水质的混凝剂种类；该种混凝剂操作使用是否方便；该种混凝剂当地是否生产，质量是否可靠；采用该种混凝剂在经济上是否合理。

总的来说，选择混凝剂要立足于当地产品。一般传统水处理选用硫酸铝。在北方地区，冬季温度较低，可考虑选用氯化铁或硫酸亚铁。在有条件的处理厂或碱度不适的二级处理厂，则选用聚合氯化铝等无机高分子混凝剂，而且聚合氯化铝代替硫酸铝作为水处理中的主要混凝剂是大势所趋。

混凝剂的配制一般在溶解池和溶液池内进行。首先将混凝剂导入溶解池中，加少量水，用机械、水力或压缩空气使混凝剂分散溶解；然后将溶解好的药液送入溶液池中，稀释成规定的浓度，在这个过程中应持续搅拌。在实际配制过程中，应提前按规定浓度计算好混凝剂投加量，可用公式(2-1)。

$$M=CV\times1000 \tag{2-1}$$

式中 V——要配制的药液的容积量，m^3；

C——要配制的药液的浓度，指单位体积的药液中含有的混凝剂重量，一般用百分比表示。

【例 2-1】 某厂混凝沉淀工段需配制的聚合氯化铝药液浓度为 6%，试计算配制 $3m^3$ 药液需要投加聚合氯化铝重量。

【解】 将 $C=6\%$，$V=3m^3$ 代入式(2-1)，得

$$M=6\%\times3\times1000=180\ (kg)$$

即需要投加 180kg 聚合氯化铝。

所配制的溶液浓度大小关系到药效的发挥和每日的调制次数。浓度太高，药效不易发挥；浓度太低，则每班配制次数太多。药液合适的配制浓度一般在 5%～10%的范围内。处理规模较小时，配制浓度可降低到 2%；处理规模较大时，配制浓度可提高到 15%。配制好的药液不能放置时间太长，否则会降低药效，因而应准时配制。另外应特别注意准确配制出所要求的药液浓度。

在混凝过程中，有些厂需根据需要投加一些助凝剂或活化剂。常用的助凝剂有聚丙烯酰胺、骨胶、水玻璃等；常用的活化剂为硫酸和盐酸。这些药品也均应按规定的浓度加以配制。

- 投药方式
  - 干投法
  - 湿投法
    - 重力投加法
    - 压力投加法
      - 水射器法
      - 虹吸定量投药
      - 加药泵法

图 2-14 投药方式

药品的投加有很多方式，其分类如图 2-14 所示。

干投法指把药剂直接投放到被处理的污水中，这种方法的优点是占地面积小，但对药剂的粒度要求比较严，不易控制加药量，对设备的要求较高，劳动条件较差，目前国内使用较少。

湿投法是将混凝剂和助凝剂先溶解配成一定浓度的溶液，然后按处理水量大小定量投加，此法应用较多。湿投法需要有一套配置溶液及投加溶液的设备，包括溶解、搅拌、定量控制、投药等部分，如图 2-15 所示。按照混凝溶液被加入污水中的方式，湿投法又分为重力投加法和压力投加法两种形式。重力投加法系建造高位溶液池，利用重力将药剂投加到污水中。这种方式一般适应于中小型处理厂，大型处理厂一般都采用压力投加法。压力投加法可以用水射器投加方式，即利用高压水在水射器喷嘴处形成的负压将药液吸入，并进而将药液射入压力管线内，也可以采用虹吸定量投药方式，虹吸定量投药是利用空气管末端与虹吸管出口中间的水位差不变，保证投药量恒定，如图 2-16 所示。另外，还可以采用加药泵直投方式，即利用加药泵直接从药液池吸取药液，加入压力管线。

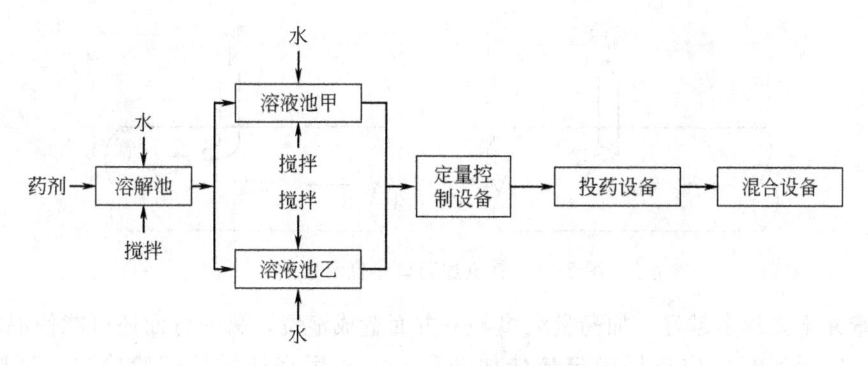

图 2-15 湿投法加药系统流程

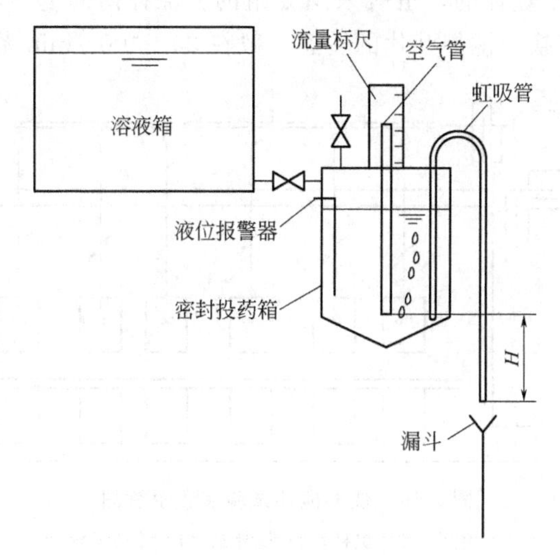

图 2-16 虹吸定量投药

一般而言，混凝剂药液投加方式取决于所采用的混合方式。当采用水泵混合时，应在泵前加药。加药点最好选择在水泵吸水管喇叭口 45°弯头处，如图 2-17 所示。应特别注意的是，如果泵房与絮凝池之间距离太远（如超过 100m），则应改为泵后管道内加药，否则容易在管内结矾花，到达絮凝池内矾花又被打碎，被打碎的矾花则不易下沉。当采用泵后管道混合时，加药点应选在离絮凝池 50～100m 的范围内，太近混合不充分，太远又会形成矾花。另外，在管道内加药时，加药管出口应保持与水流方向一致，插入深度以 1/4～1/3 管径为宜，如图 2-18 所示。

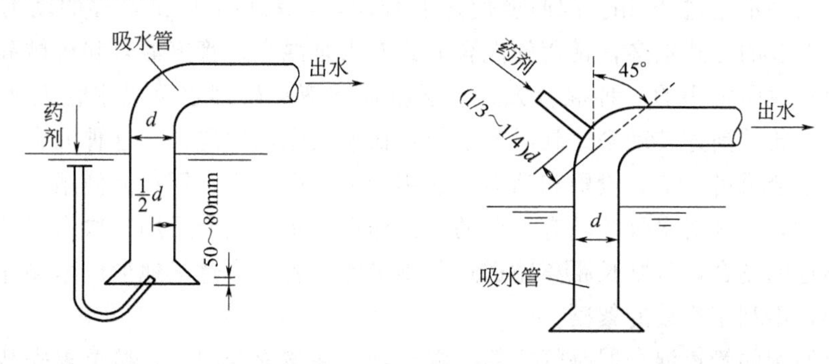

图 2-17 泵前加药点位置

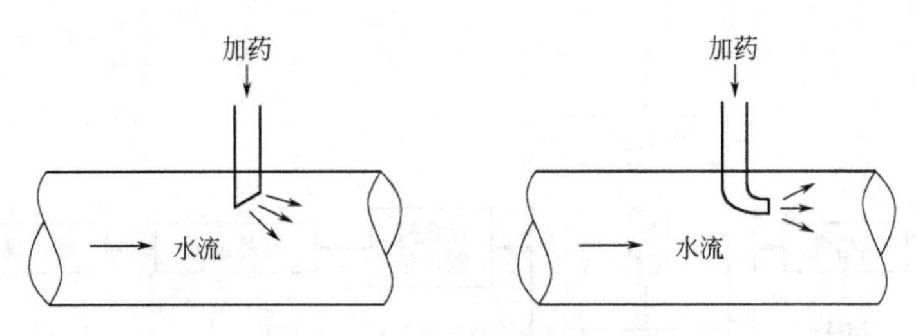

图 2-18 管道加药口布置示意图

加药量并不是越多越好。加药量太多，一方面造成浪费，另一方面还可能使混凝效果下降。因此，实际运行中应选择确定最佳加药量。一般用烧杯搅拌试验确定，试验装置如图 2-19所示。有采用 4 组烧杯的，也有采用 6 组的。烧杯内的搅拌叶片尺寸一般为 6cm×4cm，可根据需要予以调换。搅拌叶片的转速一般在 20～400r/min 范围内可调节。

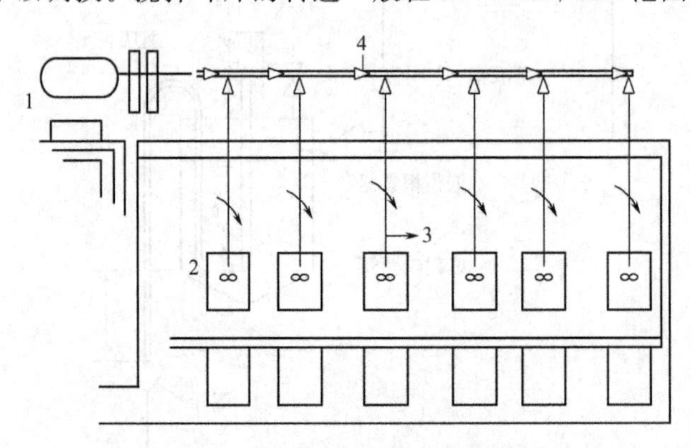

图 2-19 烧杯搅拌试验装置示意图

1—电机；2—烧杯；3—搅拌桨；4—传动齿轮

当投药量过大时，矾花表现出以下特征：在絮凝池的末端即发生泥水分离；在沉淀池前端有泥水分离，但出水却携带大量矾花；矾花呈乳白色；出水浊度升高。

当投药量不足时，矾花表现出以下特征：絮凝池内矾花细小；污水呈浑浊模糊状；沉淀池前部无泥水分离发生。

（2）混合

混合的目的是均匀而迅速地将药液扩散到污水中，它是絮凝的前提。当混凝剂与污水中的胶体及悬浮颗粒充分接触以后，会形成微小的矾花。混合时间很短，一般要求在 10～30s 内完成混合，最多不超过 2min。因而要使之混合均匀，就必须提供足够的动力使污水产生剧烈的紊流，混合的方式很多，常用的混合方式有水泵混合、管道混合和机械混合。

水泵混合是我国常用的一种混合方式。混凝剂溶液头架到水泵吸水管上或吸水喇叭口处，利用水泵叶轮的高速转动来达到混凝剂与水快速而剧烈地混合。这种混合方式混合效果好，不需另建混合设备，节省投资和动力，适用于大、中、小水厂；但使用三氯化铁作为混凝剂且用量大时，药剂对水泵叶轮有一定的腐蚀作用。水泵混合适用于取水泵房与混凝处理构筑物相距不远的场合，否则长距离输送过程中可能在管道内过早地形成絮凝体，絮凝体在管道出口破碎，不利于后续的絮凝。

目前广泛使用的管道混合器是管式静态混合器，在该混合器内，按要求安装若干固定混合单元，每个混合单元由若干固定叶片按一定的角度交叉组成。当水流和混凝剂流过混合器时，被单元体多次分割，转向并形成涡流，以达到充分混合的目的。静态混合器构造简单，安装方便，混合效果较好，但水力损失较大。

机械混合通过机械在池内的搅拌达到混合目的。它要求在规定的时间内达到需要的搅拌强度，满足速度快、混合均匀的要求。搅拌装置可以是桨板式、螺旋桨式等。机械混合效果好，搅拌强度随时可调，使用灵活方便，适用于各种规模的处理厂，但存在机械设备需要维修的缺点。

（3）絮凝反应

将混凝剂加入污水中，经在混合池与污水充分混合，污水中大部分处于稳定状态的胶体杂质将失去稳定。脱稳的胶体颗粒通过一定的水利条件相互碰撞、相互凝结、逐渐长大成能沉淀去除的矾花，这一过程称为絮凝或反应，相应的设备称为反应池或絮凝池。

要保证絮凝的顺利进行，絮凝池需满足几个条件：

① 保证足够的絮凝时间。为保证絮体长大，必须有足够的絮凝时间。絮凝时间因水质、池形和搅拌情况而异。污水深度处理的时间一般为5～15min。

② 保证足够的搅拌外力。搅拌的作用是促进胶体颗粒之间的相互接触。但随着矾花的长大，搅拌强度应降低。因为大的矾花中含有大量水分，颗粒之间黏结力下降，如果搅拌太剧烈，易打碎已形成的矾花。

絮凝池的种类很多，常用的反应池有隔板式絮凝池、涡流式絮凝池、折板式絮凝池和机械搅拌式絮凝池等。

隔板式絮凝池的应用历史很长，目前仍是一种常见的絮凝池。根据构造，有往复式和回转式两种，其构造分别为如图2-20所示。水流以一定流速在隔板之间流动，从而完成絮凝过程。一般来说，为保证不破坏已形成的矾花，其构造都使水的流速越来越低，起始流速最大，末端流速最小。

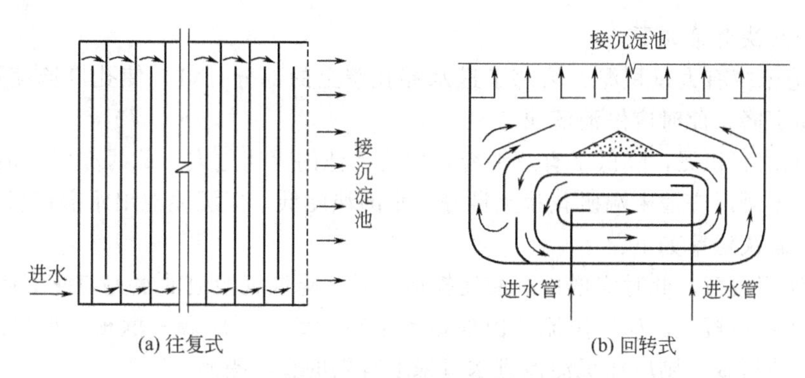

图2-20 隔板式絮凝池

涡流式反应池下半部为圆锥形，水从锥底部流入，形成涡流扩散后缓慢上升，随锥体面积变大，反应液流速由大变小，流速变化有利于絮凝体形成。涡流式反应池的优点是反应时间短，容积小，好布置。

折板式絮凝池是在隔板反应池基础上发展起来的，是目前应用较为普遍的形式之一。在折板式絮凝池内放置一定数量的平折板或波纹板，水流沿折板方向流动，多次转折，以促进絮凝。按水流方向可以分为平流式和竖流式，以竖流式应用较为普遍。折板反应池对原水量和水质变化的适应性较强，停留时间短，絮凝效果好，并可节约混凝剂量。

机械搅拌式絮凝池是利用机械搅拌装置对水流进行搅拌，为根据水量、水温、药剂情况调节搅拌强度，传动装置一般为多级或无级调速的形式。按照搅拌设备的安装形式，它可分为水平轴和垂直轴两种，如图 2-21 所示。前者通常用于大型水厂，后者一般用于中、小型水厂。常见的搅拌器有桨板式、叶轮式等，桨板式较为常用。

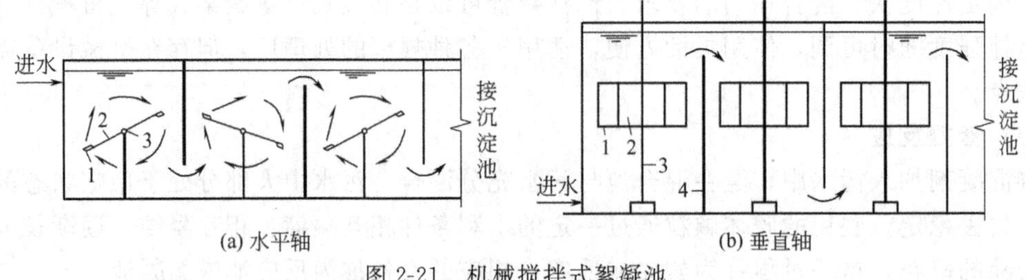

图 2-21　机械搅拌式絮凝池

1—桨板；2—叶轮；3—旋转轴；4—隔墙

(4) 沉淀

污水经混凝过程形成的矾花，要通过沉淀池的沉淀去除。如果这些矾花的浓度以 SS 表示，则沉淀池去除矾花的效率一般在 80%～90%的范围内。矾花沉淀类似于活性污泥在二沉池的沉淀，属成层沉淀类型，存在较清晰的泥水界面。沉淀池常用的形式是平流沉淀池、斜管沉淀池和斜板沉淀池。平流沉淀池的水平流速一般控制在 5～15mm/s 的范围内，水力表面负荷一般在 $1\sim1.5m^3/(m^2\cdot h)$，水力停留时间一般在 1.0～1.5h 范围内。斜板或斜管沉淀池是在一般沉淀池内斜向安装一些斜管或斜板，使沉淀效果得以强化。

2.2.5 异常问题的分析与排除

现象一：絮凝反应池末端颗粒状况良好，水的浊度低，但沉淀池的矾花颗粒很小，出水携带矾花。

其原因及解决对策如下：

① 絮凝池末端有大量积泥，堵塞了进水穿孔墙上的部分孔口，使孔口流速过大，打碎矾花使之不易沉降。此时应停池清泥。

② 沉淀池内有积泥，降低了有效池容，使沉淀池内流速过大。此时亦应停池清泥。

现象二：絮凝反应池末端矾花状况良好，水的浊度低，但沉淀池出水携带矾花。

其原因及解决对策如下：

① 沉淀池超负荷。此时应增加沉淀池投运数量，降低沉淀池的水力表面负荷。

② 沉淀池存在短流。如果短流系由堰板不平整所致，则应调平堰板。如果系由温度变化引起的密度流所致，则应在沉淀池进水口采取有效的整流措施。

现象三：絮凝池末端矾花颗粒细小，水体浑浊，且沉淀池出水浊度升高。

其原因及解决对策如下：

① 混凝剂投加量不足。加药量的不足，使污水中胶体颗粒不能凝聚成较大的矾花。此时应增加投药量。

② 进水碱度不足。进水碱度不足时，混凝剂水解会使 pH 值下降，使混凝效果不能正常发挥。此时应投加石灰，补充碱度不足。

③ 水温降低，当采用硫酸铝作混凝剂时，污水温度降低会降低混凝效果。此时可改用氯化铁或无机高分子混凝剂，也可采用加助凝剂的方法。助凝剂可采用水玻璃，加注量可通过烧杯搅拌试验确定。

④ 混凝强度不足。采用管道混合或采用静态混合器混合时，由于流量减少，流速降低，会导致混合强度不足。对于其他类型的非机械混合方式，也有类似情况。此时应加强运行的合理调度，尽量保证混合区内有充足的流速。

⑤ 絮凝条件改变。絮凝池内大量积泥，使池内流速增加，并缩短反应时间，可导致混凝效果下降。另外，当流量减少时，G 值和 T 值会远低于正常值，同样也降低效果。此时亦应加强运行调度，保证正常的絮凝反应条件。

现象四：絮凝池末端矾花大而松散，沉淀池出水异常清澈，但出水中携带大量矾花。

其原因及解决对策如下：混凝剂投加超量。超量加药，会使脱稳的胶体颗粒重新处于稳定状态，不能进行凝聚。此时应大大降低投药量。

2.2.6 日常维护管理

混凝沉淀系统的日常维护管理包括以下内容：

① 每班均应观察并记录矾花生产情况，并将之与历史资料比较。如发现异常应及时分析原因，并采取相应对策。

② 沉淀池排泥要及时且准确。排泥间隔太长或一次性排泥量太大，都将影响正常运行。

③ 应定期清洗加药设备，保持清洁卫生；定期清扫池壁，防止藻类滋生。

④ 定期取样分析水质，并定期核算混合区和絮凝池的 G 值及 GT 值。

⑤ 定期巡检设备的运行情况，如有故障，则及时排除。

⑥ 当采用氯化铁作混凝剂时，应注意检查设备的腐蚀情况，及时进行防腐处理。

⑦ 加药计量设施应定期标定，保证计量准确。

⑧ 加强对库存药剂的检查，防止药剂变质失效，对硫酸亚铁尤应注意。用药应贯彻“先存后用”的原则。

⑨ 配药时要严格执行卫生安全制度，必须戴胶皮手套以及采取其他劳动保护措施。

2.2.7 分析测量与记录

① 对于混凝沉淀系统的进水和出水，应进行以下项目的分析或测量：

温度：每天 1 次；

pH：每天 1 次；

色度：每班 1 次浊度，最好在线连续检测；

SS：每天至少一次；

COD、BOD_5、TP：取混合样，每天 1 次。

② 应定期进行絮凝池出水的沉降试验，观察并记录矾花的沉降情况。

③ 定期进行烧杯搅拌试验，检查是否为最佳投药量。

④ 定期核算并记录 G 值、T 值及 GT 值。

2.3 过滤工艺

二级出水经混凝沉淀工艺之后，仍含有部分颗粒物质及磷等污染物，如进一步将其去除，应采用过滤工艺。将污水均匀而缓慢地通过一层或几层滤料，去除其中污染物的工艺，称之为过滤。在污水深度处理系统中，过滤工艺可去除前级生物处理及混凝沉淀工艺都不能去除的一些细小悬浮颗粒及胶体颗粒，因而使污水中的SS、浊度、BOD_5、COD、磷、重金属、细菌及病毒的浓度进一步降低。

2.3.1 工艺原理及过程

2.3.1.1 过滤的机理

① 筛滤作用。滤料是由大小不同的砂粒组成的，砂粒之间的空隙就像一个筛子。污水中比空隙大的杂质很自然地会被滤料筛除，从而与污水分离。

② 沉淀作用。如果把滤料抽象成一个层层叠起来的沉淀池，则该沉淀池的表面积是非常巨大的，污水中的部分颗粒会沉淀到滤料颗粒的表面上而被去除。

③ 接触吸附作用。由于滤料的表面积非常大，如此大的表面积必然存在较强的吸附能力，因此可以将滤料颗粒看成吸附介质。污水在滤层孔隙中曲折流动时，杂质颗粒与滤料有着非常多的接触机会，因而会被吸附到滤料颗粒表面，从污水中去除。被吸附的杂质颗粒一部分可能会由于水流而被剥离，但马上又会被下层的滤料所吸附截留。

除以上三种作用外，还有扩散作用等多种结果，因而过滤工艺去除污染物颗粒的过程，不单只是“滤”，实际上还是多种物理化学作用的综合结果。

2.3.1.2 滤池的种类

滤池有很多种类，按照滤速的大小可分为快滤池和慢滤池。慢滤池的过滤速度低于10m/h，而快滤池的滤速则一般在10m/h之上。这里的滤速，不是指污水在滤料间的流速，而是单位时间内污水通过的滤料深度，也可以理解为单位表面积的滤料在单位时间内所能过滤的污水量。因而滤速实际上是衡量滤池处理能力的一个指标，常用的单位为m/h或$m^3/(m^2 \cdot h)$。目前实际采用的都是快滤池，因为慢滤池虽然出水水质好，但其处理能力太小，并且设备占地面积大，目前各国很少采用，基本上被快滤池取代。

快滤池也有很多种。例如按照滤料的分层结构可分为单层滤料池、双层滤料池和三层滤料池；按照控制方式，可分为普通快滤池、虹吸滤池及移动罩滤池；按照进水工作方式，可分为重力式滤池和压力式滤池等。原则上讲，各种滤池均适于污水的深度处理，但实际采用较多的为单层填料的普通快滤池。日本的很多处理厂大都在二沉池出水后，串联一个简单的砂滤池，获得污水的深度处理。

2.3.1.3 滤料和承托层

滤料系滤池内的过滤材料，它是承担过滤功能的主要部分，其质量的好坏直接决定着出水水质。天然的石英砂是使用最早和应用最广泛的滤料。其他常见的滤料还有无烟煤、陶粒、磁铁矿、石榴石、金刚砂等，此外还有人工制造的轻质滤料，如聚苯乙烯发泡塑料颗粒等。

对于单层滤料滤池，经水力反冲洗，会使砂层的粒径分布随水流自上而下逐渐增大，因为小粒径的细滤料均被浮选至最上层。上部滤料空隙小，孔隙率低，污水经过滤料时，污染物颗粒基本被截留在最上层，使下部滤料不能发挥过滤作用，因而工作周期必然缩短。解决这一问题的途径很多：一是采用上向流滤料池，如移动床滤料池；二是采用均匀滤料，如泡沫塑料珠等人工滤料；三是采用双层滤料，在砂层之上加一层无烟煤滤料即组成双层滤料。虽然无烟煤滤料的粒径较石英砂大，但由于其密度较石英砂小，经反冲洗之后，仍能被浮选至砂层之上。虽然无烟煤层和砂层内部是自上而下由小到大，但污水必须先经过大粒径的无烟煤层，再经过小粒径的砂层，从总体上看是粒径沿水流方向由大到小。采用双层滤料，一是可提高滤速，二是可延长过滤周期。三层滤料系在双层滤料之下增加了一层密度较大而粒径较小的滤料（如石榴石、磁铁矿等），最下层的滤料虽然粒径小，但由于密度较大，反冲洗时会留在砂层之下；这样，污水先经过大粒径的无烟煤滤料，再经过小粒径的砂滤层，最后经过更小粒径的滤层。三层滤料较双层滤料的滤速将进一步增大，过滤周期将进一步延长。

在污水深度处理的过滤工艺中，最初采用的滤料绝大部分类似于给水处理中的滤料，但实际研究发现，给水处理中的滤料级配不适于污水深度处理。其主要原因是二级出水中的颗粒物质主要为微生物有机体及其分泌物，黏性极大，污染物颗粒穿透滤层的深度有限，绝大部分被截留在表层，造成水头损失在短时间内剧增，其结果是既降低了污水处理量，又缩短了过滤周期。对于双层滤料来说，由于污水中黏性有机物的影响，无烟煤和砂的掺混非常严重，在无烟煤层和砂层之间形成了一个特殊的掺混层：小粒径的砂填进了大粒径的无烟煤粒中，且其空隙被黏性有机物塞满。这一特殊的掺混层也会使水头损失在短时间内剧增。现在较一致的意见是，污水深度处理中的过滤应采用大粒径深层滤料，且应尽量均匀，因为增大粒径，可促进深层过滤，从而提高污水处理量并延长工作周期，使滤料均匀，可避免过度分级。研究发现，滤料粒径从1mm增加到2mm，滤速可由5m/h提高至10m/h。当采用石英砂单层滤料时，最好采用以下级配（有效直径 d_{10} 和不均匀系数 K_{80}）和深度（H）：

$$d_{10}>1.5\text{mm}$$

$$K_{80}<1.7$$

$$H>1.0\text{mm}$$

当采用无烟煤滤料时，最好采用以下级配和深度：

$$d_{10}>2.0\text{mm}$$

$$K_{80}<1.3$$

$$H>2.0\text{m}$$

处理厂可根据本厂的实际情况予以实践。

2.3.1.4 冲洗系统

滤池工作一段时间之后，滤料截流的污染物质趋于最大容量，此时如继续工作，将失去过滤效果。因此，滤池工作一段时间之后，要定期进行冲洗。滤池冲洗主要有三种方法：

① 反冲洗。反冲洗是指从滤料层底部进水，用与工作时方向相反的水流对滤料进行冲洗，因而称之为反冲洗。反冲洗是冲洗的主要方法。

② 反冲洗加表面冲洗。在很多情况下，反冲洗不能保证足够的冲洗效果，可辅以表面冲洗。表面冲洗是在滤料上层表面设置喷头，对膨胀起来的表层滤料进行强制冲洗。按照冲洗水管路的配水形式，表面冲洗有旋转管式表面冲洗和固定管式表面冲洗两种。

③ 反冲洗辅以空气冲洗，常称为气水反冲洗。气水反冲洗常用于粗滤料的冲洗，因粗滤料要求的冲洗强度很大，如果进行单纯反冲洗，用水量会很大，同时还会延长反冲洗的历时。实践证明，污水深度处理中的滤料，必须采用气水反冲洗。一方面是因为滤料的粒径普遍较大，另一方面是由于污水中的有机物与滤料黏附较紧，要求较高的冲洗强度方可见效。

反冲洗水一般采用滤池正常工作时的出水，供水方式有塔式供水和泵式供水两种。实际上常用的为泵式供水，即直接用泵式供水对滤池进行反冲洗。

关于反冲洗，有几个概念需要明确。一个是冲洗强度。冲洗强度是单位表面积的滤料在单位时间内消耗的冲洗水量，常用 q 表示，单位为 $L/(m^2 \cdot s)$，用式(2-2) 计算：

$$q = Q/A \tag{2-2}$$

式中　Q——冲洗水量，L/s；

　　A——滤料的表面积，m^2。

另一个是冲洗历时，即冲洗所持续的时间 t。冲洗强度 q 和冲洗历时 t 决定了每次冲洗的用水量。冲洗频率取决于滤池的过滤周期与水质及滤料等因素。当冲洗强度、冲洗历时和冲洗频率确定以后，总冲洗用水量即可确定。对于污水深度处理来说，反冲洗水量一般占过滤处理水量的 3%～6%，具体取决于水质及滤料等因素。美国的回用水厂在运行管理中一般控制在 5%以内，当超过 5%时，即寻找异常的原因。

气体：$q = 10 \sim 20 L/(m^2 \cdot s)$

水：$q = 5 \sim 10 L/(m^2 \cdot s)$

冲洗历时：5～10min

当采用双层滤料时，为防止无烟煤流失，宜先气冲，后水冲，冲洗强度及历时如下：

气体：$q = 15 \sim 20 L/(m^2 \cdot s)$

历时：3～5min

水：$q = 10 \sim 15 L/(m^2 \cdot s)$

历时：3～5min

2.3.1.5 普通快滤池的构造及工作程序

普通快滤池包括池体、滤料、配水系统与承托层、反冲洗装置等几部分。工作过程为过滤、冲洗两个阶段交替进行。普通快滤池的构造剖视图如图 2-22 所示。

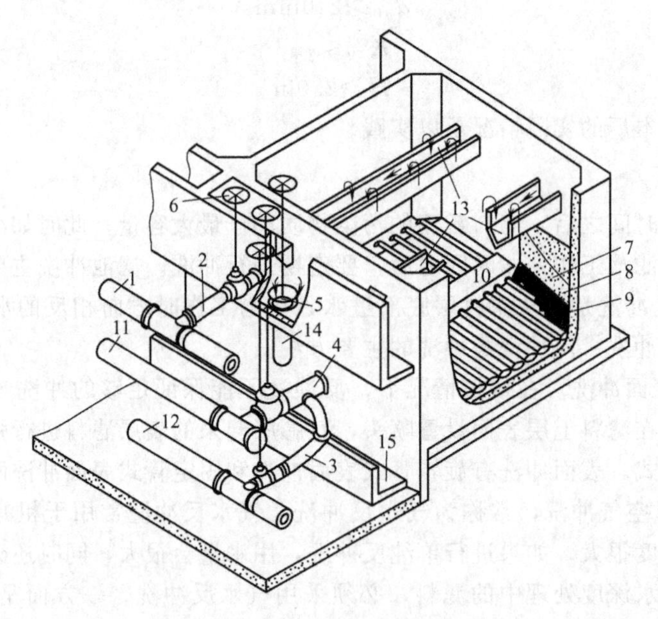

图 2-22　普通快滤池的构造剖视图

1—进水总管；2—进水支管；3—清水支管；4—冲洗水支管；5—排水阀；6—浑水渠；7—滤料层；8—承托层；9—配水支管；10—配水干管；11—冲洗水总管；12—清水总管；13—排水槽；14—排水管；15—废水渠

当过滤时，开启进水支管 2 与清水支管 3 的阀门。关闭冲洗水支管 4 的阀门与排水阀 5，污水就经进水总管 1 和进水支管 2 从浑水渠 6 进入滤池，经滤池排水槽均匀分配到滤料表面，并继而进入滤料层7和承托层8。经过滤的污水由配水系统的配水支管9汇集起来，再经配水干管10和清水支管3以及清水总管12流出。

滤池工作一段时间后，随着滤料层中截留杂质量越来越多，滤料颗粒间孔隙越来越小，滤层中的水头损失越来越大，当增至一定程度时（普通快滤池一般为2.0～2.5m），污水处理量会急剧下降，甚至滤出水的浊度有上升，不符合出水水质要求，此时必须停止过滤，进行反冲洗。

反冲洗时，关闭进水支管2与清水支管3的阀门。开启排水阀5与冲洗水支管4的阀门，冲洗水可由冲洗水总管11、支管4，经配水系统的干管、支管及支管上的孔口流出，并由下而上穿过承托层及滤料层，均匀地分布于整个滤层表面上。冲洗用过的水为冲洗后废水，流入排水槽13，再经浑水渠6、排水管14和废水渠15排入下水道。

2.3.2 工艺控制

2.3.2.1 滤速与处理量的控制

滤速是指滤池单位面积在单位时间内的滤水量，也即滤池液面的下降速度，可用式(2-3)计算：

$$v=Q/A \tag{2-3}$$

式中 Q——滤水量，m^3/h；

A——滤池的过滤面积，m^2。

对于某一确定条件下的滤池来说，滤速 v 存在最佳值。当滤速太大时，一方面滤池出水水质会降低，另一方面还会使工作周期缩短，冲洗频率增大，导致总冲洗水量的增加。当滤速太小时，一方面会使过滤污水量降低，影响总的处理能力，另一方面由于杂质穿透深度变浅，主要集中在表层，使下层滤料起不到过滤作用。当入流污水水质、滤料粒径级配及滤料深度一定时，其最佳滤速为保证出水要求前提下的最大滤速。

滤速的测定步骤如下：

① 将滤池液位控制到正常液位之上少许（如5cm）。

② 迅速关闭进水阀，待液位降至正常液位时，立即按下秒表计时，记录下降一定的深度所需要的时间。

③ 重复以上过程3～4次。

④ 计算滤速。例如，液位在2min内下降了50cm，则该滤池的滤速为：

$$0.5/120\times3600=15\ (m/h)$$

确定出最佳滤速之后，即可得到每一滤池的最佳污水处理量，用以运行调度。计算如下式：

$$Q=vA \tag{2-4}$$

式中 A——滤池的过滤总面积，m^2；

v——确定的最佳滤速，m/h。

在二级出水的深度处理中，滤速一般控制在10m/h以上。因滤料不同而各异，当采用大粒径过滤时，最高可达20m/h。

2.3.2.2 工作周期的控制

滤池的工作周期是指开始过滤至需要反冲洗所持续的时间。在运行控制中，需要对滤池是否需要冲洗做出判断，即确定滤池的工作周期。一般有三种办法，当水头损失增至最高允许值时，应开始反冲洗；当出水水质降至最低允许值时，应开始反冲洗；根据经验，定时反冲洗。

在实际运行控制中，一般综合运用以上三种方法。滤池经一定时间的运行后，基本已经摸索出了其合适的工作周期。一般情况下，只要确定的工作周期一到，即应开始反冲洗，但如果水头损失增至最高允许值或出水水质降低至最低允许值，即使工作周期没到，也应该提前进行反冲洗。

在一定滤速下，工作周期的长短受污水温度的影响较大。水温低时，水的黏度大，水中的杂质不易与水分离，容易穿透滤层。因而冬季工作周期短，夏季工作周期长。当工作周期很短时，冲洗频率升高，冲洗水量增加，此时可适当降低滤速，延长工作周期并降低冲洗频率。污水深度处理中，滤池的工作周期一般在10～30h，具体因过滤工艺、滤料级配及水质和季节等因素而各异。一般来说，夏季的工作周期可很长，有时高达50h之上，此时应注意适当提高滤速，缩短工作周期，防止滤料上截留的有机物产生厌氧分解。

2.3.2.3 冲洗强度及冲洗历时的控制

最佳冲洗强度及历时可由模拟试验确定，但大多都是在试运行中试验确定。程序如下：

① 在设计值以下选一冲洗强度，在完成一个工作周期之后，按该强度进行冲洗。冲洗过程中连续观察或测定冲洗水的浊度。

② 冲洗开始之后的2min，如果冲洗水的浊度无明显升高，则说明冲洗强度不足，应增大强度。增大强度应逐渐进行，直至冲洗开始的2min内出现浊度剧增的现象。此时的冲洗强度即为最佳强度。

③ 按最佳冲洗强度进行冲洗，自冲洗开始至冲洗水的浊度不再降低时的时间，即为合理的冲洗时间。如图2-23所示，合理冲洗时间为8min。

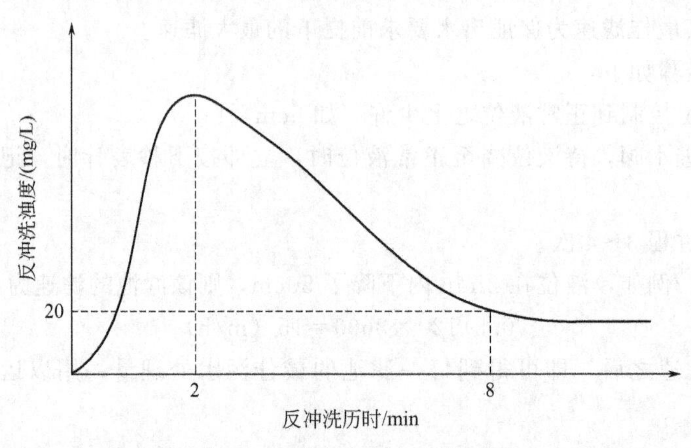

图2-23 反冲洗水浊度的变化

在污水深度处理的过滤工艺中，一般进行气水反冲洗。空气强度和冲洗水强度的试验方法与以上所述相同。常用的强度范围及历时见2.3.1.4节。

2.3.3 异常问题的分析及排除

现象一：滤层中存有气体，表现为反冲洗时有大量气泡自液面冒出，俗称气阻。气阻可使滤池水头损失增加过快，缩短工作周期。另外，气阻也可能使滤层产生裂缝，产生水流短路，降低出水质量，或导致漏砂。

其原因及解决对策如下：

① 滤池发生滤干后，未倒滤又继续进水。对于这种情况，应加强操作管理，一旦出现滤干现象，应先用清水倒滤，使进入滤层中的空气排出后，再继续进水开始过滤。

② 当用水塔提供反冲洗水时，如果塔内存水用完，空气会随水夹带进入滤池。对于这种情况，应随时控制塔内水位，及时上水。

③ 产生“负水头”。当工作周期很长时，滤层上部水深不够，而滤层水头损失较大时，滤层内出现“负水头”，使水中溶解的气体逸出。此时应提供滤层上的工作水位。

④ 滤池内产生厌氧分解。当滤池工作周期太长时，滤料截留的有机物发生厌氧分解，产生气体。此时应适当缩短工作周期。

现象二：滤料中结泥球，泥球会阻塞砂层，或产生裂缝，并进而使出水水质恶化。

其原因及解决对策如下：

① 冲洗强度不足。此时可增大冲洗强度。

② 入流污水污物浓度太高。此时应加强前级处理效果。

③ 冲洗水配水系统不均匀。此时应检查承托层有无松动，配水穿孔管路是否有损，并及时修理。

现象三：滤料表层不平，并出现喷口现象。该种情况会导致过滤不均匀，使出水水质降低。

其原因及解决对策如下：

① 滤料凸起时，可能是由于承托层或配水系统堵塞。例如，大阻力配水系统的穿孔管局部极易堵塞，此时应及时停池检查并予以疏通。

② 滤料凹下时，可能是由于承托层局部塌陷所致，亦应及时检查并修复。

现象四：跑砂漏砂现象。滤池出水中携带砂粒，并由于砂的流失影响正常运行。

其原因及解决对策如下：

① 冲洗强度过大、膨胀率过大或滤料级配不当，反冲洗时均会造成跑砂现象。此时应降低冲洗强度。如是由于滤料级配不当，则应更换滤料。

② 反冲洗水配水不均匀，使承托层松动，可导致漏砂，此时应及时停池检修。

③ 气阻现象，导致漏砂，应消除气阻，详见现象一。

现象五：出水水质下降，不达标。此现象原因复杂，前述现象均可导致出水水质下降。

其原因及解决对策如下：

① 进水污染物浓度太高，应加强前级工艺的处理效果。

② 滤速太大，应降低滤速。

③ 滤层内产生裂缝，使污水发生短路，应停池检修。

④ 滤料太粗，滤层太薄，应更换或加厚滤料。

⑤ 入流污水的可滤性太差，应进行专题研究。

2.3.4 日常维护管理

① 定期放空滤池进行全面检查。例如，检查过滤及反冲洗后滤层表面是否平坦、是否有裂缝，滤层四周是否有脱离池壁的现象，并应设法检查承托层是否松动。

② 表层滤料应定期大强度表面冲洗或更换。

③ 各种闸、阀应经常维护，保证开启正常。喷头应经常检查是否堵塞。

④ 应时刻保持滤池池壁及排水槽清洁，并及时清除生长的藻类。

⑤ 出现以下情况时，应停池大修：

a. 滤池含泥量显著增多，泥球过多并且靠改善冲洗已无法解决；

b. 砂面裂缝太多，甚至已脱离池壁；

c. 冲洗后砂面凹凸不平，砂层逐渐降低，出水中携带大量砂粒；

d. 配水系统堵塞或管道损坏，造成严重冲洗不匀；

e. 滤池已连续运行 10 年以上。

滤池的大修包括以下内容：

a. 将滤料取出清洗，并将部分予以更换；

b. 将承托层取出清洗，损坏部分予以更换；

c. 对滤池的各部位进行彻底清洗；

d. 对所有管路系统进行完全的检查修理，水下部分予以防腐处理。

⑥ 将滤料清洗或更换后，重新铺装时应注意以下问题：

a. 应遵循分层铺装的原则，每铺完一层后，首先检查是否达到要求的高度，然后铺平刮匀再进行下一层铺装；

b. 如有条件，应尽量采用水中撒料的方式装填滤料，装填完毕之后，将水放干，将表层的极细砂或杂物清除刮掉；

c. 对于双层滤料，装完底层滤料后，应先进行冲洗，刮除表层的极细颗粒及杂物，再进行上层滤料的装填；

d. 滤层实际铺装高度应比设计高度高出 50mm；

e. 对于无烟煤滤料，投入滤池后，应在水中浸泡 24h 以上，再将水排干进行冲洗刮平；

f. 更换完的滤料，初次进水时，应尽量从底部进水，并浸泡 8h 以上，方可正式投入运行。

2.3.5 分析测量与记录

对滤池的进水和出水，应进行以下项目的分析与检测：

浊度：每班 1 次，最好在线连续检测；

SS：每天 1 次；

BOD_5：取混合样，每天 1 次；

TP：取混合样，每天 1 次。

对以下数据应进行记录、测量或计算：入流污水的温度，入流污水量，计算出滤速，记录每池的工作周期，记录每次冲洗的强度及历时，计算冲洗水量占滤池处理污水量的比例。

2.4 消毒工艺

城市污水含有大量的细菌，其中一部分为病原菌。例如，伤寒杆菌、痢疾杆菌和霍乱弧菌等均为常见的在污水中传播的病原菌。另外，蛔虫、血吸虫等寄生虫类以及脊髓灰质炎、肝炎等病毒也在污水中传播。《城镇污水处理厂污染物排放标准》（GB 18918—2002）中把粪大肠菌群列为控制指标，一级 A 标准要求不大于 10^3 个/L，一级 B 标准和二级标准要求

不大于 10^4 个/L。《城市污水再生利用　城市杂用水水质》（GB/T 18920—2002）中对总大肠菌群和余氯做出了规定，其中要求总大肠菌群≤3 个/L。《城市污水再生利用　景观环境用水水质》（GB/T 18921—2002）中对粪大肠菌群的要求是：河道湖泊类观赏性景观环境用水不大于 10^4 个/L，水景类观赏性景观环境用水不大于 2000 个/L，河道湖泊类娱乐性景观环境用水不大于 500 个/L，水景类娱乐性景观环境用水不得检出。因此，在城市污水处理及深度处理工艺流程中，一般都设有消毒工艺。消毒工艺有多种方法，目前城市污水处理厂一般采用紫外线消毒和加氯消毒。

需要说明的是，消毒处理并不能杀灭水中所有微生物（杀灭所有微生物的处理称为灭菌），只是把微生物的风险降低到可以接受的程度，对于个别耐受能力极强的微生物，消毒处理并不能保证绝对的去除。

2.4.1　紫外线消毒

紫外线消毒是一种物理消毒方法，它利用紫外线的杀菌作用对水进行消毒处理。紫外线消毒技术从 20 世纪初发明紫外线发光技术就开始研究，在第二次世界大战期间，由于紫外灯的商业化，已开始广泛用于空气的消毒。水处理的紫外线消毒技术是在 20 世纪 90 年代后期开始大规模应用的。由于紫外线污水消毒处理可以瞬间完成，不需要消毒接触池，不产生氯代消毒副产物，目前已经成为城市污水处理厂消毒工艺的首选技术，在国内外得到了广泛的应用。

与化学消毒方法相比，紫外线消毒的优点是：杀菌速度快，管理简单，不需要向水中投加化学药剂，产生的消毒副产物少，不存在剩余消毒剂所产生的味道，特别是紫外线消毒是控制贾第虫和隐孢子虫的经济有效的方法。不足之处是：费用较高，紫外线灯管寿命有限，无剩余保护。

2.4.1.1　紫外线消毒的机理

紫外线是一种波长范围为 100～400nm 的不可见光线。在光谱中的位置介于 X 射线和可见光之间，其最长波长邻接可见光的最短波长（紫光），而最短波长邻接 X 射线的最长波长。

按照波长范围，可将紫外线分为 A、B、C、D 四个波段。

A 波段（长波紫外线、黑斑效应紫外线，简称 UV-A 波段）：波长范围 320～400nm；

B 波段（中波紫外线、红斑效应紫外线，简称 UV-B 波段）：波长范围 275～320nm；

C 波段（短波紫外线、灭菌紫外线，简称 UV-C 波段）：波长范围 200～275nm；

D 波段（真空紫外线，简称 UV-D 波段）：波长范围 100～200nm。

其中，具有消毒效果的主要是 C 波段的紫外线，D 波段的紫外线可以在空气中生成臭氧。A 波段紫外线可使皮肤产生黑斑（色素沉着），该波段的紫外线可强烈地刺激皮肤，使皮肤新陈代谢加快、皮肤生长力加强和使皮肤加厚。A 波段紫外线是治疗皮肤病的重要波段，像牛皮癣、白癜风等疾病。B 波段的紫外线可使皮肤产生红斑（晒伤效应）。但 A 波段和 B 波段杀菌效果不强。

波长为 240～280nm 的紫外线具有很强的消毒效果，此波段与微生物细胞中的 DNA（脱氧核糖核酸）或 RNA（核糖核酸）对紫外线的吸收情况相重合。紫外线消毒的机理是紫外线能改变和破坏蛋白质的 DNA 或 RNA 结构，导致核酸结构改变，抑制了核酸的复制，使生物体失去蛋白质的合成和复制繁殖能力。就杀菌速度而言，C 波段处于微生物吸收峰范围之内，可在1s之内通过破坏微生物的DNA结构杀死病毒和细菌。

2.4.1.2 紫外线消毒装置及工艺控制

(1) 紫外线灯

水的消毒处理都是采用人工紫外线光源（即人工汞灯或汞合金灯光源）。人工汞灯利用汞蒸气被激发后发射紫外线。紫外线灯主要分为低压低强度紫外线灯、低压高强度紫外线灯和中压高强度紫外线灯三大类，近年来还研制出了一些新型紫外线灯，如高臭氧紫外线消毒灯。其中低压、中压是指点燃灯管后水银蒸气的压强，低压的一般低于0.8～1.5Pa，中压的可达0.1～0.5MPa。强度是指灯管的输出功率的大小。

低压低强度紫外灯是消毒处理中使用范围最广泛的紫外线灯。它是低压水银蒸气灯，基本上产生单色光照射（光谱范围很窄），其波长为253.7nm，与DNA的最大吸收峰260nm接近，属于有效的杀菌波段。低压低强度紫外线灯管的直径一般为15～20mm，灯管长度0.75～1.5m，灯管寿命8000～13000h，工作温度35～45℃。紫外灯采用石英套管，石英套管浸没在要消毒的水中时，灯不与水直接接触，并控制灯管壁温。该灯的优点是：杀菌的光效率高，其有效杀菌波段（C波段）的输出功率占输入总功率的30%～40%。不足之处是单灯管的功率一般在15～70W，国产低压低强度灯的功率一般不超过40W，大型水处理厂需要使用几十只甚至上百只灯管。

中压高强度紫外灯用汞铟合金代替了汞。该灯的单管功率一般在100～400W，灯管的寿命也略有延长，但是该灯的发光波长范围变宽，在有效杀菌波段（C波段）的输出功率占输入总功率的25%～35%，工作温度90～150℃，浸入水中需要设外套管。

高压紫外灯的工作温度600～800℃，浸入水中需要设外套管。该灯产生多色光的照射，其中在有效杀菌波段（C波段）的输出功率占输入总功率的10%～15%，主要的输出波段在紫外B波段，灯管的寿命也较短，为数千小时。但是该灯的单管功率极高，可达数千瓦，适用于水的流量极大且场地有限的消毒场所。

由于紫外灯管属于气体发光灯，电路特性为非线性电阻，在电路系统需配置镇流器，目前多采用电子镇流器。

紫外灯管的紫外光输出将随着灯管的老化而逐渐降低，一般以紫外输出降至新灯的70%来计算灯管的使用寿命。紫外灯管的启动对灯管的寿命影响很大，低压灯管每启动点燃一次大约要消耗3h的有效时间，中压灯管每启动点燃一次要消耗5～10h的有效时间，因此在使用中应避免灯管的频繁开关。在运行中当灯管的紫外线强度低于2500$\mu W/cm^2$时，就应该更换灯管，但由于测定紫外线强度较困难，实际上灯管的更换都以使用时间为标准，计数时除将连续使用时间累加外，还需加上每次开关灯管对灯管的损耗，一般开关一次按使用3h计算。

紫外线灯管的安装、维护注意事项：

① 严禁频繁启动紫外线灯管，特别是在短时间内，以确保紫外灯管寿命。

② 定期清洗。根据水质情况，紫外线灯管和石英玻璃套管需要定期清洗，去除石英玻璃套管上的污垢，以免影响紫外线的透过率，从而影响杀菌效果。

③ 更换灯管时，先将灯管电源插座拔掉，抽出灯管，再将擦净的新灯管小心地插入杀菌器内，装好密封圈，检查有无漏水现象，再插上电源。注意勿以手指触及新灯管的石英玻璃，否则会因污点影响杀菌效果。

④ 预防紫外线辐射。紫外线对细菌有强大的杀伤力，对人体同样有一定的伤害，启动

消毒灯时，应避免对人体直接照射，必要时可使用防护眼镜，不可直接用眼睛正视光源，以免灼伤眼膜。

(2) 紫外线消毒设备

紫外线消毒设备分为管式消毒设备和明渠式消毒设备两大类。其中管式消毒设备多用于给水消毒，明渠式消毒设备多用于污水消毒。其核心部件均为多个平行设置的紫外灯管，设置在专门的管件中或消毒渠道中，在水流经消毒设备的数秒时间内，完成对水的紫外消毒处理。图 2-24 所示为管式紫外线消毒设备，图 2-25 所示为明渠式紫外线消毒设备。

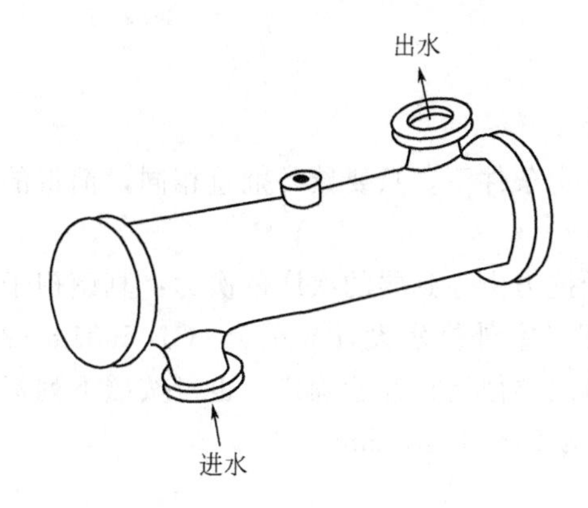

图 2-24 管式紫外线消毒设备

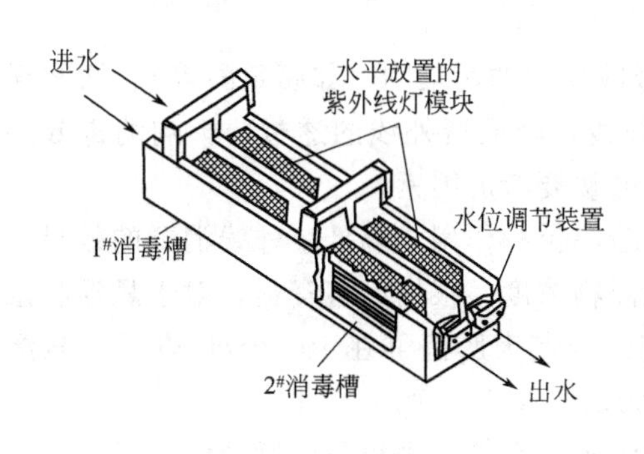

图 2-25 明渠式紫外线消毒设备

管式消毒设备在管段中设置多只紫外灯管，中小型设备的紫外灯管与水流方向平行，大型设备的紫外灯管与水流方向垂直，紫外灯管可以拆出检修。

明渠式消毒设备在渠道中设置众多紫外灯管，一般由几只灯管构成一个组件，挂在渠中，再由多个组件在渠道中排列，构成消毒渠段。紫外灯管组件可以垂直取出拆卸检修。为了保证稳定的浸没水位，消毒渠道后设置水位控制设施，如溢流堰等。

由于紫外线在水中的照射深度有限，紫外灯管必须在整个过水断面中均匀排列。对于低压低强度紫外线灯管，灯间距一般只有几厘米，其间距与待处理的水质有关。消毒设备的结构应使水流在纵向的流动为推流，避免水流出现短路。由于紫外线光照强度在设备中的分布是不均匀的，因此应在横断面上保持一定的紊流，使水流在流经整个设备时受到的光照均匀。

紫外灯在使用过程中会在灯管表面产生结垢现象，影响光的透过。现在紫外消毒设备大都具有灯管在线清洗设施，多为机械清洗装置，少数设备还设有化学清洗装置，定期进行清洗。

(3) 紫外线消毒所需剂量

紫外线消毒设计的关键是确定适宜的紫外线消毒剂量和进行设备选型。紫外线消毒是一种辐照方法，其紫外线照射的强度为单位面积上所受到的照射功率，常用单位为 mW/cm^2。紫外线的剂量，即紫外剂量，为一定时间内单位面积上受到的照射所做的功（能量），其计算式如下：

$$D=It \tag{2-5}$$

式中 D——紫外剂量，mJ/cm^2；

I——紫外强度，mW/cm^2；

t——光照时间，s。

对微生物的灭活效果与紫外剂量有关。在一定条件下，只要紫外剂量相同，消毒的效果也一样。

不同微生物对紫外线的敏感程度不同，其抵抗力由强到弱的次序依次为：真菌孢子＞细菌芽孢＞病毒＞细菌菌体。对于污水消毒，我国《室外排水设计规范》（GB 50014—2006）中规定，污水的紫外线消毒剂量宜根据试验资料或类似运行经验确定；也可按照下列标准确定：二级处理的出水为 15～22mJ/cm^2，再生水为 24～30mJ/cm^2。

2.4.1.3 紫外线消毒需要考虑的问题

紫外线消毒处理所需考虑的问题主要有如下几项。

(1) 待处理水的性质

水中的有机物（特别是在 254nm 有较强吸收作用的污染物，如腐殖酸等）、铁和锰（紫外线的强吸收剂）、藻类等物质会过量吸收紫外线，降低紫外线的透过，影响消毒效果。待处理水的紫外线透光率是紫外线消毒设备设计的重要考虑因素。

水中的颗粒物会对细菌和病毒起到包裹屏蔽等保护作用，降低紫外线消毒的效果。因此对于污水消毒，必须严格控制二沉池出水的悬浮物浓度。根据已有资料，对于悬浮物浓度小于 30mg/L 的二沉池出水，紫外线消毒可以有效控制大肠菌群在 10^4 个/L 以下；悬浮物浓度小于 10mg/L，紫外线消毒可以有效控制大肠菌群在 10^3 个/L 以下。

对于紫外线透光率较低和颗粒物含量较多的水，必须采用较高的紫外线剂量。

(2) 灯管表面结垢问题

水中的各种悬浮物质、生物以及有机物和无机物（如钙、镁离子），都会造成石英套管表面结垢，将极大地影响紫外线的透过率，需要定期进行机械清洗和化学清洗。紫外线消毒设备要设清洗设施，给水厂紫外线消毒设备大约每月清洗一次，污水处理厂大约每周清洗一次，一段时间后还需进行化学清洗。

(3) 已经紫外灭活的微生物的光复活问题

在存在可见光的条件下，已被紫外线灭活的微生物会有一部分又复活，称为光复活现象。光复活的机理是可见光（最有效的波长在 400nm 左右）激活了细胞体内的光复活酶，它能分解紫外线产生的胸腺嘧啶二聚体。因此在实际的紫外线消毒剂量中应设有考虑光复活的余量，并使消毒后的回用水减少与光线的接触，当然，对于外排的污水消毒，此条件无法实现。

(4) 剩余保护问题

紫外线消毒无剩余保护作用，对于污水回用消毒，目前需要采用紫外线与化学消毒剂联合使用的消毒工艺，即以紫外线作为前消毒工艺，再加入少量化学消毒剂（氯胺或二氧化氯等），以满足对管网水剩余消毒剂的要求，控制微生物在管网中的再生长。

2.4.2 氯消毒

2.4.2.1 加氯消毒的机理及其影响因素

氯消毒应用历史最久，使用也最为广泛。

加氯消毒是指向污水中加入液氯，杀灭其中的病菌和病毒。氯在常温常压下是一种黄绿色的气体，为便于运输、贮存和投加，将氯气在常温下加压至8～10atm变成液态，即加氯消毒中采用的液氯。氯消毒作用，利用的不是氯气本身，而是氯与水发生反应生成的次氯酸，反应式如下：

$$Cl_2 + H_2O \rightleftharpoons HClO + H^+ + Cl^-$$

次氯酸（HClO）分子量很小，是不带电的中性分子，可以扩散到带负电荷的细菌细胞表面，并渗入胞内，利用氯原子的氧化作用破坏细胞的酶系统，使其生理活动停止，最后导致死亡。在水中形成的HClO是一种弱酸，因此会发生以下电解反应：

$$HClO \rightleftharpoons H^+ + ClO^-$$

式中的次氯酸根离子ClO^-也具有氧化性，但由于其本身带有负电荷，不能靠近也带负电荷的细菌，所以基本上无消毒作用。当污水的pH值较高时，式中的化学平衡会向右移动，水中HClO浓度降低，消毒效果减弱。因此，pH是影响消毒效果的一个重要因素。pH值越低，消毒效果越好。实际运行中，一般应控制$pH<7.4$，以保证消毒效果，否则应该加酸使pH值降低。除pH以外，温度对消毒效果影响也很大。温度越高，消毒效果越好，反之越差。其主要原因是温度升高能促进HClO向细胞内的扩散。

2.4.2.2 加氯系统

加氯系统包括加氯机、接触池、混合设备以及氯瓶等部分，如图2-26所示。

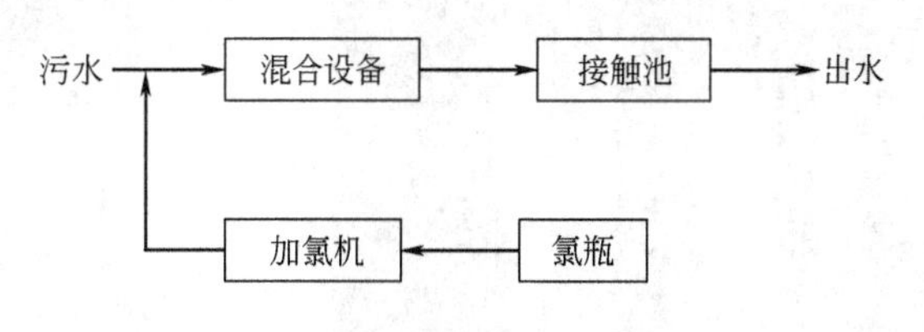

图2-26　加氯系统示意图

加氯机分为手动和自动两大类。加氯机的功能是：从氯瓶送来的氯气在加氯机中先流过转子流量计，再通过压力水的水射器使氯气和水混合，把氯溶解在水中形成高含氯水。氯水再被输送至加氯点投加。为了防止氯气泄漏，加氯机内多采用真空负压运行。国内早期水厂采用转子加氯机手动投加，现多采用自动加氯机投加，其中大型加氯机为柜式，加氯容量小于10kg/h的多为挂墙式。自动加氯机的控制有手动和自动两种方式，其中自动方式有三种模式：流量比例自动控制、余氯反馈自动控制和复合环自动控制（流量前馈加余氯反馈）。图2-27为ZJ型转子加氯机。

转子加氯机主要由旋风分离器、弹簧膜阀、转子流量计、中转玻璃筒以及平衡水箱和水射器等组成。液氯自钢瓶进入分离器，将其中的一些悬浮杂质分离出去，然后经弹簧膜阀和流量计进入中转玻璃筒。在中转玻璃筒内，氯气和水初步混合，然后经水射器进入污水管道

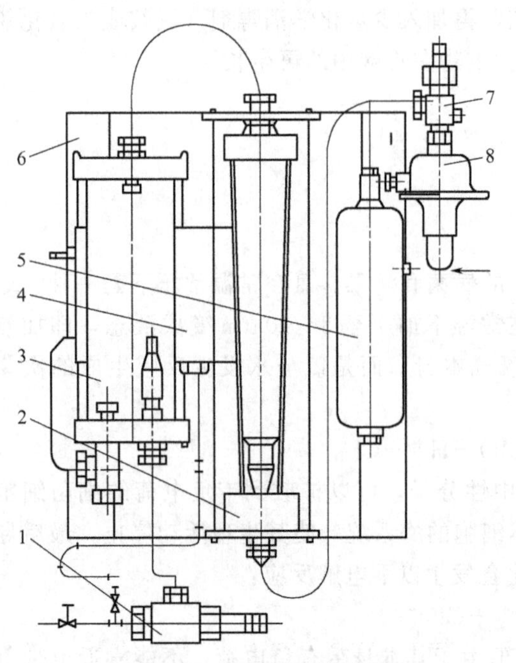

图 2-27　ZJ 型转子加氯机

1—水射器；2—转子流量计；3—中转玻璃筒；4—平衡水箱；5—旋风分离器；6—框架；7—控制阀；8—弹簧膜阀

内。弹簧膜片系一定压减压阀门，当压力低于 1atm 时能自动关闭，同时还能起到稳压的作用。中转玻璃筒的作用是缓冲稳定加氯量以及防止压力倒流，同时便于观察加氯机工况。平衡水箱可稳定中转玻璃筒内水量，当氯气用完后，可破坏筒内真空，防止污水倒流。水射器的作用是负压抽取氯气，使之与污水混合。

目前采用的自动真空加氯机，可有效防止氯气泄漏，其运行安全可靠。图 2-28 为柜式真空自动加氯机。

真空自动加氯系统通常由氯源提供系统、气体计量投加系统、监测及安全保护系统三个部分共同组成，包括加氯支管、自动切换装置、液氯蒸发器（加氯量小时可以不用）、减压过滤装置、真空调节器、自动真空加氯机和水射器等主要部件。氯源经自然蒸发或利用液氯蒸发器由液态氯转换为气态氯，由真空调节器将输入管道内氯气的压力由正压调至负压，通过加氯机计量，通过水射器与压力水混合后投入水体，其工艺流程如图 2-29 所示。

图 2-28　柜式真空自动加氯机

氯瓶 ⟶ 过滤器 ⟶ 自动切换器 ⟶ 减压阀 ⟶ 真空调节器 ⟶ 加氯机 ⟶ 水射器 ⟶ 加氯点

图 2-29　真空自动加氯系统工艺流程

将氯加入污水以后，应使之尽快与污水均匀混合，发挥消毒作用，常采用管道混合方式；当流速较小时，应采用静态管道混合器；当有提升泵时，可在泵前加氯，用泵混合。

接触池的作用是使氯与污水有较充足的接触时间，保证消毒作用的发挥。在污水深度处理中，可考虑在滤池前加药，用滤池作为接触池，但加氯量较滤池后加氯量高。

氯瓶的作用是运输并贮存液氯。氯瓶有立式和卧式两种类型，有 50kg、500kg、1000kg 等几种规格，处理厂可结合本厂规模选用。

2.4.2.3 加氯量的控制

在污水处理流程中有以下三种加氯消毒形式：

初级处理出水＋加氯消毒→排放至水体

二级处理出水＋加氯消毒→排放至水体

深度处理出水＋加氯消毒→进污水回用管网

常见的为后两种。由于二级处理出水和深度处理出水中污染物浓度及种类和细菌数量不同，其加氯量也存在很大差别。

（1）二级处理出水加氯量的控制

城市污水经二级处理，排入受纳水体之前，进行加氯消毒；对此目前尚有不同意见。因为污水中的一些有机物与氯反应之后，可生成三氯甲烷和四氯化碳等致癌物质。某一污水厂的受纳水体，经一定距离或时间的自净之后，往往被作为下游城市的取水水源，而三氯甲烷和四氯化碳等致癌物质在环境中非常稳定，会随水进入下游城市的给水管网，影响人们的身体健康。另外，加氯之后，当污水中余氯量太高时，还会杀灭受纳水体中的一些水生生物，破坏水体生态平衡。鉴于以上情况，一般认为，二级处理出水中应少加氯，能不加则不加。事实上，欧盟很多国家基本上不再对二级处理出水加氯消毒。目前，国内新建的二级处理厂中，大部分都开始用紫外线消毒。在二级处理出水的排放标准中，目前也没有对消毒效果或余氯浓度做出硬性规定。因此，二级处理出水或初级处理出水的加氯消毒，不需要在出水中保持余氯浓度，而以实际消毒耗氯量为加氯量控制指标。一般来说，二级处理出水加氯消毒之后，当不需要保持余氯浓度时，二级处理出水加氯量一般在 5～10mg/L，初级处理出水在 15～25mg/L。

（2）深度处理出水氯量的控制

深度处理中，除要求达到一定的消毒效果，即保证一定的大肠菌群的去除率外，还要求回用水管网末端保持一定的余氯量。例如，《城市污水再生利用　城市杂用水水质》（GB/T 18920—2002）中要求总大肠菌群≤3 个/L，回用水管网末端要求≥0.2mg/L 的总余氯。总的加氯量由以下两部分组成：实际消毒需氯量和游离性余氯量。实际消毒需氯量除直接用于杀灭细菌的氯量之外，还包括氧化污水中的一些还原性物质所需的氯量，如 H_2S、SO_3^{2-}、Fe^{2+}、Mn^{2+}、NO_2^-、NH_4^+ 和胺，以及一些有机物。游离性余氯量是指加氯接触一定时间后，水中所剩的 Cl_2、HClO 和 ClO^- 的总和。总加氯量的确定一般也由试验确定，程序如下：

① 取深度处理系统中滤池的出水水样，测定水样中的大肠菌群数，如果该水作为工业冷却水，则细菌总数也应作为消毒的一个控制指标，因此还应测定水样中的细菌总数。

② 自同一二级出水取若干水样。例如，取 8 个水样，每个为 100mL。

③ 向每个水样中加入不同的氯量。例如向 8 个水样中分别加入 0.20mg、0.25mg、0.30mg、0.35mg、0.40mg、0.45mg、0.50mg、0.55mg 氯，则每个水样中的氯浓度为 2.0mg/L、2.5mg/L、3.0mg/L、3.5mg/L、4.0mg/L、4.5mg/L、5.0mg/L、5.5mg/L。

④ 加氯之后，用玻璃棒搅拌每个水样。持续时间与实际运行中污水在接触池内的水力停留时间一样。

⑤ 到达接触时间后，分别测定每个水样中的大肠菌群数和游离性余氯的浓度。余氯测

定可用比色法或仪器法。

⑥ 测定加氯量。在以上试验结果中，选择既满足所要求的大肠菌去除率，又同时满足游离性余氯要求的最小加氯量。如果污水回用于工业冷却水，还应同时满足对细菌总数去除的要求。

二级生化出水采用混凝沉淀和过滤工艺进行深度处理时，加氯量一般控制范围为3～6mg/L。

(3) 接触时间对加氯量的影响

接触时间是污水在接触池的水力停留时间。一般来说，在保证消毒效果一定的前提下，接触时间延长，加氯量可适当减少。但接触时间很大程度上取决于设计，一般来说，应控制在15min以上。污水量增加时，接触时间会缩短，此时应适当增加加氯量。

2.4.2.4 用氯安全

氯是一种剧毒气体，空气中浓度为1μL/L（百万分之一）时，人体即会产生反应。空气中的氯气为15μL/L时，即可危及人的生命。因此，在运行管理中，应特别注意用氯安全。

(1) 氯瓶的安全使用

液氯的运输应注意以下事项：

① 运输人员应充分了解氯气的安全运输知识。

② 运输车辆必须是经公安部门验收合格的化学危险品专用车辆。

③ 氯瓶应轻装轻卸，严禁滑动、抛滚或撞击，并严禁堆放。

④ 氯瓶不得与氢、氧、乙炔、氨及其他液化气体同车装运。

⑤ 遵守安全部门的其他规定。

液氯的贮存应注意以下事项：

① 贮存间应符合消防部门关于危险品库房的规定。

② 氯瓶入库前应检查是否漏氯，并做必要的外观检查。检漏方法是用10%的氨水对准可能漏氯部位数分钟。如果漏氯，会在周围形成白色烟雾（氯与氨生成的氯化铵晶体微粒）。外观检查包括瓶壁是否有裂缝、鼓包或变形。有硬伤、局部片状腐蚀或密集斑点腐蚀时，应认真研究是否需要报废。

③ 氯瓶存放应按照先入先取先用的原则，防止某些氯瓶存放期过长。

④ 每班应检查库房内是否有泄漏，库房内应常备10%氨水，以备检漏使用。

氯瓶在使用时应注意以下事项：

① 氯瓶在开启前，应先检查氯瓶的位置是否正确，然后试开氯瓶总阀。不同规格的氯瓶有不同的放置要求。

② 氯瓶与加氯机紧密连接并投入使用以后，应用10%氨水检查连接处是否漏氯。

③ 氯瓶使用过程中，应常用自来水冲淋，以防止瓶壳由于降温而结霜。

④ 在加氯间内，冬季氯瓶周围要有适当的保温措施，以防止瓶内形成氯冰。但严禁用明火等热源为氯瓶保温。

⑤ 氯瓶使用完毕后，应保证留有0.05～0.1MPa的余压，以免遭水受潮后腐蚀钢瓶，同时这也是氯瓶再次充氯的需要。

(2) 加氯间的安全措施

① 加氯机的安全使用，详见所采用的加氯机使用说明，此处不再详述。

② 加氯间应设有完善的通风系统，并时刻保持正常通风，每小时换气量一般应在10次以上。

③ 加氯间内应在最显著、最方便的位置放置灭火工具及防毒面具。

④ 加氯间内应设置碱液池，并时刻保证池内碱液有效。当发现氯瓶严重泄漏时，应先戴好防毒面具，然后立即将泄漏的氯瓶放入碱液池中。

(3) 氯中毒的紧急处理措施

在操作现场，一般将氯浓度限制在0.006mg/L以下。当高于此值时，人体会有不同程度的反应。长期在低氯环境中工作会导致慢性中毒，表现为：眼黏膜刺激流泪；呼吸道刺激咳嗽，并导致慢性支气管炎；牙龈炎、口腔炎、慢性肠胃炎；皮肤发痒、痤疮样皮疹等症状。短时间暴露在高氯环境中，可导致急性中毒。轻度急性氯中毒表现为：喉干胸闷，脉搏加快等轻微症状；重度急性氯中毒表现为：支气管痉挛及水肿，昏迷或休克等严重症状。在处理严重急性中毒事故中，应注意以下事项：

① 设法迅速将中毒者转移至新鲜空气中。

② 对于呼吸困难者，严禁进行人工呼吸，应让其吸氧。

③ 如有条件，也可雾化吸入5%的碳酸氢钠溶液。

④ 用2%的碳酸氢钠溶液或生理盐水为其洗眼、鼻和口。

⑤ 严重中毒者，可注射强心剂。

以上为现场非专业医务人员采取的紧急措施，如果时间允许或条件许可，首要的是请医务人员处理或急送医院。

第3章 活性污泥法

活性污泥是一种以好氧菌为主体的生物絮凝体，一般呈褐色或茶褐色。其中含有大量的活性微生物，包括细菌、真菌、原生动物、后生动物以及一些无机物、未被微生物分解的有机物和微生物自身代谢的残留物。活性污泥结构疏松，表面积很大，对有机污染物有着吸附凝聚、氧化分解和絮凝沉降的性能。在活性污泥中，各种微生物构成了一个生态平衡的生物群体，而起主要作用的是细菌及原生动物。

3.1 活性污泥系统的组成

3.1.1 主要生物种类

3.1.1.1 细菌类

在污水处理所利用的生物群中，细菌是体型最微小、最主要的一种微生物，适应性强，增长速度快，世代期仅为20～30min。它具有吸收各种有机物并进行氧化分解的能力。在污水生物处理中起作用的菌种有菌胶团、硝化菌、脱氮菌、聚磷菌等几种。

(1) 菌胶团

菌胶团是活性污泥和生物膜形成生物絮体的主要生物，是活性污泥结构和功能的中心，有较强的吸附能力和氧化有机物的能力，在水生物处理中具有重要作用。活性污泥性能的好坏，主要根据所含菌胶团多少、大小及结构的紧密程度来确定。菌胶团为异养菌。

(2) 硝化菌

硝化菌是一种好气性细菌，包括亚硝化菌和硝化菌。它是在好氧条件下，将氨氮氧化为亚硝酸盐，再将亚硝酸盐氧化为硝酸盐的细菌。硝化菌为自养菌。

(3) 脱氮菌

在无氧条件下，能利用硝酸盐来氧化分解有机物，将亚硝酸盐或硝酸盐还原为氮气。脱氮菌为异养菌。

(4) 聚磷菌

聚磷菌是传统活性污泥工艺中一类特殊的兼性细菌，在好氧或缺氧状态下能将污水中的磷吸入体内，使体内的含磷量超过一般细菌体内的含磷量的数倍，这类细菌被广泛地用于生物除磷。聚磷菌为异养菌。

3.1.1.2 丝状菌

污水处理过程中的丝状菌主要有球衣细菌、丝状硫黄细菌和放线菌。球衣细菌和丝状硫黄细菌等丝状微生物在活性污泥工艺中过度繁殖，可产生污泥膨胀，使污泥沉降性能恶化。

(1) 球衣细菌

菌体排成一列呈丝状，通常为白色或灰色，是最常见的一类菌种，在活性污泥中大量繁殖，会使活性污泥膨胀，给污水处理带来危害。球衣细菌为异养菌。

(2) 丝状硫黄细菌

丝状硫黄细菌生存于含硫的水中，能将 H_2S 氧化为元素硫。主要有两个属，即贝氏硫菌属（*Beggiatoa*）和发硫菌属（*Thiothrix*），前者丝状体游离，后者丝状体通常固着于固体基质上。丝状硫黄细菌属自养菌。

(3) 放线菌

放线菌在适宜条件下，通过一些特殊的生理活动可形成空间网状丝体。活性污泥工艺中的诺卡氏菌即为放线菌的一个属类。诺卡氏菌的增殖会使曝气池内形成大量生物泡沫，严重干扰活性污泥的正常运行。

3.1.1.3 原生动物

原生动物是单细胞的好氧性生物，与污水处理有关的原生动物有肉足类、鞭毛类和纤毛类，具有吞食污水中的有机物、细菌，在体内迅速氧化分解的能力，因此，在活性污泥法和生物膜法中，它除了能除去有机物，提高有机物的分解速度外，还能使生物膜的表面吸附能力获得再生。原生动物在活性污泥中发挥着重要作用，它们既能捕食游离的细菌，进一步提高沉降效果，又能起到指示性作用。在活性污泥工艺系统中存在的原生动物绝大部分为钟虫，钟虫数量及生物特征的变换，可以有效地预测活性污泥的状态及趋势。

3.1.1.4 藻类

藻类是植物，主要有绿藻、蓝藻、硅藻和褐藻等，含有叶绿素。当叶绿素吸收二氧化碳和水进行光合作用而生成碳水化合物时，将放出大量的氧气于水中。因此生物稳定塘处理工艺中，藻类就是利用这种氧来氧化污水中的有机物。但当水体富营养化时，藻类大量繁殖，水体恶化。

3.1.1.5 后生动物

后生动物由多个细胞组成，种类很多。在污水处理中常见的是轮虫和线虫。轮虫和线虫在活性污泥和生物膜中都能观察到，其生理特征及数量的变化具有一定的指示作用。它们的存在，指示处理效果较好；但当轮虫数量剧增时，污泥老化，结构松散并解体，预兆污泥膨胀。

3.1.2 活性污泥系统的基本原理

活性污泥法就是以含于废水中的有机污染物为培养基，在有溶解氧的条件下，连续地培养活性污泥，再利用其吸附凝聚和氧化分解作用净化废水中的有机污染物。活性污泥基本流程如图 3-1 所示。

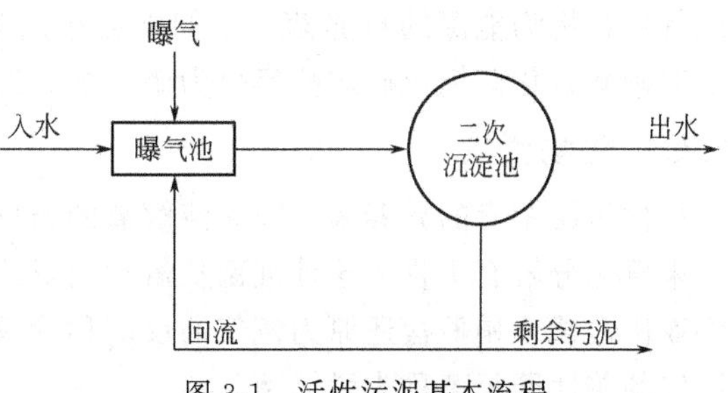

图 3-1 活性污泥基本流程

如图 3-1 所示，污水经过一级处理后，进入生物反应池——曝气池，同时从二次沉淀池回流的活性污泥作为接种污泥，与反应器内的活性污泥混合，此外，从空压机站送来的压缩空气，通过铺设在曝气池底部的空气扩散装置，以微小气泡的形式进入污水中，其作用除向污水充氧外，还使曝气池内的污水、污泥处于剧烈搅动状态，形成以污水、微生物、胶体、可降解和不可降解的悬浮物以及惰性物质组成的混合液悬浮固体即活性污泥混合液，经过足够时间的曝气反应后，混合液送到二次沉淀池，在其中进行活性污泥与水的分离，澄清后的污水作为处理水排出系统。经过沉淀浓缩的污泥从二次沉淀池底部排出，一部分回流到曝气池，以维持反应器内微生物浓度，一部分作为剩余污泥排出，因此活性污泥法净化机理包含以下五个方面。

3.1.2.1 活性污泥对有机物的吸附

活性污泥对有机物的吸附就是有机物在活性污泥表面的浓缩现象。将废水与活性污泥进行混合曝气，废水中的有机物就会被吸附去除。有机物去除量和活性污泥耗氧量随曝气时间而变化，在废水与活性污泥开始接触的20～30min内，就可以去除75%以上的BOD，这种现象称为初期吸附或生物吸附。初期吸附的原因在于活性污泥具有巨大的表面积（2000～10000m^2/m^3混合液），且其表面具有多糖类黏液层。废水中悬浮的或胶体的有机物越多，则初期吸附的去除率就越大。被吸附去除的有机物经水解后，被微生物摄入体内，接着被氧化和同化。

3.1.2.2 被吸附有机物的氧化和同化

微生物为了合成细胞和维持其生命活动等所需的能量，将吸附的有机物进行分解，产生能量，这就是微生物的氧化。微生物利用氧化所得的能量，将有机物合成为新的细胞组织，这就是微生物的同化。活性污泥的作用主要是氧化在吸附阶段吸附的有机物，同时也继续吸附残余物质。氧化分解作用相当慢，所需时间比吸附时间长得多，可见曝气池的大部分容积是在进行有机物的氧化和微生物的合成。

3.1.2.3 活性污泥絮体的沉淀和分离

采用活性污泥法处理废水，除应保证活性污泥对有机物的吸附、氧化和同化能顺利地进行外，为了得到澄清的出水，还需要活性污泥具有良好的混凝和沉淀性能。活性污泥的混凝和沉淀性能与活性污泥中微生物所处的增殖期（停滞期、对数增殖期、衰减增殖期和内源呼吸期）有关。在对数增殖期，BOD-SS负荷高，微生物对有机物的去除速度虽然很快，但活性污泥的混凝和沉淀性能较差。随着曝气时间的增长，BOD-SS负荷越来越小，当微生物增殖接近内源呼吸期时，活性污泥的吸附、混凝和沉淀性能都很高。城市污水处理厂广泛采用的普通活性污泥法就是利用微生物增殖处于从衰减增殖期到内源呼吸期来处理废水的。在曝气池内，活性污泥要具有良好的去除有机物的性能；在二次沉淀池要具有良好的沉淀能力。

3.1.2.4 生物硝化

普通活性污泥法是利用异养菌以有机物为能源处理污水的。活性污泥中还有以氮、硫、铁或其化合物为能源的自养菌，它们能在绝对好氧条件下，氨氮化菌把氨氮氧化为亚硝酸盐，亚硝酸氧化菌把亚硝酸盐氧化为硝酸盐。这些反应称硝化反应。

3.1.2.5 生物脱氮

活性污泥中有的异养菌，在无溶解氧的条件下，反硝化细菌能利用硝酸盐中的氧（结合氧）来氧化分解有机物，这种细菌从氧利用形式分，属于兼性厌氧菌。兼性厌氧菌利用有机物将亚硝酸盐或硝酸盐还原为氮气的反应称为反硝化生物脱氮（简称脱氮），参与反硝化脱氮反应的兼性厌氧菌称为脱氮菌。

3.1.3　活性污泥系统的组成

活性污泥系统主要由曝气池、曝气系统、二次沉淀池、污泥回流系统和剩余污泥排放系统组成。

3.1.3.1　曝气池

曝气池是活性污泥工艺的核心。它是在池内提供一定的污水停留时间，由微生物组成的活性污泥与污水中的有机污染物充分混合接触，并进而将其吸收并分解的构筑物。根据曝气池内混合液的流态可将曝气池分为推流式、完全混合式和循环混合式三种类型。

(1) 推流式曝气池

推流式是利用窄长形曝气池，废水和回流污泥从曝气池一端流入，水平推进，从另一端流出，再经二次沉淀池进行固液分离。在二次沉淀池沉淀下来的污泥，一部分以剩余污泥排到系统外，另一部分回流到曝气池首段与待处理的废水一起进入曝气池。回流污泥的流量和浓度决定池内 MLSS 的浓度，如图 3-2 所示。

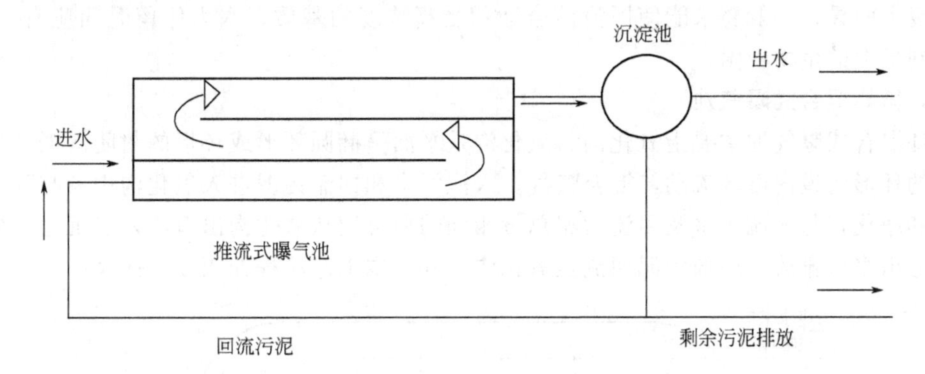

图 3-2　推流式活性污泥法的基本工艺流程

推流式的特点是池子大小不受限制，不易发生短流，有助于生成絮凝好、易沉降的污泥，出水水质好。如果废水中含有有毒物或抑制性有机物，在进入曝气池首段之前，应将其去除或加以调节。在曝气池终端时，已达到了完全处理，氧的利用率接近内源呼吸水平。因此城市污水处理一般可采用推流式。

在推流池中改进废水与回流污泥接触的方式可实现生物脱氮。如在曝气池出口端分割出一个区域，其容积约占曝气池总容积的 15%，用低能量液面下机械加以搅拌，即可控制缺氧条件。随同回流污泥一起进入该区的硝酸盐可以部分满足 BOD 的需要。在产生硝化的情况下，硝化混合液从曝气末端进入该池池首缺氧区，这样就能够实现大量脱氮。

(2) 完全混合式曝气池

完全混合式是污水和回流污泥一进入曝气池就立即与池内其他混合液均匀混合，使有机物浓度因稀释而立即降至最低值。为使曝气池内能达到完全混合，需要适当选择池子的几何尺寸，并适当安排进料和曝气设备。通过完全混合，能使全池容积以内需氧率固定不变，而且混合液固体浓度均匀一致。水力负荷和有机负荷的瞬时变化在这类系统中也得到了缓冲，如图 3-3 所示。

完全混合式的特点是池子受池型和曝气手段的限制，池容不能太大，当搅拌混合效果不

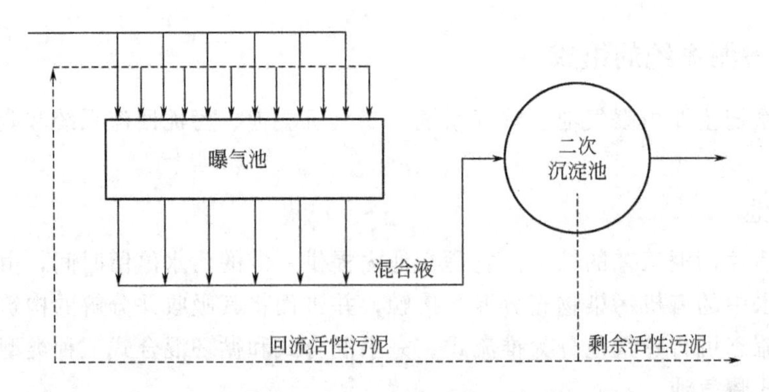

图 3-3　完全混合式活性污泥法的基本工艺流程

佳时易产生短流，易出现污泥膨胀。但进水和回流污泥在不同地点加入曝气池，抗冲击负荷能力大，对入流水质水量的适应能力较强。因此完全混合式广泛应用于工业废水处理。

完全混合式易出现污泥膨胀，可以通过加设一个预接触区予以避免，该预接触区的设计参数随废水而异，一般要求能使回流混合液承受高浓度的基质，水力停留时间应有 15min，以便达到最大的生物吸附。

(3) 循环混合式曝气池

循环混合式曝气池主要指氧化沟。氧化沟是平面呈椭圆环形或环形的封闭沟渠，混合液在闭合的环形沟道内循环流动，混合曝气。入流污水和回流污泥进入氧化沟中参与环流并得到稀释和净化，与入流污水及回流污泥总量相同的混合液从氧化沟出口流入二沉池。处理水从二沉池出水口排放，底部污泥回流至氧化沟。其基本工艺流程如图 3-4 所示。

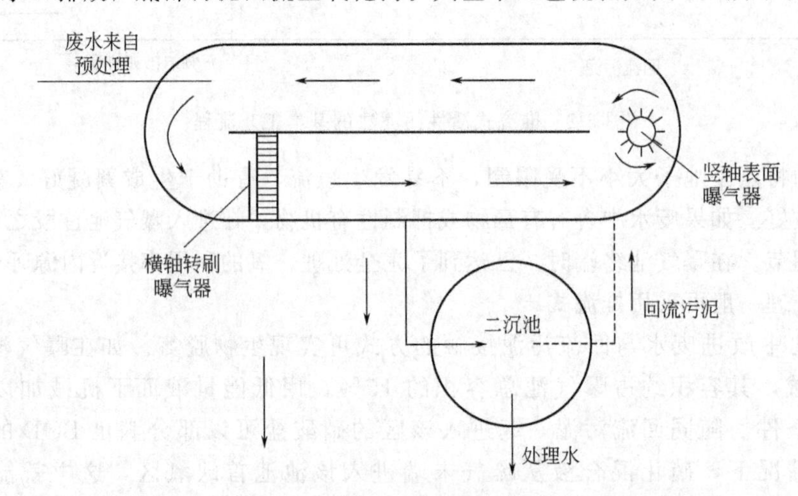

图 3-4　循环混合式活性污泥法的基本工艺流程

氧化沟不仅有外部污泥回流，而且还有极大的内回流。因此，氧化沟是一种介于推流式和完全混合式之间的曝气池形式，结合了推流式与完全混合式的优点。氧化沟不仅能够用于处理生活污水和城市污水，也可用于处理工业废水。处理深度也在加深，不仅用于生物处理，也用于二级强化生物处理；它的类型很多，在城市污水处理中，采用较多的有卡鲁塞尔氧化沟、奥贝尔氧化沟。

3.1.3.2　曝气系统

曝气系统的作用是向曝气池供给微生物增长及分解有机污染物所必需的氧气，并起混合搅拌作用，使活性污泥与有机污染物质充分接触。根据曝气系统的曝气方式可将曝气池分为鼓风曝气活性污泥法、机械曝气活性污泥法两种类型。

(1) 鼓风曝气活性污泥法

鼓风曝气活性污泥法是利用鼓风机供给空气，通过空气管道和各种曝气器（扩散器），以气泡形式分布至曝气池混合液中，使气泡中的氧迅速扩散转移到混合液中，供给活性污泥中的微生物，达到混合液充氧和混合的目的。鼓风曝气系统主要由空气净化系统、鼓风机、管路系统和空气扩散器组成。城市污水处理厂大多采用离心式鼓风机，扩散器的布置形式大多都采用池底满布方式。空气管线上一般应设空气计量和调节装置，以便控制曝气量。

(2) 机械曝气活性污泥法

机械曝气活性污泥法是依靠某种装设在曝气池水面的叶轮机械的旋转，剧烈地搅动水面，使液体循环流动，不断更新液面并产生强烈的水跃，从而使空气中的氧与水滴或水跃的界面充分接触，达到充氧和混合的要求。因此机械曝气也称作表面曝气。

机械曝气活性污泥法，根据机械曝气器驱动轴的安装方位，又分为纵（竖）轴式活性污泥法和横（水平）轴式活性污泥法。竖轴式机械曝气器多用于完全混合式的曝气池，转速一般为20～100r/min，并可有两级或三级的速度调节，属于此类的曝气器有平板叶轮曝气器、泵型叶轮曝气器、倒伞形叶轮曝气器以及漂浮式曝气器等。水平轴机械曝气器一般用于氧化沟工艺，属于此类的曝气器有转刷曝气器及转碟曝气器等。

3.1.3.3 二次沉淀池

二次沉淀池的作用是使活性污泥与处理完的污水分离，并使污泥得到一定程度的浓缩。二沉池内的沉淀形式较复杂，沉淀初期为絮凝沉淀，中期为成层沉淀，而后期则为压缩沉淀，即污泥浓缩。

二次沉淀池要完成泥水分离并回收污泥，关键是获得较高的沉淀效率，均匀配水是其中的首要条件，使各池进水负荷相等，并在允许的表面负荷和上升流速内运行，以得到理想的出水效果及回流污泥。

3.1.3.4 污泥回流系统

污泥回流系统是为了保持曝气池的MLSS在设计值内，把二次沉淀池的活性污泥回流到曝气池内，以保证曝气池有足够的微生物浓度。污泥回流系统包括污泥回流泵和污泥回流管或渠道。污泥回流泵有离心泵、潜水泵、螺旋泵，近年来出现的潜水式螺旋桨泵是较好的一种选择。污泥回流渠道上一般应设置回流量的计量及调节装置，以准确控制及调节污泥回流量。污泥回流系统应采用污泥量调节容易、不发生堵塞等故障的构造。

3.1.3.5 剩余污泥排放系统

随着有机污染物质被分解，曝气池每天都净增一部分活性污泥，这部分活性污泥称之为剩余活性污泥。由于池内活性污泥不断增殖，MLSS会逐渐升高，SV会增加，为保持一定的MLSS，增殖的活性污泥应以剩余污泥排除。有的污水处理厂用泵排放剩余污泥，有的则可直接用阀门排放。可以从回流污泥中排放剩余污泥，也可以从曝气池直接排放。从曝气池直接排放可减轻二沉池的部分负荷，但增大了浓缩池的负荷。在剩余污泥管线上应设置计量及调节装置，以便准确控制排泥。

3.2 活性污泥工艺运行及控制

3.2.1 活性污泥工艺运行参数

活性污泥工艺运行参数可分为三大类。第一类是曝气池的工艺运行参数，主要包括污水在曝气池内的水力停留时间、曝气池内的活性污泥浓度、活性污泥的有机负荷、污泥沉降比、污泥容积指数。第二类是关于二沉池的工艺运行参数，主要包括混合液在二沉池内的停留时间、二沉池的表面水力负荷、出水堰的堰板溢流负荷、二沉池内污泥层深度、固体表面负荷。第三类是关于整个工艺系统的运行参数，包括入流水质水量、回流污泥量和回流比、回流污泥浓度、剩余污泥排放量、污泥龄。

3.2.1.1 曝气池的工艺运行参数

（1）曝气池内的水力停留时间

曝气池内的水力停留时间是指污水在曝气池内的水力停留时间，也称污水的曝气时间，一般用 T_a 表示。T_a 与入流污水量及池容的大小有关系。对于一定流量的污水，必须保证足够的池容，以便维持污水在曝气池内足够的停留，否则有可能将处理尚不彻底的污水排出曝气池，影响处理效果。传统活性污泥工艺的曝气池水力停留时间一般为 6～9h，而实际停留时间则取决于回流比。

（2）活性污泥微生物浓度

① 混合液悬浮固体浓度（MLSS）。混合液悬浮固体是指以规定的干重形式表示的混合液中悬浮固体的浓度，通常用 MLSS 表示。MLSS 近似表示活性微生物浓度，当入流污水 BOD_5 上升，应增大 MLSS，即增大微生物的量，处理增多的有机物质。对传统活性污泥法，MLSS 为 1500～3000mg/L；对延时活性污泥法或氧化沟法，MLSS 为 2500～5000mg/L。

② 混合液挥发性悬浮固体浓度（MLVSS）。混合液挥发性悬浮固体，通常用 MLVSS 表示。它是 MLSS 的有机部分，更接近于活性微生物浓度。在条件一定时，MLVSS/MLSS 是较稳定的，对城市污水，MLVSS/MLSS 一般为 0.7。

（3）活性污泥的有机负荷

活性污泥的有机负荷是指曝气池内单位重量的活性污泥，在单位时间内要保证一定的处理效果所能承受的有机污染物量，单位为 $kgBOD_5/(kgMLVSS \cdot d)$，也称 BOD 负荷。通常用 F/M 表示有机负荷。有机负荷可用式(3-1) 计算：

$$F/M=\frac{Q\times BOD_5}{MLVSS\times V_a} \tag{3-1}$$

式中 Q——入流污水量，m^3/d；

BOD_5——入流污水的 BOD_5 浓度，mg/L；

V_a——曝气池的有效容积，m^3；

MLVSS——曝气池内活性污泥浓度，mg/L。

【例 3-1】 某污水处理厂曝气池有效容积为 $5000m^3$，曝气池内活性污泥浓度 MLVSS 为 4000mg/L，入流污水量为 $25000m^3/d$，入流污水 BOD_5 为 200mg/L，试计算该厂的 F/M 值。

【解】 已知 $Q=25000m^3/d$，$BOD_5=200mg/L$，$MLVSS=4000mg/L$，$V_a=5000m^3$

$$F/M=\frac{Q\times BOD_5}{MLVSS\times V_a}=\frac{25000\times 200}{4000\times 5000}=0.25kgBOD_5/(kgMLSS\cdot d)$$

F/M 表示微生物量的利用率和污泥的沉降性能。F/M 较大时，由于食物较充足，活性污泥中的微生物增长速率较快，有机污染物被去除的速率也较快，但活性污泥的沉降性能较差。反之，F/M 较小时，由于食物不太充足，微生物增长速率较慢或基本不增长，甚至也可能减少，有机污染物被去除的速率也较慢，但活性污泥的沉降性能较好。传统活性污泥工艺的 F/M 值一般在 0.2～0.4kgBOD_5/(kgMLSS·d)。

(4) 混合液溶解氧浓度

传统活性污泥工艺主要采用好氧过程，因而混合液中必须保持好氧状态，即混合液内必须维持一定的溶解氧（DO）浓度。传统活性污泥法曝气池出水溶解氧的浓度最好维持在2～3mg/L 的范围。

对要求硝化的污水处理厂，除需供去除有机物所需氧外，还需供硝化所需的氧量。当混合液溶解氧浓度低于 1mg/L 时，硝化反应速率下降。

(5) 污泥沉降比（SV）

污泥沉降比（settling velocity，SV）是指混合液经 30min 静沉后所形成的沉淀污泥容积占原混合液容积的百分率（%）。

SV_{30}是相对反映污泥数量以及污泥的凝聚、沉降性能的指标，SV_{30}越小，其沉降性能与浓缩性能越好。正常的 SV_{30}一般在 15%～30%的范围内，以控制排泥量和及时发现早期的污泥膨胀。

(6) 污泥容积指数（SVI）

污泥容积指数（sludge volume index，SVI）是指混合液经 30min 静沉后，每克干污泥所形成的沉淀污泥容积（mL），单位为 mL/g。可用式(3-2）表示：

$$SVI=\frac{SV}{MLSS} \tag{3-2}$$

【例 3-2】 某污水处理厂曝气池活性污泥浓度 MLSS 为 2000mg/L，SV_{30}为 20%，计算活性污泥的 SVI 值。

【解】

$$SVI=\frac{SV}{MLSS}=20\times 10000/2000=100\ (mL/g)$$

SVI 能更准确地评价污泥的凝聚性能和沉降性能，SVI 一般在 50～150mL/g 时运行效果最好，SVI 过低，说明活性污泥沉降性能好，但吸附性能差，泥粒小，密实，无机成分多；SVI 过高，说明活性污泥疏松，有机物含量高，但沉降性能差。当 SVI>200mL/g 时，说明活性污泥将要或已经发生膨胀现象。

根据活性污泥法不同和活性污泥的沉降性能（SVI）等，污泥回流比不宜过大。几种常见的活性污泥法的 MLSS 和污泥回流比见表 3-1。

表 3-1 几种常见的活性污泥法的 MLSS 和污泥回流比

处理方法	MLSS/(mg/L)	污泥回流比/%	
		平常	最大
普通活性污泥法	1500～3000	20～40	100
阶段曝气活性污泥法	1000～1500(池末端)	10～20	50

续表

处理方法	MLSS/(mg/L)	污泥回流比/%	
		平常	最大
延时曝气活性污泥法	3000～6000	50～150	
氧化沟法	2500～5000	50～150	

3.2.1.2 二沉池的工艺运行参数

(1) 二沉池内的停留时间

混合液在二沉池内的停留时间一般用 T_c 表示。T_c 要足够大，以保证足够的时间进行泥水分离以及污泥浓缩。传统活性污泥工艺二沉池的停留时间一般在 2～3h，实际停留时间往往取决于回流比的大小。

(2) 二沉池的水力表面负荷

二沉池的水力表面负荷是指二沉池单位表面积在单位时间内通过的污水体积数，单位为 $m^3/(m^2 \cdot h)$，它是衡量二沉池固液分离能力的一个指标。水力表面负荷可用 q_h 表示。计算见式(3-3)：

$$q_h = \frac{Q}{A_c} \tag{3-3}$$

式中 Q——入流污水量；

A_c——二沉池的表面积。

对于一定的活性污泥来说，二沉池的水力表面负荷越小，固液分离效果越好，二沉池出水越清澈。另外，表面水力负荷的控制取决于污泥的沉降性能，污泥的沉降性能较好，水力表面负荷较大，泥水分离效果也较好。反之，如果污泥沉降性能恶化，则必须降低水力表面负荷。传统活性污泥工艺 q_h 一般不超过 $1.2m^3/(m^2 \cdot h)$。

(3) 出水堰溢流负荷

出水堰溢流负荷是指单位长度的出水堰板单位时间内溢流的污水量，单位为 $m^3/(m \cdot h)$。出水堰溢流负荷不能太大，否则可导致出流不均匀，二沉池内发生短流，影响沉淀效果。另外，溢流负荷太大，还导致溢流流速太大，出水中易挟带污泥絮体。传统活性污泥工艺的二沉池堰板溢流负荷一般控制在 $5～10m^3/(m \cdot h)$。

(4) 二沉池的泥位

二沉池的泥位是指泥水界面的水下深度，一般用 L_s 表示。如果泥位太高，即 L_s 太小，便增大了出水溢流漂泥的可能性，运行管理中一般控制恒定的泥位。

(5) 二沉池的固体表面负荷

二沉池的固体表面负荷是指二沉池单位表面积在单位时间内所能浓缩的混合液悬浮固体，单位为 kg MLSS/$(m^2 \cdot h)$，它是衡量二沉池污泥浓缩能力的一个指标。固体表面负荷可用 q_s 表示，计算见式(3-4)：

$$q_s = \frac{(Q+Q_R) \times MLSS}{A_c} \tag{3-4}$$

式中 Q——入流污水量；

Q_R——回流污泥量；

MLSS——混合液污泥浓度；

A_c——二沉池的表面积。

对于一定的活性污泥来说，二沉池的固体表面负荷越小，污泥在二沉池的浓缩效果越好，二沉池排泥浓度越高。污泥的浓缩性能较好，固体表面负荷较大，排泥浓度也较高。反之，如果活性污泥浓缩性能较差，则必须降低固体表面负荷。传统活性污泥工艺 q_s 一般不超过 100kg MLSS/(m^2·h)。

3.2.1.3　工艺系统的运行参数

(1) 入流水质水量

入流污水量 Q 是整个活性污泥系统运行控制的基础。Q 的计量不准确，必然导致运行控制的某些失误。

入流水质也直接影响到运行控制。传统活性污泥工艺的主要目标是降低污水中的 BOD_5 浓度，因此，入流污水的 BOD_5 是工艺调控的一个基础数据。

(2) 回流污泥量和回流比

① 回流污泥量。回流污泥量是从二沉池补充到曝气池的污泥量，常用 Q_R 表示。Q_R 是活性污泥系统的一个重要的控制参数，通过有效调节 Q_R 可以改变工艺运行状态，保证运行的正常。

② 回流比。反应池运行时，为了维持给定的 SRT 或 BOD-SS 负荷，MLSS 必须维持一定的数值，应按回流污泥悬浮固体浓度改变回流污泥量或污泥回流比。

回流比是回流污泥量与污水量之比，常用 R 表示：

$$R=Q_R/Q \tag{3-5}$$

在活性污泥法的运行管理中，为了维持反应池混合液一定的 MLSS 值，除应保证二次沉淀池具有良好的污泥浓缩性能外，还应考虑活性污泥膨胀的对策，以提高回流活性污泥浓度，减少污泥回流比。回流比 R 可以根据实际运行需要加以调整。传统活性污泥工艺 R 一般在 25%～100%。

一般冬天活性污泥的沉降性能和浓度性能变差，所以回流活性污泥浓度低，回流比较夏季高；另外，当活性污泥发生膨胀时，回流活性污泥浓度急剧下降。

(3) 回流污泥浓度

① 回流污泥悬浮固体（RSS）。回流污泥悬浮固体是指回流污泥中悬浮固体的浓度，通常用 RSS 表示，它近似表示回流污泥中的活性微生物浓度。

② 回流污泥挥发性悬浮固体（RVSS）。回流污泥挥发性悬浮固体是指回流污泥中挥发性悬浮固体的浓度，通常用 RVSS 表示。

(4) 剩余污泥排放量

剩余污泥的排放量用 Q_W 表示。剩余污泥的排放有两种情况，第一种是从曝气池排放剩余污泥，此时剩余污泥的排放浓度为混合液的污泥浓度 MLVSS；第二种是从回流污泥系统内排放剩余污泥，此时剩余污泥的排放浓度为 RSS。一般处理厂都从回流污泥系统排泥，只有当二沉池入流固体量严重超负荷时，才考虑从曝气池直接排放。剩余污泥排放是活性污泥系统运行控制中一项最重要的操作，Q_W 的大小，直接决定污泥泥龄的长短。

(5) 污泥龄

污泥龄（SRT，又称生物固体停留时间）是指活性污泥在反应池、二次沉淀池和回流污泥系统内的平均停留时间，也就是曝气池中活性污泥平均更新一遍所需的时间，一般用

SRT 表示，又称为生物固体停留时间。它是活性污泥系统设计和运行中最重要的参数之一，可用式(3-6) 表示：

$$SRT=\frac{\text{系统内活性污泥量(kg)}}{\text{每天从系统排出的活性污泥量(kg/d)}} \tag{3-6}$$

由于活性微生物基本上“包埋”在活性污泥絮体中，若忽略二次沉淀池和回流污泥系统内的活性污泥量，污泥龄也就是微生物在活性污泥系统内的停留时间。

世代期是指微生物繁殖一代所需的时间。如果某种微生物的世代期比活性污泥系统的泥龄长，则该类微生物在繁殖出下一代微生物之前，就以剩余污泥的形式排走，该类微生物永远不会在系统内繁殖起来。反之，如果某种微生物的世代期比活性污泥系统的泥龄短，则该种微生物在以剩余活性污泥的形式排走之前，可繁殖出下一代，因此这种微生物就能在系统内存活下来。因此通过控制污泥龄，可以选择合适的微生物种类，这些微生物就能在活性污泥系统中生存下来并得以繁殖，用于处理污水。另一方面，一般来说，年轻的污泥活性高，分解代谢有机污染物的能力强，但凝聚沉降性能较差；而年长的污泥有可能已老化，分解代谢能力较差，但凝聚沉降性能较好。通过调节 SRT，可以选择合适的微生物年龄，使活性污泥既有较强的分解代谢能力，又有良好的沉降性能。

传统活性污泥工艺一般控制 SRT 在 3～5d。泥龄长，出水水质好；泥龄短，絮凝沉淀性能差，易流失，出水水质较差。

3.2.2 活性污泥工艺的控制

活性污泥工艺常用的控制措施有：曝气系统的控制，污泥回流系统的控制，剩余污泥排放系统的控制。

3.2.2.1 曝气系统的控制

(1) 供风量

供风量即曝气池所需要供给的风量。传统活性污泥工艺采用的是好氧过程，因而必须供给活性污泥充足的溶解氧。这些溶解氧应既能满足活性污泥在曝气池内分解有机污染物的需要，也能满足活性污泥在二沉池及回流系统内的需要。另外，曝气系统还应充分起到混合搅拌的作用，保证活性污泥絮体与污水中的有机污染物充分混合接触，并保持悬浮状态。传统活性污泥法一般控制曝气池出口混合液的 DO 值为 2～3mg/L，以防止污泥在二沉池内厌氧上浮。

曝气系统的控制参数是曝气池污泥混合液的溶解氧（DO）值，控制变量是鼓入曝气池内的空气量 Q_a。Q_a 越大，即曝气量越多，混合液的 DO 值也越高。大型污水处理厂一般都采用计算机控制系统自动调节 Q_a，保持 DO 恒定在某一值。Q_a 的调节可通过改变鼓风机的投运台数以及调节单台风机的风量来实现，小型处理厂则一般人工调节。在运行控制中，可用式(3-7) 估算实际曝气量：

$$Q_a=\frac{f_0(BOD_i-BOD_e)Q}{300E_a} \tag{3-7}$$

式中 E_a——曝气效率；

f_0——耗氧系数，指单位 BOD 被除去所消耗的氧量，与 F/M 有关，当 $F/M<0.15$kgBOD/(kgMLVSS・d) 时，f_0 取 1.1～1.2，当 F/M 在 0.2～0.5kgBOD/(kgMLVSS・d) 时，f_0 取 1.0。

【例 3-3】 某处理厂经测定，耗氧系数 $f_0=1.0$，曝气效率 $E_a=15\%$，试计算入流 BOD_5 为 200mg/L，出流 BOD_5 为 20mg/L，$Q=10000m^3/d$ 时，需向曝气池供应的供气量。

【解】 将 f_0、E_a、BOD_5 和 Q 代入下式得

$$Q_a=\frac{f_0(BOD_i-BOD_e)Q}{300E_a}$$
$$=1.0\times(200-20)\times10000/(300\times15\%)$$
$$=40000\ (m^3/d)$$

即每天需向曝气池供应 40000m^3 的气量。此供气量可用来确定鼓风机投运台数或调节每台风机的风量。

供风量的调节通过检测出口等处的 DO 进行。调节方法可分为 DO 调节法、风量程序控制法和比例控制法。

① DO 调节法：保持一定 DO 的调节方法，是为维持出口等一定 DO 而调节鼓风量的调节方法，一般以出口 DO 浓度为 2～3mg/L 进行控制。

② 风量程序控制法：风量程序控制法是根据每天进水水质、水量的时间变化曲线，靠经验决定每小时的鼓风量，按程序控制鼓风量的方法。一般可在早晚进行两次调节，也可隔几个小时就进行细调。这种方法的优点是池内停留时间也考虑在内，但当雨天和休息日进水水质、水量波动很大时，应考虑采用其他的调节方法。

③ 比例控制法：比例控制法是保持鼓风风量占进水量一定比例的调节方法。供风量根据水温、水质、曝气时间、DO、MLSS 等确定，一般是进水的 3～7 倍。

(2) 曝气时间的调节

调节曝气时间可根据进水水质、水量、池容积、获得的处理水质等确定。曝气时间的调节一般通过增减池数来实现，平时不会频繁进行。不同处理方式的曝气时间如表 3-2 所示。

表 3-2 不同处理方式的曝气时间

处理方法	曝气时间/h
传统活性污泥法	6～8
阶段曝气活性污泥法	4～6
延时曝气活性污泥法	16～24

(3) 供风管

供风管道是指鼓风机出口至曝气器的管道。供风管道按以下各项确定：

① 供风管最好设在管廊中。供风管在鼓风机出口部分，其温度可上升到 80℃左右，因此需安装伸缩接头，并根据需要进行防腐处理。

② 管道系统按照管内不发生污水倒流和积水的需要布置。

③ 管道接口全部具有气密性构造。

④ 供风管上安装切换、风量调节、防止倒流、排放气体等用途的闸阀。鼓风机的启闭、切换宜用闸阀或蝶阀，供风量调节宜用蝶阀。

⑤ 安装风量测定装置，风量测量装置宜安装在鼓风机的吸入管段上。

3.2.2.2 污泥回流系统的控制

(1) 污泥回流系统控制的方法

污泥回流系统的控制有三种方式：保持回流量 Q_r 恒定；保持回流比 R 恒定；定期或随

时调节回流量 Q_r 及回流比 R，使系统状态处于最佳。每种方式适合于不同的情况。

① 保持回流量 Q_r 恒定：保持回流量 Q_r 不变只适应于入流污水量 Q 相对恒定或波动不大的情况。因为 Q 的变化会导致活性污泥量在曝气池和二沉池内的重新分配。当 Q 增大时，部分曝气池的活性污泥会转移到二沉池，使曝气池内 MLSS 降低，而曝气池内实际需要的 MLSS 更多，才能充分处理增加的污水量，MLSS 的不足会严重影响处理效果。另一方面，Q 增加导致二沉池内水力表面负荷和污泥量均增加，泥位上升，进一步增大了污泥的流失。反之，当 Q 减小时，部分活性污泥会从二沉池转移到曝气池，使曝气池 MLSS 升高，但曝气池实际需要的 MLSS 量减少，因为入流污水量减少，进入曝气池的有机物也减少。

② 保持回流比 R 恒定：如果保持回流比 R 恒定，在剩余污泥排放量基本不变的情况下，可保持 MLSS、F/M 以及二沉池内泥位 L_s 基本恒定，不随入流污水量 Q 的变化而变化，从而保证相对稳定的处理效果。

③ 定期或随时调节回流量 Q_r 及回流比 R：这种方式能保持系统稳定运行，但操作量较大，一些处理厂实施较困难。

(2) 回流量的调节

为使 MLSS 保持在所定范围内，需调节回流污泥量。调节回流污泥量希望保持 BOD-SS 负荷不变（F/M）。调节方法有：MLSS 控制法和比例控制法，但也有 24h 保持回流污泥量一定的情况。

① MLSS 控制法。MLSS 控制法是为保持 MLSS 和 F/M 一定而调节污泥量的方法，因此需要连续测定回流污泥浓度。

② 比例控制法。比例控制法是回流污泥与进水水量保持一定比例的控制方法。一般进水水质、水量随时间波动，即使按进水负荷调节回流污泥，由于池内停留时间的关系，难以确保二次沉淀池必要的回流量，所以保持一定 F/M 实际上是很困难的。特别是直接从二次沉淀池进行回流时，调节回流污泥容易进行，只需调节剩余污泥量即可。

(3) 回流比的调节

① 按照二沉池的泥位调节回流比。根据活性污泥系统二沉池内污泥层深度要求可知，泥层厚度一般应控制 0.3～0.9m，且不超过泥位 L_s 的 1/3。增大回流量 Q_r，可降低泥位，减少泥层厚度。因此应根据具体情况选择一个合适的泥位 L_s，选择一个合适的污泥层厚度 H_s。一般情况下，应在每天的流量高峰，即泥位最高时，测量泥位，作为调节回流比的依据。在进行调节时应注意：每次调节的幅度不要太大，如调回流比，每次不要超过 5%，如调回流量，则每次不要超过原来值的 10%。

当控制一定的回流比，泥位升高，泥层厚度 H_s 超过正常范围时，如何调节回流比来控制泥位上升？如果泥位降低时，又如何调节回流比来控制泥位？

当泥位升高时，先将回流比 R 增加 5%，观察泥位是否下降，如果 5h 之后，泥位仍在上升，则将 R 上调 5%，继续观察泥位的变化情况，直至泥位稳定在合适的深度下。如果回流比调至最大，泥位仍在上升，则可能是由于排泥量不足所致，应增大排泥量。

当泥位降低时，应减少回流比，相应地先将回流比 R 减少 5%，观察泥位的变化，直至泥位稳定在合适的深度下为止。因回流比太大，不但浪费能量，还有可能降低 RSS 值。

② 按照污泥沉降性能调节回流比。由污泥沉降性能曲线可知，回流比与沉降比之间存在以下关系：

$$R=\frac{SV_{30}}{100\%-SV_{30}} \tag{3-8}$$

【例 3-4】 某处理厂曝气池混合液沉降比为20%，回流比为40%，试分析该厂回流比控制是否合理，应如何调节？如果要控制回流比在40%，该混合液的沉降比应该为多少？

【解】（1）
$$R=\frac{SV_{30}}{100\%-SV_{30}}=20\%/(100\%-20\%)=25\%$$

因此，该厂回流比偏高，二沉池泥位偏低。应将 R 由40%逐步调至25%。

（2）若 $R=40\%$，代入求得 $SV_{30}=67\%$。

因此，该厂混合液沉降比偏低，二沉池泥位偏低。该混合液的沉降比逐步调至67%。

众所周知，沉降性能较好的污泥达到最大浓度所需时间短，沉降性能较差的污泥达到最大浓度所需时间长。如果调节回流比使污泥在二沉池内的停留时间恰好等于污泥通过沉降达到最大浓度时所需时间，此时回流污泥的浓度最高，且回流比最小，称为污泥的最小沉降比，用 SV_m 表示。则回流比 R 与最小沉降比 SV_m 的关系为：

$$R=\frac{SV_m}{100\%-SV_m} \tag{3-9}$$

【例 3-5】 某处理厂曝气池污泥的最小沉降比为40%，分析该厂回流比如何调节最合理？

【解】
$$R=\frac{SV_m}{100\%-SV_m}=40\%/(100\%-40\%)=67\%$$

因此，该厂回流比应控制在67%左右最适合。

③ 按照回流污泥浓度RSS和混合液污泥浓度MLSS调节回流比。

用回流污泥浓度RSS和混合液污泥浓度MLSS指导回流比 R 的调节，R 与RSS及MLSS的关系如下：

$$R=\frac{MLSS}{RSS-MLSS} \tag{3-10}$$

【例 3-6】 某处理厂曝气池混合液污泥浓度MLSS为2500mg/L，回流污泥浓度RSS为5000mg/L，回流比 R 为70%，试分析回流比 R 调节是否合理，应如何调节？

【解】
$$R=\frac{MLSS}{RSS-MLSS}=2500/(5000-2500)=100\%$$

因此，回流比 R 偏低，应将 R 由70%逐步调至100%。

综上所述，三种调节方法的区别在于：按照污泥沉降性能调节回流比，操作简单易行，尤其当污泥为最小沉降比时，可获得较高的回流污泥浓度RSS，污泥在二沉池内的停留时间也最短，本工艺还适合硝化工艺和除磷工艺。按照泥位调节回流比，不易因为泥位升高而造成污泥流失，出水SS较稳定，但回流污泥浓度RSS不稳定。按照回流污泥浓度RSS和混合液的浓度MLSS调节回流比，由于要分析RSS和MLSS，比较麻烦，一般污水处理厂仅作为回流比的一种校核方法。

（4）污泥回流设备

为了把二次沉淀池的污泥回流到曝气池，还需确定污泥泵等污泥回流设备。污泥回流设备是为了保持曝气池的MLSS在设计值内，把二次沉淀池的活性污泥回流到曝气池而设置的。污泥回流设备应采用污泥量调节容易、不发生堵塞等故障的构造。

① 回流污泥泵的容量。由于活性污泥的SVI随时间和季节而变化，回流污泥的浓度不

稳定，为保持一定的MISS，需要对回流污泥量加以控制。因此回流污泥泵的容量应根据处理方式、规模、分流或合体的体制、SVI等因素确定。

② 回流污泥泵的配置。由于回流污泥含水率为99%～99.5%，并夹有杂物，故回流污泥泵的型式应考虑不发生堵塞。当口径在300mm以上时多使用离心混流泵，小口径时使用具有无堵塞构造的离心混流泵、空气升液泵或螺旋泵等。

回流污泥泵的台数，一般是每个控制系列设置两台以上，最好由池的规模、设计回流污泥量和回流污泥量的变化幅度来确定泵的容量和台数，并考虑备用泵一台。当污泥回流泵能保证最大的污泥回流比时无须备用泵。

回流污泥量的调节，除泵的台数控制外，还可利用闸阀控制和泵的转速控制。闸阀控制法是通过改变管道中调节阀的开启度来调节回流污泥量的方法，用回流污泥阀进行控制时，一个池的阀门关闭，其他几个池的回流污泥量就会增加。对于此类设施，各池的阀开闭时，需一边观察一边进行，一旦开度调节完成后，除非各池浓度不均必须调整外，一般不再调节，靠增减剩余污泥量间接调节。转速控制法有变频控制方式、级数变换方式等。当转速较低时，用此方法虽然效率降低，但仍然比用闸阀进行控制要好。使用不同控制方式，转速效率特性也不同，可与台数控制等方式并用以使效率特性更好。

3.2.2.3 剩余污泥排放系统的控制

剩余污泥排放是活性污泥工艺控制中最重要的一项操作，由于池内活性污泥在不断增殖，使系统内总的污泥量增多，MLSS会逐渐升高，SV会增加，所以，为保持一定MLSS，增殖的活性污泥应以剩余污泥排除。通过排放剩余活性污泥，可以改变活性污泥中微生物种类的增长速度，改变需氧量，改善污泥的沉降性能，从而改变活性污泥系统的功能。

① 用MLSS控制排泥。用MLSS控制排泥系统指在维持曝气池混合液污泥浓度恒定的情况下，确定排泥量。传统活性污泥工艺的MLSS一般在1500～3000mg/L。当实际MLSS比要控制的MLSS值高时，应通过排泥降低MLSS值。排泥量可用式(3-11)计算：

$$V_W=\frac{(MLSS-MLSS_0)\times V_a}{RSS} \tag{3-11}$$

式中　MLSS——实测值；

$MLSS_0$——要维持的浓度值；

V_a——曝气池容积。

【例3-7】 某处理厂曝气池混合液污泥浓度MLSS控制在2500mg/L，曝气池容积为4000m^3。实测MLSS为3000mg/L，回流污泥浓度RSS为5000mg/L，试计算此时应排放的污泥量。

【解】 已知：MLSS＝3000mg/L，$MLSS_0$＝2500mg/L，V_a＝4000m^3，RSS＝5000mg/L，得

$$V_W=\frac{(MLSS-MLSS_0)\times V_a}{RSS}$$

$$=(3000-2500)\times 4000/5000=400\ (m^3)$$

一般来说，活性污泥排泥是一个渐进过程，不可能连续一次排放400m^{3}的污泥，因此在控制总排泥量前提下，每次尽量少排勤排。如有可能，应连续排泥。

用MLSS控制排泥仅适于进水水质水量变化不大的情况。若当入流BOD_5增加50%时，MLSS必然上升，此时如果仍通过排泥保持恒定的MLSS值，则实际上污泥负荷增加一倍，

会导致出水质量下降。

② 用SRT控制排泥。目前用SRT控制排泥是一种最可靠最准确的排泥方法。这种方法的关键是正确选择SRT和准确地计算系统内的污泥总量M_T。应根据处理要求、环境因素和运行实践综合比较分析，选择合适的SRT作为控制排泥的目标。一般来说，处理效率要求越高，出水水质要求越严格，SRT应控制大一些，反之，可小一些。在满足要求的处理效果前提下，温度较高时，SRT可小一些，反之则应大一些。

严格地讲，系统中的污泥总量应包括曝气池内的污泥量M_a、二沉池内的污泥量M_c、回流系统内的污泥量M_R，即

$$M_T=M_a+M_c+M_R \tag{3-12}$$

实际上，很多污水处理厂在用SRT控制排泥时，仅考虑曝气池内的污泥量，即$M_T=M_a$，此时

$$SRT=\frac{M_a}{M_W+M_e} \tag{3-13}$$

式(3-13)中，M_W为排泥系统每天排放的污泥量，M_e为二沉池出水每天带走的污泥量。则

$$M_W=RSS\times Q_W \tag{3-14}$$

式(3-14)中，RSS为回流污泥浓度，Q_W为每天排放的污泥体积。

$$M_e=SS_e\times Q \tag{3-15}$$

式(3-15)中，SS_e为二沉池出水悬浮固体浓度，Q为入流污水量。

综合以上各式，每天的排泥量可用式(3-16)计算：

$$V_W=\frac{MLSS}{RSS}\times\frac{V_a}{SRT}-\frac{SS_e}{RSS}\times Q \tag{3-16}$$

【例3-8】 某处理厂一般将SRT控制在5d左右。该厂入流污水量Q为20000m^3/d，曝气池容积V_a为4000m^3。试计算当混合液浓度MLSS为2500mg/L，回流污泥浓度RSS为5000mg/L，出水SS_e为20mg/L时，该厂每天应排放的剩余污泥量。

【解】 将SRT＝5d，$Q=20000\text{m}^3/\text{d}$，$V_a=4000\text{m}^3$，RSS＝5000mg/L，$SS_e=20\text{mg/L}$，MLSS＝2500mg/L，代入

$$V_W=\frac{MLSS}{RSS}\times\frac{V_a}{SRT}-\frac{SS_e}{RSS}\times Q$$

$$=(2500/5000)\times(4000/5)-(20/5000)\times20000=320\ (\text{m}^3)$$

用SRT控制排泥的实际操作中，可以采用一周或一月内SRT的平均值。在保持一周或一月内SRT的平均值基本等于要控制的SRT值的前提下，可在一周或一月内做些微调。当通过排泥改变SRT时，应逐渐缓慢地进行，一般每次不要超过总调节量的10%。

③ 用SV_{30}控制排泥。SV_{30}在一定程度上，既反映污泥的沉降浓缩性能，又反映污泥浓度的大小。当沉降浓缩性能较好时，SV_{30}较小，反之较高。当污泥浓度较高时，SV_{30}较大，反之则较小。当测得污泥SV_{30}较高时，可能是污泥浓度增大，也可能是沉降性能恶化，不管是哪种原因，都应及时排泥，降低SV_{30}值。采用该法排泥时，也应逐渐缓慢地进行，一次排泥不能太多。如通过排泥要将SV_{30}由50%降至30%，可利用一周的时间逐渐实现，每天少排一部分泥，使SV_{30}下降，逐渐逼近30%。

3.2.3 活性污泥系统的运行调度

活性污泥系统的运行调度，就是对一定水质水量的污水，确定投运的曝气池和二沉池数

量、鼓风机的台数、回流污泥量和剩余污泥排放量等。

① 按曝气池组设置情况及运行方式，确定各池进水量，使各池均匀配水；推流式和完全混合式曝气池可通过调节进水闸阀使并联运行的曝气池进水量均匀、负荷相等。阶段曝气法则要求沿曝气池池长分段多点均匀进水，使微生物在食物较均匀的条件下充分发挥分解有机物的能力。

② 按曝气池的运行方式，确定污泥负荷、污泥泥龄或污泥浓度。

在活性污泥法系统中，根据处理效率和出水水质的要求，无论采用哪种运行方式，进行工艺控制时都需考虑污泥负荷、污泥泥龄及污泥浓度等几项重要的参数。调整污泥负荷率必须结合污泥的凝聚沉淀性能，选择最佳的 F/M。一般来说，污水温度较高时，F/M 应低一些，反之，可高一些；有机污染物质较难降解时，F/M 应低一些，反之，可高一些。传统活性污泥工艺的 F/M 保持在 0.2～0.5kgBOD/(kgMLVSS・d) 范围内，应避开 0.5～1.5kgBOD_5/(kgMLSS・d) 这一污泥沉淀性能差且易产生污泥膨胀的负荷区域。

由于污泥泥龄是新增污泥在曝气池中平均停留的天数，并说明活性污泥中微生物的组成，世代时间长于污泥泥龄的微生物不能在系统中繁殖。所以，污水在除碳和脱氧处理时，必须考虑硝化菌在一定温度下，污泥增长率所决定的泥龄，用污泥龄直接控制剩余污泥排放量，从而达到较好的效果。

确定混合液的污泥浓度 MLVSS：MLVSS 值取决于曝气系统的供氧能力，以及二沉池的泥水分离能力。MLVSS 的高低在某种意义上又决定着活性污泥法工艺的安全性。污泥浓度高，耐冲击负荷能力强，在有机负荷一定的情况下曝气时间相对短，在曝气时间一定的情况下，负荷率较低。另外，污泥浓度与需氧量成正比，非常高的污泥浓度会使氧的吸收率下降，还由于回流污泥量的增高，加上水质的特性污泥指数较高，容易发生污泥膨胀。因此，应根据处理厂的实际情况，确定一个最大的 MLVSS，以其作为运行调度的基础。传统活性污泥工艺的 MLVSS 一般在 1200～1600mg/L，而 MLSS 浓度宜控制在 2500～3000mg/L，当 MLVSS 或 MLSS 超过以上范围时，处理厂必须有充足的供氧能力和泥水分离能力。

综上所述，控制污泥负荷量、污泥泥龄、污泥浓度在最佳范围内，并根据实际情况加以调整，微生物就可以有规律、平衡地生长，活性污泥就有良好的沉淀性能，并可达到稳定的净化效果。

③ 确定曝气池投运的数量。可用式(3-17) 计算：

$$n=\frac{Q\times BOD_i}{(F/M)\times MLVSS\times V_a} \tag{3-17}$$

式中，V_a 为每条曝气池的有效容积。从式中可看出，有机负荷 F/M 值越低，投运曝气池的数量就越多。同样，MLVSS 越低，需要投运曝气池数也越多。

④ 曝气时间 T_a 的调节。根据进水水质、水量、池容积、获得的处理水质等，可由经验确定曝气时间。不同处理方式的曝气时间如表 3-3 所示。

表 3-3 不同处理方式的曝气时间

处理方法	曝气时间/h
传统活性污泥法	6～8
阶段曝气活性污泥法	4～6
延时曝气活性污泥法	16～24

曝气时间 T_a 也用式(3-18) 计算：

$$T_a=\frac{V_a n}{Q} \tag{3-18}$$

式中，n 为投运曝气池的数量。曝气时间的调节，一般通过增减池数来实现，平时不会频繁进行。如当 T_a 太小时，可以降低 MLVSS 值，增加投运池数。

⑤ 确定鼓风机投运台数：

$$n=\frac{f_0 Q\text{BOD}_i}{300E_a Q_a} \tag{3-19}$$

式中，Q_a 为单台鼓风机的日供风量。

⑥ 确定二沉池的水力表面负荷 q_h。水力表面负荷 q_h 越小，泥水分离效果越好，初次沉淀池 SS 去除率过高，会使曝气池所需的 SS 也沉淀去除，将导致丝状菌过度繁殖，引起污泥膨胀和污泥指数上升。此时应增大表面负荷到 50～100$m^3/(m^2 \cdot d)$，以使形成活性污泥的 SS 流入，就可获得良好效果。进水 SS 浓度过低时，根据实际情况，有时可通过超越管路使污水不经初次沉淀池而直接进入曝气池，也可以获得良好的效果。

二次沉淀池的水力表面负荷相对于设计最大日污染量以 20～30$m^3/(m^2 \cdot d)$ 为标准，二次沉淀池去除的 SS，以微生物絮体为主体，与初次沉淀池的 SS 相比，其沉降速度较低，故表面负荷为 20～30$m^3/(m^2 \cdot d)$。

⑦ 确定二沉池投运数量，可用式(3-20) 计算：

$$n=\frac{Q}{q_h A_c} \tag{3-20}$$

式中，A_c 为单座二沉池的表面积。

⑧ 确定回流比 R。回流比 R 是运行过程中的一个调节参数，R 的最大值受二沉池泥水分离能力的限制，R 太大，会增大二沉池的底流流速，干扰沉降。在曝气池运行调度中，应确定一个最大回流比 R，以此作为调度的基础。曝气池按传统活性污泥性法和阶段曝气法运行，回流比一般控制在 50%左右，最大回流比可按 100%考虑。曝气池按吸附再生法运转，回流比则掌握在 50%～100%。曝气池按 A/O 运行，其回流量比需达 100%～200%，甚至还设内回流。几种常见的活性污泥法的 MLSS 和污泥回流比如表 3-4 所示。

表 3-4　几种常见的活性污泥法的 MLSS 和污泥回流比

处理方法	MLSS/(mg/L)	污泥回流比/%	
		平常	最大
普通活性污泥法	1500～3000	20～40	100
阶段曝气活性污泥法	1000～1500(池末端)	10～20	50
延时曝气活性污泥法	3000～6000	50～150	
氧化沟法	2500～5000	50～150	

设计时，根据正常的污泥回流比来确定污泥回流泵的大小，并且考虑最大的污泥回流比来设计污泥回流设备。

⑨ 确定二沉池的固体表面积负荷 q_s：

$$q_s=\frac{(1+R)Q\text{MLSS}}{nA_c} \tag{3-21}$$

在运行中，当固体表面负荷超过最大允许值时，将会使二沉池泥水分离困难，也难以得到较好的浓缩效果。传统活性污泥工艺一般控制 q_s 不大于 100kg/(m^2·d)，否则应降低回流比 R，或降低 MLSS，也可以增加投运的二沉池数量。

⑩ 确定二沉池出水堰板溢流负荷 q_w：

$$q_w = \frac{Q}{nL_w} \tag{3-22}$$

式中　n——二沉池投运数量；

L_w——每座二沉池出水堰板的总长度。

当传统活性污泥工艺的二沉池采用三角堰板出水时，一般控制 q_w 不大于 10m^3/(m·h)，否则，应增加二沉池投运数量。对于辐流式二沉池来说，在控制 q_w 满足要求的前提下，当二沉池直径较大时，q_w 往往成为运行的限制因素。相反，当二沉池直径较小时，q_w 一般都远小于 10m^3/(m·h)。

3.3 活性污泥运行异常问题与对策

活性污泥微生物的种类和数量一般并不是恒定的，会受到进水水质、水温、运转管理条件等影响。由于工艺控制不当，进水水质变化以及环境变化等原因会导致活性污泥出现质量问题，如生物相异常、活性污泥颜色变化、污泥上浮、污泥膨胀及生物泡沫等；若不立即解决，最终都会导致出水质量的降低。

3.3.1 污泥状况甄别

判别活性污泥性状是否异常，是何种异常，首先需要观察曝气池及二沉池中活性污泥状态，进行甄别，有助于进一步分析污泥性质指标，确定问题类型。

(1) 膨胀污泥

污泥体积指数（SVI）能较好地表征活性污泥的沉降性能，一般规定污泥体积指数（SVI）在 200mg/L 以上，并且量筒内污泥浓度从 5g/L 起变为压密相的污泥成为膨胀污泥。污泥膨胀是由一种丝状菌过量繁殖引起的，另一种是由非丝状菌生理活动异常引起的。

(2) 上升污泥

在 30min 沉降实验中，沉降良好但数小时内污泥又上升，若对上升污泥加以搅拌等破坏，污泥立即再次沉淀。这是由于曝气池中污泥进行了硝化作用后进入沉淀池中发生了反硝化，反硝化过程中产生的氮气附着在污泥上使其密度减小而发生上浮。

(3) 腐化污泥

若没有发生硝化和反硝化过程，但沉淀下去的污泥很快再次上浮，这是由于已经沉淀的污泥变成了厌氧状态，产生了 H_2S、CH_4、CO_2、H_2 等气体，这些气体附着在污泥上使污泥密度减小而上浮。

(4) 解絮污泥

混合液进行沉淀时，虽然大部分污泥容易沉淀，但上清液仍显浑浊，显微镜观察发现指示生物为变形虫属和简便虫属等肉足类。此种现象通常认为是由于温度的急剧变化、废水 pH 值突变或有毒物质进入等冲击造成污泥絮体解絮。通过减少污泥回流量，此现象可以得到某种程度的控制。

（5）污泥发黑

活性污泥颜色发黑，最常见的原因是DO较低，有机物产生不同程度的厌氧分解，可采取增加供氧和加大回流污泥量的办法控制。

（6）污泥变白

活性污泥颜色发白，生物镜检会发现丝状菌或固着型纤毛虫大量繁殖，如果进水pH值过低，曝气池pH值小于6，只要提高进水pH值就能改善。若不是，则参照污泥膨胀。

（7）过度曝气污泥

由于曝气使细小气泡黏附于活性污泥絮体，几分钟后上浮的污泥与气泡分离而再次沉淀下来。沉淀池中，再次沉淀之前可能随水流失，可以采取减少曝气量的方法来加以解决。

（8）微细絮体

活性污泥混合液进行沉淀时，上清液有一些肉眼可见的小颗粒分散其中。出现微细絮体时，污泥体积指数SVI非常小，可以适当投加化学絮凝剂加以解决。

（9）云雾状污泥

污泥在沉淀池中呈云雾状，此种状态是由沉淀池内的水流、密度流和污泥搅拌机的搅拌引起的。若出现此种现象，应该降低沉淀池内的污泥面，减少进水流量。

3.3.2 生物相异常

生物相是指活性污泥微生物的种类、数量及活性状态的变化。正常的活性污泥呈絮状结构，棕黄色，无异臭，吸附沉降性能良好，沉降时有明显的泥水分界面，镜检可见菌胶团生长好，指示生物有变形虫、鞭毛虫、草履虫、钟虫、轮虫、线虫等。正常运行的传统活性污泥工艺系统中，存在的微型动物绝大部分为钟虫，还存在一定量的轮虫；在高负荷活性污泥系统中，草履虫将占优势；在超高负荷（高F/M，低SRT）的活性污泥系统中，鞭毛虫将占优势；在低负荷延时曝气活性污泥系统中（如氧化沟工艺）轮虫和线虫将占优势；这些微生物中的某一种或几种是否占优势以及比例为多少，取决于工艺运行状态。

（1）钟虫或轮虫状态异常

正常运行的活性污泥工艺系统中，指示微生物为钟虫，同时还存在一定量的轮虫。

在DO为1～3mg/mL时，钟虫能正常发育。如果DO值过高或过低，钟虫头部端会突出一个空泡，俗称“头顶气泡”，此时应立即检测DO值并予以调整。当DO值太低时，钟虫大量死亡，数量锐减。当进水中含有大量难降解物质或有毒物质时，钟虫体内将积累一些未消化的颗粒俗称“生物泡”，此时应立即测量耗氧速率（SOUR），检查微生物活性是否正常，并检测进水中是否存在有毒物质，并采取必要措施。当进水的pH值发生突变，超过正常范围时，可观察到钟虫呈不活跃状态，纤毛停止摆动。此时应立即检测进水的pH值，并采取必要措施。如果钟虫发育正常，但数量锐减，则预示活性污泥将处于膨胀状态，应采取污泥膨胀控制措施。

当轮虫缩入甲壳内，指示进水pH值发生突变。当轮虫数量剧增时，则指示污泥老化，结构松散并解体。一些污水处理厂发现，轮虫增多往往是污泥膨胀的预兆。

（2）变形虫大量出现

当入流污水量增大对系统造成污染冲击负荷时，如入流工业废水比例增大或污泥处理区的上清液、滤液大量回流对系统造成污染冲击负荷时，变形虫会大量出现。一般在构成活性污泥絮体的微生物群落发生变化，或该类微生物在污水管路中大量增殖时，活性污泥出现这种现象的可能性很大。当变形虫占优势时，对污水很少或基本没有处理效果。

(3) 鞭毛虫大量出现

① 在开始培养活性污泥的初期，MLSS 过低、BOD 污泥负荷过高时，污泥中会出现大量鞭毛虫类微生物。此时，虽然非活性污泥纤毛虫也会出现，但数量较少。

② 活性污泥 MLDO（混合液溶解氧）不足或活性污泥腐败，在初次沉淀池内有大量污泥堆积时，也会出现这种情况。

(4) 硫黄细菌的大量出现与细胞内含有硫黄颗粒

此类细菌以无机物或有机物为营养源，水中有硫化氢存在时氧化硫化氢，没有硫化氢时依靠氧化有机物生活。当活性污泥中大量出现这种情况时，可能是由于腐败的废水流入、MLDO 不足、活性污泥腐败等原因造成的，还有可能是因为污泥处理设施的回流水管中大量繁殖的微生物剥离进入处理设施，以及污水管路堆积污泥中大量繁殖的此类细菌进入处理设施等原因造成的。

(5) 微生物数量骤减或运动性差的微生物大量出现

① 有害物质的流入。重金属类、氰化物、酚类等微生物有害的污泥物质大量流入，会导致微生物大量死亡，活性污泥解体。此外，处理水中将大量出现浮游性解体污泥。根据有害物质的种类，会对特定微生物造成影响或刺激丝状菌的大量繁殖等。但是如果进水量较小，污泥即便是受到暂时的冲击，也能通过驯化使问题得以解决。

② MLDO 不足，活性污泥解体。由于 MLDO 不足或二次沉淀池中污泥长期堆积等原因，会造成活性污泥腐败、死亡。

(6) 丝状菌大量出现

① 当废水碳水化合物浓缩：废水中的有机物含碳水化合物，特别是糖类多；

② 营养物质不足：废水中氮、磷不足；

③ 操作条件差，如 BOD 负荷大、溶解氧浓度低等。

3. 3. 3 活性污泥颜色变化

活性污泥颜色变化可分为由入流污水引起的和由系统内因引起的。由于异常污水流入，活性污泥有时可能变为黑色、橙色或白色。活性污泥颜色的变化究其原因可能是由于硫化物、氧化锰、氢氧化亚铁等的积累造成的。

(1) 活性污泥发黑

① 硫化物的累积。一般曝气池都有硫化氢臭味，有可能是因为进水中硫化物含量过高，如含硫化物工业废水流入，沉淀池、初沉池堆积污泥的流入，污泥处理回流水大量流入等；也可能是因为曝气池或二次沉淀池产生硫化氢，如曝气不足、曝气池内部厌氧化、曝气池内部污泥堆积（形成死水区）、二次沉淀池中污泥堆积、有机负荷与曝气不均衡造成曝气池厌氧化。

② 氧化锰的积累。氧化锰的积累几乎不会引起水质和气味的异常。在运转初期负荷较低、SRT 较长的活性污泥中可以看到这种现象。一般在处理水质非常好时，才出现氧化锰的沉积，进水量增大时会自然解决。

③ 工业废水的流入。一般由印染厂使用的染料引起，此时处理水也会带有特殊的颜色。

(2) 活性污泥发红

活性污泥发红的原因主要是进水中含大量铁，污泥中积累了高浓度氢氧化铁而使污泥带有颜色。此时，对处理水质不会产生什么影响，只是在大量铁流入时会使处理水浑浊。进水中的铁可能来自下水道破损地下水侵入、污水管路施工时的排水、工业废水排入、大量使用井水等。

(3) 活性污泥发白

活性污泥颜色发白主要是由于进水 pH 值过低引起的。曝气池内 pH 值若小于 6，会引起丝状霉菌大量繁殖，使活性污泥显现白色，此时生物镜检会发现大量丝状菌或固着型纤毛虫。提高进水 pH 值，活性污泥发白的问题就能改善。

3.3.4 污泥上浮

污泥上浮主要发生在二沉池内，上浮的污泥本身不存在质量问题，其生物活性和沉降性能都很正常。但发生污泥上浮以后，如不及时处理，同样会造成污泥大量流失，导致工艺系统运行效果严重下降。

(1) 污泥上浮的原因

① 曝气池曝气量不足，使二次沉淀池由于缺氧而发生污泥腐化，有机物厌氧分解产生 H_2S、CH_4 等气体，气泡附着在污泥表面使污泥密度减小而上浮。

② 曝气池曝气时间长或曝气量大时，池中将发生高度硝化作用，使进入二沉池的混合液中硝酸盐浓度较高。这时，在沉淀池中可能由于缺氧发生反硝化而产生大量 N_2 或 NH_3，气泡附着在污泥表面使污泥密度减小而上浮。

(2) 解决对策

① 保持及时排泥，不使污泥在二沉池内停留太长，避免发生污泥腐化。

② 在曝气池末端增加供氧，使进入二沉池的混合液内有足够的溶解氧，保持污泥不处于厌氧状态。

③ 对于反硝化造成的污泥上浮，还可以增大剩余污泥的排放，降低 SRT 控制硝化，以达到控制反硝化的目的。

3.3.5 活性污泥解体

活性污泥絮体变为颗粒状，处理水非常浑浊，SV 值和 SVI 值特别高，这种现象称作活性污泥解体。

(1) 活性污泥解体的原因

① 曝气池曝气量过度。曝气池曝气量过度，使活性污泥及回流污泥长期处于“饥饿”状态，从而使污泥絮体解体。

② 污泥负荷降低。当运行中污泥负荷长时间低于正常控制值时，活性污泥被过度氧化，活性微生物难以凝聚，菌胶团松散，使污泥被迫解体。

③ 有害物质流入。进水中含有毒物质造成活性污泥代谢功能丧失，活性污泥失去净化活性和絮凝活性。

(2) 解决对策

为防止活性污泥解体，应采取减少鼓风量、调节 MLSS 等相应措施。如果是由于有害物质或高含盐量污水流入引起的，应调查排污口，去除隐患。

3.3.6 异常发泡

泡沫是活性污泥系统运行过程中常见的运行现象，分为两种，一种是化学泡沫，一种是生物泡沫。

3.3.6.1 化学泡沫

(1) 化学泡沫的产生原因

化学泡沫是由污水中的洗涤剂以及一些工业用表面活性物质在曝气的搅拌和吹脱作用下形成的。化学泡沫主要存在于活性污泥培养初期，这是因为初期活性污泥尚未形成，所有产生气泡的物质在曝气作用下形成了泡沫。随着活性污泥的增多，大量洗涤剂表面物质会被微生物吸收分解掉，泡沫也会逐渐消失。正常运行的活性污泥系统中，由于某种原因造成污泥大量流失，导致 F/M 剧增，也会产生化学泡沫。

(2) 化学泡沫的主要特征

① 泡沫为白色、较轻；

② 用烧杯等采集后薄膜很快消失；

③ 曝气池出现气泡时，二次沉淀池溢流堰附近同样会存在发泡现象。

(3) 解决对策

化学泡沫处理较容易，可以用回流水喷淋消泡，也可以加消泡剂。

3.3.6.2 生物泡沫

(1) 生物泡沫的产生原因及危害

生物泡沫是由称作诺卡氏菌的一类丝状菌形成的。这种丝状菌为树枝状丝体，其体中蜡质的类脂化合物含量可高达 11%，细胞质和细胞壁中都含有大量类脂物质，具有较强的疏水性，密度较小。在曝气作用下，菌丝体能伸出液面，形成空间网状结构，俗称“空中菌丝”。诺卡氏菌死亡之后，丝体也能继续漂浮在液面，形成泡沫。生物泡沫可在曝气池上堆积很高，并进入二沉池随水流走，还能随排泥进入泥区，干扰浓缩池及消化池的运行。如果采用表曝设备，生物泡沫还能阻止正常的曝气充氧，使混合液 DO 降低。用水冲无法冲散生物泡沫，消化剂作用也不大。

(2) 生物泡沫的主要特征

① 泡沫为暗褐色，脂状，较轻，黏性较大；

② 用烧杯等采集泡沫后消退极慢；

③ 曝气池发泡时，二次沉淀池也同时产生浮渣；

④ 对泡沫进行镜检可观察到放线菌特有的丝状体。

(3) 解决对策

① 增大排泥，降低 SRT。因为诺卡氏菌世代期绝大部分都在 9d 以上，因而超低负荷的活性污泥系统中更易产生生物泡沫，但不能从根本上解决问题。

② 生物泡沫控制的根本措施是从根源上入手，以防为主。控制进水中油脂类物质的含量，同时加强沉砂池的除油功能，适当调节曝气量，利于油水分离。

3.3.6.3 泡沫问题现象判别与解决

(1) 现象一

在曝气池表面产生白色、黏稠的空气泡沫，有时出现较大的浪花。

分析与对策：白色泡沫主要是化学泡沫，观察其他曝气池中是否有泡沫，如果只有某几个曝气池中产生泡沫，则应检查各池配气是否均匀，进入各池的回流污泥是否均匀。若某池进入的污水多，回流污泥少，则该池容易出现泡沫。

如果曝气池中均产生泡沫，应检查 MLVSS 是否降低，如果是二沉池出水造成 MLVSS 下降，则应分析原因解决，如果是排泥过多造成 MLVSS 下降，应减少排泥。

(2) 现象二

在曝气池表面形成细微的暗褐色泡沫。

对策：检查系统 F/M 是否过低，SRT 是否太长，排泥是否不足。此种泡沫一般为污泥过氧化所致，适当增加排泥，即可消失。

(3) 现象三

脂状，暗褐色泡沫异常强烈，并随之进入二沉池。

对策：一般由诺卡氏菌一类丝状菌形成的生物泡沫。首先应对上游油脂类加强管理，其次要加强初沉池浮渣的清除和除油，适当调节曝气量，利于油水分离。

3.3.7 活性污泥膨胀

活性污泥膨胀是指活性污泥由于某种因素的改变，产生沉降性能恶化，不能在二沉池内进行正常的泥水分离，污泥随出水流失的现象。污泥膨胀时 SVI 值异常升高，二沉池出水的 SS 值将大幅增加，也导致出水的 COD 值和 BOD_5 值上升。严重时造成污泥大量流失，生化池微生物量锐减，导致生化系统处理性能大大下降。

活性污泥膨胀总体上分为两大类：丝状菌膨胀和非丝状菌膨胀。前者系活性污泥絮体中的丝状菌过度繁殖导致的膨胀，后者系菌胶团细菌本身生理活动异常产生的膨胀。

3.3.7.1 活性污泥丝状菌膨胀

(1) 活性污泥丝状菌膨胀的原因

正常的活性污泥中都含有一定量的丝状菌，它是形成污泥絮体的骨架材料。活性污泥中丝状菌数量太少或没有，则形不成大的絮体，沉降性能不好；丝状菌过度繁殖，则形成丝状菌污泥膨胀。当水质、环境因素及运转条件满足菌胶团生长环境时，菌胶团的生长速率大于丝状菌，不会出现丝状菌的生理特征。当水质、环境因素及运转条件偏高或偏低时，丝状菌由于其表面积较大，抵抗“恶劣”环境的能力比菌胶团细菌强，其数量会超过菌胶团细菌，从而过度繁殖导致丝状菌污泥膨胀。活性污泥丝状菌膨胀的原因有：

① 进水中有机物质太少，导致微生物食料不足；

② 进水中氮、磷营养物质不足；

③ pH 值太低，不利于微生物生长；

④ 曝气池内 F/M 太低，微生物食料不足；

⑤ 混合液内溶解氧（DO）太低，不能满足需要；

⑥ 进水水质或水量波动太大，对微生物造成冲击；

⑦ 入流污水“腐化”，产生出较多的 H_2S（超过 1～2mg/L），导致丝状硫黄细菌（丝硫菌）的过量繁殖，导致丝硫菌污泥膨胀；

⑧ 丝状菌大量繁殖的适宜温度一般在 25～30℃，因而夏季易发生丝状菌污泥膨胀。

(2) 解决对策

① 临时措施。加入絮凝剂，增强活性污泥的凝聚性能，加速泥水分离，但投加量不能太多，否则可能破坏微生物的生物活性，降低处理效果。

向生化池投加杀菌剂，投加剂量应由小到大，并随时观察生物相和测定 SVI 值，当发现 SVI 值低于最大允许值时或观察丝状菌已溶解时，应当立即停止投加。降低 BOD-SS 负荷，减少进水量，非工作日进行空载曝气，将BOD-SS负荷保持在0.3kgBOD/(kgSS·d)左右。

② 调节工艺运行控制措施。在生化池的进口投加黏泥、消石灰、消化泥，提高活性污泥的沉降性能和密实性。

使进入生化池的污水处于新鲜状态，采取曝气措施，同时起到吹脱硫化氢等有害气体的作用，提高进水的pH值。

加大曝气强度提高混合液DO浓度，防止混合液局部缺氧或厌氧。

补充N、P等营养，保持系统的C、N、P等营养的平衡。

提高污泥回流比，减少污泥在二沉池的停留时间，避免污泥在二沉池出现厌氧状态。

利用在线仪表等自控手段，强化和提高化验分析的实效性，力争早发现早解决。

③ 永久性控制措施。永久性控制措施是指对现有的生化池进行改造，在生化池前增设生物选择器，防止生化池内丝状菌过度繁殖，避免丝状菌在生化系统成为优势菌种，确保沉淀性能良好的菌胶团、非丝状菌占有优势。

3.3.7.2 活性污泥非丝状菌膨胀

(1) 非丝状菌膨胀的原因

非丝状菌膨胀系由于菌胶团细菌生理活动异常，导致活性污泥沉降性能的恶化。这类污泥膨胀又可以分为两种。一种是由于进水中含有大量的溶解性有机物，使污泥负荷F/M太高，而进水中又缺乏足够的氮、磷等营养物质，或者混合液内溶解氧不足。高F/M时，细菌会很快把大量的有机物吸入体内，而由于缺乏氮、磷或DO不足，又不能在体内进行正常的分解代谢，此时，细菌会向体内分泌出过量的多聚糖类物质。这些物质由于分子式中含有很多的氢氧基而均有较强的亲水性，使活性污泥的结合水高达400%（正常污泥结合水为100%左右），呈黏性的凝胶状，使活性污泥在二沉池内无法进行有效的泥水分离及浓缩。这种污泥膨胀有时称为黏性膨胀。

另一种非丝状菌膨胀是进水中含有较多的毒性物质，导致活性污泥中毒，使细菌不能分泌出足量的黏性物质，形不成絮体，从而也无法在二沉池内进行泥水分离。这种污泥膨胀称为低黏性膨胀或污泥的离散增长。

(2) 解决对策

① 增加N、P的比例，引进生活污水以增加蛋白质的成分，调节水温不低于5℃。

② 控制进水中有毒物质的排入，避免污泥中毒，可以有效地克服污泥膨胀。

3.3.8 二沉池出水水质异常

3.3.8.1 二沉池出水SS含量增大

① 活性污泥膨胀使污泥沉降性能变差，泥水界面接近水面，造成出水大量带泥。对策：找出污泥膨胀原因加以解决。

② 进水负荷突然增加，增加了二沉池水力负荷，流速增大，影响污泥颗粒的沉降，造成出水带泥。对策：均衡水量，合理调度。

③ 生化系统活性污泥浓度偏高，泥水界面接近水面，造成出水带泥。对策：加强剩余污泥的排放。

④ 活性污泥解体造成污泥絮凝性下降，造成出水带泥。对策：查找污泥解体原因，逐项排除和解决。

⑤ 刮（吸）泥机工作状况不好，造成二沉池污泥和水流出现短流。对策：及时检修刮（吸）泥机，使其恢复正常状态。

⑥ 活性污泥在二沉池停留时间太长，污泥因缺氧而解体。解决办法：增大回流比，缩短在二沉池的停留时间。

⑦ 水中硝酸盐浓度较高、水温在15℃以上时，二沉池局部出现污泥反硝化现象，氮气裹挟泥块随水流出。对策：加大污泥回流量，减少污泥停留时间。

3.3.8.2　二沉池出水 BOD_5 和 COD 突然升高

① 进入生化池的污水量突然增大，有机负荷突然升高或有毒、有害物质浓度突然升高，造成活性污泥活性的降低。对策：加强进厂水质监测，使进水均衡，减少有害物质流入。

② 生化池管理不善，活性污泥净化功能降低。对策：加强生化池运行管理，及时调整工艺参数。

③ 二沉池管理不善，使二沉池功能降低。对策：加强二沉池的管理，定期巡检，发现问题及时整改。

3.4　活性污泥的培养与驯化

3.4.1　活性污泥的培养

（1）全流量连续直接培养法

全部流量通过活性污泥系统（曝气池和二次沉淀池）连续进水和出水，二次沉淀池不排放剩余污泥，全部回流曝气池，直到 MLSS 和 SV 达到适宜数值为止。

① 低负荷连续培养。将曝气池注满污水，停止进水，闷曝1d；然后连续进水连续曝气，进水量控制在设计水量的1/2或更低。待污泥絮体出现时，开始回流，取回流比25%；至 MLSS 超过1000mg/L时，开始按设计流量进水，MLSS 至设计值时，开始以设计回流比回流并开始排放剩余污泥。

② 满负荷连续培养。将曝气池注满污水，停止进水，闷曝1d；然后按设计流量进水，连续曝气，待污泥絮体形成后，开始回流，MLSS 至设计值时，开始排放剩余污泥。

③ 接种培养。将曝气池注满污水，然后大量投入其他处理厂的正常污泥，开始满负荷连续培养，该种方法能大大缩短污泥培养时间。在同一处理厂内，当一个系列或一条池子的污泥培养正常以后，可以大量为其他系列接种，从而缩短全厂总的污泥培养时间。该法一般仅适于小处理厂。

为了加快培养速度，减少培养时间，可考虑不经初沉池处理，直接进入曝气池，在不产生泡沫的前提下，大量供氧，以保证向混合液提供足够的溶解氧，并使其充分混合。也可以从同类的正在运行的污水处理厂提供一定数量的污泥进行接种。

在活性污泥培养驯化期间，必须考虑满足保持微生物的营养物质平衡。对城市污水来说，这个条件是具备的，但是对某些工业废水，就要考虑投加某些营养物质。此外，期间还要进行废水、混合液、处理水以及活性污泥的分析测定，项目有：SV，MLSS，SVI，溶解氧，处理水的透明度，原废水及处理水的BOD、COD以及SS等。

（2）流量分段直接培养法

流量分段直接培养法是废水投配流量随形成的污泥量的增加而增加，即将培养期分为几个阶段，最后使之达到设计流量和 MLSS 适宜浓度。

(3) 间歇培养法

将曝气池注满水，然后停止进水，开始曝气。只是曝气而不进水称为“闷气”。闷气2～3d 后，停止曝气，静沉 1h，然后进入部分新鲜污水，这部分污水约占池容的 1/5 即可。以后循环进行闷曝、静沉和进水三个过程，但每次进水量应比上次有所增加，每次闷曝时间应比上次缩短，即进水次数增加。当污水的温度为 15～20℃时，采用该种方法，经过 15d 左右即可使曝气池中的 MLSS 超过 1000mg/L。此时可停止闷曝，连续进水连续曝气，并开始污泥回流。最初的回流比不要太大，可取 25%。随着 MLSS 的升高，逐渐将回流比增至设计值。为了缩短上述时间，可以考虑用同类污水处理厂和剩余污泥进行接种；向混合液中投加适当的粪便稀释液，也能够加快培养过程。该法适用于生活污水所占比例较小的城市污水处理厂。

3.4.2 污泥培养的其他问题

① 为提高培养速度，缩短培养时间，应在进水中增加营养。小型处理厂可投入足量的粪便，大型处理厂可让污水跨越初沉池。

② 温度对培养速度影响很大，温度越高培养越快。因此，污水处理厂一般应避免在冬季培养污泥，但实际中也应视具体情况。如污水处理厂恰在冬季完工，具备培养条件，也可以开始培养，以便尽早发挥环境效益。北京高碑店污水处理厂在冬季利用 1 月左右时间也成功培养出了活性污泥。

③ 污泥培养初期，由于污泥尚未大量成型，产生的污泥也处于离散状态，因而曝气池量一定不要太大，一般控制在设计正常曝气池的 1/2 即可。否则，污泥絮体不易形成。

④ 培养过程中应随时观察生物相，并测量 SV、MLSS 等指标，以便根据情况对培养过程做随时调整。

⑤ 并不是培养出了污泥或 MLSS 达到设计值，就完成了培养工作，而应该至出水水质达到设计要求，排泥量、回流量、泥龄等指标全部在要求的范围内。

3.4.3 活性污泥的驯化

对工业废水，除培养外，还应对活性污泥加以驯化，使其适应于所处理的废水。驯化方法可分为异步驯化法和同步驯化法两种。异步驯化法是先培养后驯化，即先用生活污水或粪便稀释水将活性污泥培养成熟，此后再逐步增加工业废水在混合液中的比例，以逐步驯化污泥。同步驯化法则是在用生活污水培养活性污泥的开始，就投加少量的工业废水，以后则逐步提高工业废水在混合液中的比例，逐步使污泥适应工业废水的特性。

第 4 章 生物膜法

4.1 生物膜法的净化机理及过程

4.1.1 生物膜法概述

生物膜法是利用附着生长于某些固体物表面的微生物（即生物膜）进行有机污水处理的方法。生物膜是由高度密集的好氧菌、厌氧菌、兼性菌、真菌、原生动物以及藻类等组成的生态系统，其附着的固体介质称为滤料或载体。生物膜法与活性污泥法在去除机理上有一定的相似性，但又有区别，其中，生物膜法主要依靠固着于载体表面的微生物膜来净化有机物，而活性污泥法则是依靠曝气池中悬浮流动着的活性污泥来分解有机物。

生物膜法是一大类生物处理的统称，可分为好氧和厌氧两种，由于目前所采用的生物膜法多数是好氧形式，少数是厌氧形式，所以本章节主要介绍好氧。它们的共同特点是微生物附着在介质“滤料”表面上，形成生物膜，污水同生物膜接触后，溶解性有机污染物被微生物吸附转化为 H_2O、CO_2、NH_3 和微生物细胞物质，污水得到净化，所需氧气一般直接来自大气。污水如含有较多的悬浮固体，应先用沉淀池去除大部分悬浮固体后再进入生物膜法处理构筑物内，以免引起堵塞，并减轻其负荷。老化的生物膜不断脱落下来，随水流入二沉池被沉淀去除。

4.1.2 生物膜的形成及特点

4.1.2.1 生物膜的形成

生物膜法处理废水就是使废水与生物膜接触，进行固、液相的物质交换，利用膜内微生物将有机物氧化，使废水获得净化，同时，生物膜内微生物不断生长与繁殖。生物膜在载体上的生长过程是这样的：让含有营养的污水与载体（固体惰性物质）接触，并提供充足的氧气（空气），污水中的微生物和悬浮物就吸附在载体表面，微生物利用营养物生长繁殖，在载体表面形成黏液状微生物群落。这层微生物群落进一步吸附分解水中溶解态的营养物和少量悬浮物及胶体物质，不断增殖而形成一定厚度的生物膜。这层生物膜具有生物化学活性，又进一步吸附、分解废水中呈悬浮、胶体和溶解状态的污染物。

构成生物膜的物质是无生命的固体杂质和有生命的微生物。状态良好的生物膜是细菌、真菌、藻类、原生动物和后生动物及固体杂质等构成的生态系统。在这个生态系统中细菌占主导地位，正是由于细菌等微生物的代谢作用使水质得以净化。

4.1.2.2 生物膜的成熟

由于生物膜的吸附作用，在膜的表面存在一个很薄的水层（附着水层）。污水流过生物膜时，有机物等经附着水层向膜内扩散。膜内的微生物将有机物转化为细胞物质和代谢产物。代谢产物（CO_2、H_2O、NO_3^-、SO_4^{2-}、有机酸等）从膜内向外扩散进入水相和大气。随着时间的推移，在生物膜上由细菌及其他各种微生物组成的生态系统以及生物膜对有机物的降解功能都将达到平衡和稳定。

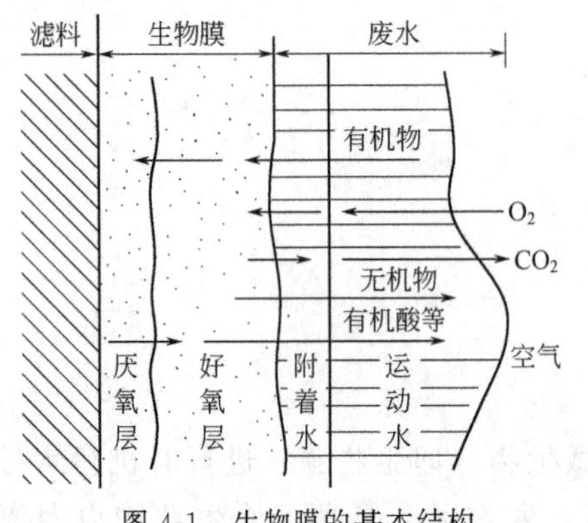

图 4-1 生物膜的基本结构

生物膜从开始形成到成熟，一般需要 30d 左右（城市污水，20℃），成熟的生物膜一般厚度为 2mm，其中好氧层 0.5～2.0mm，去除有机物主要靠好氧层的作用。污水浓度高，好氧层厚度减小，生物膜总厚度增大；污水流量增大，好氧层厚度和生物膜总厚度皆增大；改善供氧条件，好氧层厚度和生物膜总厚度也都会增大。过厚的生物膜会堵塞载体间的空隙，造成短流，影响正常通风，处理效率下降。所以，要控制滤池的进水浓度和流量，防止载体堵塞。污水浓度较高时，可采用回流加大滤池的水力负荷和冲刷作用，防止滤料堵塞。生物膜的基本结构如图 4-1所示。

4.1.2.3 生物膜的更新与脱落

随着有机物的降解，细胞不断合成，生物膜不断增厚。达到一定厚度时，营养物和氧气向深处扩散受阻，在深处的好氧微生物死亡，生物膜因出现厌氧层而老化，老化的生物膜附着力减小，在水力冲刷下脱落，完成一个生长周期。老化的生物膜脱落后，载体表面又可重新吸附、生长、增厚生物膜直至重新脱落。“吸附—生长—脱落”的生长周期不断交替循环，系统内活性生物膜量保持稳定。

4.1.2.4 生物膜法基本流程

生物膜法的基本流程如图 4-2 所示。污水经初沉池去除悬浮物后进入生物膜反应池，去除有机物。生物膜反应池出水进入二沉池（部分生物膜反应池后无须接二沉池）去除脱落的生物体，净化水排放。污泥浓缩后运走或进一步处理。

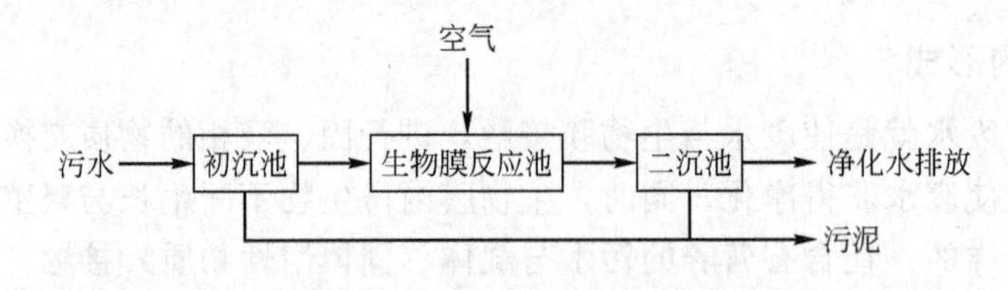

图 4-2 生物膜法的基本流程

4.1.2.5 生物膜法的特点

与活性污泥相比，生物膜法有以下特点。

(1) 微生物相复杂，能去除难降解有机物

固着生长的生物膜受水力冲刷影响较小，所以生物膜中存在各种微生物，包括细菌、原生动物等，形成复杂的生物相。这种复杂的生物相，能去除各种污染物，尤其是难降解的有机物。世代时间长的硝化细菌在生物膜上生长良好，所以生物膜法的硝化效果较好。

（2）微生物量大，净化效果好

生物膜含水率低，微生物浓度是活性污泥法的5～20倍。所以生物膜反应器的净化效果好，有机负荷高，容积小。

（3）剩余污泥少

生物膜上微生物的营养级高，食物链长，有机物氧化率高，剩余污泥量少。

（4）污泥密实，沉降性能好

填料表面脱落的污泥比较密实，沉降性能好，容易分离。

（5）耐冲击负荷，能处理低浓度污水

固着生长的微生物耐冲击负荷，适应性强。当受到冲击负荷时，恢复得快。有机物浓度低时活性污泥生长受到影响，所以活性污泥法对低浓度污水处理效果差。而生物膜法对低浓度污水的净化效果很好。

（6）操作简单，运行费用低

生物膜反应器生物量大，无须污泥回流，有的为自然通风，所以操作简单，运行费用低。

（7）不易发生污泥膨胀

微生物固着生长时，即使丝状菌占优势也不易脱落流失而引起污泥膨胀。

（8）由于载体材料的比表面积小，故设备容积负荷有限，空间效率较低

国外的运行经验表明，在处理城市污水时，生物滤池处理厂的处理效率比活性污泥法处理厂略低。50%的活性污泥法处理厂BOD_5去除率高于91%，50%的生物滤池处理厂BOD_5去除率为83%，相应的出水BOD_5分别为14mg/L和28mg/L。

（9）投资费用较大

生物膜法需要填料和支撑结构，投资费用较大。

4.1.3　生物膜形成的影响因素

生物膜的形成与填料表面性质（填料表面亲水性、表面电荷、表面化学组成和表面粗糙度、pH值、离子强度、水度）、微生物的性质（微生物的种类、培养条件、活性和浓度）及环境因素（水力剪切力、温度、营养条件及微生物与填料的接触时间）等因素有关。

（1）填料类型及特征

填料类型及特征主要影响在于载体的表面性质，包括载体的比表面积的大小，表面亲水性及表面电荷、表面粗糙度，载体的密度、堆积密度、孔隙率、强度等。载体表面电荷性、粗糙度、粒径和载体浓度等直接影响着生物膜在其表面的附着、形成。在正常生长环境下，微生物表面带有负电荷。如果能通过一定的改良技术，如化学氧化、低温等离子体处理等可使载体表面带有正电荷，从而可使微生物在填料表面的附着、形成过程更易进行。填料表面的粗糙度有利于细菌在其表面附着、固定。一方面，与光滑表面相比，粗糙的填料表面增加了细菌与载体间的有效接触面积；另一方面，填料表面的粗糙部分，如孔洞、裂缝等对已附着的细菌起着屏蔽保护作用，使它们免受水力剪切力的冲刷。研究认为，相对于大粒径填料而言，小粒径填料之间的相互摩擦小，比表面积大，因而更容易生成生物膜。

（2）生物膜量与活性

生物膜的厚度要区分总厚度和活性厚度，生物膜中的扩散阻力（膜内传质阻力）限制了过厚生物膜实际参与降解基质的生物量。只有在膜活性厚度范围（70～100nm）内，基质降解速率随膜厚度的增加而增加。当生物膜为薄层膜时，膜内传质阻力小，膜的活性好。当生物膜厚度增大时，基质降解速率与膜的厚度无关。各种生物膜法适宜的生物膜厚度应控制在159nm以下。随生物膜厚度增大，膜内传质阻力增加，单位生物膜量的膜活性下降，已不能提高生物池对基质的降解能力，反而会因生物膜的持续增厚，膜内层由兼性层转入厌氧状态，导致膜的大量脱落（超过600nm即发生脱落），或填料上出现积泥，或出现填料堵塞现象，从而影响生物池的出水水质。

（3）pH值

除了等电点外，细菌表面在不同环境下带有不同的电荷。不同的菌种，其等电点在实测过程中也是不尽相同的，一般是在pH=3.5左右。液相环境中，pH值的变化将直接影响微生物的表面电荷特性。当液相pH值大于细菌等电点时，细菌表面由于氨基酸的电离作用而显负电性；当液相pH值小于细菌等电点时，细菌表面显正电性。细菌表面电性将直接影响细菌在载体表面的附着、固定。

（4）水力剪切力

在生物膜形成初期，水力条件是一个非常重要的因素，它直接影响生物膜是否能培养成功。在实际水处理中，水力剪切力的强弱决定了生物膜反应器启动周期。单从生物膜形成角度分析，弱的水力剪切力有利于细菌在载体表面的附着和固定，但在实际运行中，反应器的运行需要一定强度的水力剪切力以维持反应器中的完全混合状态。所以在实际设计运行中，确定生物膜反应器的水力学条件是非常重要的。

（5）温度

与活性污泥法相同，不过生物膜法更易受气温的影响，一般适宜的温度为10～35℃。夏季温度高，效果最好，冬季水温低，生物膜的活性受抑制，处理效果受到影响。温度过高使饱和溶解氧降低，使氧的传递速率降低，在供氧跟不上时造成溶解氧不足，污泥因缺氧腐化而影响处理效果。

（6）营养物质

营养物质是指能为微生物所氧化、分解、利用的那些物质，主要包括有机物、氮、磷、硫等以及微量元素。

好氧生物处理中主要营养物质比例为：BOD_5∶N∶P=100∶5∶1。

（7）微生物与填料接触时间

微生物在填料表面附着、固定是一动态过程。微生物与填料表面接触后，需要一个相对稳定的环境条件，因此必须保证微生物在填料表面停留一定时间，以完成微生物在填料表面的增长过程。

（8）有毒物质

工业废水中存在的重金属离子、酚、氰等化学物质，对微生物具有抑制和杀害作用，主要表现在细胞的正常结构遭到破坏以及菌体内的酶变质，从而失去活性。

与活性污泥法相同，对有毒物质要控制，或对生物膜要进行驯化，以提高其承受能力。

4.1.4 典型生物膜工艺

按生物膜与水接触的方式不同，生物膜可分为充填式和浸没式两类。充填式生物膜法的填料（载体）不被污水淹没，自然通风或强制通风供氧，污水流过填料表面或盘片旋转浸过污水，如生物滤池和生物转盘等。浸没式生物膜法的填料完全浸没于水中，一般采用鼓风曝气供氧，如接触氧化和生物流化床等。

4.1.4.1　生物滤池

(1) 组成

生物滤池一般由钢筋混凝土或砖石砌筑而成，池平面有矩形、圆形或多边形，其中以圆形为多，主要由滤料、池壁、池底排水系统、上部布水系统组成，其结构见图 4-3。

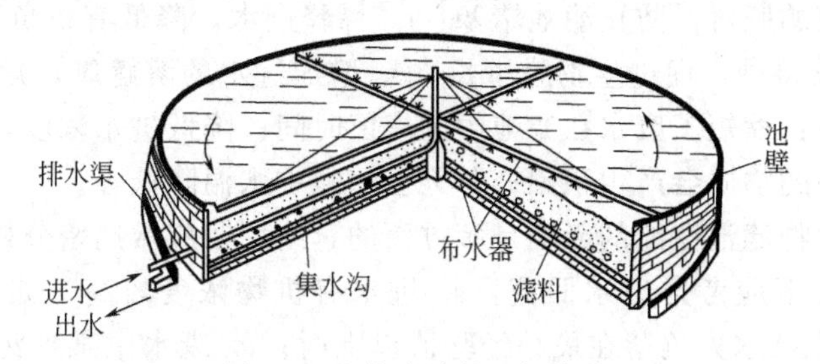

图 4-3　生物滤池的一般构造

(2) 分类

根据有机负荷率，可将生物滤池分为普通生物滤池（低负荷生物滤池）、高负荷生物滤池（回流式生物滤池）和塔式生物滤池三种。目前，为提高部分污染物的去除效率，有人在生物滤池中加入曝气设备，改良为各种类型的曝气生物滤池。

① 普通生物滤池。在较低负荷率下运行的生物滤池叫作低负荷生物滤池或普通生物滤池。普通生物滤池处理城市污水的有机负荷率为 0.15～0.30kgBOD_5/(m^3·d)。普通生物滤池的水力停留时间长，净化效果好（城市污水 BOD_5 去除率 85%～95%），出水稳定，污泥沉淀性能好，剩余污泥少。但滤速低，占地面积大，水力冲刷作用小，易堵塞和短流，生长灰蝇，散发臭气，卫生条件差，目前已趋于淘汰。

② 高负荷生物滤池。在高负荷率下运行的生物滤池叫作高负荷生物滤池或回流式生物滤池。高负荷生物滤池处理城市污水的有机负荷率为 1.1kgBOD_5/(m^3·d) 左右。在高负荷生物滤池中，微生物营养充足，生物膜增长快。为防止滤料堵塞，高负荷生物滤池的去除率较低，处理城市污水时 BOD_5 去除率 75%～90%。与普通生物滤池相比，高负荷生物滤池剩余量多，稳定度小。高负荷生物滤池占地面积小，投资费用低，卫生条件好，适于处理浓度较高、水质水量波动较大的污水。

③ 塔式生物滤池。塔式生物滤池的负荷也很高，由于塔式生物滤池生物膜生长快没有回流，为防止滤料堵塞，采用的滤池面积较小，以获得较高的滤速。滤料体积是一定的，相对于普通生物滤池，面积缩小时高度增大而形成塔状结构，故称为塔式生物滤池。

与普通生物滤池和高负荷生物滤池相比，塔式生物滤池对城市污水的 BOD_5 去除率为 65%～85%。塔式生物滤池占地面积小，投资运行费用低，耐冲击负荷能力强，适于处理浓度较高的污水。

④ 曝气生物滤池。曝气生物滤池是集生物降解、固液分离于一体的污水处理设施，与给水处理的快滤池相类似，但在滤池承托层增设了曝气用的空气管及空气扩散装置，处理水集水管兼作反冲洗水管也设置在承托层内。

(3) 影响生物滤池性能的主要因素

① 负荷。负荷是影响生物滤池性能的主要参数，通常分有机负荷和水力负荷两种。

有机负荷是指每天供给单位体积滤料的有机物量，单位是 $kgBOD_5/(m^3$ 滤料 · d)。由于一定的滤料具有一定的比表面积，滤料体积可以间接表示生物膜面积和生物数量，所以有机负荷实质上表征了 F/M 值。普通生物滤池的有机负荷范围为 0.15～0.3$kgBOD_5/(m^3$ · d)；高负荷生物滤池在 1.1$kgBOD_5/(m^3$ · d) 左右。在此负荷下，BOD_5 去除率可达80%～90%。为了达到处理目的，有机负荷不能超过生物膜的分解能力。

② 处理水回流。在高负荷生物滤池的运行中，多用处理水回流，其优点是：a. 增大水力负荷，促进生物膜的脱落，防止滤池堵塞；b. 稀释进水，降低有机负荷，防止浓度冲击；c. 可向生物滤池连续接种，促进生物膜生长；d. 增加进水的溶解氧，减少臭味；e. 防止滤池滋生蚊蝇。缺点是：缩短了废水在滤池中的停留时间；降低进水浓度，减慢了生化反应速率；回流水中难降解的物质会产生积累；冬天会使池中水温降低等。

可见，回流对生物滤池性能的影响是多方面的，采用时应做周密分析和试验研究。一般认为在下述三种情况下应考虑出水回流：a. 进水有机物浓度较高（如 COD＞400mg/L）；b. 水量很小，无法维持水力负荷在最小经验值以上时；c. 废水中某种污染物在高浓度时可能抑制微生物生长。

③ 供氧。向生物滤池供给充足的氧是保证生物膜正常工作的必要条件，也有利于排除代谢产物。影响滤池自然通风的主要因素是滤池内外的气温差以及滤池的高度。温差愈大，滤池内的气流阻力愈小（亦即滤料粒径大、孔隙大），通风量也就愈大。

供氧条件与有机负荷密切相关。当进水有机物浓度较低时，自然通风供氧是充足的。但当进水 COD＞400～500mg/L 时，则出现供氧不足，生物膜好氧层厚度较小。为此，有人建议限制生物滤池进水 COD＜400mg/L。当入流浓度高于此值时，采用回流稀释或机械通风等措施，以保证滤池供氧充足。

4.1.4.2 生物转盘

(1) 组成

生物转盘的主要组成单元有盘片、接触反应槽、转轴与驱动装置等，见图 4-4。生物转盘在实际应用上有各种构造型式，最常见是多级转盘串联，以延长处理时间、提高处理效果。但级数一般不超过四级，级数过多，处理效率提高不大。根据圆盘数量及平面位置，可以采用单轴多级或多轴多级形式。与生物滤池相同，生物转盘也无污泥回流系统，为了稀释进水，可考虑出水回流，但是，生物膜的冲刷不依靠水力负荷的增大，而是通过控制一定的盘面转速来达到。

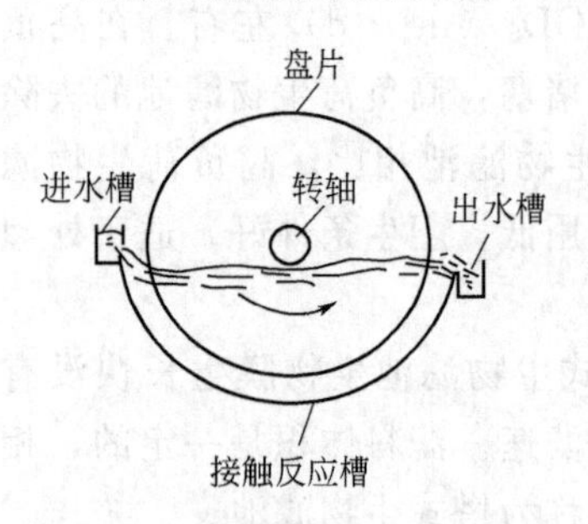

图 4-4 生物转盘的一般构造

(2) 生物转盘的特点

生物转盘是一种较新型的生物膜法废水处理设备，国外使用比较普遍，国内主要用于工业废水处理。

与活性污泥法相比，生物转盘在使用上具有以下优点：

① 操作管理简便，无活性污泥膨胀现象及泡沫现象，无污泥回流系统，生产上易于控制。

② 剩余污泥数量小，污泥含水率低，沉淀速度大，易于沉淀分离和脱水干化。根据已有的生产运行资料，转盘污泥形成量通常为 0.4～0.5$kg/kgBOD_5$（去除），污泥沉淀速度可

达4.6～7.6m/h。开始沉淀时底部即开始压密，所以，一些生物转盘将氧化槽底部作为污泥沉淀与贮存用，从而省去二次沉淀池。

③ 设备构造简单，无通风、回流及曝气设备，运转费用低，耗电量低。一般耗电量为0.024～0.03kW·h/kgBOD_5。

④ 可采用多层布置，设备灵活性大，可节省占地面积。

⑤ 可处理高浓度的废水，承受BOD_5可达1000mg/L，耐冲击能力强。根据所需的处理程度，可进行多级串联，扩建方便。国外还将生物转盘建成去除BOD-硝化-厌氧脱氮-曝气充氧组合处理系统，以提高废水处理水平。

⑥ 废水在氧化槽内停留时间短，一般在1～1.5h，处理效率高，BOD_5去除率一般可达90%以上。

生物转盘同一般生物滤池相比，也具有一系列优点：

① 无堵塞现象。

② 生物膜与废水接触均匀，盘面面积的利用率高，无沟流现象。

③ 废水与生物膜的接触时间较长，而且易于控制，处理程度比高负荷滤池和塔式滤池高，可以通过调整转速改善接触条件和充氧能力。

④ 同一般低负荷滤池相比，占地较小，如采用多层布置，占地面积可同塔式生物滤池相媲美。

⑤ 系统的水头损失小，能耗省。

但是，生物转盘也有它的缺点：

① 盘材较贵，投资大。从造价考虑，生物转盘仅运用于小水量低浓度的废水处理。

② 因为无通风设备，转盘的供氧依靠盘面的生物膜接触大气，这样，废水中挥发性物质将会产生污染。采用从氧化槽的底部进水可以减少挥发物的散失，比从氧化槽表面进水好，但是，挥发物质污染依然存在。因此，生物转盘最好作为第二级生物处理装置。

③ 生物转盘的性能受环境气温及其他因素影响较大，所以在北方设置生物转盘时，一般置于室内，并采取一定的保温措施。建于室外的生物转盘都应加设雨棚，防止雨水淋洗，使生物膜脱落。

4.1.4.3　生物接触氧化池

(1) 构造

接触氧化池是生物接触氧化处理系统的核心处理构筑物。接触氧化池是由池体、填料、支架及曝气装置、进出水装置以及排泥管道等部件组成的。生物接触氧化池构造见图4-5。

(2) 生物接触氧化法特征

① 净化效果好。该工艺可使用多种形式的填料。由于曝气，在池内形成液、固、气三相共存体系，有利于氧的转移，溶解氧充沛，适于微生物存活增殖。在生物膜上微生物是丰富的，除细菌和多种种属的原生动物和后生动物外，还能够生长氧化能力较强的球衣菌属的丝状菌，而无污泥膨胀之虑。在生物膜上能形成稳定的生态系统和食物链。

填料表面为生物膜所布满，形成了生物膜的主体结构，由于丝状菌的大量滋生，有可能形成一个立体结构的密集的生物网，污水在其中通过起到类似“过滤”的作用，能够有效地提高净化效果。

总体而言，接触氧化法填料的比表面积大，充氧效果好，氧利用效率高。所以，单位容积的微生物量比活性污泥法和生物滤池大，容积负荷高，耐冲击负荷，净化效果好。

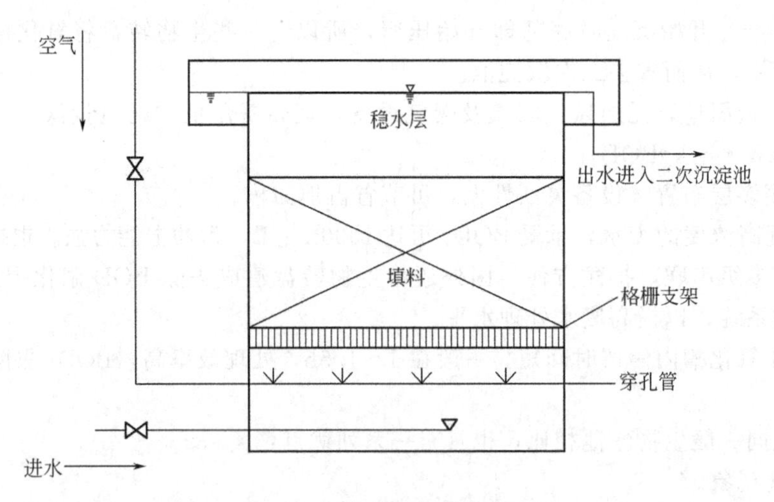

图 4-5　生物接触氧化池构造

② 占地面积小，管理方便。由于进行曝气，生物膜表面不断地接受曝气吹脱，这样有利于保持生物膜的活性，抑制厌氧膜的增殖，也易于提高氧的利用率，能够保持较高的活性生物量。因此，生物接触氧化处理技术能够接受较高的有机负荷率，处理效率较高，有利于缩小池容，减少占地面积。

生物接触氧化法容积负荷高，氧化池容积小，又可以取较大的水深，所以占地面积比活性污泥法、生物滤池和生物转盘都小。由于没有污泥回流、出水回流、污泥膨胀、防雨保温和机械故障等问题，所以运行管理方便。

③ 污泥产量低。由于单位体积的微生物量大，容积负荷大时，污泥负荷仍较小，所以污泥产量低。

④ 生物接触氧化处理技术具有多种功能，除有效地去除有机污染物外，如运行得当还能够用以脱氮，因此，可为深度处理技术。

⑤ 生物接触氧化处理技术的主要缺点是：如设计运行不当，填料可能堵塞；此外，布水、布气、曝气不易均匀，可能在局部部位出现死角。

⑥ 动力消耗比自然通风生物膜法大。由于采用强制通风供氧，所以动力消耗比一般的生物膜法大。

⑦ 污泥沉降性能差。与活性污泥法和生物滤池法相比，接触氧化出水中生物膜的老化程度高，受水力冲击变得很细碎，沉降性能差。在二沉池设计时要采用较小的上升流速，取1.0m/h 比较适宜。

⑧ 污泥膨胀的可能性比生物滤池大。接触氧化法一般不发生污泥膨胀，但当污水的供氧、营养、水质（毒物、pH 值）和温度等条件不利时，生物膜的性能（生物相、附着能力、沉淀性能等）变差，在剧烈的水力冲刷作用下脱落，随水流失，发生污泥膨胀的可能性比生物滤池大。

4.1.4.4 生物流化床

(1) 净化机理

如果使附着生物膜的固体颗粒悬浮于水中做自由运动而不随出水流失，悬浮层上部保持明显的界面，这种悬浮态生物膜反应器叫生物流化床。生物流化床是使废水通过流化的颗粒床，流化的颗粒表面生长有生物膜，废水在流化床内同分散十分均匀的生物膜相接触而获得净化。生物流化床综合了介质的流化机理、吸附机理和生物化学机理，过程比较复杂。由于它兼顾物理化学法和生物法的优点，又兼顾了活性污泥法和生物膜法的优点，所以，这种方法颇受人们重视。目前许多部门正积极研究和应用这种方法处理废水，在试验和生产中已取得一些经验。

(2) 生物流化床结构

生物流化床由床体、载体、布水装置、充氧装置和脱膜装置等部分组成。床体用钢板焊制或钢筋混凝土浇制，平面形状一般为圆形或方形，其有效高度按空床流速计算。床底布水装置是关键设备，即使布水均匀，又承托载体。常用多孔板、加砾石多孔板、圆锥底加喷嘴或泡罩布水。

生物流化床的基本结构如图 4-6 所示。由于载体颗粒一般很小，比表面积非常大（$2000\sim3000m^2/m^3$ 载体），所以单位容积反应器的微生物量很大。由于载体呈流化状态，与水充分接触，紊流剧烈，所以传质效果很好。因此，生物流化床的处理效率高。

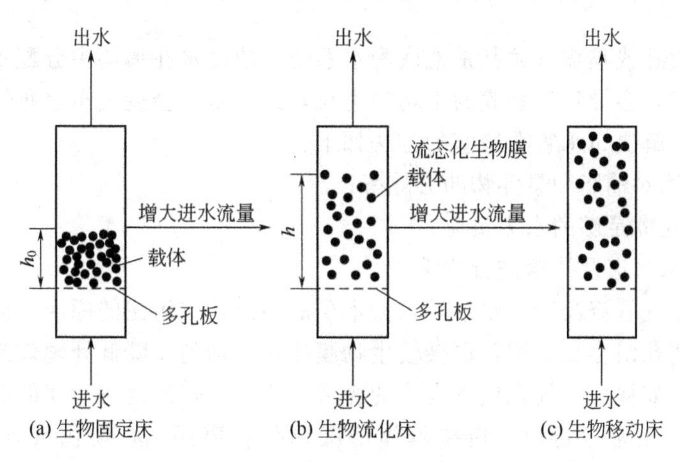

图 4-6　生物流化床的基本结构

(3) 生物流化床特征

① 耐冲击负荷。生物流化床内载有生物膜的流化介质能均匀分布在全床，同上升水流接触条件良好。因此，它兼备活性污泥法均匀接触条件所形成的高效率和生物膜法能承受负荷变动冲击的优点。

② 降解速率较高。由于比表面积大，对废水污染物的吸附能力强，尤其是采用活性炭作为流化介质时，吸附作用更为显著。在这样一个强吸附力场作用下，废水中有机物和微生物、酶都将在流化的生物膜表面富集，使表面形成微生物生长的良好场所。像活性炭这样的介质，其表面官能团（—COOH、—OH、 $\rangle$MC═O ）能与微生物的酸结合，所以在表面的浓度很高，炭粒实际上已成为酶的载体。因此，一些难以分解的有机物或分解速率较慢的有机物，能够在介质表面长期停留，对表面吸附着的生物膜进行长时间的驯化和诱导，使之能够顺利降解，同时也能在高浓度的作用下，提高降解的速率。

在流化床中，支撑生物膜的固相物是流化介质，为了获得足够的生物量和良好的接触条件，流化介质应具有较高的比表面积和较小的颗粒直径，通常流化介质采用砂粒、焦炭粒、无烟煤粒或活性炭粒等。一般颗粒直径为 0.6～1.0mm，所提供的表面积十分大。例如，用直径 1mm 的砂粒作载体，其比表面积为 $3300m^2/m^3$，是一般生物滤池的 50 倍，比采用塑料滤料的塔式生物滤池高约 20 倍，比平板式生物转盘高 60 倍。因此，在流化床能维持相当高的微生物浓度时，可比一般的活性污泥法高 10～20 倍，因此，废水底物的降解速率很快，停留时间很短，废水负荷相当高。

4.2 生物膜运行工艺及控制

4.2.1 运行控制

(1) 布水与布气

对于各种生物膜处理设施，为了保证其生物膜的均匀增长，防止污泥堵塞填料，保证处理效果的均匀，应对处理设施均匀布水和布气。由于设计上不可能保证布水和布气的绝对均匀，运行时应利用布水、布气系统的调节装置，调节各池或池内各部分的配水或供气，保证均匀布水、布气。

布水管及其喷扎或喷嘴（尤其是池底配水系统）使废水在填料中分配不匀，结果填料受水量影响发生差异，会导致生物膜的不均匀生长，进一步又会造成布水布气的不均匀，最后使处理效率降低。解决布水管孔堵塞的方法如下：

① 提高初沉池对油脂和悬浮物的去除率；

② 保证布水孔嘴足够的水力负荷；

③ 定期对布水管道及孔嘴进行清洗。

由于布水、布气管淹没于污水中，因为水质的原因，或污泥的原因，或制作的原因，或运行的原因，某些孔眼会被堵塞，也会使生物膜生长不均匀，降低处理效果。应针对以上原因采取解决办法，如保证曝气孔或曝气头的光滑、均匀，降低池底污泥的沉积层，进行预处理以改善水质等。正常运行时，应按具体情况调节管道阀门，使供气均匀，并定期进行清洗。

(2) 填料

① 预处理。对多孔颗粒类填料，装入氧化池或滤池之前，须对其进行破碎、分选、浸洗等处理，以提高颗粒的均匀性，并去除尘土等杂质。对于塑料或玻璃钢类硬质填料，安装前应检查其形状、质量的均匀性，安装后应清除残渣（黏于填料上的）。对于束状的软性填料，应检查安装后的均匀性。

② 运行观察与维护。填料在生物膜处理设施中正常运行时，应定期观察其生物膜生长和脱膜情况，观察其是否损坏。有很多原因可能造成生物膜生长不均匀，这会表现在生物膜颜色、生物膜脱落的不均匀性上。一旦发现这些问题，应及时调整布水、布气的均匀性，并调整曝气强度来予以改变。

对于颗粒填料比较容易发生污泥堵塞的，可能需要加大水力负荷或空气强度来冲洗，或换出填料晾晒、清洗。对于硬质塑料或玻璃钢类填料，可能会发生填料老化、坍塌等情况，这就需要及时予以更换，并找出造成坍塌的原因（如污泥附着不均匀），及时予以纠正。

对于束状软性填料，可能发生纤维束缠绕、成团、断裂等现象。缠绕、成团有可能是安装不利造成的，也有可能是污泥生长过快、纤维束中心污泥浓度太高形成的，可通过适当加大水力负荷和曝气强度来解决。纤维使用时间过长时污泥过量，可能造成纤维束断裂，应及时更换。

某些情况下，如水温或气温过低，对于生物滤池、生物转盘，需要加保温措施。

(3) 生物相观察

对于城市污水处理厂，生物膜处理设施的生物膜，前一级厚度为2.0～3.0mm，后一级为1.0～2.0mm，生物膜外观粗糙，具有黏性，颜色是泥土褐色。生物膜法处理系统的生物相特征与活性污泥工艺有所区别，主要表现在微生物种类和分布方面。一般来说，由于水质的逐级变化和微生物生长环境条件的改善，生物膜系统存在的微生物种类和数量均较活性污泥工艺大，尤其是丝状菌、原生动物、后生动物种类增加，厌氧菌和兼性菌占有一定比例。在分布方面的特点，主要是沿生物膜厚度和进水流向（采用多级处理时）呈现出不同的微生物种类和数量。例如，在多级处理的第一级，或生物膜的表层，或填料的上部（对于水流为下向流），生物膜往往以菌胶团细菌为主，膜亦较厚；随着级数的增加，或向生物膜内层发展，或向填料下部看，由于水质的变化，生物膜中会逐渐出现丝状菌、原生动物及后生动物，生物的种类不断增多，但生物量即膜的厚度减小。依废水水质的不同，每一级都有其特征的生物类群。

水质的变化，会引起生物膜中微生物种类和数量的变化。在进水浓度增高时，可看到原有特价性层次的生物下移的现象，即原先在前级或上层的生物可在后级或下层出现。因此，可以通过这一现象来推断废水浓度和污泥负荷的变化情况。

(4) 回流

生物膜处理设施，一般不需要将二沉池污泥回流，但在挂膜过程中可能会需要。处理后污水常常需要回流。出水的回流可起到以下作用：

① 降低进水的浓度；

② 回流液中挟带的微生物可增加氧化池中有益微生物的数量；

③ 增加水力负荷，容易脱膜，避免生物膜过厚；

④ 降低污水和生物膜的气味，防止滤池蝇的出现。

回流时，回流比的大小应由运行试验来确定。回流方式一般有如下几种：

① 连续回流；

② 浓度高或水量小时回流。

处理出水可回流至初沉池或某级生物膜处理设施前配水井中。

总体而言，生物膜法的操作简单，一般只要控制好进水量、浓度、温度及所需投加的营养物质（N、P）等，处理效果一般比较稳定，微生物生长情况良好。在废水水质变化、形成负荷冲击的情况下，出水水质恶化，但很快就能够恢复，这是生物膜法的优点。

4.2.2 生物膜法日常管理注意事项

(1) 防止生物膜生长过厚

生物滤池负荷过高，使生物膜增长过多过厚，内部厌氧层随之增厚，可发生硫酸盐还原，污泥发黑发臭，使微生物活性降低，大块黏厚的生物膜脱落，并使填料局部堵塞，造成布水不均匀、不堵的部位流量及负荷偏高，出水水质下降。

解决办法一般有以下三种：

① 加大回流水量，借助水力冲脱过厚的生物膜；

② 两级滤池串联、交替进水；

③ 低频加水，使布水器转速减慢。

(2) 维持较高的DO

提高生物膜系统内的DO，可减少生物膜系统中的厌氧层的厚度，增大好氧层在生物膜中的比例，提高生物膜内氧化分解有机物的好氧微生物的活性。

对于淹没式生物滤池，DO的提高主要采取加大曝气量，气量加大所产生的剪切力有助于老化生物膜脱落；同时增加了反应池内气液固三相的混合，提高氧、有机物及微生物代谢产物的传递速率，也加快了生物反应速率。

但曝气量过大，电耗增加，生物膜过量脱落，产生负面影响。

(3) 减少出水悬浮物（ESS）

① 在设计生物膜系统的二次沉淀池时，参数选取应适当保守一些，表面负荷小些。

② 在必要时，还可投加低剂量的絮凝剂，以减少出水悬浮物，提高处理效果。

(4) 其他注意事项

生物滤池的运行中还应注意检查布水装置及滤料是否有堵塞现象。布水装置堵塞往往是由于管道锈蚀或者是由于废水中悬浮物沉积所致，滤料堵塞是由于膜的增长量大于排出量所形成的。所以，对废水水质、水量应加以严格控制。膜的厚度一般与水温、水力负荷、有机负荷和通风量等有关。水力负荷应与有机负荷相配合，使老化的生物膜能不断冲刷下来，被水带走。当有机负荷高时，可加大风量，在自然通风情况下，可提高喷淋水量。

当发现滤池堵塞时，应采用高压水表面冲洗，或停止进入废水，让其干燥脱落。有时也可以加入少量氯或漂白粉，破坏滤料层部分生物膜。

生物转盘一般不产生堵塞现象，但也可以用加大转盘转速控制膜的厚度。

在正常运转过程中，除了应开展有关物理、化学参数的测定外，应对不同层厚、级数的生物膜进行微生物检验，观察分层及分级现象。

生物膜设备检修或停产时，应保持膜的活性。对生物滤池，只需保持自然通风，或打开各层的观察孔，保持池内空气流动；对生物转盘，可以将氧化槽放空，或用人工营养液循环。停产后，膜的水分会大量蒸发，一旦重新开车，可能有大量膜质脱落，因此，开始投入工作时，水量应逐步增加，防止干化生物膜脱落过多。一旦微生物适应后，即可得到恢复。

4.3 生物膜法运行中异常问题及解决对策

(1) 生物膜严重脱落

在生物膜挂膜过程中，膜状污泥大量脱落是正常的，尤其是采用工业污水进行驯化时，脱膜现象会更严重。但在正常运行阶段，膜大量脱落是不允许的。产生大量脱膜，主要是水质的原因（如抑制性或有毒性污染物浓度太高，pH值突变等），解决办法是改善水质。

(2) 气味

对生物滤池、生物转盘及某些情况下生物接触氧化池，由于污水浓度高，污泥局部发生厌氧代谢，可能会有臭味产生。解决的办法如下：

① 处理出水回流；

② 减少处理设施中生物膜的累积，让生物膜正常脱膜，并排出处理设施；

③ 保证曝气设施或通风口的正常；

④ 根据需要向进水中短期少量投加液氯；

⑤ 避免高浓度或高负荷废水的冲击。

(3) 处理效率降低

当整个处理系统运行正常，且生物膜处理效果较好，仅处理效率有所下降，一般不会是水质的剧烈变化或有毒污染物的进入，如废水 pH 值、DO、气温、短时间超负荷（负荷增加幅度也不太大）运行等。对于这种现象，只要处理效率降低的程度可以承受，即可不采取措施，过一段时间，便会恢复正常；或采取一些局部调整措施加以解决，解决方法是：保温、进水加热、酸或碱中和、调整供气量等。

(4) 污泥的沉积

污泥的沉积指生物膜处理设施（氧化槽）中过量存积污泥。当预处理或一般处理沉降效果不佳时，大量悬浮物会在氧化槽中沉积积累，其中有机性污泥在存积时间过长后会产生腐败，发出臭气。解决办法是提高预处理和一级处理的沉淀去除效果，或设置氧化槽临时排泥措施。

4.4 生物膜的培养与驯化

4.4.1 挂膜

具有代谢活性的微生物污泥在处理系统中填料上固着生长的过程称之为挂膜。挂膜也就是生物膜处理系统，膜状污泥的培养和驯化过程。

挂膜过程所采用的方法，一般有直接挂膜法和分步挂膜法两种。

对于生活污水、城市污水、与城市污水相接近的工业废水，可以采用直接挂膜法。即在合适的环境条件（水温、DO 等）和水质条件（pH、BOD、C/N 等）下，让处理系统连续正常运行，一般需经过 7～10d 就可以完成挂膜过程。挂膜过程中，宜让氧化池出水和池底污泥回流。

在各种形式的生物膜处理设施中，生物接触氧化池和塔式生物滤池，由于具有曝气系统，且填料量和填料空隙均较大，可以采用直接挂膜法，而普通生物滤他、生物转盘等适合于采用分步挂膜法。

对于不易生物降解的工业废水，尤其是使用普通生物滤池和生物转盘等设施处理时，为了顺利挂膜，可通过预先培养驯化相应的活性污泥，然后再投加到生物膜系统中，进行挂膜，也就是分步挂膜。

将培养的活性污泥与工业废水混合后，在生物膜法处理装置中循环运行，形成生物膜后，通水运行，并加入要处理的工业废水。可先投配 20%的工业废水，经分析进出水水质，生物膜具有一定处理效果后，再逐步加大工业废水的比例，直到全部都是工业废水为止。也可用掺有少量（20%）工业废水的生活污水直接培养生物膜，挂膜成功后再逐步加大工业废水比例，直到全部都是工业废水为止。

对于工业污（废）水的挂膜，其中必然有膜状污泥适应水质的过程，这与活性污泥法培菌过程，即污泥驯化一样。

对于多级处理的生物膜处理系统，要使各级培养驯化出优势微生物，完成挂膜所用的时间，可能要比一般挂膜过程（城市污水仅两级处理）长 2～3 周。这是因为不同种属细菌的水质适应性和世代时间不一样。

4.4.2 培养和驯化的注意事项

① 开始挂膜时，进水流量应小于设计值，可按设计流量的20%～40%启动运转。在外观上可见已有生物膜生成时，流量可提高到60%～80%，待出水效果达到设计要求时，即可提高流量到设计标准。

② 在生物转盘法中，用于硝化的转盘，挂膜时间要增加2～3周，并注意进水BOD应低于30mg/L，因自养性硝化细菌世代时间长，繁殖生长慢，若进水有机物过高，可使膜中异养细菌占优势，从而抑制了自养细菌的生长。

③ 当出水中出现亚硝酸盐时，表明生物膜上的硝化作用已开始；当出水中亚硝酸盐下降，并出现大量硝酸盐时，表明硝化细菌在生物膜上已占优势，挂膜工作宣告结束。

④ 挂膜所需的环境条件与活性污泥培菌相同，进水要具有合适的营养、温度、pH等，尤其是氮、磷等营养物质必须充足（COD∶N∶P=100∶5∶1），同时避免毒物的大量进入。

⑤ 因初期膜量较少，反应器内充氧量可稍少（生物转盘转速可稍慢），使溶解氧不致过高；同时采用小负荷进水的方式，减少对生物膜的冲刷作用，增加填料或滤料的挂膜速度。

⑥ 在冬季13℃时挂膜，整个周期比温暖季节延长2～3倍。

⑦ 在生物膜培养挂膜期间，由于刚刚长成的生物膜适应能力较差，往往会出现膜状污泥大量脱落的现象，这可以说是正常的，尤其是采用工业废水进行驯化时，脱膜现象会更严重。

⑧ 要注意控制生物膜的厚度，保持在2mm左右，不使厌氧层过分增长，通过调整水力负荷（改变回流量）等形式使生物膜的脱落均衡进行。同时随时进行镜检，观察生物膜生物相的变化情况，注意特征微生物的种类和数量的变化情况。

第5章 脱氮除磷技术

5.1 城镇生活污水氮磷来源与危害

5.1.1 氮磷的主要来源与形态

城镇生活污水中氮元素的主要来源为：生活污水、地表径流、氮氧化合物、固体物、渗滤液等。氮一般以有机氮、氨氮、亚硝酸盐氮和硝酸盐氮等4种形态存在。磷元素的主要来源为人类活动的排泄物、废弃物和生活洗涤污水，特别是含磷洗涤剂的大量使用。城镇生活污水中含磷化合物可分为有机磷与无机磷两类。有机磷大多是有机磷农药，如乐果、甲基对硫磷、乙基对硫磷、马拉硫磷等，它们大多呈胶体和颗粒状，不溶于水，易溶于有机溶剂，可溶性有机磷只占30%左右。无机磷几乎都以各种磷酸盐形式存在，包括正磷酸盐、偏磷酸盐、磷酸氢盐、磷酸二氢盐，以及聚合磷酸盐如焦磷酸盐、三磷酸盐等。

5.1.2 氮磷的危害

氮磷均是动植物生长所必需的元素，是蛋白质的构成元素之一，对人类有非常重要的意义。但是氮磷元素的过量或者不足，对动植物的生长均会带来负面影响。氮在水体中对鱼类有危害作用的主要形式是氨氮和亚硝酸盐，氮磷含量过高，会造成水体的富营养化，引发“赤潮”或“水华”。藻类的迅速生长，会消耗掉水里的溶解氧，会导致鱼类等其他水生生物因窒息而死亡。赤潮消失期，赤潮生物大量死亡和分解，消耗水中的溶解氧，且分解物产生大量的有害气体，产生恶臭，影响养殖业和人类生活，通过生物链影响人类健康。

5.2 脱氮技术

5.2.1 物理化学脱氮技术

城镇污水中常用的氮的物理化学去除方法有吹脱法、折点氯化法和选择性离子交换法。物理化学脱氮方法不包括有机氮转化为氨氮和氨氮氧化为硝酸盐的过程，只能够去除污水中的NH_3-N。

5.2.1.1 碱性吹脱法

污水中的氨氮是以氨离子（NH_4^+）和游离氨（NH_3）两种保持平衡状态的形式存在：

$$NH_3+H_2O \longrightarrow NH_4^+ + OH^-$$

将 pH 值保持在 11.5 左右（投加一定量的碱），让污水流过吹脱塔，促使 NH_4^+-N 向 NH_3-N 转化，析出的 NH_3 进入空气中，其去除率可达 85%。碱性吹脱法操作简便易控，除氨效果稳定；但 pH 值过高易形成水垢，在吹脱塔的填料上沉积，堵塞塔板；当水温降低时，水中氨的溶解度增加，氨的吹脱率降低，且游离氨逸散会造成二次污染等。

5.2.1.2 折点加氯法

折点加氯法脱氮是将氯气或次氯酸钠投入污水，将污水中的 NH_4^+-N 氧化成 N_2 的化学脱氮工艺。氯投加于水中后与水中的氨氮发生如下反应：

$$NH_4^+ + HClO \longrightarrow NH_2Cl + H_2O + H^+$$

$$NH_2Cl + HClO \longrightarrow NHCl_2 + H_2O$$

$$NHCl_2 + HClO \longrightarrow NCl_3 + H_2O$$

上述反应与 pH 值、温度和接触时间有关，也与氨和氯的初始比值有关，大多数情况下，以一氯胺和二氯胺两种形式为主，其中的氯称为有效化合氯。

在废水处理中，达到折点所需氯总是超过质量比 7.16∶1，当污水的预处理程度提高时，到达折点所需氯量就减少。三种处理出水加氯量见表 5-1。

表 5-1　三种处理出水加氯量

废水处理程序	Cl_2∶NH_3-N 到达折点所需质量比	
	经验值	建议设计值
原水	10∶1	13∶1
二级出水	9∶1	12∶1
二级出水再石灰澄清过滤	8∶1	10∶1

折点加氯法因加氯量大、费用高，以及产酸增加总溶解固体等原因，目前在城镇污水处理厂运行较少。

5.2.1.3 选择性离子交换法

将中等酸性废水通过弱酸性阳离子交换柱，NH_4^+ 被截留在树脂上，同时生成游离态的 H_2S，从而达到去除氨氮的目的。离子交换法的一般处理流程为：先用物化法或生物法去除废水中大量的悬浮物和有机碳，然后使废水流经交换柱，在交换柱饱和或出水中氨浓度过高以前，需停止操作并用无机酸对交换柱进行再生。选择性离子交换法存在的问题是：再生液需要再次脱氨；在沸石交换床内，氨解吸塔及辅助配管内存在碳酸钙沉积；废水中有机物易造成沸石堵塞而影响交换容量，须用各种化学及物理复苏剂除去黏附在沸石上的有机物，故实际应用也不多。

5.2.2 生物脱氮技术

物理化学工艺与生物处理工艺相比，基建投资昂贵、运行维护复杂并且会带来环境的二次污染，如在吹脱工艺中会向大气中排放氨氮，造成大气污染。因此，物理工艺仅作为一些污水处理厂的备用应急措施，对于城镇生活污水处理，一般选择采用生物脱氮工艺。

生物脱氮技术机理如下。

生物脱氮主要是通过微生物的硝化作用和反硝化作用来完成的。生物处理过程中，首先使污水中的含氮有机物被异养型微生物（氨化细菌）分解转化为氨，再由自养型硝化细菌将其氧化成硝酸盐（硝化作用），最后由反硝化细菌以有机物作为电子供体，使硝酸盐还原为氮气（反硝化作用）而从液相中释放。

(1) 氨化作用

氨化作用是有机氮在微生物的分解作用下释放出氨的过程。污水中的有机氮主要以蛋白质和氨基酸的形式存在，蛋白质在蛋白酶的作用下水解为多肽与二肽，然后由肽酶进一步水解生成氨基酸，氨基酸在脱氨基酶作用下转化为氨氮。氨化细菌种类很多，而且绝大多数为异养型细菌，呼吸类型有好氧、兼性也有厌氧。氨化过程速度很快，所以在设计时无须采取特殊措施。

(2) 硝化作用

硝化菌将氨氮转化为硝酸盐的过程称为硝化。硝化是分两步进行的，分别由氨氧化菌（也称亚硝化菌）和亚硝酸盐氧化菌（也称硝化菌）完成。上述两种细菌统称为硝化细菌，均属自养型好氧菌，能够以碳酸盐和二氧化碳等无机碳作为碳源，利用氨氮转化过程中释放的能量作为新陈代谢的能源，此外，部分氨氮被细菌同化为细胞组织。硝化反应过程如下：

$$NH_3+\frac{3}{2}O_2 \xrightarrow{\text{亚硝化菌}} NO_2^- + H_2O + H^+$$

$$NO_2^- + \frac{1}{2}O_2 \xrightarrow{\text{硝酸菌}} NO_3^-$$

总反应式： $$NH_3+2O_2 \xrightarrow{\text{硝化菌}} NO_3^- + H_2O + H^+$$

硝化细菌虽然几乎存在于所有的污水生物处理系统中，但是一般情况下，其含量很少。除温度、酸碱度等对硝化细菌的生长有影响外，另有两个主要原因：①硝化细菌的比增长速率比生物处理中（如活性污泥）的异养型细菌的比增长速率要小一个数量级。对于活性污泥系统来说，如果污泥龄较短，排放剩余污泥量大，将使硝化细菌来不及大量繁殖。欲得到较好的硝化结果，就需有较长的污泥龄。②BOD_5 与总氮（TKN）的比例也影响活性污泥中硝化细菌所占的比例。所以，在微生物脱氮系统中，硝化作用的稳定和硝化速度的提高是影响整个系统脱氮效率的一个关键。

由硝化反应过程可以看出，好氧生物硝化过程只是将氨氮转化成了硝酸盐，仍然存在于水中，并没有最终脱氮。

(3) 反硝化作用

反硝化菌将硝酸盐转化为氮气的过程称为反硝化。反硝化菌在自然界很普遍，多数是兼性的，在溶解氧浓度极低的环境中可利用硝酸盐中的氧（NO_x^--O）作为电子受体，有机物则作为碳源及电子供体提供能量并将硝酸盐转化成氮气。该反应需要具备两个条件：①污水中含有充足的电子供体，包括与氧结合的氢源和异养菌所需的碳源；②厌氧或缺氧条件。反硝化反应一般以有机物为碳源和电子供体，当环境中缺乏此类有机物时，无机盐如 Na_2S 等也可作为反硝化反应的电子供体，微生物还可以消耗自身的原生质，进行所谓的内源反硝化。

$$C_5H_7NO_2 + 4NO_3^- \longrightarrow 5CO_2 + NH_3 + 2H_2\uparrow + 4OH^-$$

可见内源反硝化的结果是细胞原生质的减少，并会有 NH_3 的生成。废水处理中不希望此种反应占主导地位，而应提供必要的外源碳源，如甲醇，实际应用中常采用生活污水或其他易生物降解的含碳废物，如厨房垃圾等。当利用的碳源为甲醇时，反硝化反应过程如下：

总反应： $$6NO_3^- + 5CH_3OH \xrightarrow{\text{反硝化菌}} 5CO_2 + 3N_2\uparrow + 7H_2O + 6OH^-$$

5.3 除磷技术

5.3.1 化学沉淀法除磷技术

化学沉淀法除磷是利用磷酸根能和某些阳离子，如 Fe^{3+} 和 Al^{3+}，进行化学反应，产生不溶于水的沉淀，从而使化学反应不断向生成物方向进行，通过泥水分离最终达到去除废水和污水中过量磷的目的。如果磷以聚磷酸盐的形式存在于污水中，则磷的去除依靠沉淀和吸附两种作用。一方面，聚磷酸盐通过水解反应生成正磷酸盐，其中的磷酸根与 Fe^{3+} 或 Al^{3+} 反应生成沉淀；另一方面，生成的沉淀由于呈絮状，又能吸附聚磷酸盐而去除一部分磷。因此，化学法除磷并不是简单的化学反应过程。能与磷酸根离子反应生成不溶于水的沉淀的阳离子很多，比较常用的有 Fe^{3+} 和 Al^{3+}。影响化学法除磷最主要的因素是 pH 值，当反应环境的酸性增加时，磷的去除率就降低。

化学法除磷的优点是：操作简单，除磷效果好，且结果稳定，不会重新放磷而导致二次污染，当进水浓度较大或有一定波动时，仍有较好的除磷效果。用化学沉淀法除磷，其絮凝剂投加的地点可以不同，即在曝气池前、中、后的出水中，但除磷原理相同。

5.3.2 生物除磷技术

生物法除磷是利用活性污泥中的微生物（聚磷细菌）通过释放磷和吸收磷来除磷的。其机理可作如下阐述：当微生物在厌氧环境时，细胞内的聚磷酸盐被分解，无机磷盐释放到环境中去，释放出大量能量，这就是聚磷菌的厌氧放磷现象。在此过程中，这些能量一部分供给聚磷细菌度过不利环境（厌氧环境），另一部分则可供聚磷菌主动吸收环境中的乙酸、氢离子和负电子，使之以 PHB 的形式贮藏于菌体内；好氧阶段来临时，由于环境条件有利，聚磷菌可以快速生长、繁殖，此时菌体内 PHB 的好氧分解就为之提供了大量能量，其中一部分能量可供聚磷菌主动吸收环境中的磷酸盐，并以聚磷酸盐的形式贮存于体内，这就是聚磷菌的好氧吸磷现象。通过及时排出剩余污泥，就能使污水中磷的含量大大降低。Evans（1983）等的实验结果表明，在厌氧区投加丙酸、乙酸、葡萄糖能诱发微生物放磷，从而导致好氧阶段磷更强烈的吸收，除磷效果进一步提高。

生物除磷的有效性受到 COD/P 以及水中硝酸盐的影响。COD/P 的比值要求大于 30，除磷系统才能有效工作，磷的去除率随 COD/P 比值的上升而上升。据 Siebritz（1950）的实验结果表明，磷的去除与污水中快速降解的 COD 成分浓度密切相关，随后其他的实验也得出了同样的结论。另外，厌氧阶段硝酸盐的存在会导致反硝化反应生成氮气，黏附在活性污泥上，引起活性污泥上浮，硝酸盐的反硝化还会消耗聚磷生物所需的碳源，影响生物储存有机物和放磷。因此，大量硝酸盐的存在对除磷系统是不利的。

5.4 脱氮除磷工艺

国外从 60 年代开始系统地进行了脱氮除磷的物理处理方法研究，结果认为物理法的缺点是耗药量大、污泥多、运行费用高等。因此，城市污水处理厂一般不推荐采用。70 年代以来，国外开始研究并逐步采用活性污泥法生物脱氮除磷。我国从 80 年代开始研究生物脱氮除磷技术，在80年代后期逐步实现工业化流程。目前，常用的生物脱氮除磷工艺有A^2/O法、SBR法、氧化沟法等。

5.4.1 A/O法

A/O工艺是Anoxic/Oxic（缺氧/好氧）或Anerabic/Oxic（厌氧/好氧）工艺的缩写，是为污水生物除磷脱氮而开发的污水处理技术，属于前置反硝化生物脱氮工艺。工艺流程见图5-1。

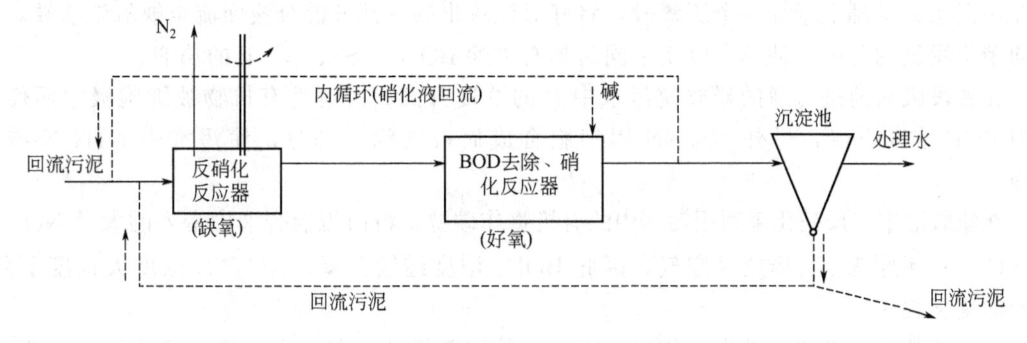

图5-1 缺氧-好氧活性污泥脱氮系统

硝化液一部分回流至反硝化池，池内的反硝化脱氮菌以原污水中的有机物作碳源，以硝化液中NO_x^-中的氧作为电子受体，将NO_x^--N还原成N_2，不需外加碳源。反硝化池还原1g NO_x^--N产生3.57g碱度，可补偿硝化池中氧化1g NH_3-N所需碱度（7.14g）的一半，所以对含N浓度不高的废水，不必另行投碱调pH值。反硝化池残留的有机物可在好氧硝化池中进一步去除。A/O工艺优点是能够同时去除有机物和氮，流程简单，构筑物少，只有一个污泥回流系统和混合液回流系统，节省基建费用；反硝化缺氧池不需外加有机碳源，降低了运行费用；好氧池在缺氧池后，可使反硝化残留的有机物得到进一步去除，提高了出水水质（残留有机物进一步去除）；缺氧池中污水的有机物被反硝化菌所利用，减轻了其他好氧池的有机物负荷，同时缺氧池中反硝化产生的碱度可弥补好氧池中硝化需要碱度的一半（减轻了好氧池的有机物负荷，碱度可弥补需要的一半）。其缺点是脱氮效率不高，一般为70%～80%，此外好氧池出水含有一定浓度的硝酸盐，如二沉池运行不当，则会发生反硝化反应，造成污泥上浮，使处理水水质恶化。

A/O法在除磷方面的推广受到以下几个因素的制约：第一，生物除磷是将液相中的污染物转移到固相中予以去除。A/O法的特点之一是泥龄短、污泥量多，剩余污泥含磷率高于传统活性污泥法，污泥在浓缩消化过程中会将吸收的磷释放出来，要彻底去除系统中的磷，还需要增加后续处置设施。当温度低、进水负荷低时，微生物代谢能力减弱，污泥生长缓慢，除非污泥含磷量特别高，否则只排少量污泥，磷的去除率必然很低。第二，厌氧池的厌氧条件难以保证。理论计算认为，当污泥龄大于5d时，硝化菌便能在系统中停留。当曝气池水力停留时间偏长时，废水中的氨氮在硝化菌的作用下转化成NO_2^-和NO_3^-，回流污泥中就不可避免的混入了NO_x原污水，和回流污泥混合后，反硝化菌优先获得碳源进行脱氮，聚磷菌竞争不到碳源，不能有效释放，因而也不能过量吸收磷，系统除磷能力下降。第三，受水质波动影响大。磷的厌氧释放分有效和无效两部分，聚磷菌在释磷的过程中同时吸收原污水中的低分子有机物，合成细胞内贮物，我们把这一过程称为有效释磷。聚磷菌只有在有效释磷后，才能在随后的好氧段过量摄磷。

当废水中可供聚磷菌利用的低分子有机物量很少时，聚磷菌便发生无效释磷，即在释磷过程中不合成细胞内贮物。无效释放出来的磷在系统中是不能被去除的。因此，A/O 工艺除磷效果受进水水质影响很大，不够稳定。

5.4.2　A^2/O 法

传统 A^2/O 法是目前普遍采用的同时脱氮除磷的工艺，它是 A/O 工艺的改进，在传统活性污泥法的基础上增加一个厌氧段，将好氧池流出的一部分混合液回流至缺氧池前端，以达到硝化脱氮的目的，使 A^2/O 工艺同时具有去除 BOD_5、SS、N、P 的功能。

在首段厌氧池进行磷的释放使污水中 P 的浓度升高，溶解性有机物被细胞吸收而使污水中 BOD 浓度下降，另外 NH_3-N 因细胞合成而被去除一部分，使污水中 NH_3-N 浓度下降。

在缺氧池中，反硝化菌利用污水中的有机物作碳源，将回流混合液中带入的大量 NO_3^--N 和 NO_2^--N 还原为 N_2 释放至空气，因此 BOD_5 浓度继续下降，NO_3^--N 浓度大幅度下降，但磷的变化很小。

在好氧池中，有机物被微生物生化降解，其浓度继续下降；有机氮被氨化继而被硝化，使 NH_3-N 浓度显著下降，NO_3^--N 浓度显著增加，而磷随着聚磷菌的过量摄取也以较快的速率下降。A^2/O 工艺流程见图 5-2。

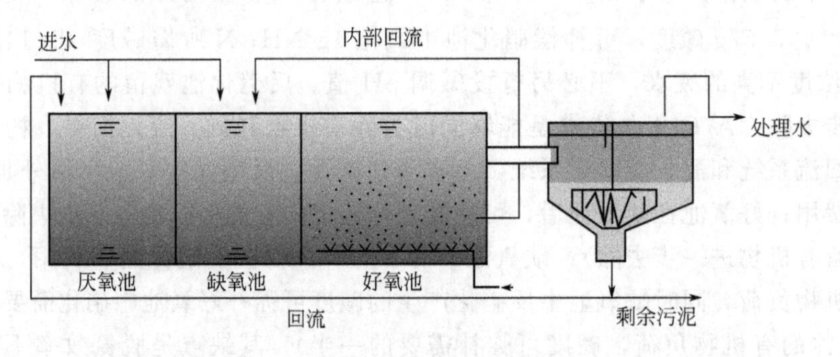

图 5-2　A^2/O 工艺流程

倒置 A^2/O 工艺主要是针对缺氧反硝化碳源不足而改进设计的，其工艺流程见图 5-3，将缺氧池置于厌氧池前面，来自二沉池的回流污泥和全部进水或部分进水，50%～150%的混合液回流均进入缺氧段，将碳源优先用于脱氮。

缺氧池内碳源充足，回流污泥和混合液在缺氧池内进行反硝化，去除硝态氧，再进入厌氧段，保证了厌氧池的厌氧状态，强化除磷效果。由于污泥回流至缺氧段，缺氧段污泥浓度较好氧段高出 50%，单位池容的反硝化速率明显提高，反硝化作用能够得到有效保证。某污水处理厂采用倒置 A^2/O 工艺进行了中试试验研究，系统运行稳定后，BOD 去除率在 90%以上，出水 TN 去除率为 80%左右，TP 的去除率稳定在 85%以上。采用批式试验对昆明某污水处理厂倒置 A^2/O 工艺进出水水质进行了研究，结果表明，倒置 A^2/O 工艺对有机物和 NH_4^+-N 的去除率分别为 89.4%和 98.6%，A^2/O 缺氧池内碳源不足导致反硝化反应受到限制，倒置 A^2/O 优先利用进水中的碳源进行反硝化，系统脱氮效果优于 A^2/O。

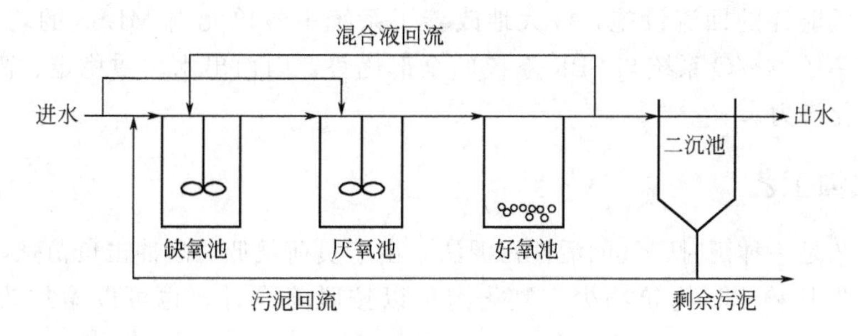

图 5-3　倒置 A^2/O 工艺流程

5.4.3　序批式工艺

5.4.3.1　传统的 SBR 工艺

SBR 工艺是间歇性活性污泥法，它由一个或多个曝气反应池组成，污水分批进入池中，经活性污泥净化后，上清液排出池外即完成一个运行周期。每个工作周期顺序完成进水、反应、沉淀、排放 4 个工艺过程。SBR 工艺脱氮除磷效果与曝气时率（曝气时率＝每单个周期的曝气时间/周期）有关，时率大则缺氧时间短、反硝化不完全、氮磷的去除率低，当去除率接近 1 时，磷几乎不被去除。SBR 工艺的特点是具有一定的调节均化功能，可缓解进水水质、水量波动对系统带来的不稳定性。工艺处理简单，处理构筑物少，曝气反应池集曝气沉淀污泥回流于一体，可省去初沉池、二沉池及污泥回流系统，且污泥量少，容易脱水，控制一定的工艺条件可达到较好的除磷效果，但存在自动控制和对连续在线分析仪器仪表要求高的特点。SBR 工艺脱氮和除磷的反应条件有相同之处，也有不同之处，有相互的不利影响，也有互促互生方面的有利影响，当选择彼此适宜的条件后，是可以达到同时脱氮除磷效果的。对于需要同时脱氮除磷的场合，SBR 反应器可采用闲置→静止充水→搅拌进水→反应曝气→反应混合→吹脱曝气→沉淀→排水的工序。静止进水可以使进水阶段结束后在反应器中形成较高的基质浓度梯度，节省能耗；搅拌进水可以使反应器保持厌氧状态，保证磷的释放；曝气后的反应混合可以进行反硝化反应；随后的曝气可以吹脱污泥释放的氮气，保证沉淀效果，避免磷过早释放；为了防止沉淀阶段发生磷的提前释放问题，可让排泥和沉淀同时进行。

5.4.3.2　CASS 工艺

CASS 工艺是一种连续进水式 SBR 曝气系统，不仅具有 SBR 工艺简单可靠、运行方式灵活、自动化程度高的特点，而且脱氮除磷效果明显。这一功能的实现主要在于 CASS 池通过隔墙将反应池分为功能不同的区域，在各分隔中溶解氧、污泥浓度和有机负荷不同，各池中的生物也不同。整个过程实现了连续进出水。同时在传统的 SBR 池前或池中设置了选择器及厌氧区，提高了脱氮除磷效果。

CASS 工艺的特点是对污水预处理要求不高，生物处理核心是 CASS 反应池，除磷脱氮、降解有机物及悬浮物等功能均在该池内完成，出水可达到国家规定的排放标准。

5.4.3.3　MSBR 工艺

MSBR 工艺的特点是系统从连续运行的单元（如厌氧池）进水，从而加速了厌氧反应速率，改善了系统承受水力冲击负荷和有机物冲击负荷的能力；同时，由于 MSBR 工艺增加了低水头、低能耗的回流设施，极大地改善了系统中各单元内 MLSS 的均匀性。因此，MSBR 系统汇集了 A^2/O 系统与 SBR 系统的全部优势，因而出水水质稳定、高效，并有极大的氮、磷净化潜力。

5.4.4 氧化沟工艺

氧化沟工艺是一种延时曝气的活性污泥法，由于负荷很低，耐冲击负荷强，出水水质较好，污泥产量少且稳定，构筑物少，氧化沟可以按脱氮设计，也可以略加改进实现脱氮除磷。

5.5 污水厂脱氮除磷的运营管理

5.5.1 影响生物脱氮技术的主要因素

5.5.1.1 酸碱度（pH 值）

氨氧化菌和亚硝酸盐氧化菌适宜的 pH 值分别为 7.0～8.5 和 6.0～7.5，当 pH 值低于 6.0 或高于 9.6 时，硝化反应停止。硝化细菌经过一段时间驯化后，可在低 pH 值（5.5）的条件下进行，但 pH 值突然降低，则会使硝化反应速率骤降，待 pH 值升高恢复后，硝化反应也会随之恢复。

反硝化细菌最适宜的 pH 值为 7.0～8.5，在这个 pH 值下反硝化速率较高，当 pH 值低于 6.0 或高于 8.5 时，反硝化速率将明显降低。此外 pH 值还影响反硝化最终产物，pH 值超过 7.3 时最终产物为氮气，低于 7.3 时最终产物是 N_2O。

硝化过程消耗废水中的碱度会使废水的 pH 值下降（每氧化 1g 将消耗 7.14g 碱度，以 $CaCO_3$ 计），相反，反硝化过程则会产生一定量的碱度使 pH 值上升（每反硝化 1g 将产生 3.57g 碱度，以 $CaCO_3$ 计）。但是由于常规工艺中硝化反应和反硝化过程是序列进行的，也就是说反硝化阶段产生的碱度并不能弥补硝化阶段所消耗的碱度，因此，为使脱氮系统处于最佳状态，应及时调整 pH 值。

5.5.1.2 温度（T）

硝化反应适宜的温度范围为 5～35℃，在 5～35℃范围内，反应速率随温度升高而加快，当温度小于 5℃时，硝化菌完全停止活动；在同时去除 BOD 和硝化反应体系中，温度小于 15℃时，硝化反应速率会迅速降低，对硝酸菌的抑制会更加强烈。

反硝化反应适宜的温度是 15～30℃，当温度低于 10℃时，反硝化作用停止，当温度高于 30℃时，反硝化速率也开始下降。有研究表明，温度对反硝化速率的影响与反应设备的类型、负荷率的高低都有直接的关系，不同碳源条件下，不同温度对反硝化速率的影响也不同。

5.5.1.3 溶解氧（DO）

在好氧条件下硝化反应才能进行，溶解氧浓度不但影响硝化反应速率，而且影响其代谢产物。为满足正硝化反应，在活性污泥中，溶解氧的浓度至少要有 2mg/L，一般应在 2～3mg/L，生物膜法则应大于 3mg/L。当溶解氧的浓度低于 0.5～0.7mg/L 时，硝化反应过程将受到限制。

传统的反硝化过程需在较为严格的缺氧条件下进行，因为氧会竞争电子供体，且会抑制微生物对硝酸盐还原酶的合成及其活性。但是，在一般情况下，活性污泥生物絮凝体内存在缺氧区，曝气池内即使存在一定的溶解氧，反硝化作用也能进行。研究表明，要获得较好的反硝化效果，对于活性污泥系统，反硝化过程中混合液的溶解氧浓度应控制在0.5mg/L以下；对于生物膜系统，溶解氧需保持在1.5mg/L以下。

5.5.1.4 碳氮比（C/N）

在脱氮过程中，C/N将影响活性污泥中硝化菌所占的比例。因为硝化菌为自养型微生物，代谢过程不需要有机质，所以污水中的BOD_5/TKN越小，即BOD_5的浓度越低硝化菌所占的比例越大，硝化反应越容易进行。硝化反应的一般要求是$BOD_5 \leqslant 20$mg/L，BOD_5/TKN<3。

反硝化过程需要有足够的有机碳源，但是碳源种类不同亦会影响反硝化速率。反硝化碳源可以分为三类：第一类是易于生物降解的溶解性的有机物；第二类是可慢速降解的有机物；第三类是细胞物质，细菌利用细胞成分进行内源硝化。在三类物质中，第一类有机物作为碳源的反应速率最快，第三类最慢。有研究认为，废水中BOD_5/TKN≥4～6时，可以认为碳源充足，不必外加碳源，否则需另投加有机碳源，现多采用CH_3OH，其分解产物为CO_2和H_2O，不留任何难降解的中间产物，且反硝化速率高。

5.5.1.5 污泥龄（SRT）

污泥龄（生物固体的停留时间）是废水硝化管理的控制目标。为了使硝化菌菌群能在连续流的系统中生存下来，系统的SRT必须大于自养型硝化菌的比生长速率，污泥龄过短会导致硝化细菌的流失或硝化速率的降低。在实际的脱氮工程中，一般选用的污泥龄应大于实际的SRT。有研究表明，对于活性污泥法脱氮，污泥龄一般不低于15d。污泥龄较长可以增加微生物的硝化能力，减轻有毒物质的抑制作用，但也会降低污泥活性。

5.5.1.6 循环比（R）

内循环回流的作用是向反硝化反应器内提供硝态氮，使其作为反硝化作用的电子受体，从而达到脱氮的目的，循环比不但影响脱氮的效果，而且影响整个系统的动力消耗，是一项重要的参数。循环比的取值与要求达到的效果以及反应器类型有关。有数据表明，循环比在50%以下，脱氮率很低；脱氮率在200%以下，脱氮率随循环比升高而显著上升；循环比高于200%以后，脱氮效率提高较缓慢。一般情况下，对低氨氮浓度的废水，回流比在200%～300%最为经济。

5.5.1.7 氧化还原电位（ORP）

在理论上，缺氧段和厌氧段的DO均为零，因此很难用DO描述。据研究，厌氧段ORP值一般在－160～－200mV，好氧段ORP值一般在＋180mV左右，缺氧段的ORP值在－50～－110mV，因此可以用ORP作为脱氮运行的控制参数。

5.5.1.8 抑制性物质

某些有机物和一些重金属、氰化物、硫及衍生物、游离氨等有害物质在达到一定浓度时会抑制硝化反应的正常进行。有机物抑制硝化反应的主要原因：一是有机物浓度过高时，硝化过程中的异养微生物浓度会大大超过硝化菌的浓度，从而使硝化菌不能获得足够的氧而影响硝化速率；二是某些有机物对硝化菌具有直接的毒害或抑制作用。

生物脱氮过程包括氨氧化、亚硝化、硝化及反硝化，有机物降解碳化过程亦伴随着这些过程同时完成。综合考虑各项因素（如菌种及其增值速率、溶解氧、pH 值、温度、负荷等）可有效简化和改善生物脱氮的总体过程。

5.5.2 污水处理厂生物脱氮除磷运行管理

污水处理厂的生物脱氮除磷依据工艺的不同，各参数之间有差异，本节主要介绍在各个工艺中通用性的运行管理方式，具体的典型工艺的脱氮除磷运行管理见本书第 6 章相关内容。

5.5.2.1 污泥浓度的控制

活性污泥浓度 MLSS 的数量控制通常以污泥负荷率 NS 来衡量校核。以氧化沟工艺为例，对于脱氮除磷氧化沟来说，污泥负荷率 NS 通常控制在 0.15kgBOD_5/(kgMLSS・d) 以下，但由于各污水处理厂的运行工况不一样，污泥负荷率没有固定值，同时由于 BOD_5 的测定需要 5d 时间，其数据对污水处理运行的调控显得有些滞后。为了更好地优化工艺运行，城市污水处理厂根据以往的运行经验，采用便于测定的 COD 与 MLSS 的比值来控制氧化沟的污泥浓度，其比值通常控制在 0.07～0.125。夏季比值高一些，一般在 0.12 左右，对应的污泥浓度约为 4000mg/L；冬季 COD 与 MLSS 的比值要低一些，一般在 0.08，对应的活性污泥浓度在 4800mg/L 左右。

不同的脱氮除磷工艺通过调控不同的污泥浓度来保证生物脱氮除磷过程的有序进行。

5.5.2.2 溶解氧（DO）浓度的控制

城镇污水运行管理中，溶解氧（DO）的控制是一个非常重要的环节。DO 低，硝化将受到抑制。因为硝化菌是专性好氧菌，无氧时即停止生命活动。此外，硝化菌的摄氧速率较分解有机物的细菌低得多，如果不保持充足的溶解氧量，硝化菌将“争夺”不到所需的氧；再者，绝大多数硝化细菌包埋在污泥絮体内，只有保持混合液中较高的溶解氧浓度，才能将溶解氧“挤入”絮体内，便于硝化菌摄取。溶解氧（DO）若过低，还可能引起污泥膨胀。当然，DO 太高也不好，一是浪费电能，二是会引起污泥的过氧化，导致活性污泥老化。

溶解氧（DO）的控制可以通过在线溶解氧测定仪实行实时调整，使活性污泥时刻处于好氧状态。对于污水处理厂而言，一是通过调整曝气机的开启数量来控制溶解氧浓度的高低；二是通过调低或调高弯道部位的变频曝气机运行频率来微调混合液的溶解氧浓度。为满足污水处理脱氨氮的需要，溶解氧浓度一般控制在 1.5～2.5mg/L。考虑到降低电力消耗的需要，部分城市污水处理厂通过在好氧区增加潜水推进器，加快了混合液的流动速度，使混合液的充氧频率得到提高。所以，即使将好氧池内的 DO 维持在 1.5mg/L 左右，也保持了污水中氨氮 88%以上的去除率。

5.5.2.3 回流的控制

不管哪种脱氮除磷工艺，氮、磷的生物去除与回流控制息息相关。回流分为二沉池浓缩污泥的外回流和混合液的内回流。部分城市污水处理厂的外回流污泥量按进水量的 50%～70%进行调整。内回流量则因功能区的功能不同而不同，以功能区较为复杂的氧化沟工艺为例，预缺氧区主要用来降低外回流污泥的 DO，其内回流比约为 160%；厌氧区主要用于聚磷菌的释磷，内回流比为 200%；缺氧区的主要功能是氧化沟内混合硝化液的脱氮，这个区域的流态较为复杂，包括氧化沟外 70%污泥量的外回流、氧化沟内厌氧区 120%进水量的混合液进入流、氧化沟内好氧区硝化混合液 200%进水量的进入流。所以，缺氧区混合液的流态工况一要保证混合液混合均匀，二要保证其溶解氧浓度低于0.5mg/L，为硝化液的脱氮创造有利的环境。为此，必须选择具有强大推流混合能力的潜水推进器，以保证缺氧区500%左右的内回流比。好氧区的内回流是更为强大的体积流，其流速要大于厌氧区的混合液流速，可采用内回流比（氧化沟截面流量与入流混合液流量之比）600%左右的参数进行调控。

5.5.2.4 剩余污泥的排放

城镇生活污水处理处理过程会产生新的污泥，使系统内总的污泥量增多。为维持系统的生物量平衡，必须排放一部分剩余污泥，通过调节排泥量，改变活性污泥中微生物种类、增长速率和需氧量，改善污泥的沉降性能，进而优化系统的净化功能。系统剩余污泥的排放要根据进水状况及季节气温变化确定。为了方便及时地调整工艺状况，利用进水COD与MLSS的比值来控制排泥，一般比值控制在0.07～0.125。

5.6 脱氮除磷运行异常问题与对策

5.6.1 进水浓度异常导致污泥中毒

城镇生活污水运行管理中，由于进水浓度异常容易导致活性污泥中毒、解絮、活性受到抑制，严重时还会造成微生物性质和类群的改变，有些微生物（如丝状细菌、诺卡氏菌）的过量增长形成泡沫或浮渣，以及污泥吸附氮气过多等出现活性污泥相对密度降低而上浮，增加出水的悬浮物固体量，影响氧的利用效率，致使出水水质恶化。

需加强进水水质的在线监控，及时调整工艺参数，如：延长污泥龄，可增加活性污泥系统中微生物的多样性；逐步加强活性污泥的驯化；加大曝气量，提高微生物活性；保持进水的连续、均匀性及水质的稳定。严格控制进水水质，控制箱、涵、渠进水水量，防止对生化系统的破坏，以保障生物脱氮除磷过程的正常运行。

5.6.2 冬季温度低影响生物活性

温度对于硝化菌和反硝化菌影响比较大。当温度在20℃以上时，硝化作用十分良好并且稳定；当温度低于15℃时，NH_3-N去除率明显随温度下降而降低；当温度低于12℃时，NH_3-N去除率只有18%左右，硝化作用已不明显。NH_3-N的去除主要是通过微生物的生长代谢来完成的。温度对除磷有一定的影响，但不如对脱氮的影响那样明显。冬季水温低于12℃时，硝化细菌的生长速率低，世代周期长，可通过延长污泥龄、降低污水处理量来保证活性污泥系统中有足够的硝化细菌和反硝化细菌，使NH_3-N充分硝化和硝态氮反硝化，保证系统具有良好的脱氮效果。

5.6.3 碳源不足影响去除效率

反硝化细菌是在分解有机物的过程中进行反硝化脱氮的，以硝态氮作为电子受体，有机物作为电子供体，使硝态氮转化为氮气，故进入缺氧段的污水中必须有足够的有机物才能保证反硝化反应需要的足够碳源。当污水的$BOD_5/TKN>2.86$时，有机物即可满足需要。但由于BOD_5中的一些有机物并不能被反硝化细菌利用或迅速利用，因此在实际运行中一般控制$BOD_5/TKN>4.5$。

聚磷菌生物降解需要的是易生物降解的BOD_5，如乙酸等挥发性脂肪酸、固态和胶体态的BOD_5，部分聚磷菌是不能吸收的，甚至对已溶解的葡萄糖，聚磷菌也不能吸收。一般控制生物除磷$BOD_5/TP>17$，若比值过低，聚磷菌在厌氧放磷时释放的能量不能很好地被用来吸收和贮藏溶解性有机物，影响到聚磷菌在好氧段的吸磷，进而影响到生物除磷的效果。在实际运行控制中可将结论为$BOD_5/TP>17$的指标控制在20左右，即可满足生物除磷对碳源的要求。

从理论来说，最佳碳源是乙酸钠，但在实际操作中，在污水厂内被采购的乙酸钠主要是工业品，质量参差不齐，成为影响生物脱氮的重要因素；也可采用食用葡萄糖作为碳源药剂。碳源的投加成本支出较大，为尽量减少支出，需灵活利用进水的碳源，对进水采取一定的手段配置到反硝化区域，利用进水中的BOD_5作为碳源，减少配药，在合适的地方和区域安放水泵实现多点配水，减少碳源的使用量。

第6章 典型工艺的运行管理

6.1 A²/O 工艺的运行管理

A^2/O 工艺是厌氧-缺氧-好氧生物脱氮除磷工艺的简称，是传统活性污泥工艺、生物硝化及反硝化工艺和生物除磷工艺的综合。A^2/O 工艺是在厌氧-好氧除磷工艺（A/O 工艺）的基础上开发出来的，该工艺能够在去除有机物的同时具有脱氮除磷的功能，可用于二级污水处理；后续增加深度处理后，可作为中水回用，具有良好的脱氮除磷效果。

该工艺在厌氧-好氧除磷工艺（A/O 工艺）基础上加一缺氧池，将好氧池流出的一部分混合液回流至缺氧池前端，以达到硝化脱氮的目的。

6.1.1 A²/O 工艺流程及特点

A^2/O 生物脱氮除磷工艺流程如图 6-1 所示。

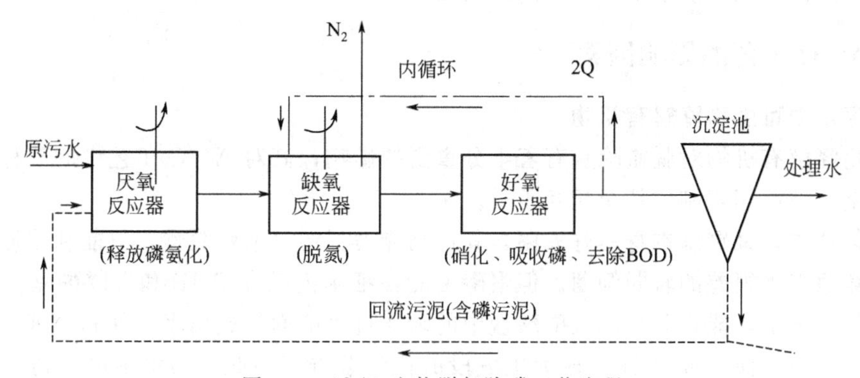

图 6-1　A^2/O 生物脱氮除磷工艺流程

在首段厌氧池（DO<0.2mg/L）主要是进行磷的释放，回流污泥带入的聚磷菌将体内的聚磷分解，此为释磷，所释放的能量一部分可供好氧的聚磷菌在厌氧环境下维持生存，另一部分供聚磷菌主动吸收挥发性有机物，并合成能源物质 PHB 在体内贮存，污水中 P 的浓度升高。溶解性有机物被细菌吸收而使污水中 BOD_5 浓度下降；另外 NH_3-N 因细胞的合成而被去除一部分，使污水中 NH_3-N 浓度下降，但 NO_3^--N 含量没有变化。

在缺氧池（DO<0.5mg/L）中，反硝化菌利用污水中的有机物作碳源，将回流混合液中带入的大量 NO_3^--N 和 NO_2^--N 还原为 N_2 释放至空气中，因此 BOD_5 浓度继续下降，NO_3^--N 浓度大幅度下降，而磷的变化很小。

在好氧池（DO 为 2～4mg/L）中，有机物被微生物生化降解后浓度继续下降；有机氮被氨化继而被硝化，使 NH_3-N 浓度显著下降，但随着硝化过程的进展，NO_3^--N 的浓度增加；聚磷菌除了吸收利用污水中残留的易降解 BOD_5 外，主要分解体内贮存的 PHB 产生能量，供自身生长繁殖，并主动吸收环境中的溶解磷，此为吸磷，以聚磷的形式在体内储存，P 将随着聚磷菌的过量摄取，也以较快的速率下降。

最后，混合液进入沉淀池，进行泥水分离，上清液作为处理水排放，沉淀污泥的一部分回流至厌氧池，另一部分作为剩余污泥排放。

A^2/O 工艺能同时完成有机物的去除、脱氮、除磷等功能，工艺有以下特点。

① 厌氧、缺氧、好氧三种不同的环境条件和不同种类生物的配合，具有能同时去除有机物、脱氮除磷的功能。

② 在同步脱氨除磷去除有机物的工艺中，该工艺流程最为简单，总的水力停留时间也少于同类其他工艺，运行稳定，出水水质可保证。

③ 在厌氧-缺氧-好氧交替运行下，丝状菌不会大量繁殖，SVI 值一般低于 100mL/g，不会发生污泥膨胀。

④ 硝化过程消耗的碱度由缺氧过程补充，系统可保持碱度平衡。

⑤ 污泥中磷含量高，一般为 2.5%以上，具有较高肥效。

⑥ 运行过程中无须投药，厌氧、缺氧池只需轻搅拌，使之混合，以不增加溶解氧为度。

⑦ 进入沉淀池的处理水要保持一定浓度的溶解氧，减少停留时间，防止产生厌氧、缺氧状态，以避免聚磷菌释放磷而降低出水水质，以及反硝化产生 N_2 而干扰沉淀；但溶解氧浓度也不宜过高，以防循环混合液对缺氧反应器的干扰。

⑧ 脱氮效果受混合液回流比大小的影响，除磷效果则受回流污泥中携带 DO 和硝酸态氧的影响，因而脱氮除磷效率不可能同时很高。

6.1.2 A^2/O 工艺的影响因素

(1) 污水中可生物降解有机物

可生物降解有机物对脱氮除磷有着十分重要的影响，其对 A^2/O 工艺中的三种生化过程的影响复杂，彼此相互制约甚至相互矛盾。

在厌氧池中，聚磷菌本身是好氧菌，其运动能力很弱，增殖缓慢，只能利用低分子的有机物，是竞争能力很差的软弱细菌。但聚磷菌能在细胞内贮存 PHB 和聚磷酸基，当它处于不利的厌氧环境下，能将贮藏的聚磷酸盐中的磷通过水解而释放出来，并利用其产生的能量吸收低分子有机物而合成 PHB，成为厌氧段的优势菌群。因此，污水中可生物降解有机物对聚磷菌厌氧释磷起着关键性的作用，如果污水中能快速生物降解的有机物很少，厌氧段中聚磷菌无法正常进行磷的释放，则会导致好氧段也不能更多地吸收磷。经试验研究，厌氧段进水溶解性磷与溶解性 BOD_5 之比应小于 0.06 才会有较好的除磷效果。

缺氧段，当污水中的 BOD_5 浓度较高，有充分的可生物降解的溶解性有机物时，即污水中 C/N 值较高时，此时 NO_3^--N 的反硝化速率最大，缺氧段的水力停留时间为 0.5～1.0h 即可；如果 C/N 值低，则缺氧段水力停留时间需 2～3h。对于低 BOD_5 浓度的城市污水，当 C/N 值较低时，脱氮率不高。一般来说，COD/TN 大于 8 时，氮的总去除率可达 80%。

在好氧段，当有机物浓度高时，污泥负荷也较大，降解有机物的异养型好氧菌超过自养型好氧硝化菌，使氨氮硝化不完全，出水中 NH_4^+ 浓度急剧上升，使氮的去除效率大幅降低。所以要严格控制进入好氧池污水中的有机物浓度，在满足好氧池对有机物需要的情况下，使进入好氧池的有机物浓度较低，以保证硝化细菌在好氧池中优势生长，使硝化作用完全。

由此可见，在厌氧池，要有较高的有机物浓度；在缺氧池，应有充足的有机物；而在好氧池，有机物浓度应较小。

(2) 泥龄

A^2/O工艺污泥系统的污泥龄受两方面的影响。

首先是好氧池，因自养型硝化菌比异养型好氧菌的增殖速率小得多，要使硝化菌存活并成为优势菌群，则污泥龄要长，一般以20～30d为宜。

但另一方面，A^2/O工艺中磷的去除主要是通过排出含磷高的剩余污泥来实现的，如泥龄过长，则每天排出含磷高的剩余污泥量太少，达不到较高的除磷效率。同时过高的污泥龄会造成磷从污泥中重新释放，更降低了除磷效果。

权衡上述两方面的影响，A^2/O工艺的污泥龄一般宜为15～20d。

(3) 溶解氧

在好氧段，DO升高，硝化速率增大，但当DO＞2mgL后其硝化速率增长减缓，高浓度的DO会抑制硝化菌的硝化反应。同时，好氧池过高的溶解氧会随污泥回流和混合液回流分别带至厌氧段和缺氧段，影响厌氧段聚磷菌的释放和缺氧NO_3^--N的反硝化，对脱氮除磷均不利。相反，好氧池的DO浓度太低也限制了硝化菌的生长，其对DO的忍受极限为0.5～0.7mg/L，否则将导致硝化菌从污泥系统中淘汰，严重影响脱氮效果。因此，好氧池的DO为2mg/L左右为宜，太高太低都不利。

在缺氧池，DO对反硝化脱氮有很大影响。由于溶解氧与硝酸盐竞争电子供体，同时抑制硝酸盐还原酶的合成和活性，影响反硝化脱氮，为此，缺氧段DO＜0.5mg/L。

在厌氧池严格的厌氧环境下，聚磷菌从体内大量释放出磷而处于饥饿状态，为好氧段大量吸收磷创造了前提。但由于回流污泥将溶解氧和NO_3^--N带入厌氧段，很难保持严格的厌氧状态，所以一般要求DO＜0.2mg/L，对除磷效果影响不大。

(4) 污泥负荷率

在好氧池，污泥负荷率应在0.18kgBOD_5/(kgMLSS·d)之下，否则异养菌数量会大大超过硝化菌，使硝化反应受到抑制。而在厌氧池，污泥负荷率应大于0.10kgBOD_5/(kgMLSS·d)，否则除磷效果将急剧下降。所以，在A^2/O工艺中，其污泥负荷率控制范围很小。

(5) 污泥回流比和混合液回流比

脱氮效果与混合液回流比有很大关系，回流比高，则效果好，但动力费用增大，反之亦然。A^2/O工艺适宜的混合液回流比一般为200%。

污泥回流比为25%～100%，回流比太高，污泥将带入太多DO和硝态氧进厌氧池，影响其厌氧状态（DO＜0.2mg/L)，使释磷不利；如果太低，则维持不了正常的反应池污泥浓度（2500～3500mg/L)，影响生化反应速率。

(6) 水力停留时间

试验和运行经验表明，A^2/O工艺总的水力停留时间一般为6～8h，厌氧段水力停留时间一般为1～2h，缺氧段水力停留时间1.5～2.0h，好氧段水力停留时间一般应在6h。

(7) 温度

好氧段，硝化反应在5～35℃时，其反应速率随温度升高而加快，适宜的温度范围为30～35℃。当低于5℃时，硝化菌的生命活动几乎停止。

缺氧段的反硝化反应可在5～27℃进行，反硝化速率随温度升高而加快，适宜的温度范围为15～25℃。

厌氧段，温度对厌氧释磷的影响不太明显，在5～30℃除磷效果均很好。

(8) pH值

在厌氧段，聚磷菌厌氧释磷的适宜pH值是6～8；在缺氧反硝化段，对反硝化菌脱氮适宜的pH值为6.5～7.5；在好氧硝化段，对硝化菌适宜的pH值为7.5～8.5。

6.1.3 A²/O工艺的运行管理

(1) 污泥回流点的改进与泥量的分配

为了减少厌氧段的硝酸盐的含量，应控制加入厌氧段的回流污泥量，在保证回流比不变的前提下，回流污泥分两点加入，回流污泥部分加入厌氧段，其余回流到缺氧段以保证脱氮的正常进行。

(2) 减少磷释放的措施

A²/O工艺系统中剩余污泥含磷量较高，在其硝化过程中重新释放和溶出，还由于经硝化工艺系统排出的剩余污泥，沉淀性能良好，可直接脱水。如果采用污泥浓缩，运行过程中要保证脱水的连续性，减少剩余污泥在浓缩池的停留时间，否则可能造成磷释放至上清液，回流至系统。

(3) 好氧段污泥负荷的确定

在硝化的好氧段，污泥负荷应小于0.18kgBOD_5/(kgMLSS·d)，而在除磷厌氧段，污泥的负荷应控制在0.10kgBOD_5/(kgMLSS·d)以上。

(4) 溶解氧DO的控制

在硝化的好氧段，DO应控制在2.0mg/L以上；在反硝化的缺氧段，DO应控制在0.5mg/L以下；在除磷厌氧段，DO应控制在0.2mg/L以下。

(5) 回流混合液系统的控制

内回流比对除磷的影响不大，因此内回流比的调节主要影响脱氮效果。内回流比高，则脱氮效果好，但动力费用增大。A²/O工艺适宜的混合液回流比一般为200%。

(6) 剩余污泥排放的控制

剩余污泥排放宜根据泥龄来控制，泥龄的大小决定系统是以脱氮为主还是以除磷为主。当泥龄控制在8～15d时，脱氮效果较好，还有一定的除磷效果；如果泥龄小于8d，硝化效果较差，脱氮效果不明显，而除磷效果较好；当泥龄大于15d，脱氮效果良好，但除磷效果较差。

(7) BOD_5/TN与BOD_5/TP的校核

运行过程中应定期核算污水入流水质是否满足BOD_5/TN大于4.0、BOD_5/TP大于20的要求，否则补充碳源。

(8) pH值控制及碱度的核算

污水混合液的pH值应控制在7.0以上，如果pH值小于6.5，应投加石灰，补充碱源的不足。

6.1.4 A²/O工艺系统存在问题及解决对策

6.1.4.1 脱氮和除磷的泥龄矛盾问题及对策

A²/O工艺很难同时取得好的脱氮除磷的效果，当脱氮效果好时，除磷效果则较差，反之亦然。其原因是：为了使系统在较低的污泥负荷下运行，以确保硝化过程的完成，要求采用较大的回流比（一般为60%～80%，最低也应在40%以上），系统硝化作用良好。该流程回流污泥全部进入厌氧段，由于回流污泥也将大量硝酸盐带回厌氧池，而磷必须在混合液中存在快速生物降解溶解性有机物及在厌氧状态下，才能被聚磷菌释放出来。但当厌氧段存在大量硝酸盐时，反硝化菌会以有机物为碳源进行反硝化，等脱氮完全后才开始磷的厌氧释放，使得厌氧段进行磷的厌氧释放的有效容积大为减少，从而使得除磷效果较差，脱氮效果较好。反之，如果好氧段硝化作用不好，则随回流污泥进入厌氧段的硝酸盐减少，改善了厌氧段的厌氧环境，使磷能充分地厌氧释放，除磷的效果较好，但由于硝化不完全，故脱氮效果不佳。所以，A^2/O工艺在脱氮除磷方面不能同时取得较好的效果。

解决对策：将厌氧池上清液排出，辅以化学除磷。根据聚磷菌的特性，可以在污水处理工艺中将磷酸盐富集在厌氧段的上清液中，通过排除富磷上清液达到除磷的目的，同时可以有效克服污泥龄对硝化效果的负面影响，而且富磷上清液可通过化学法处理而达到磷的回收。

这样做的优点：一是除磷效果不依赖于泥龄，剩余污泥减少，可以降低污泥处理费用；二是保证了硝化菌的生长条件，实现长泥龄下的同时除磷脱氮。

6.1.4.2 硝酸盐干扰释磷问题的工艺对策

在A^2/O工艺中，回流污泥含有大量硝酸盐，回流到厌氧区后优先利用进水中的易降解碳源进行反硝化，从而使厌氧释磷所需碳源不足，影响了系统充分释磷，进而影响聚磷菌在好氧池中的吸磷量，最终使得除磷量减少，降低系统除磷效率。

（1）改变污泥回流点

将A^2/O工艺中的污泥回流由厌氧区改到缺氧区，使污泥经反硝化后再回流至厌氧区，减少了回流污泥中硝酸盐和溶解氧的含量，此工艺为UCT工艺，如图6-2所示。

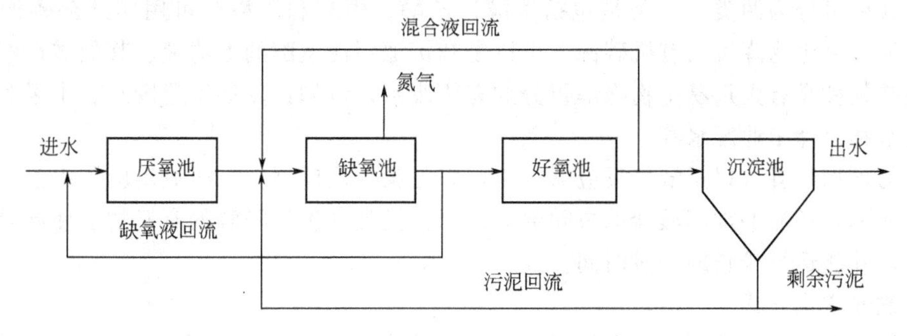

图6-2 UCT工艺流程

UCT工艺将回流污泥首先回流至缺氧段，回流污泥带回的NO_3^--N在缺氧段被反硝化脱氮，然后将缺氧段出流混合液部分再回流至厌氧段。由于缺氧池的反硝化作用，使得缺氧混合液回流带入厌氧池的硝酸盐浓度很低，这样就避免了NO_3^--N对厌氧段聚磷菌释磷的干扰，使厌氧池的功能得到充分发挥，既提高了磷的去除率，又对脱氮没有影响，该工艺对氮和磷的去除率都大于70%。

UCT工艺减轻了厌氧反应器的硝酸盐负荷，提高了除磷能力，达到了脱氮除磷的目的。但由于增加了回流系统，操作运行复杂，运行费用相应提高。

（2）在A^2/O工艺前增加预缺氧段

在A^2/O工艺前增加预缺氧段，即改良型A^2/O工艺。回流活性污泥直接进入预缺氧区，微生物利用部分进水中的有机物反硝化去除回流的硝态氮，消除硝态氮对厌氧池释磷的不利影响，从而保证厌氧池的稳定性，有利于聚磷菌的释磷，从而为好氧区的吸磷提供更大的潜力；再增加了一个污泥反硝化过程，有助于进水中总氮的去除效率。改良型 A^2/O 工艺流程如图 6-3 所示。

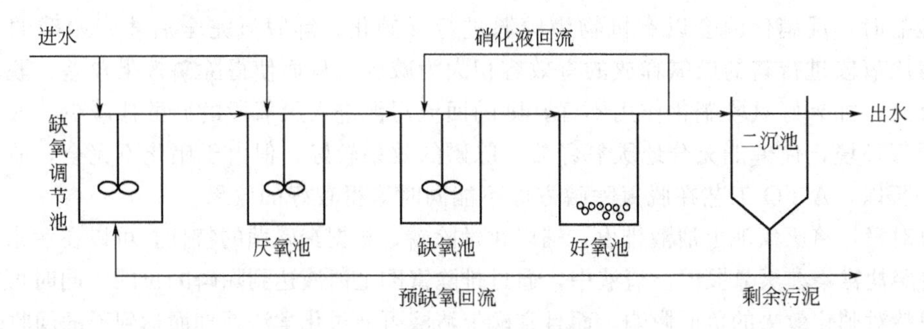

图 6-3　改良型 A^2/O 工艺流程

在厌氧池之前增设缺氧调节池，来自二沉池的回流污泥和 10%左右的进水首先进入缺氧调节池，停留时间为 20～30min，微生物利用约 10%的进水中有机物还原回流 NO_3^--N，消除其对厌氧池的不利影响，从而保证厌氧池的稳定性，提高除磷效果，90%的进水和缺氧调节池出水混合后进入厌氧池进行释磷。改良 A^2/O 工艺尤其适宜低 C/N 城市生活污水的处理，通过实践得出了最优操作条件为：缺氧调节池回流污泥比为 15%；硝化液回流比为 250%时，TN 去除率为 65.3%，TP 去除率为 89.51%。

6.1.4.3　聚磷菌和反硝化菌争夺碳源问题及工艺对策

（1）补充碳源

补充碳源可分为两类，一类是包括甲醇、乙醇、丙酮和乙酸等可用作外部碳源的化合物；另一类是易生物降解的有机碳源，可以是初沉池污泥发酵的上清液、其他酸性消化池的上清液或是某种具有大量易生物降解组分的有机废水，例如：麦芽工业废水、水果和蔬菜加工工业废水和果汁工业废水等。

碳源的投加位置可以是缺氧反应器，也可以是厌氧反应器，在厌氧反应器中投加碳源不仅能改善除磷，还能增加硝酸盐的去除潜力，因为投加易生物降解的有机物能使起始的脱氮速率加快，并能运行较长的一段时间。

（2）改变进水方式

取消初次沉淀池或缩短初次沉淀时间，使沉砂池出水中所含大颗粒有机物直接进入生化反应系统，即进水的有机物总量增加了，部分地缓解了碳源不足的问题，在提高除磷脱氮效率的同时，降低运行成本。对功能完整的城市污水处理厂而言，这种碳源易于获取又不额外增加费用。

（3）倒置 A^2/O 工艺

传统 A^2/O 工艺厌氧、缺氧、好氧布置在碳源分配上总是优先照顾释磷的需要。把厌氧区放在工艺的前部，缺氧区置后。这种做法是以牺牲系统的反硝化速率为前提的。但释磷本身并不是除磷脱氮工艺的最终目的，因此针对常规脱氮除磷工艺，提出一种新的碳源分配方式，将缺氧池置于厌氧池前面，来自二沉池的回流污泥和全部进水或部分进水，及好氧池混合液回流均进入缺氧段，将碳源优先用于脱氮，即所谓的倒置 A^2/O 工艺，如图 6-4 所示。

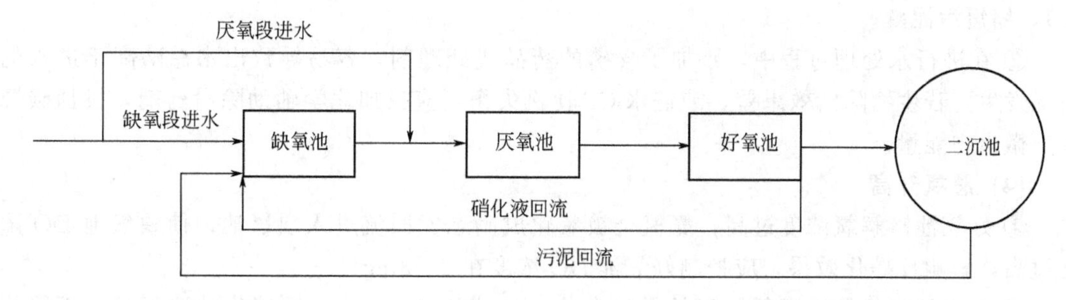

图 6-4　倒置 A^2/O 工艺流程

缺氧池内碳源充足，回流污泥和混合液在缺氧池内进行反硝化，去除硝态氧，再进入厌氧段，保证了厌氧池的厌氧状态，强化了除磷效果。由于污泥回流至缺氧段，缺氧段污泥浓度较好氧段高出 50%，单位池容的反硝化速率明显提高，反硝化作用能够得到有效保证。A^2/O缺氧池内碳源不足导致反硝化反应受到限制，倒置 A^2/O 工艺优先利用进水中的碳源进行反硝化，系统脱氮效果优于 A^2/O 工艺。

倒置 A^2/O 工艺特点如下：

① 聚磷菌厌氧释磷后直接进入生化效率较高的好氧环境，其在厌氧条件下形成的吸磷动力可得到更充分的利用，具有“饥饿效应”优势，吸收磷的效果更好。

② 允许所有参与回流的污泥全部经历完整的释磷、吸磷过程，故在除磷方面具有“群体效应”优势，有利于磷的去除。

③ 缺氧段位于工艺的首端，允许反硝化优先获得碳源，故进一步加强了系统的脱氮能力。

④ 工程上采取适当措施可将回流污泥和内循环合并为一个外回流系统，因而工艺流程简捷，宜于推广。

6.1.4.4　二沉池出水异常问题

(1) 二沉池出水 SS 增高

① 活性污泥膨胀使污泥沉降性能变差，泥水界面接近水面。部分污泥碎片经出水堰溢出。对策是通过分析污泥膨胀的原因，逐一排除。

② 刮泥工作状况不好（刮泥机停止），造成二沉池污泥或水流出现短流现象，局部污泥不能及时回流，部分污泥在二沉池停留时间过长，污泥缺氧腐化解体后随水溢出。对策是及时修理刮吸泥机，调节刮吸泥机各吸泥管吸泥的均衡，使其恢复正常工作状态。

③ 活性污泥在二沉池停留时间过长，污泥因缺氧腐化解体后随水流溢出。对策是加大回流污泥量，在二沉池中缩短停留时间。

(2) 氨氮升高

① 进水中有机物少，导致细菌有机营养跟不上，需要调整污泥浓度等参数。

② 好氧池溶解氧不足，硝化反应不完全，应加大曝气风量，提高好氧段溶解氧。

③ 肉制品、食品等含油类废水、高浓度氨氮废水进入生物池，隔绝氧气，超负荷运转，应投加溢油吸附剂或利用隔油池。

④ 工业废水中氨氮浓度过高，微生物的营养失去平衡，抑制微生物生长，需严格控制进入污水厂的工业废水水质。

(3) 总磷升高

① 低负荷运行，加之泥龄过长，导致出水 TP 升高，需加强排泥（少量多次有规律操

作），缩短污泥龄。

② 在进行水处理过程中，添加了含磷的药品或处理剂，容易导致出水总磷高于进水的情况发生。若生物除磷效果差，或进水CP比例失衡，应投加化学辅助除磷药剂，投加碳源补充微生物能量。

(4) 总氮升高

① 好氧池溶解氧浓度过高，氨氮全被氧化成硝态氮回流进入缺氧池，使缺氧池DO浓度过高，影响反硝化效果，应控制好氧池DO浓度在2～3mg/L。

② 进水的有机物浓度低，氮的量较高，C/N小于5∶1时，反硝化碳源不足，不能将NO_3^--N完全转化成N_2，使出水总氮升高。粪便水虽为营养液，但此时投加会造成氮含量更高，C/N进一步失衡，此时应投加甲醛、乙醛等可做外部碳源的化合物。

③ 泥龄过短，大量硝化菌随剩余污泥排出，导致脱氮效率低。应减小排泥，增加泥龄。

6.2 氧化沟工艺的运行管理

氧化沟又名连续循环曝气池，是活性污泥法的一种变形，工作原理与活性污泥法相同，但运行方式不同。氧化沟工艺采用延时曝气，水力停留时间长，有机物负荷低，同时兼具去除有机物及脱氮除磷功能。曝气池为封闭的沟渠形，污水和活性污泥在池中连续循环流动，因此也称为“环形曝气池”或“连续循环曝气池”。

氧化沟技术目前已成为城市污水处理系统的主流工艺。它是一种工艺简单、管理方便、投资省、运行费用低、稳定性高、出水水质好的污水处理技术。氧化沟对高浓度工业废水有很强的稀释能力，能够承受水质、水量的冲击负荷，更为重要的是，氧化沟在处理有机物的同时能将污水中的氮、磷去除，使出水水质能够满足对污水排放中氮、磷的高标准要求。

6.2.1 氧化沟工艺过程及特点

氧化沟是一种改良的活性污泥法，属于混合延时曝气过程。由于具有较长的水力停留时间，较低的有机负荷和较长的污泥龄，污水中的有机物在氧化沟中就能达到较高的去除率，且污泥较稳定，因此相比传统活性污泥法，可以省略调节池、初沉池、污泥消化池，使得工艺流程比较简单。氧化沟工艺流程如图6-5所示。

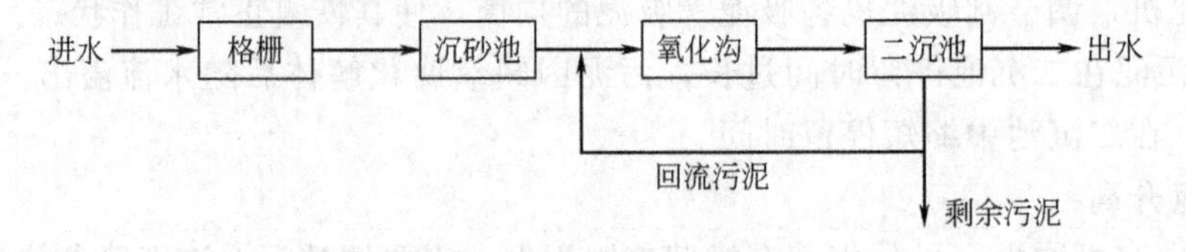

图6-5 氧化沟工艺流程

实践表明，氧化沟处理的出水水质好，它能够完全地去除有机化合物，可以产生硝化作用，运行维护方便，性能可靠，与传统的活性污泥法相比，有如下特点：

① 操作单元少。氧化沟水力停留时间和污泥龄长，有机物的去除效率高，排出的剩余污泥稳定，原水经格栅沉砂后，即可进入氧化沟，而不需在系统中设初沉池和调节池，还可以考虑不单设二沉池，使氧化沟和二沉池合建，省去污泥回流装置，此外，氧化沟工艺污泥不需要进行厌氧消化。

② 构造形式多样。氧化沟的基本形式为封闭的沟渠形，而沟渠的形状和构造则多种多样。沟渠可以呈圆形和椭圆形等形状，可以是单沟或多沟，多沟系统可以是一组同心的互相连通的沟渠（如奥贝尔氧化沟），也可以是互相平行、尺寸相同的一组沟渠（如三沟式氧化沟），有与二沉池分建的氧化沟，也有合建的氧化沟。

③ 氧化沟在水流混合方面既具有完全混合的特征又具有推流的特征，有利于克服短流和提高缓冲能力。通常在氧化沟曝气区上游安排入流，在入流点的再上游点安排出流。入流通过曝气区在循环中很好地被混合和分散，混合液再次循环。这样，氧化沟在短期内（如一个循环）呈推流状态，而在长期内（如多次循环）又呈混合状态。这两者的结合，既使入流至少经历一个循环，也杜绝了短流，又可以提供很大的稀释倍数，从而提高缓冲能力。同时为了防止污泥沉积，必须保证沟内足够的流速（一般平均流速大于0.3m/s），而污水在沟内的停留时间又较长，这就要求沟内有较大的循环流量（一般是污水进水流量的数倍乃至数十倍），进入沟内的污水立即被大量的循环液所混合稀释，因此氧化沟系统具有很强的耐冲击负荷能力，对不易降解的有机物也有较好的处理能力。

④ 脱氮除磷效果好。氧化沟具有明显的溶解氧浓度梯度，特别适用于硝化-反硝化生物处理工艺。氧化沟从整体上说是完全混合的，而液体流动又保持推流的特征前进，因此，混合液在曝气区内溶解氧浓度是上游高，然后沿沟长逐步下降，出现明显的浓度梯度，到下游区溶解氧浓度就很低，基本上处于缺氧状态。氧化沟设计可按要求安排好氧区和缺氧区实现硝化-反硝化工艺，不仅可以利用硝酸盐中的氧满足一定的需氧量，而且可以通过反硝化补充硝化过程中消耗的碱度。这些有利于节省能耗和减少甚至免去硝化过程中需要投加的化学药品数量，可在不外加碳源的情况下在同一沟中实现有机物和总氮的去除。

⑤ 节能。氧化沟的整体功率密度较低，可节约能源。氧化沟的混合液被加速到沟中的平均流速，混合液在沟内循环仅需克服沟内水力损失，因而氧化沟可比其他系统以低得多的整体功率密度来维持混合液流动和活性污泥悬浮状态。一般氧化沟比常规的活性污泥法能耗要降低20%～30%。

⑥ 处理效果好，出水水质稳定。由于氧化沟设计的水力停留时间长、有机物负荷低，泥龄长，沟内好氧、厌氧交替，不仅可去除BOD_5，还能脱氮除磷，处理效果好，同时耐冲击负荷能力强，因此出水水质稳定。

⑦ 污泥产泥率低，剩余污泥较稳定。由于氧化沟工艺延时曝气，水力停留时间达10～24h，泥龄长达20～30d，有机物得到了较彻底的降解，因此剩余污泥量少，且性质稳定，使污泥不需要消化处理即可直接脱水，处理经济方便。

⑧ 适用范围广。氧化沟不仅能处理生活污水，还能处理工业废水；不仅适用于温暖的南方地区，也能适用于寒冷的北方地区。

6.2.2 氧化沟的运行方式

按氧化沟的运行方式，氧化沟可分为连续工作式、交替工作式和半交替工作式三大类型。

连续工作式氧化沟进、出水流向不变，氧化沟只作曝气池使用，系统设有二沉池，常见的有卡鲁塞尔氧化沟、奥贝尔氧化沟和帕斯韦尔氧化沟。

交替工作式氧化沟是在不同时段，氧化沟系统的一部分交替轮流作为沉淀池，不需要单独设立二沉淀，常见的有三沟式氧化沟（T型氧化沟）。

半交替工作式氧化沟系统设有二沉池，使曝气池和沉淀池完全分开，故能连续式工作，同时根据要求，氧化沟又可分段处于不同的工作状态，具有交替工作运行的特点，特别利于脱氮，常见的有 DE 型氧化沟。

6.2.2.1 卡鲁塞尔（Carroussel）氧化沟

卡鲁塞尔氧化沟是 1967 年由荷兰的 DHV 公司开发研制的。它是一个由多渠串联组成的氧化沟系统。废水与活性污泥的混合液在氧化沟中不停地流动，在沟的一端设置曝气机，在曝气机的上、下游形成好氧区和缺氧区，使其具有生物脱氮的处理功能。常见的卡鲁塞尔氧化沟基本沟型如图 6-6 所示。

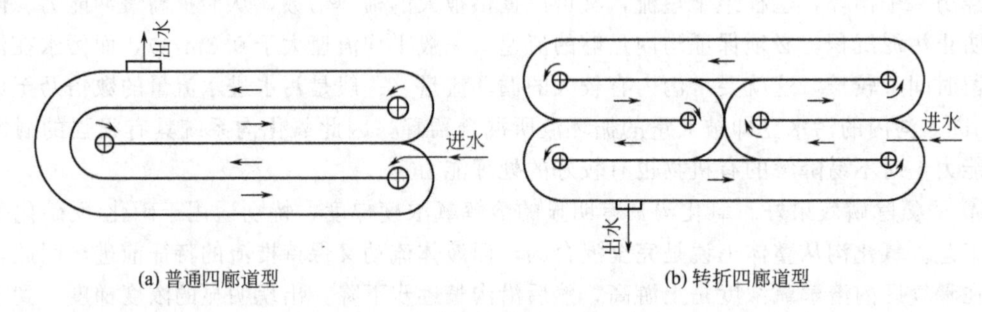

图 6-6 卡鲁塞尔氧化沟基本沟型

(1) 卡鲁塞尔氧化沟的类型

卡鲁塞尔氧化沟的发展经历了普通卡鲁塞尔氧化沟、卡鲁塞尔 2000 氧化沟和卡鲁塞尔 3000 氧化沟三个阶段。

① 普通卡鲁塞尔氧化沟。普通卡鲁塞尔氧化沟工艺中，污水经过格栅和沉砂池后，不经过预沉池，直接与回流污泥一起进入氧化沟系统。BOD_5 降解是一个连续过程，硝化和反硝化作用发生在同一池中。

卡鲁塞尔氧化沟通过曝气机和推流器，向混合液传递动能，从而使被搅动的混合液在氧化沟闭合渠道内循环流动。氧化沟既有完全混合式反应器的特点，又有推流式反应器的特点，沟内存在明显的溶解氧浓度梯度。氧化沟断面为矩形或梯形，平面形状多为椭圆形，沟内水深一般为 4.0m 左右，宽深比为 2∶1，亦有水深达 7m 的，沟中水流平均速度 0.3m/s 左右。氧化沟曝气混合设备有表面曝气机、曝气转刷或转盘、射流曝气器、导管式曝气器和提升管式曝气机等。

最初的普通卡鲁塞尔氧化沟的工艺中，污水直接与回流污泥一起进入氧化沟系统。表曝机使混合液中溶解氧（DO）的浓度增加到 2～3mg/L，微生物得到足够的溶解氧来去除 BOD_5，同时氨也被氧化成硝酸盐和亚硝酸盐；在曝气机下游，水流由曝气区的湍流状态变成之后的平流状态，水流维持在最小流速，保证活性污泥处于悬浮状态（平均流速＞0.3m/s），微生物的氧化过程消耗了水中的溶解氧，溶解氧浓度逐渐降低，直到 DO 值降为零，混合液呈缺氧状态。经过缺氧区的反硝化作用，混合液再进入有氧区，完成一次循环。该系统中，BOD_5 降解是一个连续过程，硝化作用和反硝化作用发生在同一池中。由于结构的限制，这种氧化沟虽然可以有效地去除 BOD_5，但脱氮除磷的能力有限。

② 卡鲁塞尔 2000 氧化沟。为了取得更好的除磷脱氮的效果，卡鲁塞尔 2000 系统在普通卡鲁塞尔氧化沟前增加了一个厌氧区和缺氧区（又称前反硝化区）。全部回流污泥和 10％～30％的污水进入厌氧区，将回流污泥中的残留硝酸盐氮在缺氧和 10％～30％碳源条

件下完成反硝化，为以后的缺氧池创造绝氧条件。同时，厌氧区中的兼性细菌将可溶性BOD转化成VFA（挥发性脂肪酸），聚磷菌获得VFA将其同化成PHB（聚-β-羟丁酸），所需能量来源于聚磷的水解并导致磷酸盐的释放。厌氧区出水进入内部安装有搅拌器的缺氧区，此区内混合液既没有溶解氧，也没有硝酸盐氮，在此缺氧环境下，70%～90%的污水可提供足够的碳源，使聚磷菌能充分释磷。绝氧区后接普通卡鲁塞尔氧化沟系统，进一步完成去除BOD、脱氮和除磷。最后，混合液在氧化沟富氧区排出，在富氧环境下聚磷菌过量吸磷，将磷从水中转移到污泥中，随剩余污泥排出系统。这样，在卡鲁塞尔2000系统内，较好地同时完成了去除BOD、COD和脱氮除磷。

卡鲁塞尔2000氧化沟系统是具有内部前置反硝化功能的氧化沟工艺。该工艺运行过程中，反硝化区的表曝机将混合液循环至前置反硝化区。前置反硝化区的容积一般为总容积的10%左右。反硝化菌利用污水中的有机物和回流混合液中硝酸盐和亚硝酸盐进行反硝化，由于混合液的大量回流混合，同时利用氧化沟内曝气所获得的硝化效果，该工艺使氧化沟脱氮功能得到加强。聚磷菌的释放磷和过量吸收磷过程又可以实现污水中磷的去除。

③ 卡鲁塞尔3000氧化沟。卡鲁塞尔3000氧化沟又称深型卡鲁塞尔氧化沟系统，水深可达7～8m。该系统是在卡鲁塞尔氧化沟2000系统前再加上一个生物选择区，该生物选择区是利用高有机负荷筛选菌种，抑制丝状菌的增长，提高各污染物的去除率。

(2) 影响因素

① 影响除磷的因素。影响卡鲁塞尔氧化沟除磷的因素主要是污泥龄、硝酸盐浓度、污水浓度。污泥龄为8～10d时活性污泥中的最大磷含量为其干污泥量的4%，为异养菌体质量的11%，但当污泥龄超过15d时，污泥中最大含磷量明显下降，反而达不到最大除磷效果。因此，污泥龄宜控制在8～15d范围内。

② 影响脱氮的因素。影响卡鲁塞尔氧化沟脱氮的主要因素是DO、硝酸盐浓度及碳源浓度。研究表明，氧化沟内存在溶解氧浓度梯度即好氧区DO达到3～3.5mg/L、缺氧区DO达到0～0.5mg/L是发生硝化反应及反硝化反应的前提条件。同时，充足的碳源及较高的C/N比有利于脱氮的完成。

从昆明第一污水厂、长沙市第二污水净化中心及漯河市污水处理厂采用卡鲁塞尔氧化沟的运行效果可见：BOD_5、COD、SS的去除率均达到了90%以上，TN的去除率达到了80%，TP的去除率也达到了90%。

6.2.2.2 奥贝尔（Orbal）氧化沟

奥贝尔氧化沟工艺是1970年由南非的休斯曼研发的。奥贝尔氧化沟一般由三条同心圆形或椭圆形渠道组成，各渠道之间相通，进水先引入最外的渠道，在其中不断循环的同时，依次进入下一个渠道，相当于一系列完全混合反应池串联在一起，最后从中心的渠道排出。曝气设备多采用曝气转盘。沟道宽度一般不大于9m，有效水深4.0m左右，沟内流速为0.3～0.9m/s。图6-7为典型的奥贝尔氧化沟。

在奥贝尔氧化沟中，从外到内，外沟的容积为总容积的50%～55%；中沟为30%～35%；内沟为15%～20%。运行时，应保持外沟、中沟、内沟的溶解氧分别为0mg/L、1mg/L、2mg/L左右。外沟中可同时进行硝化和反硝化，由于外沟中氧的吸收率很高，外沟的供氧量占总供氧量的90%，但溶解氧的含量极低，一般处于缺氧的状态之中，在中沟和内沟中，氧的吸收率比较低，中沟和内沟的供氧量尽管只占总供氧量的10%左右，但溶

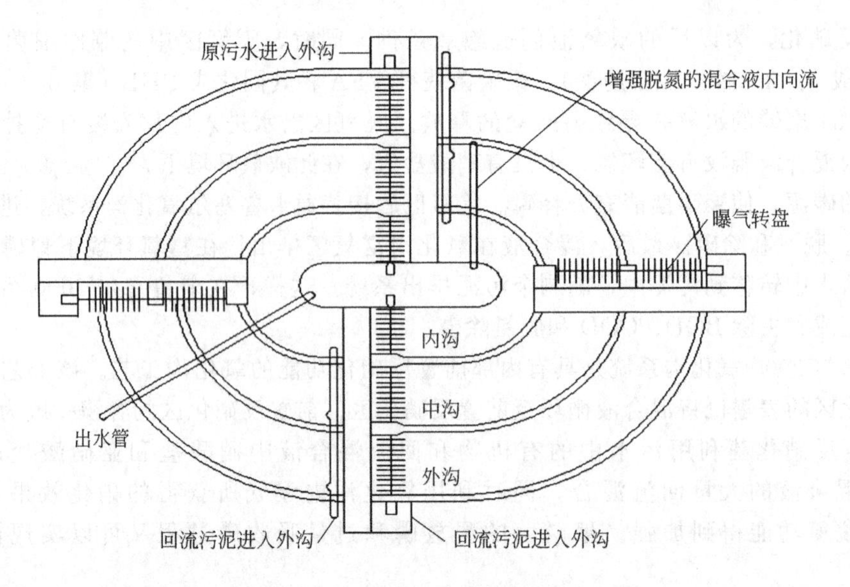

图 6-7　典型的奥贝尔氧化沟

解氧的含量保持在较高的水平。

外沟的功能主要是高效完成碳源氧化、反硝化及大部分硝化，容积通常占氧化沟容积的50%～55%，可去除80%左右的有机物，溶解氧浓度一般在0～0.5mg/L，在沟内形成交替好氧和缺氧环境，进行硝化和反硝化，脱氮效果明显，氨氮的去除率可高达90%；同时，由于沟中溶解氧在0～0.5mg/L，氧传递作用是在亏氧条件下进行的，氧的转移速率高，节能效果明显。

中沟是联系外沟与内沟的过渡段，进行互补调节，进一步去除剩余的有机物及继续完成氨氮硝化，中沟容积一般占25%～30%，溶解氧浓度控制在1.0mg/L左右。

内沟主要是为了确保氧化沟出水水质，溶解氧浓度控制在2.0mg/L左右，保证有机物和氨氮较高的去除率，同时保证出水带有足够的溶解氧进入二沉池，抑制磷的释放。内沟道容积占氧化沟总容积的15%～20%。

从溶解氧的分布来看，外沟、中沟、内沟的溶解氧呈0mg/L、1mg/L、2mg/L的梯度分布，仅内沟的溶解氧值控制在2mg/L左右，与普通氧化沟要求一致，外沟及中沟的溶解氧均低于普通氧化沟。由于混合液溶解氧浓度低时氧的转移速率高，故在奥贝尔氧化沟的外沟、中沟中，氧的转移速率将高于普通氧化沟，这样充氧量可相应减少，奥贝尔氧化沟较普通氧化沟更为节能，一般节能15%～20%。

污水和回流污泥可根据需要进入外、中、内三个沟道内，通常进入外沟道。出水自内沟道经中心岛内的堰门排出，进入沉淀池。当脱氮要求较高时，可以增设内回流系统（由内沟道回流到外沟道），提高反硝化程度。

6.2.2.3　DE型氧化沟

DE型氧化沟为双沟半交替工作式氧化沟，具有独立的二沉池和污泥回流系统，两个池容相等的氧化沟相互连通，两沟串联交替作为好氧池和缺氧池。两沟可交替进、出水，沟内曝气转刷高速运行时曝气充氧，低速运行时只推动水流，不充氧；具有良好的生物除氮功能，主要用于BOD_5的去除和硝化；如在氧化沟前增设厌氧池，则可达到脱氮除磷的目的。DE型氧化沟工艺流程见图6-8。

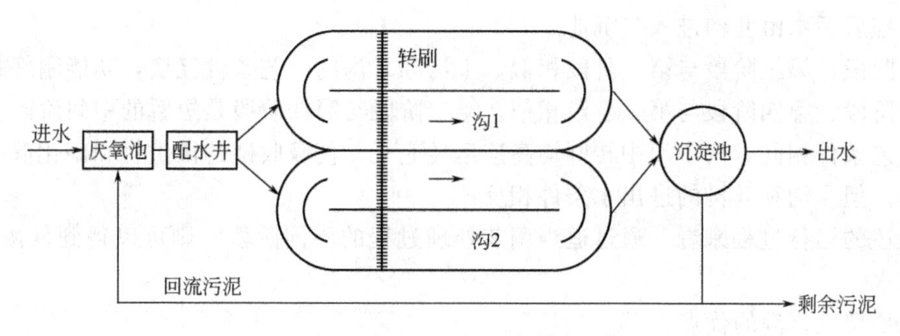

图 6-8 DE 型氧化沟工艺流程

① DE 型氧化沟工艺过程。DE 型氧化沟内两个氧化沟相互连通，串联运行，交替进水。沟内设双速曝气转刷，高速工作时曝气充氧，低速工作时只推动水流，基本不充氧，使两沟交替处于厌氧和好氧状态，从而达到脱氮的目的。若在 DE 型氧化沟前增设一个缺氧段，可实现生物除磷，形成脱氮除磷的 DE 型氧化沟工艺。该工艺的运行分为四个阶段，工艺运行控制过程如图 6-9 所示。

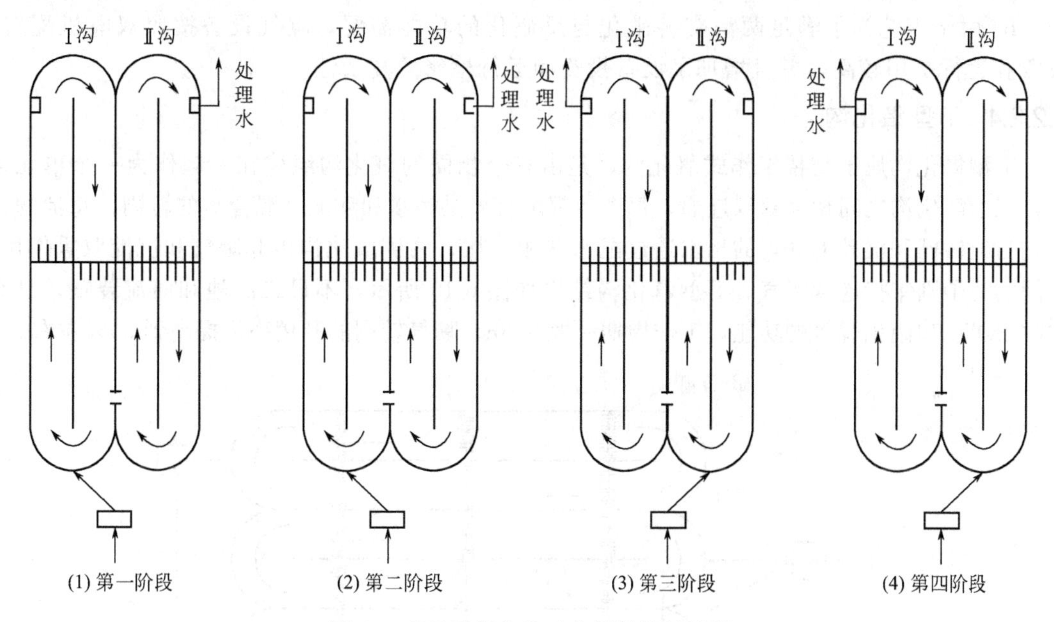

图 6-9 DE 型氧化沟工艺运行控制过程

第一阶段：污水与二沉池回流污泥均流入缺氧池，经池中的搅拌器作用使其充分混合，避免污泥沉淀，混合液经配水井进入Ⅰ沟。Ⅰ沟在前一阶段已进行了充分的曝气和硝化作用，微生物已吸收了大量的磷，在该阶段，Ⅰ沟内转刷以低转速运转，仅维持沟内污泥悬浮状态下环流，所供氧量不足，此系统处于厌氧状态，反硝化菌将上阶段产生的硝态氮还原成氮气逸出。Ⅱ沟的出水堰自动降低，处理后的污水由Ⅱ沟流入二沉池。在第一阶段的末了，由于Ⅰ沟处于缺氧状态，吸收的磷将释放到水中，因此此沟中磷的浓度将会升高。而Ⅱ沟内转刷在整个阶段均以高速运行，污水污泥混合液在沟内保持恒定环流，转刷所供氧量足以氧化有机物并使氨氮转化成硝态氮，微生物吸收水中的磷，因此该沟中磷的浓度将下降。

第二阶段：污水与二沉池回流污泥、配水后进入Ⅰ沟，此时Ⅰ沟与Ⅱ沟的转刷均高速运转充氧，进水中的磷与第一阶段时Ⅰ沟释放的磷进入好氧条件的Ⅱ沟中，Ⅱ沟中混合液磷含量低，处理后污水由Ⅱ沟进入二沉池。

第三阶段：第三阶段与第一阶段相似，Ⅰ沟和Ⅱ沟的工艺条件互换，功能刚好相反。

第四阶段：第四阶段与第二阶段相似，第二阶段与第四阶段是短暂的中间阶段。Ⅰ沟和Ⅱ沟的工艺条件相同。两个沟中转刷均高速运转充氧，使吸收磷的微生物和硝化菌有足够的停留时间。但Ⅰ沟和Ⅱ沟的进出水条件相反。

从上述的运行过程来看，通过适当调节处理过程的不同阶段，则可以得到低浓度的 TP 和 TN 出水。

② DE 型氧化沟的优点：

a. 由于两沟交替硝化与反硝化，缺氧区和好氧区完全分开，污水始终从缺氧区进入，因此可保持较好的脱氮效果，且不需要混合液内回流系统。

b. 单独设置二沉池，提高了设备的利用率和池体容积的利用率。

c. 两沟池体和转刷设备的交替运转均可通过自控程序进行控制运行。

③ DE 型氧化沟的缺点：

a. DE 氧化沟沟深较浅，因此占地面积较大。

b. 由于工艺为了满足两沟交替硝化与反硝化的功能需要，曝气设备按照双电机配置，投资和运行费用较高，并且增加了设备投资和运行检修的复杂性。

6.2.2.4 T 型氧化沟

T 型氧化沟属于交替工作式氧化沟，是由三个相同的氧化沟组建在一起作为一个单元运行，三个氧化沟之间相互双双连通，每个池都配有可供污水和环流（混合）的转刷，每池的进口均与经格栅和沉砂池处理的出水通过配水井相连接，两侧氧化沟可起曝气和沉淀双重作用，中间的池子则维持连续曝气。T 型氧化沟结构如图 6-10 所示，不设二沉池和回流装置，具有去除 BOD_5 和硝化脱氮的功能，工作周期一般为 8h，曝气转刷的利用率可提高到 60%左右。

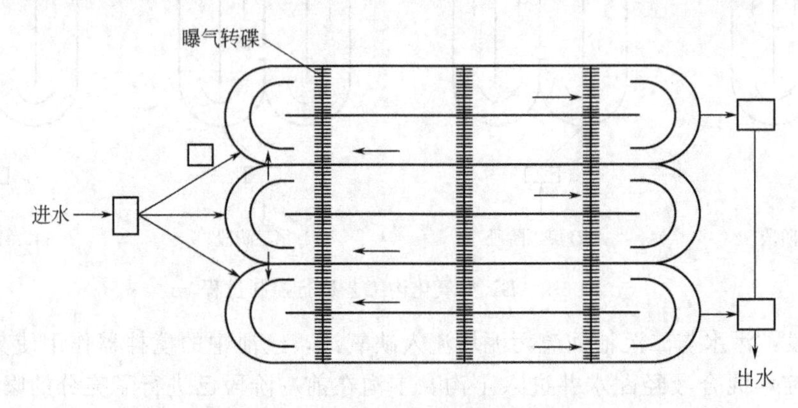

图 6-10 T 型氧化沟结构

三沟式氧化沟可通过改变曝气转刷的运转速度来控制池内的缺氧、好氧状态，从而取得较好的脱氮效果。依靠三池工作状态的转换，还可以免除污泥回流和混合液回流，从而使运行费用大大节省。但三沟由于进、出水交替运行，所以各沟中的活性污泥量在不断变化，存在明显的污泥迁移现象。同时，在同一沟内由于污泥迁移、污泥浓度有规律地变化，必然导致溶解氧也产生规模性的变化。此外，三沟式氧化沟工艺还存在容积利用率低、除磷效率不高等缺点，所以对三沟式氧化沟的设计和运行进行管理时要考虑沉淀时间、排泥方式等参数影响。

6.2.2.5　一体化氧化沟

一体化氧化沟又称合建式氧化沟，是指集曝气、沉淀、泥水分离和污泥回流功能为一体，无须单独建造的氧化沟。一体化氧化沟的优点是不必设单独的二沉池，工艺流程短，构筑物和设备少，所以投资省，占地少。此外污泥可在系统内自动回流，无须回流泵和设置回流泵站，因此能耗低，管理简便容易。但由于沟内需要设分区，或增设侧渠，使氧化沟的内部结构变得复杂，造成检修不便。

根据沉淀器置于氧化沟的部位不同，一体化氧化沟可分为三种：沟内式、侧沟式和中心岛式。沟内式一体化氧化沟将固液分离器设置于氧化沟主沟内，其结构如图 6-11 所示。其主要优点是较为节省占地，但由于主沟水流要从固液分离器的底部组件通过，流态复杂，不利于固液分离与污泥回流。

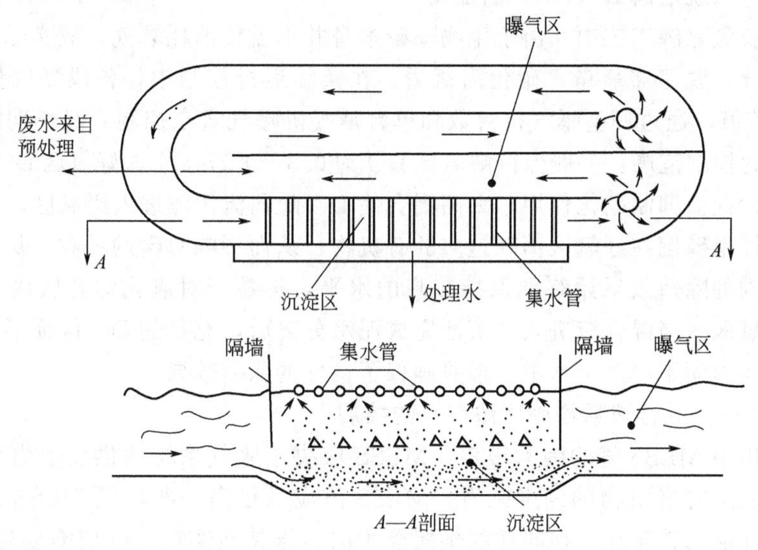

图 6-11　沟内式一体化氧化沟结构

侧沟式一体化氧化沟将固液分离器设置在氧化沟的边墙上或外侧，由于减少了水头损失和主沟紊动对分离器的影响，其水力条件和水流流态都比沟内式一体化氧化沟优越，使得氧化沟整体效率更高，主要型式有边墙和中心隔墙式、竖向循环式、侧渠式和斜板式等。图 6-12 为侧渠式一体化氧化沟。

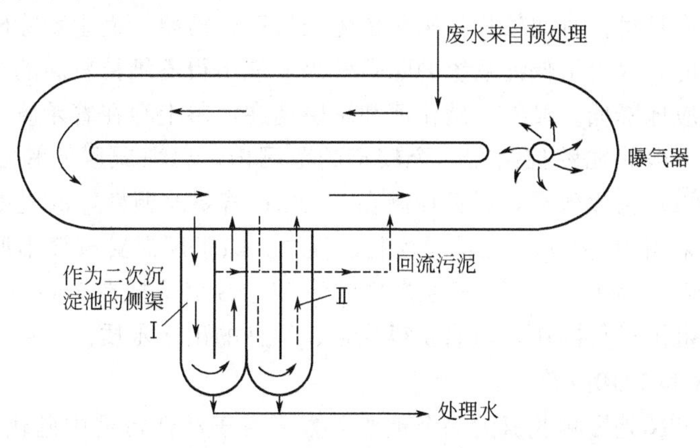

图 6-12　侧渠式一体化氧化沟

中心岛式一体化氧化沟是将固液分离器设置在氧化沟的中心岛处，由于消除了分离器对主沟中流态的影响，减少了水头损失，故节省了曝气设备的能量，同时充分利用了氧化沟中心岛部分的空间，故减少了占地。

6.2.3 氧化沟工艺运行管理

6.2.3.1 氧化沟工艺运行控制

氧化沟工艺是活性污泥法的一种变形，属于延时曝气工艺，是集有机物降解、脱氮、除磷 3 种功能于一体的生物处理技术，因此该工艺的运行控制应尽可能同时满足各项功能的要求，它是一种低负荷、高泥龄工艺，其工艺控制要求如下。

(1) 对曝气系统溶解氧（DO）的控制

在氧化沟脱氮除磷工艺中，由于生物除磷本身并不需要消耗氧气，故实际供氧量只需考虑以下 2 个部分：脱氮需氧量、硝化需氧量。在实际运行控制中，各段曝气量一般是根据 DO 的实时监控值，通过调整曝气机台数和单台曝气机曝气量来控制。经长期的运行实践可得出各区 DO 的控制范围：一般保持缺氧区 DO 为 0.3～0.7mg/L，好氧区 DO 控制在2.0～3.0mg/L。若太低会抑制硝化作用，太高则会使 DO 随回流污泥进入厌氧区，影响聚磷菌的释磷，而且会使聚磷菌在好氧区消耗过多的有机物，从而影响对磷的吸收。从实际的运行效果来看，氧化沟的除磷效果始终能保持较高的水平，得益于对氧化沟各区内 DO 的有效控制，尤其是好氧区。当混合液进入二沉池完成泥水分离后，充足的 DO 保证了聚磷菌能将磷牢牢地聚积于体内而不释放于水中，最终确保了良好的除磷效果。

(2) 对 MLSS（混合液悬浮固体浓度）的控制

影响氧化沟中 MLSS 值的因素很多。MLSS 取决于曝气系统的供氧能力和二沉池的泥水分离能力。从降解有机物的角度来看，MLSS 值应尽量高一些，但 MLSS 值越高时，要求混合液的 DO 值也就越高。在同样的供氧能力时，维持较高的 DO 值需要较大的空气量，一般的曝气系统难以达到要求，而且要求二沉池有较强的泥水分离能力。因此，应根据实际情况，确定一个最大的 MLSS 值，以其作为运行控制的基础。氧化沟由于是延时曝气系统，一般把 MLSS 值维持在 3000～5000mg/L。

(3) 对泥龄和排泥的控制

对于生物脱氮除磷工艺而言，泥龄是个重要的设计和运行参数。生物的脱氮过程一般需要较长的泥龄，以满足世代时间较长的硝化菌生长繁殖的需要；而生物除磷是通过排除富磷的剩余污泥来实现的，故为了保证系统的除磷效果，就不得不维持较高的污泥排放量，系统的泥龄也不得不相应地降低。显然，硝化菌和聚磷菌在泥龄上存在着矛盾，在污水处理工艺的设计和运行中，一般将泥龄控制在一个较窄的范围内，以兼顾脱氮和除磷的需要。基于此，如果仅考虑 BOD_5 去除效果，泥龄控制在 5～8d；若要兼顾良好的脱氮除磷效果，一般氧化沟系统的泥龄采用 16～20d。在排泥控制过程中，除了用泥龄核算排泥量外，还需保持系统中稳定的 MLSS 和 MLVSS，一般通过排泥使 MLSS 值维持在 3000～5000mg/L。在实际运行中，按上述范围进行操作，均能获得稳定、优良的出水水质。

(4) BOD_5/TN 和 BOD_5/TP

污水的 BOD_5/TN 是影响脱氮的一个重要因素，由于活性污泥中硝化菌所占比例较小，且产率比异养菌低得多，加上两者竞争底物和溶解氧，会抑制对方的生长繁殖，因此硝化菌

比例与污水的 BOD_5/TN 值相关。从理论上讲，在污水中的 BOD_5/TN>2.86 时，有机物可满足反硝化的碳源需要，但由于实际上不是所有的 BOD_5 都能被反硝化菌利用，所以实际运行中控制比值应该更大。

污水生物脱氮除磷工艺中 BOD_5/TP 是影响聚磷菌摄磷效果的一个不可忽视的控制因素。其值越大则释磷效果越好，对后续除磷越有利，尤其是进水中易降解的有机物含量，越高越好。运行表明：若要出水中磷的质量浓度控制在 1.0mg/L 以下，进水 BOD_5/TP 应控制在 20～30。

6.2.3.2 氧化沟专用曝气设备

曝气设备对氧化沟的处理效率、能耗及处理稳定性有关键性影响，其作用主要表现在以下四个方面：向水中供氧；推进水流前进，使水流在池内做循环流动；保证沟内活性污泥处于悬浮状态；使氧、有机物、微生物充分混合。针对以上几个要求，曝气设备也一直在改进和完善。常规的氧化沟曝气设备有横轴表面曝气机及竖轴表面曝气机，充氧效率一般在 2.0～2.4kgO_2/(kW·h)。

(1) 横轴表面曝气机

横轴表面曝气机为转刷和转碟。其单独使用通常只能满足水深较浅的氧化沟，有效水深不大于 2.0～3.5m，从而造成传统氧化沟水深较浅，占地面积大的弊端。近几年开发了水下推进器配合横轴表面曝气机，解决了这个问题，可保证沟内平均流速大于 0.3m/s，沟底流速不低于 0.1m/s，这样氧化沟占地大大减小。转碟曝气机结构见图 6-13。

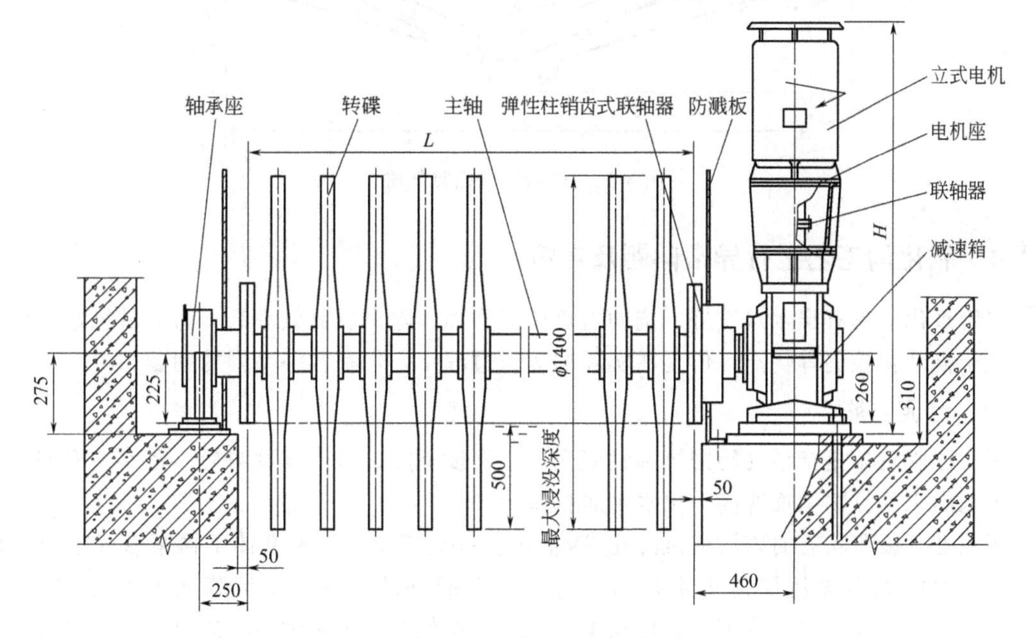

图 6-13　转碟曝气机结构

(2) 竖轴表面曝气机

各种竖轴表面曝气机均可用于氧化沟，一般安装在沟渠的转弯处，这种曝气装置有较大的提升能力，氧化沟水深可达 4～4.5m，如 1968 年荷兰 PHV 开发的著名的 Carrousel 氧化沟，在一端的中心设垂直轴一定方向的低速表曝叶轮，叶轮转动时除向污水供氧外，还能使沟中水体沿一定方向循环流动。图 6-14 为较常用的倒伞形表面曝气机。

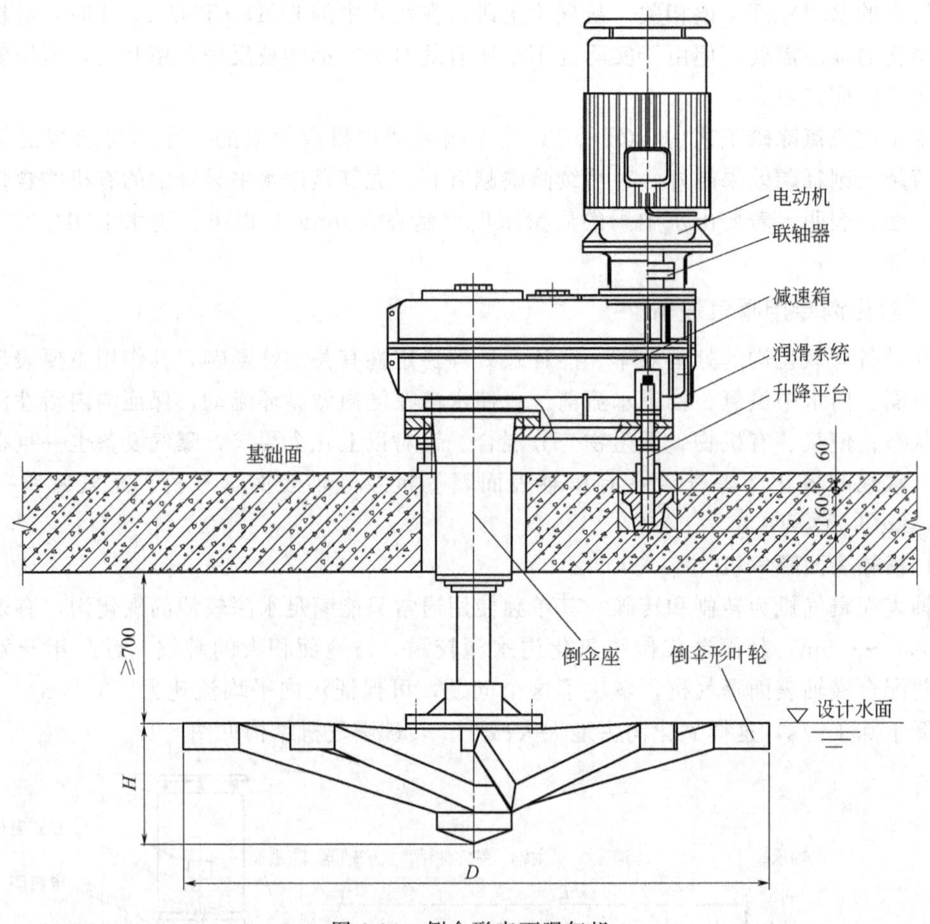

图 6-14　倒伞形表面曝气机

6.2.4　氧化沟工艺运行异常问题及对策

尽管氧化沟具有出水水质好、抗冲击负荷能力强、除磷脱氮效率高、污泥易稳定、能耗省、便于自动化控制等优点，但是在实际的运行过程中，仍存在一系列的问题。

6.2.4.1　污泥膨胀

污泥膨胀现象是指活性污泥沉降性能变差、密度下降、沉降速度减慢、密实性变差，造成二沉池出水悬浮物浓度升高，出水水质变差。

污泥处于膨胀状态时，污泥沉降比 SV_{30} 可达 90%以上，污泥絮体不再紧密或不能很好的沉降，絮体颗粒随沉淀池出水排出，而沉降性能好的污泥，其沉降比 SV_{30} 为 10%～30%；在极端污泥膨胀情况下，氧化沟中的污泥不能保持，大量的污泥流出系统，出水不能满足排放、消毒要求。

污泥膨胀有两种类型：第一种是丝状菌引起的污泥膨胀，它是在丝状细菌成为优势菌种下形成的；第二种是黏性污泥膨胀，它是由于微生物分泌过多的生物高聚合物，使污泥有黏性，像果冻一样结合在一起而产生的，如果高聚合物是亲水性的，则活性污泥有较高的结合水，形成水合性膨胀，黏性膨胀通常在营养受到限制的系统或高负荷系统中出现。丝状菌引起的污泥膨胀较为普遍。

(1) 污泥膨胀的原因

① 水质方面的原因：进水水质成分发生改变；废水缺乏某些成分（微量元素）；含有重金属等有毒物质；水质腐化；营养盐缺乏，N、P含量不平衡，BOD_5：N：P比值高，特别是N不足的影响最大；pH值偏低，pH值在4左右时真菌类能很好地增殖；温度发生变化。

污水成分改变、废水缺乏某些成分（微量元素）、重金属等有毒物质排入时都可能造成污泥膨胀，首先检查氮、磷的含量，氮、磷其中一种缺乏时都会导致污泥膨胀，可通过投加氮肥、磷肥，调整混合液中的营养物质平衡（BOD_5：N：P=100：5：1），查清楚进水的水质。如果是工业废水引起时，应对工业废水的排入加以限制。

pH值的波动也是有害的，pH值波动时要通过投加酸、碱来维持氧化沟的pH值，由于间歇反复操作，有机物负荷波动也会导致污泥膨胀，可投加石灰、漂白粉和液氯（按干污泥的0.3%～0.6%投加）调节，能抑制丝状菌繁殖，控制结合水污泥膨胀。

② 设计方面：BOD_5负荷高，供氧不足，混合不好，短流、回流能力不足。

废水水温低、溶解氧浓度低而污泥负荷过高时，污泥负荷高，细菌吸收了大量营养物，由于温度低、溶解氧浓度低，代谢速度较慢，有机物来不及代谢就积蓄起大量高黏性的多糖类物质，这使污泥的表面附着水大大增加，也易造成污泥膨胀。

③ 运行方面：溶解氧浓度低、污泥负荷低、回流不足。

溶解氧浓度低也是引起污泥膨胀的重要原因之一。当曝气量不足、溶解氧浓度偏低时，也易发生丝状膨胀。丝状菌比菌胶团细菌有更高的溶解氧亲和力和忍耐力，因此在低氧条件下丝状菌胶团细菌对氧有更强的竞争力。通过改变曝气量或减少污水的水力停留时间减少需氧量，以维持氧化沟的溶解氧浓度在2mg/L以上。

(2) 解决对策

加强日常监控，检测污水水质、氧化沟内溶解氧浓度、回流污泥浓度、SV和SVI，并做镜检等，防止异常情况发生。

当进水的BOD_5过高时，可以将处理后的水与原水混合来降低其进水BOD_5的浓度。

控制污泥回流量，如污泥负荷过高时，可适当提高氧化沟的污泥浓度，调整污泥负荷，一般MLSS值保持在3000mg/L左右；必要时还要停止进水，进行“闷曝”。

调节曝气量，保证充足的溶解氧，缺氧时应加大曝气量，或降低进水量以减轻负荷，或适当降低氧化沟的污泥浓度。

投加一些混凝剂如铁盐、铝盐、黏土、硅藻土等以助其沉降。

6.2.4.2 生物泡沫问题

(1) 生物泡沫的成因

生物泡沫问题会严重干扰污水处理厂的运行控制和维护管理：在氧化沟或二沉池中出现大量丝状微生物，池面上漂浮、积聚大量的泡沫；造成出水有机物浓度和悬浮固体升高；产生恶臭或不良有害气体；降低机械曝气方式的氧转移效率；可能在后期污泥消化时产生大量的表面泡沫。生物泡沫对运行的影响有时会达到难以想象的程度。

生物泡沫的形成主要与氧化沟中微生物的生长和种类有关，诺卡菌属是导致生物泡沫的主要菌属。这些生物细胞表面疏水，易于黏附气泡形成稳定的泡沫。诺卡菌属含有大量脂类物质（脂类含量达干重的35%），比水轻，易漂浮到水面；再加上这类微生物呈丝状或枝状，能大量网捕污水中悬浮固体微粒和气泡等，并形成网，增加了泡沫表面的张力，使其更加稳定，不易破碎。在各种因素影响下，诺卡氏菌开始异样生长，其比生长速率高于菌胶团细菌，结果因成为氧化沟中的优势菌种而大量增值，最终导致生物泡沫的产生。

(2) 生物泡沫的处理方法

根据生物泡沫形成的机理及其影响因素，可以采用多种物理、化学或生物的方法控制生物泡沫的大量产生。控制生物泡沫的实质并非消除诺卡氏菌的产生，而是改变生态环境，抑制其在活性污泥中的过度增殖，使丝状菌与正常的微生物絮体保持平衡的比例生长。常用的有以下种处理方法：

① 在预处理段增加撇油装置，减少油脂进入生化系统；严禁餐厨废水、含有大量洗涤剂和表面活性剂的污水排入。

② 氧化沟液面喷冲清水是一种最常用、最简便的物理方法。喷冲的水流或水珠能打碎浮在水面上的气泡，使泡沫无法聚集起来，以减少泡沫的不良影响，但不能从根本上消除泡沫现象，在停止喷洒水之后很快就会再次产生大量的泡沫。

③ 加快氧化沟流速可以缓解气泡的积累，有助于控制泡沫的产生。氧化沟的正常流速为 0.3m/s 左右，气泡易于浮出水面最终聚集成成片的泡沫，加大氧化沟回流比，增加氧化沟流速。

④ 投加化学药剂。很多种化学药剂均能用于控制生物泡沫，双氧水是其中一种较常用的泡沫消除剂。在氧化沟中投加双氧水，浓度控制在 20～25mg/kgMLSS，其浓度不足以杀死菌胶团表面伸出的丝状菌，只能氧化部分生物残渣和消除代谢过程产生的毒素，净化菌胶团细菌生长的环境，促进了菌胶团细菌优势生长，使菌胶团菌和丝状菌的生长达到新的平衡，从而达到控制生物泡沫的目的，并能保证出水水质不受影响。

⑤ 向生化池中投加消泡剂常用除沫剂有机油、煤油、硅油，投量为 0.5～1.5mg/L。

⑥ 缩短污泥龄。利用丝状菌生长周期长的特点，抑制丝状菌的过度增殖，污泥龄越短，丝状菌越少，泡沫也越少。

6.2.4.3 污泥上浮

(1) 污泥上浮的原因

造成污泥上浮的原因通常有三种：一是由于进水水质（如 pH、碱度、温度、进水有机负荷）发生了急剧变化，致使污泥失去活性，甚至死亡，发生污泥上浮；二是具有高度疏水细胞表面的丝状微生物大量繁殖，它们的菌丝中存有气泡，致使污泥上浮；三是由于曝气池内污泥龄过长，硝化程度较高，污泥进入二沉池后发生反硝化，产生氮气等气泡附着于污泥上，使污泥上浮。

当废水中含油量过大时，经过曝气与混合，油脂会附聚在菌胶团表面，使细菌缺氧死亡，导致相对密度降低而上浮。

过量的表面活性剂影响细胞质膜的稳定性和通透性，使细胞的某些必要成分流失而导致微生物生长停滞和死亡。当曝气池进水中含有大量表面活性剂时，会产生大量泡沫，这些泡沫很容易附聚在菌胶团上，使活性污泥的相对密度降低而上浮。

过量曝气。微生物处于饥饿状态而引起自身氧化进入衰老期，池中溶解氧浓度上升；或者由于污泥活性差，曝气叶轮线速度过高，供氧过多。溶解氧浓度上升，短期内污泥活性可能很好，但时间长了，污泥被打碎，污泥色浅，活性差，污泥体积和污泥指数增高，导致活性污泥的相对密度降低而上浮，处理效果明显降低。

(2) 控制污泥上浮的技术措施

污泥沉降性差，可投加混凝剂或惰性物质，改善其沉降性；如发现污泥腐化，应加大曝气量，清除积泥，并设法改善池内水力条件。

如进水负荷大应减小进水量或加大回流量；如污泥颗粒细小可降低曝气机转速；曝气过量，要合理控制好溶解氧浓度。

终水回流，用以稀释、调节曝气池进水中的有机物浓度，使其稳定在一定范围内，终水回流的先决条件是污水处理厂的处理能力必须大于实际进水量。

充分利用好调节池的均质池作用，液位宜控制在50％～70％。

合理投加营养盐。由于工业废水中营养比例失调，常常碳源充分而氮、磷等营养物不足，因此处理工业废水时须另外补加。一般以尿素和磷酸盐为氮源和磷源，但投加量不宜过量。

控制好污泥龄。采取降低氧化沟的污泥浓度、减少水力停留时间等措施。

6.2.4.4　流速不均及污泥沉积

在氧化沟中，为了获得其独特的混合和处理效果，混合液必须以一定的流速在沟内循环流动。一般认为，最低流速不宜小于0.15m/s，不发生沉积的平均流速应达到0.3～0.5m/s。

氧化沟的曝气设备一般为表曝机、曝气转刷和曝气转盘。转刷的浸没深度为400mm左右，转盘的浸没深度为480～530mm，与氧化沟水深4.5m左右相比，转刷只占了水深的1/10，转盘也只占了1/6，因此造成氧化沟上部流速较大（为0.8～1.2m，甚至更大），而底部流速很小（特别是在水深的2/3或3/4以下，混合液几乎没有流速），致使沟底大量积泥（有时积泥厚度达1.0m），大大减少了氧化沟的有效容积，降低了处理效果，影响了出水水质。

加装上、下游导流板是改善流速分布、提高充氧能力的有效方法和最方便的措施。上游导流板安装在距转盘（转刷）轴心4.0处（上游），导流板高度为水深的1/5～1/6，并垂直于水面安装；下游导流板安装在距转盘（转刷）轴心3.0m处。导流板的材料可以用金属或玻璃钢，但以玻璃钢为佳。导流板与其他改善措施相比，不仅不会增加动力消耗和运转成本，而且还能够较大幅度地提高充氧能力和理论动力效率。

另外，通过在曝气机上游设置水下推动器也可以对曝气转刷底部低速区的混合液循环流动起到积极推动作用，从而解决氧化沟底部流速低、污泥沉积的问题。设置水下推动器专门用于推动混合液可以使氧化沟的运行方式更加灵活，这对于节约能源、提高效率具有十分重要的意义。

6.2.4.5　出水异常

（1）氨氮超标

检测好氧区的溶氧，保证好氧区溶氧充足。一般情况下，氧化沟出水溶氧控制在1～2mg/L，缺氧区溶氧控制在0.2～0.5mg/L，厌氧区溶氧小于0.2mg/L。出水氨氮偏高可适当加大曝气量，出水氨氮偏低可适当降低曝气量。分别监测厌氧区、缺氧区、好氧区的氨氮和总氮，适当调整回流量和内回流量，也可调整水力停留时间，确保硝化反应及反硝化反应的充分进行。

（2）总磷超标

适当投加除磷药剂，如PAC（聚合氯化铝）、PFC（聚合三氯化铁）。除磷的同时也可降低出水悬浮物、COD值，且见效快。此外出水磷超标需加大排泥。

(3) COD、BOD_5 超标

控制氧化沟 MLSS、DO 的浓度在正常范围；适当投加一些 PAC、PFC 等化学药剂；适当减少进水量，控制水力停留时间；如果有必要，需重新培泥。

6.3 MSBR 工艺的运行管理

6.3.1 MSBR 工艺的基本原理及一般过程

6.3.1.1 MSBR 工艺简介及其应用发展

MSBR（modified sequencing batch reactor）是改良式序列间歇反应器，是 C. Q. Yang 等根据 SBR 技术特点，结合传统活性污泥法技术，研究开发的一种更为理想的污水处理系统。MSBR 既不需要初沉池和二沉池，又能在反应器全充满并在恒定液位下连续进水运行。采用单池多格方式，结合了传统活性污泥法和 SBR 技术的优点，不但无须间断流量，还省去了多池工艺所需要的更多的连接管、泵和阀门。通过中试研究及生产性应用，证明 MSBR 工艺是一种经济有效、运行可靠、易于实现计算机控制的污水处理工艺。

MSBR 技术已在污水处理厂中得到应用，位于加拿大 Saskatchewan 的 Estevan 污水处理厂则为一实例。虽然由于严寒造成一些冰冻问题，但污水厂还是取得了相当好的处理效率。平均温度为 13℃，系统处理效果（测试时间 1996 年 4 月至 1997 年 3 月）如表 6-1 所示。

表 6-1 Estevan 污水处理厂 MSBR 测试结果

项目	单位	进水	出水	去除率/%
BOD_5	mg/L	165	8.5	95
TSS	mg/L	212	11	95
TKN	mg/L	39	3.5	91
TP	mg/L	5.1	1.9	63

实践表明，MSBR 是一种可连续进水、高效的污水处理工艺，且简单、容积小、单池，易于实现计算机自动控制。在较低的投资和运行费用下，能有效地去除含高浓度 BOD_5、TSS、氮和磷的污水。总之，系统在低 HRT、低 MLSS 和低温情况下，具有优异的处理能力。MSBR 技术的研究与发展方向如下：

① MSBR 技术的进一步发展是生物除磷或同时脱氮除磷。目前同济大学环境科学与工程学院对此正在做进一步的研究，并已取得了有重要理论意义与应用价值的研究成果。

② MSBR 系统可以有各种不同配置，例如沟（渠）形式，并且现在已经在开发研究。

③ MSBR 生物处理的动力学模式研究，已提供普遍的设计和运行依据。

④ MSBR 运行过程智能化控制的研究，已使系统的各操作过程具有适应性和最优控制。由于系统各格互联、交替操作，且可以通过选择、组合与取舍操作步骤，调整各操作步骤时间来控制运行，其运行过程比较复杂。此外，如果进水水质变化，MSBR 工艺的运行过程更具有非线性、时变性与模糊性的特点，难以用数学模型根据传统控制理论进行有效控制，因此对 MSBR 工艺这样复杂的系统进行在线模糊控制，将能得到其他控制方式无法实现的令人满意的控制效果，这也是 MSBR 工艺的一个重要研究方向。

6.3.1.2 MSBR工艺的基本原理

MSBR技术起源于20世纪80年代，原先为类似于三沟氧化沟的三池系统，目前逐步发展成为多单元组合系统，其系统由7个单元格组成：单元1（即1#，下同）和单元7是SBR池，单元2是污泥浓缩池（泥水分离池），单元3是预缺氧池，单元4是厌氧池，单元5是缺氧池，单元6是主曝气好氧池。

MSBR的流程的实质与传统A^2/O工艺一样，其工艺原理如图6-15所示。由于MSBR工艺强化了各反应区的功能，为各优势菌种创造了更优越的环境和水力条件，无论从理论上分析，或者从实际的运行结果看，MSBR工艺都是最理想的污水生物除磷脱氮工艺，同时，MSBR工艺的厌氧区还可作为系统的厌氧酸化段，对进水中的高分子难降解有机物起到厌氧水解作用，聚磷菌释磷过程中释放的能量，可供聚磷菌主动吸收乙酸、H^+和e^-，使之以PHB形式贮存在菌体内，从而促进有机物的酸化过程，提高污水的可生化性和好氧过程的反应速率，厌氧、缺氧、好氧过程的交替进行使厌氧区同时起到优化选择器的作用。

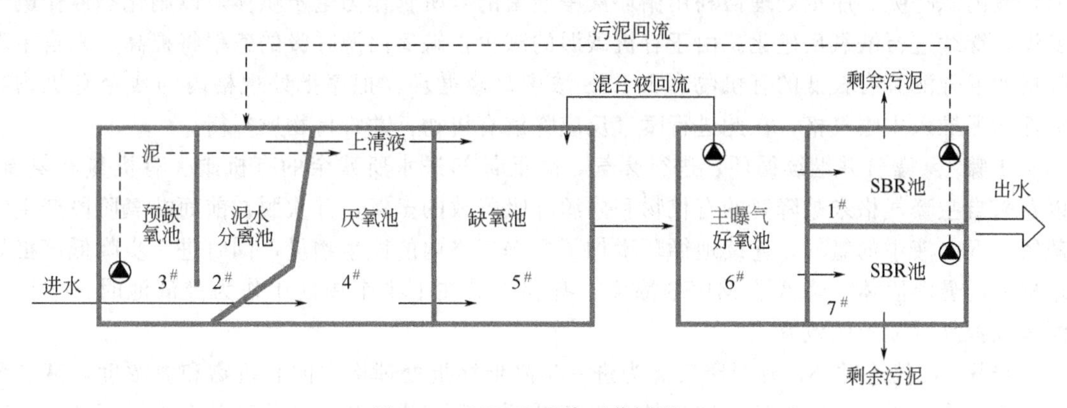

图6-15 MSBR系统工艺原理

6.3.1.3 MSBR工艺的操作步骤

在每半个运行周期中，主曝气格连续曝气，序批处理格中的一个作为澄清池（相当于普通活性污泥法的二沉池作用），另一个序批处理格则进行以下一系列操作步骤，如图6-16所示。

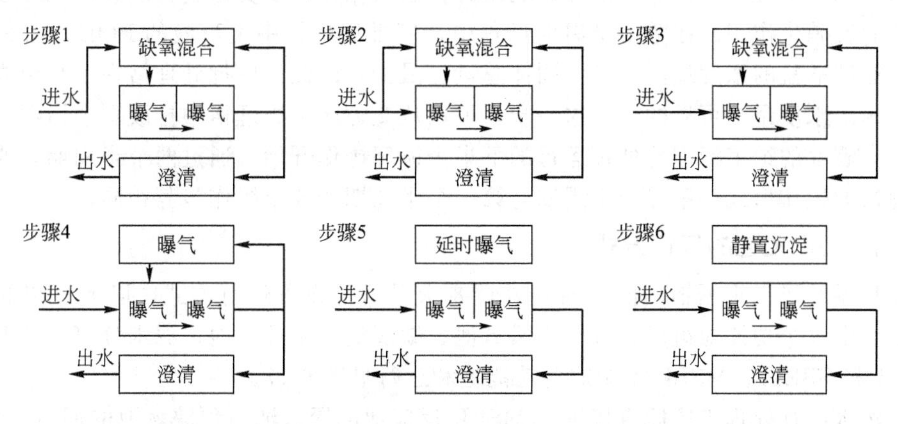

图6-16 MSBR工艺的操作步骤

步骤1：原水与循环液混合，进行缺氧搅拌。在这半个周期的开始，原水进入序批处理格，与被控制回到主曝气格的回流液混合。在缺氧和丰富的硝化态氮条件下，序批处理格内的兼性反硝化菌利用硝酸盐和亚硝酸盐作为电子受体，以原水及内源呼吸所释放的有机碳作为碳源，进行无氧呼吸代谢。由于初期序批处理格内 MLSS 浓度高，硝化态氮浓度较高，因此碳源成为反硝化速率的限制条件。随着原水的加入，有机碳的浓度增加，提高了反硝化的速率，来自曝气格和序批格原有的硝态氮经反硝化得以去除。另外，该阶段运行也是序批处理格中较高浓度的污泥向曝气格回流的过程，以提高曝气格中的污泥浓度。

步骤 2：部分原水和循环液混合，进行缺氧搅拌。随着步骤 1 中原水的不断进入，序批处理格内有机物和氨氮的浓度逐渐增加。为阻止在序批处理格内有机物和氨氮的过分增加，原水分别流入序批处理格和主曝气格，使序批处理格内维持一个适当的有机碳水平，以利于反硝化的进行。混合液通过循环，继续使序批处理格原来积聚的 MLSS 向主曝气格内流动。

步骤 3：序批格停止进原水，循环液继续缺氧搅拌，此后中断进入序批处理格的原水。原水在剩下的操作中，直接进入主曝气格。这使得主曝气格降解大量有机碳，并减弱微生物的好氧内源呼吸。序批处理格利用循环液中残留的有机物作为电子供体，以硝化态氮作电子受体，继续进行缺氧反硝化。由于有机碳源的减少，缺氧内源呼吸的速率将提高。来自主曝气格的混合液具有较低的有机物和 MLSS 浓度。经循环，把序批处理格内的残余有机物和活性污泥推入主曝气格，在此进行曝气反应降解有机物，并维持物质平衡。

步骤 4：曝气并继续循环。进行曝气，降低最初进水所残余的有机碳、有机氮和氨氮，以及来自主曝气格未被降解的有机物和内源呼吸释放的氨氮，并吹脱在前面缺氧阶段产生的截留在混合液中的氮气。连续地循环增加了主曝气格内的微生物量，同时进一步降低序批处理格中的悬浮固体，降低了 MLSS 浓度，有利于其在下半个周期中作为澄清池时，减少污泥量以提高沉淀池的效率。

步骤 5：停止循环，延时曝气。为进一步降低序批处理格内的有机物和氮浓度，减少剩余的氮气泡，采用延时曝气。这步是在没有循环、没有进出流量的隔离状态下进行的。延时曝气使序批处理格中的 BOD_5 和 TKN 达到处理的要求水平。

步骤 6：静置沉淀。延时曝气停止后，在隔离状态下，开始静置沉淀，使活性污泥与上清液有效分离，为下半个周期作为澄清池出水做准备。沉淀开始时，由于仍存在剩余的溶解氧，沉淀污泥中的硝化菌继续硝化残余的氨，而好氧微生物继续进行好氧内源呼吸。当混合液中氧减少到一定程度时，兼性菌开始利用硝化态氮作为电子受体进行缺氧内源呼吸，进行程度较低的反硝化作用。在整个半周期过程中，序批处理格中上清液的 BOD_5、TKN、氨、硝酸盐、亚硝酸盐的浓度最低，悬浮固体总量也最少，因此该序批处理格在下半个周期作为沉淀池，其出水质量是可靠的。在这一步，可以从交替序批处理格中排放剩余污泥。第二个半周期：步骤 6 的结束标志着处理运行的下半个循环操作开始。通过两个半周期，改变交替序批处理格的操作形式。第二个半周期与第一个半周期的 6 个操作步骤相同。

6.3.1.4 MSBR 工艺的运行方式图

MSBR 系统可以根据不同的水质和处理要求灵活地设置运行方式，以下介绍的所采用的装置主要由 6 个功能池组成，分别为厌氧池、缺氧池、主曝气池、泥水分离池和两个序批池（SBR1 和 SBR2）。MSBR 系统的各功能池和运行见图 6-17。

进厂污水经预处理工序后直接进入 MSBR 反应池的厌氧池与预缺氧池的回流污泥混合，富含磷污泥在厌氧池进行释磷反应后进入缺氧池，缺氧池主要用于强化整个系统的反硝化效果，由主曝气池至缺氧池的回流系统提供硝态氮。缺氧池出水进入主曝气池经有机物降解、硝化、磷吸收反应后再进入序批池Ⅰ（SBR1）或序批池Ⅱ（SBR2）。如果序批池Ⅰ作为沉淀池出水，则序批池Ⅱ首先进行缺氧反应，再进行好氧反应，或交替进行缺氧、好氧反应。在缺氧、好氧反应阶段，序批池的混合液通过回流泵回流到泥水分离池，分离池上清液进入缺氧池，沉淀污泥进入预缺氧池，经内源缺氧反硝化脱氮后提升，进入厌氧池与进厂污水混合释磷，依次循环。

泥水分离池将从SBR池回流的污泥做2～3倍的浓缩，同时将进入预缺氧池及厌氧池的回流量减少70%以上，从而强化系统的除磷效果。当进入预缺氧池的流量从1Q减少到0.25Q时，其实际停留时间增加了3倍，也即其反硝化反应的反应时间增加了3倍，而当其污泥浓度增加了2倍时，微生物内源降解所带来的反硝化反应速率增加了1倍，也即NO_x^--N的总去除率增加至8倍，将预缺氧池的反应体积减小一半后，其NO_x^--N的总去除率仍是无泥水分离区的4倍，使得进入预缺氧池的NO_x浓度在最低点，保证厌氧区的厌氧状态及厌氧区的VFA能被聚磷菌优先使用。

进入厌氧区的NO_x得到控制后，使得异氧细菌能在厌氧条件下，强化非VFA有机物对VFA的酸化反应，污泥浓度的增加提升了厌氧区异氧细菌的总量，更进一步促进了酸化反应的速率。而进入厌氧区的回流液从1Q减少到0.25Q使得厌氧区的实际反应停留时间增加了60%，更进一步增加了酸化反应的VFA总产量，与此同时，由于回流的污泥几乎不存在任何原废水有机碳源及VFA，当回流液体从1Q减少到0.25Q时，其对厌氧区VFA的稀释效应大大降低，此效应可将厌氧区的VFA增加至1.6倍。由于厌氧区VFA的浓度是决定聚磷菌释磷速率的关键因素，上述VFA浓度效应的上升大大提高了聚磷菌的整体反应速率，而60%的实际反应时间的增加及厌氧区污泥浓度的上升则更进一步提升了VFA吸附及PHB转化的总量。

单元6至单元7的回流，可根据对反硝化效率要求的高低，通过变速调节回流泵来改变系统的回流量。将曝气池至缺氧池最大回流量设计在4Q，为避免聚磷菌在预缺氧池中进行吸附释放，预缺氧池至厌氧池的污泥泵可变速调节，以保证预缺氧池的NO_x^--N控制在1～2.5mg/L，污泥泵的调节由预缺氧池的硝酸盐在线监测仪控制。

序批池至泥水分离池的回流泵同样可进行变速调节，以保证整个系统的污泥平衡。MSBR反应池的工艺流程如图6-17所示。

6.3.1.5　MSBR工艺的主要运行特点

① MSBR系统能进行不同配置的设计和运行，以达到不同的处理目的。

② 每半个运行周期中，步骤的数量和每步骤所需的时间取决于原水的特性和出水的要求。这里介绍了6个运行步骤，但所需总的步骤可以被系统设计者所选择。常常可以在实际运行中减少，以便使运行过程简单化。例如，步骤1和步骤2能通过延长步骤1和减少步骤2的时间来合并这两步为一步。增加步骤1的时间则增加序批处理格有机碳的量，这使得在不进原水的缺氧混合时间需要更长，以平衡步骤3。也可以增加步骤，进行更多的缺氧-好氧序批操作，来处理有机物和氨氮浓度更高的原水，以达到更低出水总氮的要求。

③ 在每半个循环中，原水大部分时间是进入主曝气格。接着是部分或全部污水进入作为SBR的序批处理格。在主曝气格中完成了大部分有机碳、有机氮和氨氮的氧化。另外，主曝气格在完全混合状态下连续曝气，创造了一个稳定的生物反应环境，这使得整个设备能承受冲击负荷的影响。

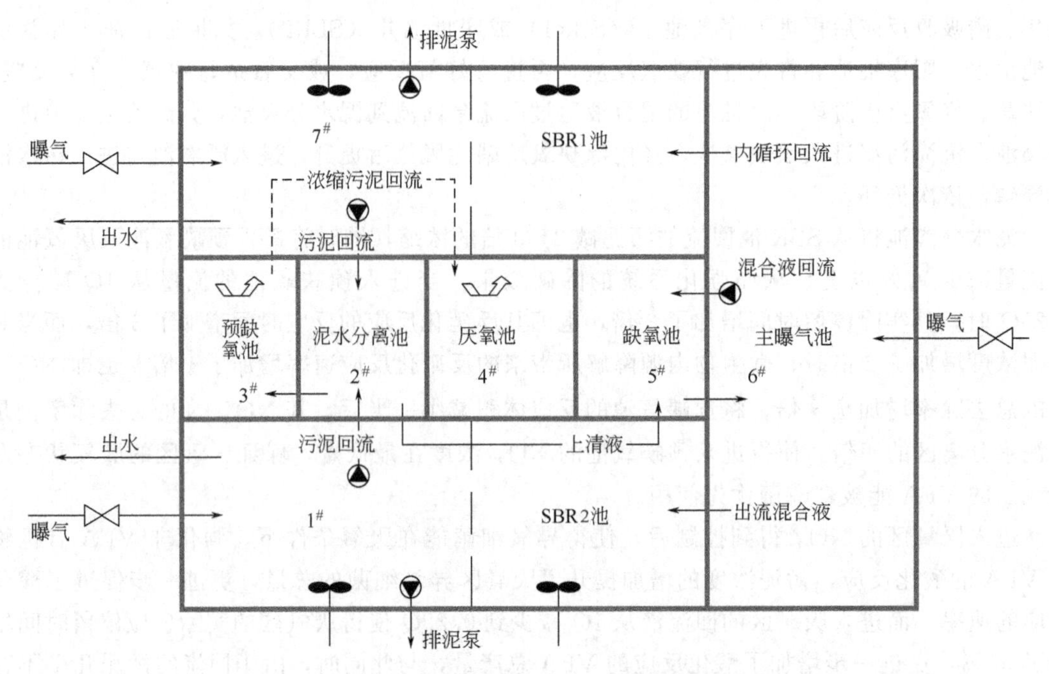

图 6-17 MSBR 反应池的工艺流程

④ 从序批处理格到主曝气格的循环流动，使得前者积聚的悬浮固体运送到了后者。循环也把主曝气格内的被氧化的硝化氮运送到在半个循环的大部分时期处在缺氧搅拌状态下的序批处理格，以实现脱氮的目的。

⑤ 污泥层作为一个污泥过滤器，对改善出水质量和缺氧内源呼吸进行的反硝化有重要作用。

6.3.2 MSBR 工艺运行及管理

6.3.2.1 MSBR工艺一般运行模式

与 T 型氧化沟、Unitank 等系统类似，MSBR 也是将运行过程分为不同的时间段，在同一周期的不同时段内，一些单元采用不同的运转方式，以便完成不同的处理目的。

典型 MSBR 将一个运转周期分为 6 个时段（具体运行时根据冬季或夏季气温变化，会有所变化，可自动设置调整），由 3 个时段组成一个半周期。在两个相邻的半周期内，除序批池的运转方式不同外，其余各单元的运转方式完全一样。一般各时段的持续时间如下：

时段 1：30min；

时段 2：60min；

时段 3：30min；

时段 4：30min；

时段 5：60min；

时段 6：30min。

其中时段 1～3 为第一个半周期，时段 4～6 为第二个半周期。原污水由 MSBR 的单元 4 进入，在各个时段内的流向见表 6-2。

表 6-2 原污水各个时段内的流向

时段	进水单元	流经单元	出水单元
1	单元 4	单元 5、单元 6	单元 7
2	单元 4	单元 5、单元 6	单元 7
3	单元 4	单元 5、单元 6	单元 7
4	单元 4	单元 5、单元 6	单元 1
5	单元 4	单元 5、单元 6	单元 1
6	单元 4	单元 6、单元 6	单元 1

在第一个半周期内，单元 7 起的是沉淀池的作用，而在第二个半周期内单元 1 起沉淀池的作用。

MSBR 系统的回流由污泥回流与混合液回流两部分组成。

MSBR 各单元的工作状态根据各循环周期内的时段确定如表 6-3 所示。

表 6-3 MSBR 各单元的工作状态根据各循环周期内的时段确定

时段	单元 1	单元 2	单元 3	单元 4	单元 5	单元 6	单元 7
1	搅拌	浓缩	搅拌	搅拌	搅拌	曝气	沉淀
2	曝气	浓缩	搅拌	搅拌	搅拌	曝气	沉淀
3	预沉	浓缩	搅拌	搅拌	搅拌	曝气	沉淀
4	沉淀	浓缩	搅拌	搅拌	搅拌	曝气	搅拌
5	沉淀	浓缩	搅拌	搅拌	搅拌	曝气	曝气
6	沉淀	浓缩	搅拌	搅拌	搅拌	曝气	预沉

为强化在冬季条件下的总氮去除率，冬季采用了多段缺氧、曝气周期运行，从而使系统有充分的硝化反硝化反应，总时段增加至 10 段。

因为 MSBR 的单元 1 和单元 7 是间歇性曝气，缺氧时段和预沉时段之和并不是曝气时段的整数倍，为了使鼓风机房的供气较为均匀以便降低瞬时高风量，各个序批池的运转时段应该彼此错开。

MSBR 工艺在主曝气池及序批池内安装溶氧测定仪，根据主曝气池及序批池内 DO 水平自动调节空气管道的调节阀门，由调节阀门的开度影响风管总压力，由风管总压力自动调节鼓风机的进出导叶片角，特别是在由主曝气池与序批池同时供氧切换为主曝气池单独供氧时，自动调整鼓风量以节省能耗，运行周期的切换及各设备的时序操作均实行自动控制。

在 1/7SBR 池的设计中采用了最先进的中间挡板流态设计，当 SBR 池处于澄清出水状态时，曝气池的混合液经过底部的污泥层进行了污泥过滤澄清。底部挡流板可以防止冲击水力负荷对出水堰口污泥层的破坏，此时污泥层在中间挡流板附近部分悬浮物被带起，中间挡流板形成的倒向推流使得带起的悬浮物有了二次沉淀效应，保证出水水质。与此同时，MSBR 的系统设计将空间与时间的控制概念有效结合起来，利用了时间控制概念，MSBR 系统在夏天将温度上升所带来的额外反应停留时间转化为悬浮物沉淀时间。当周期时间缩短时，预沉时间的不变造成了沉淀澄清时间所占的比例上升，其结果是当冲击水量将悬浮物在挡板处带起时，推流的时间差使得含有悬浮物的水流接近出水堰口前即已做了周期的切换，防止了出水带出悬浮物，这是 MSBR 系统能够在大水力负荷冲击时仍能保证低悬浮物出水的最重要原因。

与普通 A^2/O 系统相比较，MSBR 系统的 SBR 池在沉淀澄清时段并无回流，这样实际上的水力负荷及污泥负荷均减少了一半（一般情况下 A^2/O 或改良 A^2/O 均有 1Q 的回流），大大稳定了澄清时段的水流状态，特别对污泥层效应的稳定起到了很大的作用。本项目的实际 SBR 名义停留时间为 3h，在水力负荷增加至 3 倍情况时，实际停留时间仍有 1h（无回流状态），在此情况下（一般仅发生在夏季），系统仍能利用时间差缩短运行周期，来防止悬浮物被带出水体。

经 MSBR 处理后的出水经计算及现场运行经验表明，可以达到如表 6-4 所示的出水指标。

表 6-4　MSBR 处理后的出水指标

<table>
<tr><td colspan="2">TSS</td><td>≤20</td><td>mg/L</td></tr>
<tr><td colspan="2">BOD_5</td><td>≤20</td><td>mg/L</td></tr>
<tr><td colspan="2">TKN</td><td>≤20</td><td>mg/L</td></tr>
<tr><td rowspan="2">NH_3-N</td><td>冬季</td><td>≤8</td><td>mg/L</td></tr>
<tr><td>夏季</td><td>≤8</td><td>mg/L</td></tr>
<tr><td colspan="2">TP</td><td>≤1.0</td><td>mg/L</td></tr>
</table>

MSBR 污水在通过 $7^{\#}$ 和 $1^{\#}$ 序批池澄清区污泥层时，前端有硝化反应及后端有反硝化反应，实验数据及现场数据均证实污泥层的反硝化量很大，因此实际出水 TN 可控制在 8～10mg/L。

6.3.2.2　MSBR 工艺的运行管理实践

MSBR 工艺首先在委内瑞拉等南美国家使用，经过不断发展，现在普遍采用的是 MSBR 的第三代技术。MSBR 工艺流程简捷、控制灵活、单元操作简单而且占地省，被认为是目前最新、集约化程度最高的污水处理技术之一。深圳盐田污水处理厂即采用了该工艺，另外无锡新区污水处理厂、长沙市开福污水处理厂、上海松江东部污水处理厂和太原钢铁厂生活污水处理也采用了该工艺。

（1）MSBR 的运行模式

某污水处理厂的平面布置见图 6-18。MSBR 工艺的核心可归结为 A/A/O 工艺和 SBR 工艺的结合，通过 7 个单元（如图 6-18 所示）的巧妙组合和回流的设置，实际上蕴涵着多种运行模式，运行时可根据进、出水水质灵活调整。

① MUCT 运行模式。在厌氧池之前设置了浓缩池和预缺氧池，污泥回流首先进入浓缩池，这样设置可以起两方面的作用：其一，污泥经过浓缩后浓度提高，可节省回流的能耗和增加系统抗冲击负荷的能力；其二，回流污泥中的硝酸盐，一部分通过上清液回流而被分离，剩余的则在预缺氧池被反硝化去除，从而避免了硝酸盐对厌氧池磷释放反应的影响。

② 倒置 A/A/O 模式。运行中可停用好氧池（6 单元）到缺氧池（5 单元）的回流泵，5 单元也作为厌氧池使用，这时反硝化反应主要在预缺氧池完成。

③ 五段式 Bardenpho 工艺模式。SBR 池可以好氧运行，也可以缺氧/好氧运行，运行方式和时间设置可调。当 SBR 池按 A/O 方式运行时，整个系统即包含了厌氧/缺氧/好氧/缺氧/好氧五段，除磷脱氮以及有机物的去除可以得到很好的保证。

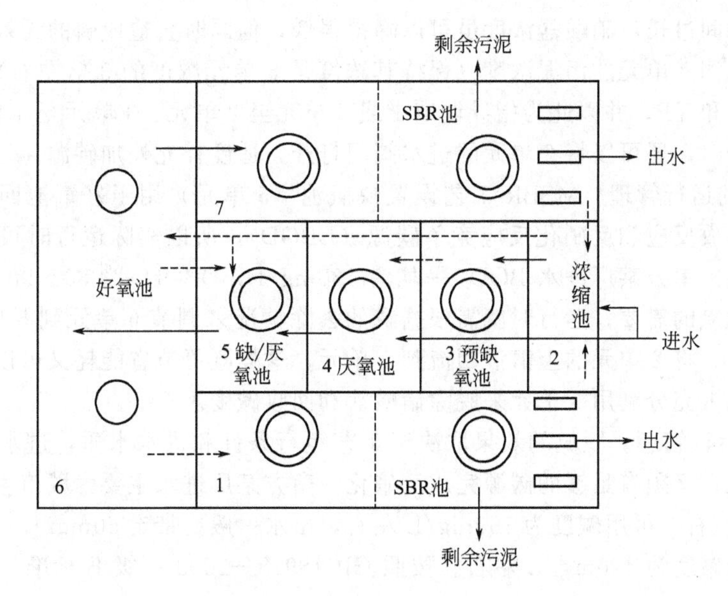

图6-18　某污水处理厂的平面布置

④ 改良A/A/O模式。MSBR系统被设置为两点进水：80％进入厌氧池，20％进入浓缩池，进水方式比较灵活，其中浓缩池的进水点是可选择的，可以为2、3单元的预缺氧反硝化反应提供碳源，进一步保证反硝化脱氮的效果。

由此可见，MSBR工艺集合了多种除磷脱氮工艺的原理，兼有传统A/A/O系列工艺空间分隔和SBR时间序列的特点，从而使除磷脱氮效果得到多种措施的保障，增加了运行管理的灵活性和出水水质的稳定性。

(2) MSBR工艺的运行管理

① 对污染物的去除。MSBR生物反应池的停留时间较长（如HRT＝14h），污染物有充足的时间被降解去除。污水进入厌氧池经历释磷反应后在缺氧池进行反硝化，大量的有机碳源被利用；进入好氧池和后续的SBR反应池后，混合液中的基质浓度已经很低，这为硝化菌创造了优势生长的条件；在好氧反应期间氨氮转化为硝态氮，同时有机污染物被降解，磷被充分吸收到污泥絮体内；澄清出水时，污染物得到了很好的去除；回流的污泥先经过预缺氧脱氮后才回到厌氧池，避免了硝酸盐氮对厌氧反应的干扰。因此，MSBR系统对碳源的分配利用比较合理，前段利用推流式的空间控制、能级分布的特点，后续SBR在低能级点运行，以稳定出水水质及进行泥水分离，从而优化了反应速率组合，改善了系统的整体效应。值得一提的是，SBR池中部设置了底部挡板，它不仅避免了水力射流对出水区域的影响，并且改善了水力状态，使SBR池进水端的流态是由下而上，悬浮的污泥床起着截流过滤的作用，大大加强了澄清效果；另外MSBR工艺采用空气出水堰潜流出水，使得水中的SS得到很好的去除，也对水中总磷的去除起了很大的作用。南方某厂的运行数据表明：MSBR工艺对COD的去除率为86％；出水BOD_5和SS均在10mg/L以下，去除率＞90％；对磷的去除效果更好，出水磷＜0.5mg/L。

② 浓缩池、预缺氧池的运行管理。MSBR工艺在厌氧池前设浓缩池（2单元）和预缺氧池（3单元），2单元的沉降作用不仅提高了回流污泥的浓度，还将富含硝酸盐的上清液分离，3单元主要依靠污泥絮体的内源反硝化作用，尽管该反应机理的研究尚不充分，但实践表明其效果显著（实测3单元硝酸盐浓度可达0.1mg/L以下）。实际运行中需控制3单元的

停留时间，若时间过长，硝酸盐浓度虽可以降得很低，但同时会造成磷的无效释放，因此在管理上需每天监测 3 单元的污泥浓度（保持其浓度是 6 单元浓度的 3 倍左右），经常检测上清液的 NO_3^--N 和 TP，并以此为指导调节 1 或 7 单元至 2 单元、3 单元至 4 单元的回流比。当反硝化不充分时，还可以将 2 单元的进水阀门打开，适度补充外加碳源。

③ 缺氧池的运行管理。MSBR 工艺设置缺氧池（5 单元）用于好氧池回流液反硝化脱氮。由于磷的释放反应和反硝化反应竞争碳源（DBOD），所以实际运行时可根据进水碳源来调节运行方式。南方某厂进水 BOD_5 平均为 120mg/L，$DBOD_5$ 为 80～90mg/L，不足以同时满足除磷脱氮的需要，运行时就需根据磷的去除情况来调节 6 单元到 5 单元的回流比，或者停用该回流，将 2 单元的上清液回流到 5 单元，这样既可节省能耗又可以在满足磷释放反应需求的基础上充分利用 5 单元来脱除硝酸盐和回收碱度。

④ 脱氮的运行管理。脱氮的效果取决于工艺运行条件和进水水质，进水中必须有足够的碱度进行硝化，又须有足够的碳源完成反硝化。南方某厂进水主要为城市生活污水，总碱度为 180mg/L 左右，可用碱度为 150mg/L 左右，出水一般要带走 50mg/L 左右碱度，因此可供硝化利用的碱度为 100mg/L 左右。按照 GB 18918—2002 一级 B 标准，出水氨氮应小于 8mg/L，则至少要削减 27mg/L 以上的氨氮，由于硝化耗碱量为 7.14mg 碱度/mgN，所以进水碱度不足对氨氮的硝化会造成一定的影响。MSBR 工艺设置了预缺氧（3 单元）、缺氧（5 单元）和 SBR 的缺氧反应三个反硝化段，运行中可灵活设置运行参数，充分利用反硝化作用来回收碱度。若氨氮的去除效果不佳，可以适当投加纯碱（Na_2CO_3）来驯化污泥，实践表明其效果很好，出水氨氮可达到 2mg/L 以下。

⑤ 泥龄的确定。除磷要求泥龄短，脱氮则要求泥龄长，因此对于兼有除磷脱氮功能的工艺而言，泥龄的确定很重要。MSBR 工艺的设计泥龄为 8～12d，实际泥龄则需根据温度、水质、污泥生长速率等因素来具体确定。实际生产中可基本保持其他运行参数不变，调节剩余污泥排放量，考察不同 MLSS 与除磷脱氮的关系，可以明显观察到，随着 MLSS 的增加(泥龄延长)，有出水 TP 上升而 NH_3-N 下降的趋势，经过多次观察即可找到既能满足除磷又能满足脱氮要求的最佳泥龄范围。以南方某厂的实际运行数据来看，6 单元的 MLSS 维持在 2000～2500mg/L 的范围内，脱氮除磷同时达到较好的效果。

6.3.2.3 MSBR 工艺的优点

MSBR 经过不断地研究与改进，其技术与开发初期相比有了很大的提高。Unitank 与 MSBR 类似之处都是改良型的 SBR，都具有节省用地、易于实现自动化的优点，与 Unitank、A^2/O 等工艺相比，MSBR 具有如下优势：

① 从占地面积来看，MSBR 因为采用了集约型的一体化设计及深池型结构，不设单独的二沉池和回流泵房，大大提高了土地的利用率。

② MSBR 系统是从连续运行的单元（即厌氧池或好氧池）进水，而不是从 SBR（旁边的起沉淀作用的池子）进水，这样就将大部分好氧量从 SBR 池转移到连续运行池中。由于 SBR 池中的曝气及搅拌设备都不是连续运行的，将需氧量移到了主曝气池即改善了设备的利用率。对生物除磷来说，连续的厌氧池进水可大大提高厌氧区 BOD_5 及 VFA（挥发性脂肪酸）的浓度，从而改善除磷效果。

③ 由于所有的生化反应都与反应物的浓度有关，连续的厌氧池进水加速了厌氧反应速率。厌氧后的污水进入缺氧池及曝气池，也即提高了缺氧区的反应速率以及曝气区的 BOD_5 降解速率和硝化反应速率，从而改善了系统的整体处理效应，使得出水水质更好及系统的体

积效率大大提高，即系统的 F/M 值和容积负荷大大提高，从而缩小了系统的体积。

④ MSBR 增加了低水头、低能耗的回流设施，从表面上看是增加了设备量和运行能耗，但是从更深层次来看问题，增加的基建费用及能耗有限，而回流设施极大地改善了系统中各个单元内 MLSS 的均匀性，即增加了连续运行单元的 MLSS 浓度（特别是提高了硝化反应的反应速率）和减少了 SBR 池的 MLSS 浓度，这样使得 SBR 池沉淀出水时的污泥层厚度大为降低，从而降低了出水中的悬浮物及由悬浮物带出的有机物数量（在出现水量冲击负荷时更为明显）。

⑤ MSBR 系统的 SBR 池在起始阶段采用缺氧运行。缺氧运行能利用硝酸盐作为氧源来进行微生物的自身消化反应，稳定了活性污泥及减少了污泥产量，同时也降低了需氧量及能耗。同时，交替运行抑制了丝状菌的生存，缺氧运行也就改善了污泥的絮凝性能、沉降性能及浓缩性能，使得预沉淀区的污泥层更稳定，厚度也更小，进一步保证了悬浮物不会被出水带走。

⑥ MSBR 系统的 SBR 池的水力条件经过了专门的处理。中间的底部挡板避免了水力射流的影响，从而改善了水力运行状态。在 SBR 池切换为沉淀池出水前的预沉淀过程中，在它的下部形成了一个高浓度的污泥层。该池的进水由 SBR 池的底部配水槽进入，穿过污泥层，污泥层起着接触过滤的作用，也即在利用来自曝气池混合液中的硝酸盐作为氧源进行污泥自身消化稳定的同时将进水中的悬浮物滤除。更确切地说，MSBR 系统的 SBR 池在出水时起到的是滤池的作用而不是沉淀的作用，这与 Unitank 的 SBR 池的工作原理有着本质的区别。

⑦ MSBR 系统采用空气堰控制出水，而 Unitank 是采用出水初期放空的形式排除已经进入集水槽内的悬浮固体。空气堰防止了曝气期间的任何悬浮物进入出水堰，从而有效地控制了出水悬浮物。初期放空还会增加进水的流量负荷。

⑧ MSBR 的 SBR 池有延时氧化阶段，而 Unitank 在运行时它的 SBR 池无延时氧化阶段，即 Unitank 在停止进水时立即停止曝气，开始预沉淀，这就使得有些有机物可能残留在 SBR 池内随出水带出。延时氧化是 MSBR 的专利，Unitank 则不能采用这种方式运行。

⑨ MSBR 一体化模块化设计，各单元均共壁构造，便于整体加盖进行尾气脱臭处理。

综上所述，MSBR 系统是由 A^2/O 系统与 SBR 系统串联组成的，并集合了 A^2/O 与 SBR 的全部优势，出水水质稳定且高效，并且有较强的耐冲击负荷能力。

6.3.3 MSBR 工艺运行异常问题与对策

6.3.3.1 空气堰的管理

空气堰出水是 MSBR 工艺的一大特色，使 MSBR 反应池始终保持满水位、恒水位运行，反应池的容积利用率高。空气堰对自控的要求比较高，由于 SBR 单元在交替反应和出水，空气堰必须保证在设定的周期内准确动作，因此直接关系到系统运行的稳定性，是运行管理的重点和难点。空气堰需不断进行进气/放气的操作，即使在不出水时段也需不断补气以满足液位控制要求，因此触点开关动作频繁，需要经常检查和维护。在空气堰内以气压控制液位是通过三根电极实现的，电极易因表面的绝缘层腐蚀、破损、被纤维状杂物缠绕等产生错误信号，所以需要定期维护。空气堰最大的问题是容易产生虹吸（尤其是在水量大时），造成出水水量不均，池面液位变化以致影响回流量；虹吸结束时造成空气堰罩的振动等，甚至会造成跑泥，影响出水水质。实际运行中需特别注意这种现象，一旦频繁发生，可通过改变进气方式予以解决。

6.3.3.2 曝气管膜的管理

可提升式曝气器为曝气管膜的维护带来了便利，可将曝气架提升到池面上进行维护而无须将反应池放空。由于曝气管膜表面易长生物膜、被杂物堵塞、破损等，会改变整套曝气器的风压分布，造成出气不均而影响其曝气效率，运行中需定期根据鼓风机风压值、观察池面曝气状态等定期检查维护曝气管膜。美中不足的是，供气环网支口与曝气器进气口之间的软连接长度不够，无法将曝气器提升到接近液面的位置来观察管膜的具体运行状况，难以确切找出破损或漏气的部位。

6.3.3.3 浮渣的管理

由于MSBR采用空气堰潜流出水，各单元之间通过底部连通或回流泵回流，所以浮渣一旦进入系统就富集于池面。设计上3、4、5、1和7单元都设置了浮渣收集管，但没有刮渣装置，仅仅靠水流推动浮渣进集渣管，效果欠佳。因此对于MSBR工艺应选用除渣效果好的细格栅，在源头减少浮渣，同时改进池面集渣方式并加强池面的保洁工作。

6.4 生物接触氧化工艺的运行管理

6.4.1 工艺简介

6.4.1.1 基本工艺流程

生物接触氧化工艺（biological contact oxidation）是生物膜法的一种形式，是一种于20世纪70年代初开创的污水处理技术，由于其供微生物栖附的填料全部浸没在废水中，所以生物接触氧化池又称淹没式滤池。生物接触氧化法是介于生物滤池法和活性污泥法之间的一种污水处理方法。从生物膜固定和污水流动来说，相似于生物滤池法，从污水充满曝气池和采用人工曝气来看，它又相似于活性污泥法。由于此项技术具有多种净化功能，不仅能有效地去除有机污染物，如果有效控制运行、掌握好生物的生长周期，在脱氮除磷方面也有一定的作用。因此，此工艺在废水的深度处理中得以广泛的应用。

生物接触氧化法的工艺流程与生物滤池比较相似，同样由初次沉淀、生物接触氧化池、二次沉淀等三部分组成（其工艺流程见图6-19）。微生物附着在填料上生长成稳定的生物膜，经初沉除去大部分颗粒物的污水进入生物接触氧化池，水中的污染物被均匀地“悬挂”在水中进行微生物分解，老化脱落的生物膜绝大部分从池底排出，小部分随水进入二沉池，必要的时候可以设置污泥回流系统。

其基本流程为：初次沉淀池（水解酸化池）→生物接触氧化池→二次沉淀池，如图6-19所示。

6.4.1.2 生物接触氧化法的基本原理

(1) 生物膜对废水的净化作用

其净化原理是生物膜吸附废水中的有机物，在有氧的条件下，有机物由微生物氧化分解，废水得以净化。生物接触氧化池内的生物膜由菌胶团、丝状菌、真菌、原生动物和后生动物组成。最初，稀疏的细菌附着于填料表面，随着细菌的繁殖逐渐形成很薄的生物膜。在溶解氧和食料（有机物）都充足的条件下，微生物的繁殖十分迅速，生物膜逐渐加厚，生物

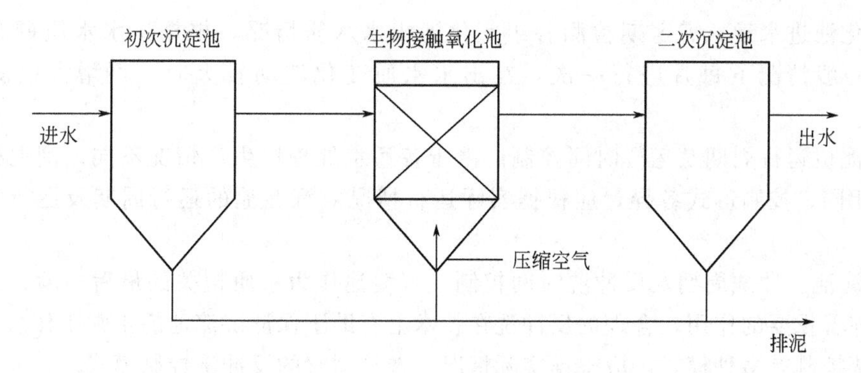

图 6-19 生物接触氧化法工艺流程

膜的厚度通常为 1.5～2.0mm。其中外表面到 1.5mm 深处为好气菌，1.5mm 深处到内表面与填料壁相接的部分为弱厌气菌。废水中的溶解氧和有机物扩散到生物膜内为好气菌利用，当生物膜长到一定厚度时，溶解氧无法向生物膜内扩散，好气菌死亡。厌气菌在数量上亦开始下降，加上代谢气体的逸出，使内层生物膜出现许多空隙，附着力减弱，导致大块脱落，新的生物膜又重新生长。在好气菌和厌气菌的交替更新作用下，生物膜不断进行新陈代谢，这样就使其去除有机物的能力保持在一个水平上。其中的曝气环节加速了生物膜的更新，从而更加提高膜的活力与氧化能力，另外，曝气会形成水的紊流，使固着在填料上的生物膜可以连续、均匀地与污水接触，弥补了生物滤池中接触不良的缺陷。

(2) 流态

生物接触氧化法在氧化池中采用曝气的方式，不仅提供了较充分的溶解氧，而且曝气搅动加速了生物膜的更新，从而更加提高膜的活力与氧化能力。另外，曝气会形成水的紊流，使固着在填料上的生物膜可以连续、均匀地与污水相接触，避免生物滤池中存在接触不良的缺陷。

接触氧化池可设置为单池或按照推流式设置的多格池，对于单池氧化池来说，其流态是一种混合型，各点水质比较均匀，各部分工况基本一致，具有完全混合的特点。多格池由于按推流式设置，水在池子内不断沿着池的纵向推流至出口，使生物膜上的微生物与污水中的有机物得到充分的混合和接触，从而使水质逐渐得到净化。全池的水质是有变化的，进水端 COD 值最大，以后逐渐减小。

(3) 生物相及其演化规律

生物接触氧化法生物相及其演化规律与活性污泥法类似，起作用的微生物包括多种门类，由细菌、真菌、原生动物、后生动物组成比较稳定的生态系统，此处不再赘述。

需要强调的是，与活性污泥法不同，在生物接触氧化法中由于填料比表面积大，池内充氧条件良好，池内单位容积的生物固体量较高，因此，生物接触氧化池具有较高的容积负荷。

6.4.1.3 工艺参数设计

生物接触氧化法工艺相对活性污泥法工艺的运行管理而言，在工艺参数设定方面较为简单。主要的工艺参数有：氧化池溶解氧、进水量、沉淀池刮泥机运行周期及运行时间、沉淀池反冲洗周期及反冲洗时间等。

① 氧化池溶解氧含量。一般污水生化处理系统推荐的 DO 值为 2～4mg/L。

② 氧化池进水量。需定期检测各组氧化池出水水质情况，根据出水水质调节氧化池进水量。一般情况下每月进行一次，在出水水质变化波动较大时，可增大检测和调节的频率。

③ 刮泥机运行周期及运行时间控制。由于各污水处理厂生产情况不同，刮泥机的运行要求各不相同，控制形式各异，应根据实际运行情况对沉淀池的运行周期及运行时间进行调整。

④ 沉淀池反冲洗周期及反冲洗时间控制。沉淀池作为水质把关的最后屏障，在水处理系统中发挥着重要的作用，合理的反冲洗在技术上有助于保证沉淀池的正常工作。目前，沉淀池反冲洗控制有多种模式，应根据实际情况，选择适宜的反冲洗控制模式。

6.4.2 氧化池类型及填料分类

6.4.2.1 接触氧化反应器的构造

生物接触氧化反应器由池体、填料层、曝气系统、进水与出水系统、排泥系统5个系统组成。其基本构造见图6-20、图6-21。

① 池体。反应器池体的作用是接受被处理的废水，在池内的固定支架上填充填料，设置曝气系统，为微生物的生长创造适宜的环境。反应器的形状可为圆形、方形或矩形，尺寸以满足配水曝气均匀、便于填料填充及营运期管理维护等要求确定，并尽量考虑与前处理构筑物与二沉池的容量相协调，以降低水头损失。

② 进、出水系统。废水在接触氧化反应器内的流态基本为完全混合模式，因此，对进水系统无特殊构造要求，可以考虑管道直接进水，或从底部进水与空气同向流动，即同向流系统，也可从上部进水与空气逆向流动，即逆向流系统。接触氧化反应器处理水出流系统也比较简单，当采用同向流系统时，在池顶四周设置水堰与出水槽排放。采用逆向流系统时，则在反应器外壁设置水环廊，并在其顶部设溢流堰与出水槽。

③ 填料填充支架。填料填充支架安设在反应器内的固定位置，用以安装、固定填料。安设部位与方式则根据填料类型及填料安装方式确定，材料可采用钢材或塑料，当采用钢材作为支架材料时需采取防腐措施。

6.4.2.2 接触氧化反应器的分类

生物接触氧化器一般按曝气充氧及与填料接触的方式分类，可分为分流式接触氧化反应器与直流式接触氧化反应器。

(1) 分流式接触氧化反应器

分流式接触氧化反应器内废水的充氧曝气和与填料的接触反应，分别在两个不同的隔间内进行。废水在充氧隔间内进行曝气并进行氧的转移，充氧后的废水再流经填料隔间，与生物膜充分接触，这种方式可以使废水多次反复地历经充氧与接触反应两个过程，充足的溶解氧非常有利于接触区微生物的生长。这种方式的缺点是由于接触区水流缓慢，冲刷力小，生物膜更新缓慢，导致膜层逐渐增厚，易形成厌氧层，可能产生堵塞现象，需在填料下部设反冲洗空气管，定期鼓风吹脱生物膜。分流式接触氧化反应器可采取中心曝气式和一侧曝气式两种方式，如图6-20所示。

(2) 直流式接触氧化反应器

直流式接触氧化反应器又称全面曝气式接触氧化反应器，在装置底部均匀地设置空气扩

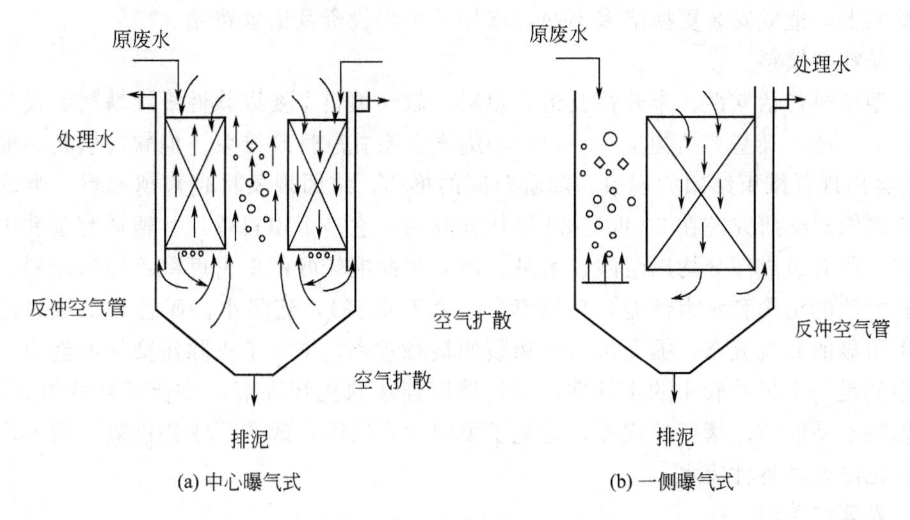

图 6-20　分流式接触氧化反应器

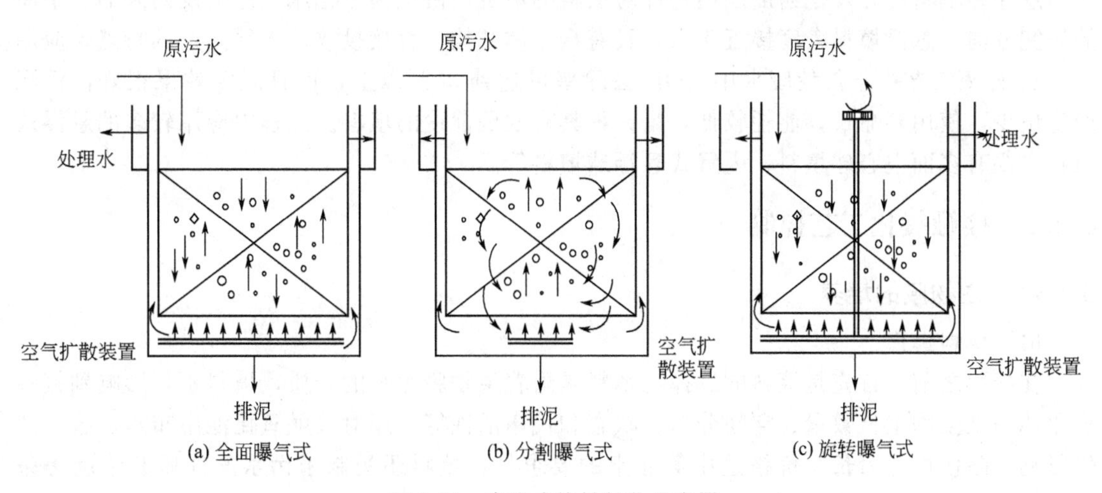

图 6-21　直流式接触氧化反应器

散装置，空气进入填料区与生物膜接触，并对其进行冲刷，生物膜更新频率高、活性强且比较稳定，如图 6-21 所示。

6.4.2.3　填料类型

生物膜填料的种类及分类方法繁多，用于充填接触氧化反应器的填料，按照载体的材料分类，大致可分为固定型填料、悬挂型填料、悬浮型填料。

(1) 固定型填料

固定型填料主要包括蜂窝状和波纹板状等硬性填料。生物接触氧化池多采用固定填料，经生产运行数据表明，固定型填料具有以下几个优点：其一，反应池中有较高的生物浓度和生物活性，可有效去除废水中的有机物，对 COD 的去除率可达到 85%～90%；其二，体积负荷相对于活性污泥法提高，处理时间短，可减少反应器容积；其三，与活性污泥法相比较，其动力效率提高 30%左右；其四，克服了活性污泥法污泥膨胀的缺点，产泥量低等。

但是由于固定型填料比表面积小，生物膜量少且表面光滑，生物膜易脱落，致使填料在使用中常会遇到堵塞、结团、布气布水不均、充氧性能差等问题。此外，固定型填料需安装在辅助支架上，造成安装更换诸多不便，增加了工程投资及运营费用。

（2）悬挂型填料

悬挂型填料包括软性、半软性及组合填料。软性填料主要以软性纤维填料为代表，造价低廉、加工方便，其基本结构是在一根中心绳索上系扎软性纤维束。但软性填料一般在使用1年后就会出现纤维束结团的现象，随着时间的推移，结团现象将越来越严重。半软性填料是由北京纺织科学研究院在20世纪80年代开发的，它是由填料单片、塑料套管和中心绳三部分组成，所有组成部分均以耐酸、耐碱、耐老化性能较好的低密度聚乙烯为原料。半软性填料具有特殊的结构和水力性能，孔隙率大（大于60%），流阻小，而且当水流通过填料层时可产生明显的湍流流态，提高水与生物膜的接触效率，增大了去除污染物的能力。组合填料单π中间是一个尺寸较小的半软性填料，周围连接软化纤维束，综合了软性填料易挂膜，半软性填料不易缠结、堵塞的优点，避免了填料中心结团，改善了中心供氧，因而广泛应用于接触氧化法处理各种废水。

（3）悬浮型填料

悬浮型填料的开发是当前国内外针对填料的不足，由生物流化床工艺引发而来的一个新的研究方向。悬浮填料密度接近于水，具有全立体结构、直接投放、无须固定的特点，应用在厌氧-好氧工艺中不仅使废水中COD去除率可达到90%以上，而且脱氮效果很好，污泥产生量少，使用寿命长，能耗较低，是一种具有发展前途的填料。工程中应用较多的悬浮式填料主要有多面空心球填料、内置式悬浮球填料等。

6.4.3 接触氧化工艺控制

6.4.3.1 生物膜的培养

（1）填料选择

在挂膜之前，首先是填料的选择。填料是附着生物膜生长的介质，填料不仅影响到接触氧化池中微生物生长数量、空间分布、状态和代谢活性等，还对接触氧化池中布水、布气产生影响。除使用寿命长、价格适中等通常的要求外，填料还受制于污水的性质和浓度等条件。填料选择有如下注意事项：

① 在处理高浓度污水时，由于微生物产率高、生长快，微生物膜往往过厚。相反在处理低浓度污水时，生物膜往往较薄，为增加其生物菌量，可选择易于挂膜和比表面积较大的软性纤维填料。

② 在生物脱氮系统中的硝化区段，由于硝化细菌是一类严格的好氧微生物，只生长在生物膜的表层，因此最好选择空间分布均匀但比表面积又大的悬浮型填料或弹性立体填料。

③ 目前，集硬、软性填料优点于一体的组合式填料在污水处理中得到了广泛的应用。为了使倾向于悬浮生长的硝化细菌能够附着在填料上生长，还可将纤维填料表面“打毛”，造成高低不平的粗糙表面。若生物膜在填料上成团生长甚至结球，那么硝化细菌仅限于在生物团块的表面生长，其内层往往生长着大量的兼性好氧甚至厌氧微生物，导致硝化作用低下。

④ 对悬浮型填料除按上述标准注意其空间形状结构外，还应注意其相对密度，以附着生物膜后相对密度略大于水为佳，这样在曝气后可使填料似活性污泥一样在接触氧化池内上下翻腾，以利于污水中有机物向生物膜中转移和对曝气气泡切割，增强传质效果，并有利于过厚的生物膜脱落。

⑤ 填料选择的经济性应综合考虑填料本身的价格、填料使用周期以及配套设施的维护费用。虽然球形填料本身价格明显高于半软性填料，但由于球形填料使用寿命长，可省去安装费用和支架维护费，从长远看选择球形填料在经济上可能更合算。

⑥ 在污水生物处理中填料的研究和开发是热点，不时有新型产品推出，应根据污水的性质和处理要求，选择适合的产品。

(2) 生物膜的培养

在生物接触氧化池底部接种好氧污泥，闷曝两天进行活化，排出上清液。启动初期采用连续进1/3低浓度废水，小气流量闷曝进行培养，停留时间24h。之后逐渐增大进水浓度，增加气流量闷曝，停留时间24h挂膜启动，按照BOD_5：N：P＝100：5：1的比例，向废水中投加营养物质，同时观察生物膜培养及池内出水情况。在启动一段时间后，观测到填料上的生物相由褐色、结构疏松、小体积菌胶团逐渐变为黄褐色透明、带有腥味、存在丝状絮体的生物膜。继续培养直至出水指标能稳定地满足预期要求，接触氧化池挂膜成功。调试期间，应检测进出水pH值、COD_{Cr}、BOD_5等指标，以分析氧化池生物膜的生成情况。

6.4.3.2 氧化池运行控制

废水的性质可以影响到氧化池的运行，因此需要对不同类型的废水处理运行条件进行管理优化。影响氧化池运行的主要因素有进水前废水pH值、反应池的温度、有机负荷率、接触氧化池溶解氧的控制、保持匀质匀量进水及合适的营养、毒性物质。

(1) pH值

pH值是影响微生物生长的一个重要条件，控制不好直接影响处理效果，甚至造成系统的瘫痪。对于大多数细菌来说，虽然pH值的最广范围为4～10，但是由于异常的pH值会损害细胞表面的渗透功能和细胞内部的酶反应，因此适宜的pH值范围应为6～8.5。在污水、废水处理过程中，往往会出现进流水pH值的异常波动，单靠调节池等设备的自身调整，有时也无法达到预期效果。这种情况下，需要采取投加中和药剂的方式，设有回流系统的，可适当加大活性污泥回流比。pH值异常对各处理段的影响见表6-5。

表6-5 pH值异常对各处理段的影响

异常pH值表现	物化段影响	生化段影响
pH值过低(低于6)	混凝处理段絮体细小，混凝效果差；初级沉淀池出水浑浊，堰口有生物膜或青苔剥落	系统池面有酸味，处理效率下降，原生动物活动减弱
pH值过高(大于9)	混凝处理段絮体粗大，间隙水浑浊，混凝效果差；初级沉淀池出水浑浊，堰口有生物膜或青苔剥落	出水浑浊，处理效率下降，活性污泥有解体现象，原生动物可见死亡解体

(2) 反应池的温度

适宜的温度是微生物生存的重要因素，生化处理时水温以20～40℃为宜，水温偏低或偏高对处理效果都会产生一定的影响（见表6-6）。当水温低于15℃时，生物酶活性降低，微生物生长缓慢，分解代谢有机物的能力下降；而当水温高于50℃时，又会导致微生物死亡。

池内水温的变化一般是由季节变化导致的。当然，由企业所排出的中高温废水在工业废水处理中也会经常遇到，通常高温工业废水对系统的冲击明显高于因季节变化引起的冲击。因此，需要对工业企业排放的高温废水进行冷却处理。

表 6-6 水温异常对各处理段的影响

异常水温表现	物化段影响	生化段影响
水温过低(低于 10℃)	混凝效果变差,絮体细小,耗药量增加,初沉池处理效率下降	处理效率降低,抗冲击能力减弱;出水中未沉降絮体增多
水温过高(高于 40℃)	无明显影响,在缺氧状况下,沉淀池底泥容易上浮	受高温环境影响,容易导致微生物死亡;同时受微生物活性增强影响,也会导致出水浑浊

(3) 有机负荷率

对接触氧化工艺来说，有机负荷率是指单位有效体积在单位时间内去除的有机物数量，单位是 $kgBOD_5/(kgMLVSS \cdot d)$，一般记为 F/M。大多数运行故障多与此指标控制不合理有关。因此，系统发生故障时，可运用有机负荷率计算公式对系统进行运行状况的确认。

(4) 接触氧化池溶解氧的控制

接触氧化池由池体、曝气装置以及进出水口构成。曝气装置主要功能有：为生物膜内的微生物生命活动提供充足的氧气；利用冲刷和剪切力促进生物膜的更新；提高废水与填料的接触效果，强化污染物向膜内传递。因此控制曝气装置的运行状态对生物接触氧化池运行有着重要的影响。工艺设计的曝气量是经验值，调试期间需要根据废水性质和浓度、生物膜特点进行调整。

生物接触氧化池内的溶解氧量对生物膜的更新及保持稳定有着重要的作用：①在呼吸作用中氧是作为最终电子受体的；②在醇类和不饱和脂肪酸的生物合成中需要氧。溶解氧不足时，微生物生长繁殖受到抑制，诱发丝状菌大量繁殖，使生物膜变黑、发臭，降解污染物能力降低。可通过调节鼓风机气量的大小，来控制溶解氧的浓度。导致溶解氧不足的原因主要有两种，其一为污泥负荷过高，大量的有机物在既定时间内得不到降解，这时需要增大曝气池中活性污泥的浓度；其二是供氧设备功率过小或效率过低，应设法改善，可采用氧转移效率高的微孔曝气器。但注意曝气量也不能过大，曝气量过大，很可能由于气泡搅动强度增大，造成更大范围的生物膜脱落，导致水黏度增加，气泡直径增大，氧转移能力下降，进一步造成缺氧，如此形成恶性循环，致使处理效果大大下降，同时增加能耗，所以维持适宜的曝气量非常重要。溶解氧一般应控制在 2～4mg/L，接触氧化所需气水比为 (20～30)∶1。

溶解氧在曝气池中的正常分布如图 6-22 所示。

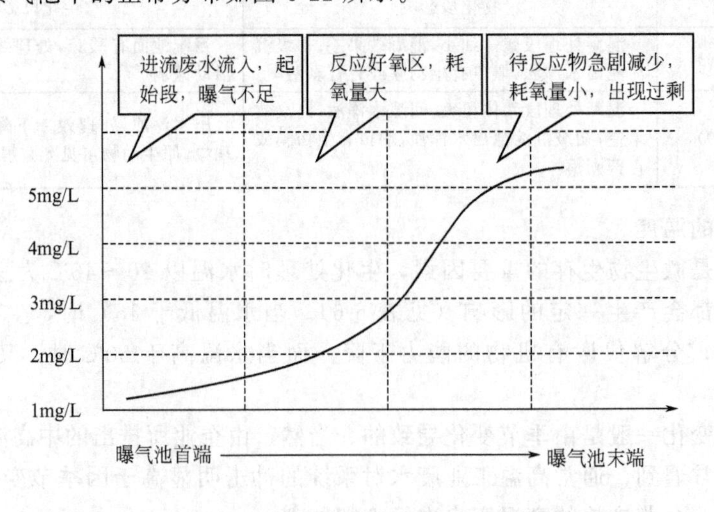

图 6-22 溶解氧在曝气池中的正常分布

(5) 保持匀质匀量进水及合适的营养

收纳系统处理多少废水，可设置调节池在一定程度予以调节。人类的生存离不开食物，生化处理中微生物同样需要营养物质。在处理生活污水时，水中营养成分均衡全面，因此在满足微生物生长上不存在任何问题。但在处理工业废水时，由于C含量高，N、P含量偏低，营养比例不合理，这时需要考虑外加营养。营养剂投加不当产生的结果及原因见表6-7。

表6-7 营养剂投加不当产生的结果及原因

营养剂投加情况	生物膜的表现	原因分析
营养剂投加不足	处理效率下降	微生物生长需要足够的营养物质，合成细菌体的时候营养剂不足会使微生物的新陈代谢收到抑制，而导致不能有效和足量地合成，致使处理效率下降
	二沉池放流出水带呈棕黄色	二沉池放流出水带呈棕黄色有多种原因，其中因为活性污泥缺乏营养剂的足够补充而导致活性污泥合成和代谢的故障，就会发生活性污泥解体，当解体的活性污泥溶解到水体中时便可发现二沉池放流出水的异常了
营养剂投加过量	二沉池滋生青苔	青苔和藻类一样，利用光合作用进行繁殖，但同时需要营养剂作为必要元素。当营养剂投加过量时，极易导致在二沉池出水堰口上滋生青苔。在水质处理较好时也可发现藻类的踪迹。我们可以理解为投加入生化系统的氮磷过量的情况下就会出现相对的富营养化现象
	二沉池出现浮泥	二沉池发生污泥上浮的原因很多，但由于营养剂投加过多导致的污泥上浮，多半是污泥中存在过量的氮而导致污泥在厌氧状态下发生的反硝化现象。反硝化过程中产生的气体携污泥絮团上浮，其状态常呈雪花样片状

(6) 毒性物质

废水中毒性物质含量过高，会抑制微生物的代谢过程甚至导致微生物直接死亡，如废水中硫化物会消耗生物接触氧化池中大量的溶解氧，通常进水中硫化物含量应在30mg/L以下。

6.4.4 接触氧化工艺运行管理

在接触氧化工艺处理废水的运行管理中，最重要的就是对系统中“水、气、泥”加以调节，一是通过维持适宜的曝气量控制氧化池中合适的溶解氧；二是通过排泥维持系统的正常运转；三是通过控制进水水质（pH值、水温、营养比例等）使系统长期稳定达标排放。生物接触氧化池日常运行过程中，主要注意事项如下。

6.4.4.1 及时观察微生物种群的变化

通常需配备显微镜，在生物接触氧化池运行过程中要定期观察微生物种群的变化，当发现池内混合液或生物膜中特征微生物种类或数量异常时，要及时调整pH值、溶解氧、温度、曝气强度等相关运行参数。如通过调整运行参数仍得不到改善时（例如丝状菌过多时），可以通过投加片碱杀死现有微生物，重新培养一批活性污泥。

6.4.4.2 及时排出过多的积泥

接触氧化池中的积泥来源于脱落的老化生物膜和预处理未彻底分离的悬浮物。积泥过多时，其中的有机体会发生自身氧化，增加了处理系统的负荷，其中一部分难生物降解组分会使出水COD升高，影响处理效果。另外积泥也会引起曝气器的微孔堵塞。

解决方法：

① 定期检查氧化池底部是否有积泥，池中的悬浮固体浓度是否过高。

② 及时利用氧化池的排泥系统排泥。

③ 沉积污泥流动性差时可采用一面曝气一面排泥的方法，必要时可用压缩空气吹扫氧化池四角及底部。

6.4.4.3 防止生物膜过厚、结球

在采用生物接触氧化法的污水处理中，在进入正常运行阶段后的初期，效果往往逐渐下降，究其原因是在挂膜结束后的初期生物膜较薄，生物代谢旺盛，活性强，随着运行，兼性生物膜不断生长加厚，由于周围悬浮液中溶解氧被生物膜吸收后须从膜表面向内层渗透转移，途中不断被生物膜上的好氧微生物所吸收利用，膜内层微生物活性低下，进而影响处理效果。

一旦出现生物膜过厚、结球的现象，可采取如下措施：

① 可通过瞬时的大流量、大气量的冲刷使过厚的生物膜从填料上脱落下来。这种方法需注意水体中 DO 的变化，防止出现前述 DO 不足的现象。

② 还可以停止曝气一段时间，使内层厌氧生物膜在厌氧情况下发酵，产生 CO_2、CH_4 等气体；产生的气体使生物膜与填料之间的黏性降低，此时再以大气量冲刷脱膜效果较佳。

③ 在固定悬浮式填料的处理系统中，应在氧化池不同区段悬挂下部不固定的一段填料。操作人员应定期将填料提出水面观察其生物膜厚度，在发现生物膜不断增厚、生物膜呈黑色并散发臭味、运行日报表也显示处理效果不断下降时应采取措施“脱膜”。

④ 某些工业废水中含有较多黏性污染物（如饮料废水中的糖类，腈纶废水中的低聚物，衬布废水中的聚乙烯醇等）导致填料严重结球时，此时的生物膜几乎是“死疙瘩”，大大降低了生物接触氧化法的处理效率，因此在设计中应选择空隙率较高的漂浮填料或弹性立体填料等，对已结球的填料应瞬时使用气或水进行高强度冲洗，必要时应立即更换填料。

6.4.4.4 二沉池污泥回流

在二沉池沉积下来的污泥可定时排入污泥系统，也可以有一部分回流进入接触氧化池，视情况而定。例如在培菌挂膜充氧、生物膜较薄、生物膜活性较好时，将二沉池中沉积的污泥全部回流。在处理有毒有害的工业废水或污泥增长较慢的生物接触氧化系统中，也可以视生物膜及悬浮状污泥的数量多少，使二沉池中污泥全部或部分回流，以增加氧化池中污泥的数量，提高系统的耐冲击负荷能力。

二沉池排泥要间隔一定时间进行，间隔几小时甚至几十小时排一次泥，应视二沉池中的悬浮污泥数量的多少而定。一般二沉池底部污泥数量越少，排泥时间间隔就越长，但也不能无限制地拖延排泥间隔时间，而应以二沉池底部浓缩污泥不产生厌氧腐化或反硝化为度。

6.4.4.5 避免过大的冲击负荷

水量太大，微生物群来不及分解有机物，达不到处理效果。长时间的冲击负荷大，会导致氧化池内微生物解体，氧化池失去作用。在日常管理中，应注意污水冲击力不能超出处理系统的承载能力，避免过大的冲击负荷。

6.4.4.6 防止填料堵塞

生物接触氧化池前端格栅的运行状况对生物接触氧化池是否正常运行起到十分关键的作用。当尺寸较大的悬浮物堵塞填料间隙或进水负荷长期超过设计负荷时，容易造成生物膜过度生长，进而堵塞填料间的过水通道，从而造成池内水位升高或活性污泥底层细菌缺氧

坏死。

解决填料堵塞的办法有：

① 加强前处理，降低进水中的悬浮固体浓度；

② 增大曝气强度，以增强接触氧化池内的紊流；

③ 采取出水回流，以增加水流上升流速，以便冲刷生物膜。

6.4.4.7 做好水质检测

水质检测的目的是掌握进出水的水质，并在处理过程中检测各种参数，从而更好地控制工艺的操作，保证出水的稳定性，达到排放标准。水质检测和管理的核心是检验质量控制，基础是检验设备、器材和药品的管理，是安全管理的重要保证。主要的管理制度包括：水质管理制度、检测设备管理制度、器材管理制度、试剂药品管理制度、安全工作管理制度、废物处置管理制度、水质检测内务管理制度等。水质检测中心负责采集、检测和分析各生产过程中的水质，检查数据，并发布测试结果。生产运行部负责在出水水质未达标下进行工艺调整。

6.4.5 生物接触氧化工艺运行异常问题与对策

6.4.5.1 异常问题及对策

(1) 生物膜严重脱落

在生物膜挂膜过程中，膜状污泥大量脱落是正常的，尤其是采用工业污水进行驯化时，脱膜现象会更严重。但与其他生物膜法一样，正常运行状态下膜大量脱落为异常情况。产生的原因主要有：①进水中含有抑制生物生长的物质或含有过量毒物，需要改善水质；②pH值急剧变化，通常氧化槽内pH值应维持在6.0～8.5，当pH＜5或者pH＞10.5时，将导致生物量的减少，这时可以投加药剂调整进水pH值至正常范围。

(2) 接触氧化池溶解氧长期偏高

接触氧化池溶解氧长期偏高，一般是系统低负荷运转，出水水质好，溶解氧过剩，但也有可能是系统受到有毒物质的冲击，污泥活性受到影响，对氧的需要量减少，出水水质变差。这时可以采取超排（减少有毒物质在系统中的停留时间）或减少进水量分析事故原因，进行控制。

(3) 污泥上浮，产生飘泥

小颗粒污泥不断随水带出，俗称飘泥，引起飘泥的原因大致有以下几种：①进水水质变化，如pH值、毒物等突变，污泥无法适应或中毒，造成解絮；②污泥因缺乏营养或充氧过度造成老化；③进水氨氮过低，C/N（碳氮比）过高，使污泥胶体基质解体而解絮；④池温过高。

解决措施：查明原因，分别对待，如果是污泥中毒，应停止或减少有毒废水的进入；如是缺乏营养、污泥老化，须适当投加营养物质，采取复壮措施。

(4) 处理效率低

凡存在不利于生物生长的环境条件，均会影响处理效率。主要有以下几个方面：①污水温度下降或升高，当污水温度低于13℃时，生物活性减弱，有机物去除率降低，污水温度太高，又会杀死微生物；②流量或有机负荷的突变，短时间的超负荷对处理效率影响不大，持续超负荷会降低COD的去除率；③pH值突变，氧化槽内pH值必须维持在6.0～8.5的范围内，进水 pH 值要调整在 6～9 的范围内，超过这一范围，效率将明显下降。

6.4.5.2 需关注的几个问题

① 接触氧化处理效率与其在工艺中的位置和原水水质有关，稳定运行时，为 60%～95%。

② 通常在处理工业废水，尤其是制革、染料废水时，处理效果较低。

③ 高浓度 COD 处理效率是否变差，应该和进水可生化性、生物接触氧化池的停留时间、运行管理、负荷稳定性等因素有关。

④ 为了保证出水水质，通常不会单独设置接触氧化池，而是会配合二沉池或活性污泥法。

6.5 生物转盘工艺的运行管理

6.5.1 概述

生物转盘（又名转盘式生物滤池）是一种生物膜法处理设备。自 1954 年德国建立第一座生物转盘污水厂后，到 20 世纪 80 年代，欧洲已建成 2000 多座生物转盘，发展迅速。我国于 20 世纪 70 年代开始进行研究，已在印染、造纸、皮革和石油化工等行业的工业废水处理中得到应用，对污水中的有机物具有较好的去除效果，并且在一定情况下可以达到脱氮除磷的目的。生物转盘按接触反应槽内污水的溶解氧含量可以分为好氧生物转盘和厌氧生物转盘两类；按驱动方式的不同可以分为电动生物转盘、气动生物转盘和被动生物转盘三类。生物转盘可作完全处理、不完全处理和工业废水的预处理。在我国，生物转盘主要用于处理工业废水。

生物转盘去除废水中有机污染物的机理，与一般生物滤池基本相同，但构造形式与生物滤池存在很大的差异。

6.5.1.1 生物转盘的构造

生物转盘的主要组成单元有：盘片、接触反应槽、转轴与驱动装置等（见图 6-23）。生物转盘在实际应用上有各种构造形式，最常见是多级转盘串联，以延长处理时间、提高处理效果。但级数一般不超过四级，级数过多，处理效率提高不大。根据圆盘数量及平面位置，可以采用单轴多级或多轴多级形式。

(1) 盘片

生物转盘是由固定在一根轴上的许多间距很小的圆盘或多角形盘片组成的。盘片可用聚氯乙烯、聚乙烯、泡沫聚苯乙烯、玻璃钢、铝合金或其他材料制成。盘片可以是平板，也可以是点波波纹板等形式，也有用平板和波纹板组合，因为点波波纹板盘片的比表面积比平板大一倍。盘片有接近一半的面积浸没在半圆形、矩形或梯形的氧化槽内。在电机带动下，盘片组在水槽内缓慢转动，废水在槽内流过，水流方向与转轴垂直，槽底设有排泥管或放空管，以控制槽内废水中悬浮物的浓度。

生物转盘的盘片直径一般为 1～3m，最大的达到 4.0m。过大时可能导致转盘边缘的剪切力过大。盘片间距（净距）一般为 20～30mm，原水浓度高时，应取上限，以免生物膜堵塞。盘片厚度一般为 1～5mm，视盘材而定。

(2) 接触反应槽

接触反应槽应呈与盘材外形基本吻合的半圆形，槽的构造形式与建造方法，随设备规模大小、修建场地条件不同而异。

小型设备转盘台数不多、场地狭小者，可采用钢板焊制；中大型的设备可以修建成地下式或半地下式，可用毛石混凝土砌体，水泥砂浆抹面，再涂以防水耐磨层。

(3) 转轴与驱动装置

转轴是支撑盘片并带动其旋转的重要部件。转轴两端安装固定在接触反应槽两端的支座上。转轴一般采用实心钢轴或无缝钢管。转轴的长度一般应控制在0.5～7.0m，不能太长，否则往往由于同心度加工欠佳，易于挠曲变形，发生磨轴或扭断，其强度和刚度必须经过力学的计算，其直径一般介于50～80mm。

转轴中心与接触反应槽液面的距离一般不应小于150mm，应保证转轴在液面之上，并根据转轴直径与水头损失情况而定。转轴中心与槽内水面的距离与转盘直径的比值在0.05～0.15，一般取0.06～0.1。

驱动装置包括动力设备、减速装置以及传动链条等。动力设备有电力机械传动、空气传动及水力传动等。我国一般多采用电力传动。对大型转盘，一般一台转盘设一套驱动装置，对于中、小型转盘，可由一套驱动装置带动3～4级转盘转动。

转盘的转动速度是重要的运行参数，必须选定适宜。转速过高既有损于设备的机械强度，消耗电能，又由于在盘面产生较大的剪切力，易使生物膜过早剥离。综合考虑各项因素，转盘的转速以0.8～3.0r/min、外缘的线速度以15～18m/min为宜。

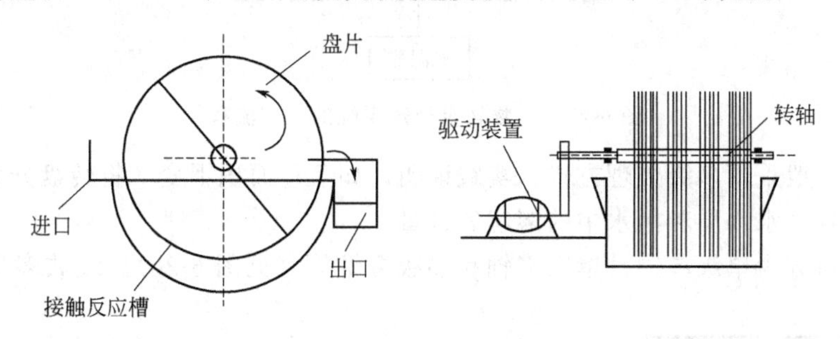

图6-23　生物转盘的构造图

6.5.1.2　生物转盘的净化机理

生物转盘的净化机理（见图6-24）和生物接触氧化法类似，都是通过微生物分解废水中的有机物达到净化的目的。废水处于半静止状态，而微生物则在转动的盘面上；转盘40%的面积浸没在废水中，盘面低速转动。盘片作为生物膜的载体，当生物膜处于浸没状态

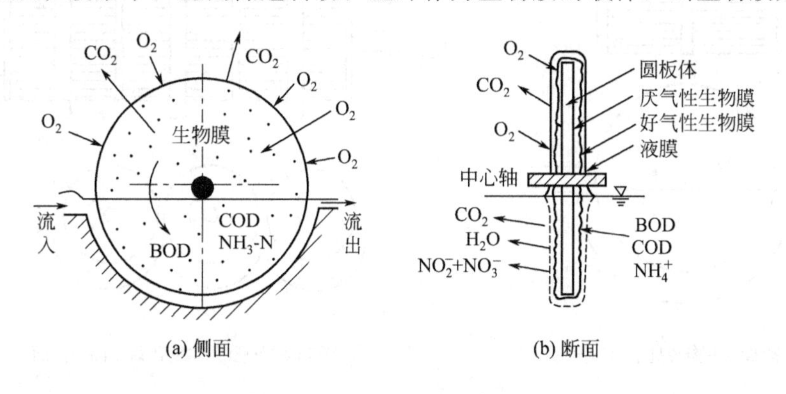

图6-24　生物转盘的净化机理

时，废水有机物被生物膜吸附，而当它处于水面以上时，大气的氧向生物膜传递，生物膜内所吸附的有机物氧化分解，生物膜恢复活性。这样，生物转盘每转动一圈即完成一个吸附-氧化的周期。由于转盘旋转及水滴挟带氧气，所以氧化槽也被充氧，起一定的氧化作用。增厚的生物膜在盘面转动时形成的剪切力作用下，从盘面剥落下来，悬浮在氧化槽的液相中，并随废水流入二次沉淀池进行分离。二次沉淀池排出的上清液即为处理后的废水，沉泥作为剩余污泥排入污泥处理系统。

与生物接触氧化法相同，生物转盘也无污泥回流系统，为了稀释进水，可考虑出水回流，但是，生物膜的冲刷不依靠水力负荷的增大，而是通过控制一定的盘面转速来达到。

6.5.1.3 生物转盘处理系统的工艺流程与组合

污水经沉淀池初级处理后与生物膜接触，生物膜上的微生物摄取污水中的有机污染物作为营养，使污水得到净化。在生物转盘中，微生物代谢所需的溶解氧通过设在生物转盘下侧的曝气管供给。转盘表面覆有空气罩，从曝气管中释放出的压缩空气驱动空气罩使转盘转动，当转盘离开污水时，转盘表面上形成一层薄薄的水层，水层也从空气中吸收溶解氧，其基本工艺流程如图 6-25 所示。

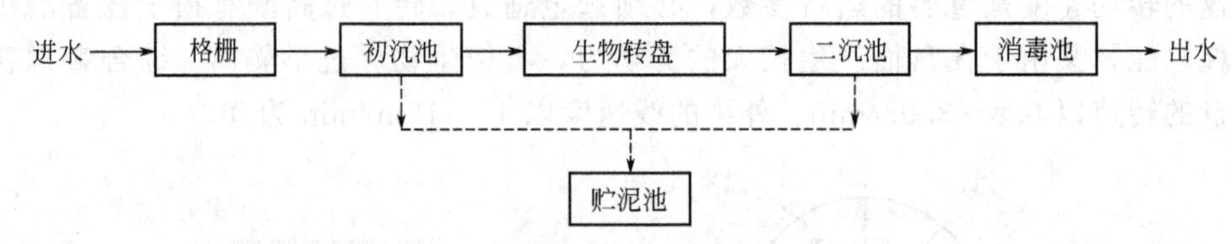

图 6-25 生物转盘处理系统的工艺流程

生物转盘一般采用多级处理方式，实践证明，如盘片面积不变，将转盘分为多级串联运行，能够提高处理水水质和污水中的溶解氧含量。

生物转盘可分为单级单轴、单级多轴和多级多轴等（见图 6-26）。级数多少主要根据污

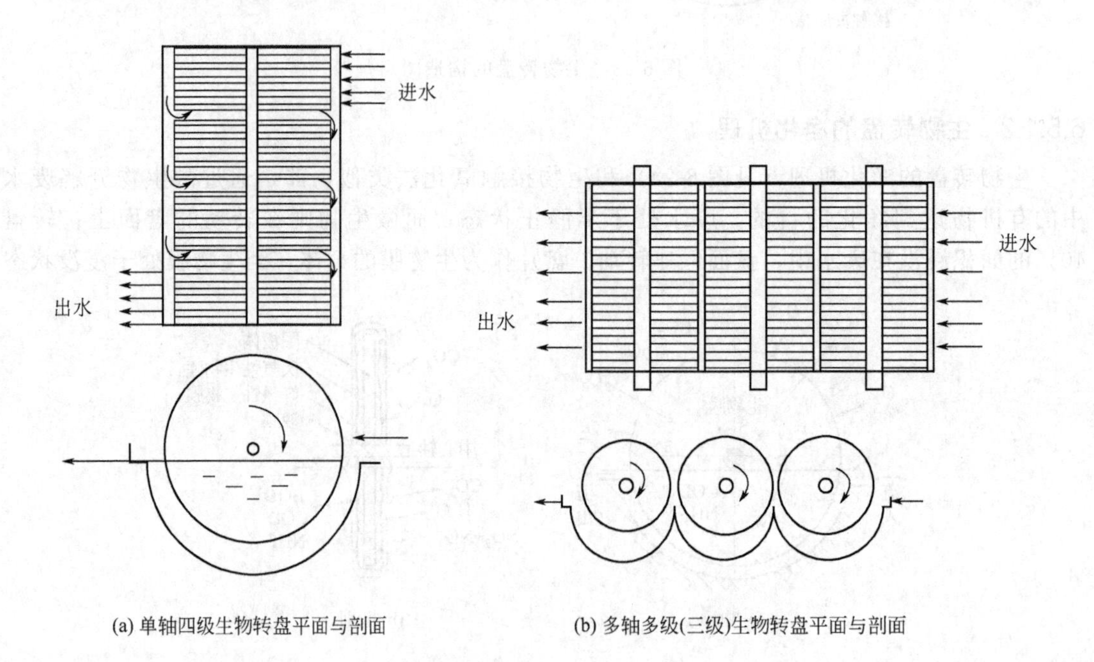

(a) 单轴四级生物转盘平面与剖面

(b) 多轴多级(三级)生物转盘平面与剖面

图 6-26 生物转盘平面与剖面示意图

水的水质、水量、处理水应达到的程度以及现场条件等因素决定。对城市污水多采用四级转盘进行处理。在设计时特别应注意的是第一级，第一级承受高负荷，如供氧不足，可能形成厌氧状态。对此应当采取适当的措施，如增加第一级的盘片面积、加大转数等。

6.5.2 生物转盘的主要工艺参数

生物转盘的工艺参数设计包括物理参数以及水质参数，水质参数的设计无非是溶解氧、水温以及 pH 值和营养平衡等，此节不再做过多阐述。本节主要对生物转盘区别于其他处理工艺的物理参数做一个基本的了解。

(1) 池子体积

生物转盘的池子体积一般为 $4.9L/m^2$ 载体。

(2) 载体

生物转盘有低密度、中密度和高密度之分。用于去除 BOD_5 的第一级生物转盘采用低密度载体，可减少载体的堵塞和过多生物量积累导致的超重问题。为获得相对较低的 BOD_5 和适应硝化，后级生物转盘通常采用高密度载体。

(3) 驱动系统

生物转盘既可采用机械驱动也可采用空气驱动。为防止轴的承重出现不均衡，转速应保持一致，生物膜也应保持均衡，以免导致处理效果下降和转盘无法正常转动的情况发生。

(4) 盖子

为避免大气条件的影响，如太阳紫外线对载体的破坏和藻类的生长，生物转盘需要加盖子。

(5) 转盘分级

转盘分级不宜过多，级数过多，不仅要增加设备、加大投资，而且容易造成首级负荷过高、严重缺氧，处理效果反而不好，转盘级数以 2～4 级为妥。出水标准高时取上限，在欲增加负荷以提高去除有机物的绝对量时取下限。

转盘分级布置使其运行较为灵活，可以根据具体情况调整污水在各级处理槽内的停留时间，减少短路，提高处理效率。

(6) 水力和流量控制

生物转盘的进出水都是重力流，在平行的生物转盘之间应设置有效的配水设施。为调节第一级生物转盘的负荷，在第一级生物转盘要能实现多点进水。另外，通常在生物转盘水流的垂直方向上设水头很小的进水渠，进水渠最好采用对称进水方式，这样可以使各个生物转盘系列的负荷均匀，由此减少了负荷不均带来的问题。

6.5.3 生物转盘的运行控制及管理

6.5.3.1 生物转盘的投产

生物转盘与生物滤池法同属生物膜法生物处理设备，因此，在转盘正式投产、发挥净化污水功能前，首先需要使转盘面上生长出生物膜（挂膜）。

生物转盘挂膜的方法与生物滤池的方法相同。因转盘槽（氧化槽）内可以不让污水或废水排放，故开始时，可以按照培养活性污泥的方法，培养出适合待处理污水的活性污泥，然后将活性污泥置于氧化槽中（如有条件，直接引入同类废水处理的活性污泥更佳），在不进水的情况下使盘片低速旋转 12～24h，盘片上便会黏附少量微生物，接着开始进水，进水量依生物膜逐渐生长而由小到大，直至满负荷运行。生物转盘挂膜亦可按生物滤池培养微生物的方法进行，这样可省去污泥培养步骤，但整个周期稍长。

用于硝化的转盘，挂膜时间要增加 2～3 周，并注意将进水生化需氧量浓度控制在30mg/L 以下。因自养硝化细菌世代时间长，繁殖生长慢，若进水有机物浓度过高，会使膜中异常细菌占优势，从而抑制自养菌的生长。当水中出现亚硝酸盐时，表明硝化菌在生物膜上已占优势，挂膜工作宣告结束。

挂膜所需的环境条件与前述生物处理设备微生物培养时相同，即要求进水具有合适的营养、温度、pH 值等，避免毒物的大量进入；因初期膜量少，盘片转速可低些，以免使氧化槽内溶解氧过高。

6.5.3.2 工艺控制

(1) 按设计要求控制转盘的转速

一般情况下，处理城市污水的转盘，圆周速度约为 18m/min。

(2) 进水方式

进水方向与转盘的旋转方向一致，污水在槽中混合均匀，水头损失小，但剥落的膜不易随水流出。进水方向与转盘的旋转方向相反，混合交叉，水头损失大，但剥落膜易流出，进水方向与盘片垂直，这种进水方式会造成第一级废水浓度高，微生物耗氧速率过快，往往会出现溶解氧供应不足的情况。

(3) 转盘的负荷与供氧量

通常盘片上的生物量较高，短期内流量、负荷波动对处理效果影响不大，但长时间超负荷运行可使一级转盘超负荷，造成生物膜过厚、厌氧发黑、去除率下降，且脱落的生物膜沉降性能差，给后序处理带来困难。因此，需适当对盘片上的生物量进行控制。

(4) DO 值控制

氧化槽中混合的溶解氧值在不同级上有所变化。用来去除 BOD 的转盘，第一级 DO 值为 0.5～1.0mg/L，后几级可增加至 1.0～3.0mg/L，通常为 2.0～3.0mg/L，最后一级达 4.0～8.0mg/L。混合液 DO 值随水质浓度和水力负荷而相应变化。

(5) 其他水质指标控制

通过日常监测，严格控制污水中 pH 值、温度、营养成分等指标，尽量不要发生剧烈变化。反应槽内 pH 值必须保持在 6.5～8.5 范围内，进水 pH 值一般要求调整在 6～9 范围内，经长期驯化后范围可略扩大，超过这一范围处理效率将明显下降。硝化转盘对 pH 值和碱度的要求比较严格，硝化时 pH 值应尽可能控制 8.4 左右，进水碱度度至少应为进水 NH_3-N 浓度的 7.1 倍，以使反应完全进行而不影响微生物的活性。

6.5.3.3 日常运行管理

(1) 转盘应予以覆盖

日常管理中，转盘上应置覆盖物，原因如下：①由于转盘受气温的影响很大，冬季低温时可防止热量流失，夏季高温时，可隔离外界高温对氧化槽内温度的影响；②防止藻类生长，防止日光直晒及避免因受雨水冲淋而影响生物膜的正常生长，导致处理效果下降。

(2) 加强对生物相的观察

生物转盘上的生物膜，生物量呈分级分布，一级生物膜往往以菌胶团细菌为主，这部分生物膜也最厚，随着有机物浓度的下降，以下的多级分别出现丝状菌、原生动物和后生动物，生物的种类不断增多，但生物量及膜的厚度减小，根据污水水质不同，每级都有其特征的生物类群。当水质浓度或转盘负荷有所变化时，特征型生物层次随之前移或后移，应进行检查维修，如各动力机构发热情况，有无异常杂音，皮带、链条传动的张紧度，润滑情况等。

正常的生物膜较薄，厚度约1.5mm，外观粗糙、有黏性，呈现灰褐色。盘片上过剩的生物膜不时脱落，这是正常的更替，随后就被新膜覆盖。用于硝化的转盘，其生物膜薄得多，外观较光滑，呈金黄色。

(3) 做好水质检测

做好出水水质检测，尤其是对出水悬浮物的检测，生物转盘中出水悬浮物主要是脱落的生物膜，对仅去除BOD的转盘，出水悬浮物浓度为进水BOD的1/2左右，对硝化转盘，出水悬浮物浓度为进水BOD的1/3左右。

(4) 生物盘的检修维护

为了保持生物转盘的正常运行，应对生物转盘的所有机械设备定期维护，如转轴的轴承、电动机是否发热，有无不正常的杂音，传动带或链条的松紧程度，减速器、轴承、链条的润滑情况，盘片的变形情况等，及时更换损坏的零部件。在生物转盘运行过程中，经常遇到检修或停电等原因需停止运行1d以上时，为防止因转盘上半部和下半部的生物膜干湿程度不同而破坏转盘的重量平衡，要把反应槽中的污水全部放空或用人工营养液循环，保持膜的活性。一般来说，生物转盘是生化处理设备中最为简单的一种。

6.5.4　存在问题及异常现象

6.5.4.1　生物转盘的问题和解决办法

(1) 首级转盘负荷过大

解决首级转盘负荷过大的方法有：

① 去掉每级间的隔板，以增加第一级生物转盘的面积；

② 提高生物转盘的转速，以增加氧的传递和加快载体上生物膜的脱落；

③ 对机械驱动系统曝气；

④ 采用多点进水，将部分流量和负荷绕过第一级生物转盘；

⑤ 原水中投加化学药剂，强化一级处理中BOD_5的去除。

(2) 生物量过度生长

生物量过度生长一般是有机负荷过高导致的。可以采取以下方法：

① 提升系统处理能力，采取单独处理或控制回流负荷，增加工业废水的预处理，通过提高预处理和一级处理的程度或新建生物转盘等方式提升系统处理能力；

② 用苛性钠擦洗载体或采用其他恰当的化学处理除去生物黏液；

③ 对负荷过高生物转盘系列，停止或减少进水，使微生物处于饥饿状态，利用内源代谢的方式使其减量；

④ 对长期超载运行的生物转盘，尤其是在冬季（内源呼吸率低）和负荷高的污水处理厂，对轴重通过传感器进行定期检修非常重要。

(3) 空气驱动系统的脉动

脉动是由于生物量的不均衡生长导致的。脉动一旦形成就很难控制。降低生物转盘的负荷或增加空气流速和轴的转速有时候能解决脉动的问题。在刚过旋转最高点处将水引入空气杯可增加轴的旋转力矩，也可增加轴的有效负荷。如果轴重复性出现脉动且空气杯 100mm (4in)，则可以将空气杯替换为 150mm (6in)。如果脉动严重，采用化学清洗或饥饿疗法可能是必需的。

(4) 载体腐蚀

转盘支撑填料的钢结构骨架长期在污水中浸泡，腐蚀严重，2～3 年需进行一次油漆，采用船用防水防腐漆，油漆一次要拆填料、空气罩等，工作量很大；如采用不锈钢骨架，每台转盘的成本增至 10 万多元，一次投资太大。转盘填料塑料以及环氧玻璃钢制成的空气罩使用寿命不会超过 10 年，需要研制替代材料。

(5) 偏重

因无变频调速装置，有时为了节电，在停止供水时，风机也停止运行数小时，重新启动转轴时，原来没在水中的部位变黑且重，致使转轴运转速度不均匀，或造成不能运转，尤其是首级转盘。解决偏重问题的有效措施是给风机变频调速，如安装变频调速装置，必要时降低电机转速，减少供气量，这些措施对进一步降低能耗无疑是非常有意义的。

6.5.4.2 异常现象

(1) 生物膜的严重脱落

生物转盘启动后的两周内，盘面上生物膜大量脱落属正常，若转盘采用其他水质的活性污泥接种，脱落现象更为严重。但与其他生物膜法一样，正常运行状态下膜大量脱落为异常情况。

(2) 产生白色生物膜

当进水发生腐败或含有高浓度含硫化合物或负荷过高导致氧化槽混合液缺氧时，生物膜中硫细菌（如贝氏硫细菌和发硫细菌）会大量产生，除上述条件外，当进水呈弱酸性，膜中丝状菌大量繁殖时，盘面也会呈白色，使处理效果下降。

解决措施：①对原水进行预曝气，或在氧化槽内增设曝气装置；②投加氧化剂，提高污水的氧化还原电位；③采取污水先脱硫，消除超负荷状况，增加一级转盘面积，或将一二级串联运行改为并联运行，降低一级转盘的负荷。

(3) 积泥堵塞

沉砂池或初沉池中固体物去除率不佳，会使悬浮固体在氧化槽内累积并堵塞污水进入的通道，挥发性悬浮物（主要是脱落的生物膜）在氧化槽中大量积累也会产生腐败，发出臭气，影响系统的正常运行。因此，氧化槽内的积泥应及时抽出，并检验固体积泥的类型，以找出产生积泥的原因。如属固体原生累积，则应加强生物转盘与处理系统的运行管理；若系次生固体累积（如生物膜脱落），则应适当增加转盘的转速，加大搅拌强度，使其与出水一道排出。

(4) 污泥漂浮

从盘片上脱落下来的生物膜呈大块絮状，脱落物在氧化槽内受旋转盘片的带动而悬浮，部分随出水带出，在二沉池中沉淀累积，如排泥不足或排泥不及时都会产生污泥漂浮现象，严重影响出水水质。因此，应定期排除二沉池中的污泥，通常每隔 4h 排一次，防止污泥发生腐化现象。但排泥频率也不能过高，排泥太频繁，因泥太稀，会加重污水处理系统的负担。

第7章 自然生物处理系统运行管理

7.1 自然生物处理法概述

自然条件下的生物处理法主要有水体净化法和土壤净化法两类，水体净化法常用于生物稳定塘，其净化机理与活性污泥法相似。土壤净化法常用于废水的土地处理，如土壤渗滤和污水灌溉，其净化机理与生物膜法相似。

自然生物处理法因费用低廉、运行管理简便，且对于难生化降解有机物、氮磷营养物和细菌的去除率都高于常规二级处理，达到部分三级处理的效果，故在目前的污水处理工艺中应用越来越广泛。

7.2 生物稳定塘处理技术及其运行管理

稳定塘又称氧化塘或生物塘，是一种利用天然净化能力对污水进行处理的构筑物，其净化机理主要依靠塘中形成的藻菌共生生物体，藻类在阳光照射下进行光合作用，固定 CO_2，摄取氮磷等营养物和有机质，同时释放氧，供水中微生物氧化降解有机质，二者相辅相成。根据塘水中氧的存在情况分为好氧塘、兼性塘和厌氧塘。稳定塘处理负荷较小，故占地面积较大，在土地辽阔、气候适宜的地区被广泛应用。

目前，稳定塘除了用于处理中小城镇的生活污水之外，还被广泛用来处理各种工业废水，此外，由于稳定塘可以构成复合生态系统，而且塘底的污泥可以用作高效肥料，所以稳定塘在农业、畜牧业、养殖业等行业的污水处理中也得到了越来越多的使用。我国西部农村地区，人少地多，稳定塘技术的应用前景十分广阔。

7.2.1 稳定塘处理原理

稳定塘净化污水的原理与水体自净机理相似，污水在塘内停滞过程中，水中有机物通过好氧微生物的代谢活动被氧化，或经过厌氧微生物的分解而达到稳定化。好氧分解所需溶解氧由稳定塘水面大气复氧作用以及藻类的光合作用提供，也可通过人工曝气提供。

稳定塘对污水的净化作用包括如下几种。

（1）稀释作用

污水进入稳定塘之后，与原有塘水混合，使进水得到稀释，降低了污染物浓度。

（2）沉淀和絮凝作用

进入稳定塘的污水流速降低，其中所携带的悬浮物质，在重力作用下沉降到塘底，从污水中去除；同时，塘中微生物分泌的黏性物质具有一定的絮凝作用，使水中细小悬浮颗粒产生絮凝沉淀，使污水的SS、BOD_5、COD等浓度降低。

(3) 水生植物的作用

水生植物能够提高稳定塘对有机物、氮、磷等的去除效果。

(4) 微生物代谢作用

稳定塘中污水的净化最主要还是依靠水中微生物在不同的条件下对有机物的代谢分解作用而实现。不同类型的稳定塘中，氧气的条件不同，代谢分解产物也不同，好氧分解效率高于厌氧分解，去除率更高。

(5) 浮游生物作用

浮游生物包括藻类、原生动物和后生动物、底栖动物及鱼类等。

藻类的主要作用是光合作用供氧，同时去除部分氮、磷；原生、后生动物主要起捕食游离状的细菌及细小悬浮物的作用；底栖动物摄取污泥层中的藻类和细菌，使污泥层污泥量减少；鱼类也有助于水质的净化。

7.2.2 稳定塘的主要类型

稳定塘按处理后达到的水质要求，分为常规处理塘、深度处理塘；按照水生植物和水生动物的类型，分为水生植物塘、养鱼塘、生态塘等；按照占优势的微生物类型和相应的生化反应，分为好氧塘、兼性塘、曝气塘及厌氧塘四种类型。

7.2.2.1 好氧塘

好氧塘主要是靠塘内藻类的光合作用供氧的氧化墉。塘内存在着菌、藻和原生动物的共生系统。水深较浅，一般为0.3～0.5m，有阳光照射时，塘内的藻类进行光合作用，释放出氧，同时，由于风力的搅动，塘表面还存在自然复氧，两者使塘水呈好氧状态。

塘内的好氧型异氧细菌利用水中的氧，通过好氧代谢氧化分解有机污染物并合成本身的细胞质（细胞增殖），其代谢产物CO_2则是藻类光合作用的碳源。好氧塘内有机污染物的降解过程是溶解性有机污染物转换为无机物和固态有机物（细菌和藻类细胞）的过程。

好氧塘内的生物种群主要有藻类、菌类、原生动物、后生动物、水蚤等微型动物。

好氧塘内主要由好氧细菌起净化水体有机物及杀灭病菌的作用，污水在塘内停留时间为2～6d，有机负荷10～20g/(m^2·d)，BOD_5去除率可达80％～90％。

好氧塘的分类：按照有机负荷的高低，好氧塘可分为高负荷好氧塘、普通好氧塘和深度处理好氧塘。

(1) 高负荷好氧塘

有机负荷较高，水力停留时间较短，塘水的深度较浅，出水中藻类含量高。高负荷好氧塘用于气候温暖、光照充足的地区，处理可生化性好的污水，可取得BOD_5去除率高、占地面积少的效果，并副产藻类饲料。

(2) 普通好氧塘

有机负荷比前者低，水力停留时间较长。通过控制塘深来减小负荷，常用于处理溶解性有机污水，起二级处理作用。

(3) 深度处理好氧塘

有机负荷较低，水力停留时间也短，其作用是在二级处理系统之后，进行深度处理。

好氧塘可采用单塘或多塘串联使用，好氧塘亦可根据具体情况采取增设机械充氧设施、种植水生植物、养殖水产品等强化措施。

7.2.2.2 兼性塘

兼性塘是最常见的一种稳定塘。兼性塘的水深一般在1.5～2m，塘内好氧和厌氧生化反应兼而有之。从上到下分为三层：上层为好氧区，中层为兼性区（也叫过渡区），塘底为厌氧区。兼性塘的上部水层中，白天藻类光合作用旺盛，塘水维持好氧状态，其净化能力和各项运行指标与好氧塘相同；在夜晚，藻类光合作用停止，大气复氧低于塘内耗氧，溶解氧急剧下降至接近于零。中层的溶解氧则逐渐减少，为过渡区或兼性区。在塘底，由可沉固体和藻、菌类残体形成了污泥层，由于缺氧而进行厌氧发酵，称为厌氧层。

污水在兼性塘内停留时间为7～30d，有机负荷2～10g/(m²·d)，BOD_5去除率可达75%～90%。兼性塘系统宜采用多级串联式（通常为2～4个塘），处理效果较好，小型塘系统也可采用单塘。当有养鱼要求时，大多为4级（第4级作养鱼塘使用）。兼性塘内可采取增设生物膜载体填料、种植水生植物等强化措施。

兼性塘是氧化塘中最常用的塘型，常用于处理城市一级沉淀或二级处理出水。在工业污水处理中，常在曝气塘或厌氧塘之后作为二级处理塘使用，有的也作为难生化降解有机污水的贮存塘和间歇排放塘（污水库）使用。

7.2.2.3 曝气塘

曝气塘不是以自然净化过程为主，而是采用人工补给方式供氧。为了强化塘面大气复氧作用，在塘面上安装曝气机，使塘水得到不同程度的混合而保持好氧或兼性状态。它实际上是介于活性污泥法中的延时曝气法与稳定塘之间的一种工艺，曝气塘要求营养较少，有较大的稀释能力，能适应污水水质较大变化的冲击。

曝气塘水深一般为1～4.5m，水力停留时间为2～10d，有机负荷30～60g/(m²·d)，BOD_5去除率可达55%～80%。曝气塘内有机物降解速率快，表面负荷率高，易于调节控制，但曝气装置的搅动不利于藻类生长。曝气塘内，由于采用人工曝气，水流运动剧烈并充分混合，塘内各处水质比较均匀。曝气方式主要有两种：鼓风曝气和机械曝气，目前多采用机械曝气。

曝气塘有机负荷和去除率都比较高，占地面积小，但运行费用高，且出水悬浮物浓度较高，可在后面连接兼性塘来改善最终出水水质。

曝气塘分为完全混合曝气塘（或称好氧曝气塘）、部分混合曝气塘（或称兼性曝气塘）。

(1) 好氧曝气塘

好氧曝气塘采用完全混合的运行方式。污水在塘中的停留时间常常短于3～6d，能耗大于5kW/1000m³，出水悬浮物须沉淀去除，在冬季可回流污泥来改善出水水质。好氧曝气塘示意图如图7-1所示。

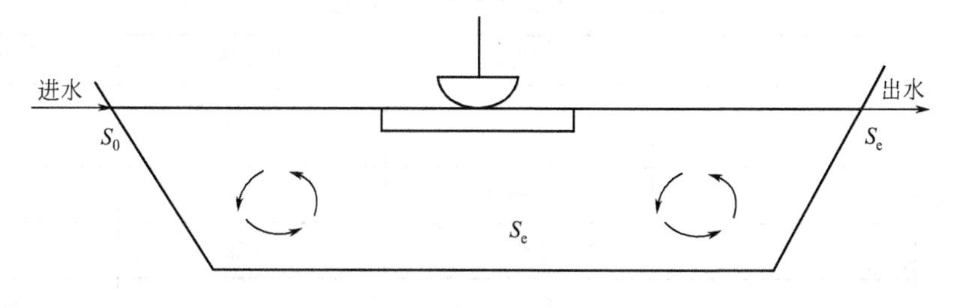

图7-1 好氧曝气塘示意图

(2) 兼性曝气塘

兼性曝气塘内，搅拌程度相对较差，不足以使全部悬浮物较好地混合，所以常常在底部形成污泥沉积层，污水在塘中的停留时间一般大于 6d，能耗 1～5kW/1000m³，兼性曝气塘示意图如图 7-2 所示。

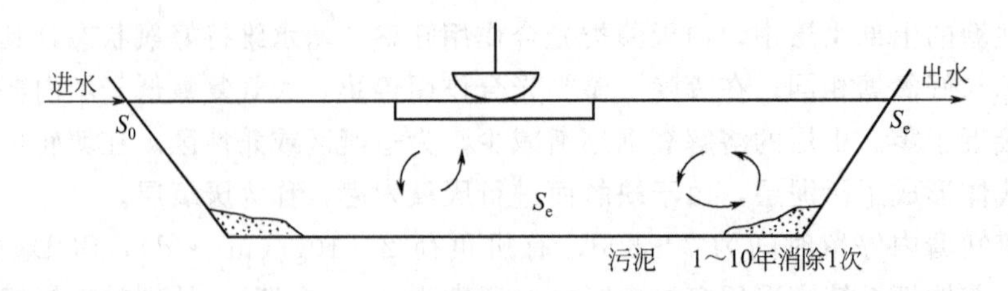

图 7-2　兼性曝气塘示意图

实际应用中采用哪种类型的曝气塘应根据占地面积和能耗考虑。

7.2.2.4 厌氧塘

厌氧塘的水深一般在 2.5m 以上，最深可达 4～5m。当塘中耗氧超过藻类和大气复氧时，就使全塘处于厌氧分解状态。因而，厌氧塘是高有机负荷的、以厌氧分解为主的生物塘。其表面积较小而深度较大，有机负荷高，一般为 30～100g/(m²·d)，水在塘中停留 20～50d，BOD_5 去除率可达 50%～70%。

厌氧塘中，依靠厌氧菌的代谢功能，使有机底物得到降解。反应分为两个阶段：首先由产酸菌将复杂的大分子有机物进行水解，转化成简单的有机物（如有机酸、醇、醛等）；然后由甲烷菌将这些有机物作为营养物质，进行厌氧发酵反应，产生甲烷和二氧化碳等。虽然厌氧降解有机物是有顺序的，但在整个系统中，这些过程则是同时进行的。

厌氧塘除对污水进行厌氧处理以外，还能起到污水初次沉淀、污泥消化和污泥浓缩的作用。它能以高有机负荷处理高浓度污水，污泥量少，但净化速率慢，停留时间长，并产生臭气，出水不能达到排放要求，因而多作为好氧塘的预处理塘使用。厌氧生物塘一般作为预处理塘与好氧塘组成厌氧-好氧（兼氧）生物稳定塘系统，较好地应用于处理水量小、浓度高的有机废水。作为稳定塘的一种形式，它通常设置于稳定塘的首端，以减少后续处理单元的有机负荷。

厌氧塘用作预处理塘具有以下优点：特别适合于高温、高浓度污水的预处理；可减少后面的兼性塘、好氧塘的面积；后接生物塘的浮泥现象与沉泥量可显著减少。

7.2.2.5 各类稳定塘的主要性能

各类稳定塘的主要性能见表 7-1。

表 7-1　各类稳定塘的主要性能

塘型	好氧塘	兼性塘	曝气塘	厌氧塘
典型 BOD 负荷 /[g/(m³·d)]	8.5～17	2.2～6.7	8～32	16～80
常用停留时间/d	3～5	5～30	3～10	20～50
水深/m	0.3～0.5	5～30	3～10	20～50
BOD_5 去除率/%	80～95	50～75	50～80	50～70

续表

塘型	好氧塘	兼性塘	曝气塘	厌氧塘
出水中藻类质量浓度/(mg/L)	>100	10～50	0	0
主要用途及优缺点	一般用于其他生物处理工艺出水的处理。出水中水溶性 BOD_5 浓度低，但藻类质量浓度较高	常用于处理初级处理、生物滤池、曝气塘或厌氧处理的出水。运行管理方便，对水量、水质变化的适应能力强，是氧化塘中最常用塘型	常接在兼性塘后，用于工业废水的处理。易于操作维护，塘水混合均匀，有机负荷和去除率都较高	用于高浓度有机污水的初级处理，后需接好氧塘提升出水水质。污泥量少，有机负荷高。但出水水质差，并产生臭气

7.2.3 稳定塘的特点及问题

稳定塘的特点如下。

(1) 充分利用地形，结构简单，建设费用低

采用稳定塘系统处理污水，可以利用荒废的河道、沼泽地、峡谷、废弃的水库等地段建设；稳定塘结构简单，大都以土石结构为主；施工周期短，易于施工且基建费低。污水处理与利用生态工程的基建投资为相同规模常规污水处理厂的1/3～1/2。

(2) 可实现污水资源化和污水回收及再用，实现水循环

稳定塘处理后的污水，主要用于农业灌溉，也可在处理后的污水中进行水生植物和水产的养殖。将污水中的有机物转化为水生作物、鱼、水禽等所需的营养物质，既节省了水资源，又获得了经济收益。如果考虑综合利用的收入，可能达到收支平衡，甚至有所盈余。

(3) 处理能耗低，运行维护方便，成本低

风能是稳定塘的重要辅助能源之一，经过适当的设计，可在稳定塘中实现风能的自然曝气充氧，从而达到节省电能、降低处理能耗的目的。此外，在稳定塘中无须复杂的机械设备和装置，这使稳定塘的运行更能稳定并保持良好的处理效果，而且其运行费用仅为常规污水处理厂的1/5～1/3。

(4) 美化环境，形成生态景观

将净化后的污水引入人工湖中，用作景观和游览的水源。由此形成的经处理与再利用的生态系统，不仅可成为有效的污水处理设施，而且可成为现代化生态农业基地和游览的胜地。

(5) 污泥产量少

产生污泥量小，仅为活性污泥法所产生污泥量的1/10，前端处理系统中产生的污泥可以进至该生态系统中的藕塘或芦苇塘或附近的农田，作为有机肥加以使用和消耗。前端带有厌氧塘或兼性塘系统通过其底部的污泥发酵坑使污泥发生酸化、水解和甲烷发酵，从而使有机固体颗粒转化为液体或气体，可以实现污泥等零排放。

(6) 能承受污水水量大范围的波动，其适应能力和抗冲击能力强

稳定塘不仅能够有效地处理高浓度有机废水，也可以处理低浓度污水。

7.2.4 稳定塘运行问题以及解决方法

(1) 占地面积大

传统稳定塘的主要不足是水力停留时间长、占地面积大，在土地缺少或地价昂贵的地区，限制了其推广使用。缩短水力停留时间是解决稳定塘占地面积大的问题的关键。污水在稳定塘内的停留时间主要取决于去除率及有机污染物的降解速率。

可以通过采用人工曝气装置向塘内供氧，并使塘水搅动，较大程度地增加塘水溶解氧，提高微生物对有机污染物的降解速率，因而，污水在曝气塘内的停留时间短，曝气塘所需容积及占地面积得以减小。但由于采用人工曝气措施，耗能增加，运行费用也有所提高。如果选择合适的充氧设备，如桨板轮搅拌，不仅耗能低，而且可以提供较好的净化效果。

另外，也可采取在稳定塘内填置人工制造的、附着生长介质（填料）的办法。该系统因置入介质，可以延长塘内生物链结构，增加塘内微生物数量，提高对有机物的降解率，大大缩短水力停留时间，从而减少占地，同时还可减少污泥量，提高耐冲击负荷。

(2) 底泥淤积严重

污水中的可沉悬浮物能够在塘内沉淀，并在塘底形成污泥沉积层。沉积层内的污泥虽可经厌氧发酵反应得以降解，但过程缓慢，沉积速率大于降解速率，沉积层将逐渐增厚，造成底泥淤积。影响稳定塘积泥速率的因素很多，污水中较高的可沉性悬浮物浓度及较低的VSS/SS值，是导致稳定塘积泥快的主要因素。

因此，污水进入稳定塘之前进行以去除悬浮固体为主的预处理，是确保稳定塘系统正常运行的重要环节，是避免污泥过量积累的重要措施（但在厌氧塘前无须考虑预处理措施）。

(3) 渗漏

稳定塘若防渗处理不当，将污染地下水，形成二次污染，使地下水位升高，引起土壤盐碱化，影响稳定塘的使用寿命。

目前，稳定塘防渗多采用浆砌片石混凝土护砌，但工程造价较高。防渗措施有很多种，大体上分以下三大类：合成防渗材料和措施，如塑料（或橡胶）；土和水泥混合防渗材料和措施；自然的和化学处理的防渗方法和措施。

(4) 除藻

稳定塘是菌藻共生体系，藻类在稳定塘中起着十分重要的作用。藻类具有叶绿体，含有叶绿素或其他色素，能够借这些色素进行光合作用，是塘水中溶解氧的主要提供者。污水中部分有机污染物被藻降解，藻是C、N、P的聚集者。生成的藻类（也是有机体）的数量，可能大于流进的有机污染物的数量，衰亡的藻类将形成污泥层。因此，塘中若含有大量的藻类，需进行除藻处理。

在稳定塘内养鱼，塘水中的藻类为浮游生物的食料，浮游生物又是鱼类的良好饵料，这样在塘水中就形成藻类-动物性浮游生物-鱼这一生态系统与食物链，即除藻又取得一定的经济效益。另外，还须控制进水中氮、磷的含量，防止藻类大量生长，避免造成富营养化现象。

(5) 低温的不良影响

稳定塘是以菌藻共生系统对污水进行自然净化的工程设施。温度直接影响细菌和藻类的生命活动，因此温度对稳定塘净化能力的影响是十分重要的。塘内水温低，微生物的代谢速率降低，生物降解功能低下，净化功能下降。当水温低于12℃时，处理效果急剧下降。因此，解决低温的不良影响具有重要意义。

在冬季进行人工强化措施，即进行冬季间歇曝气，补充了藻类的供氧量，缓解了冬季低温的影响，能有效缓解温度降低带来的影响。

7.3 人工湿地污水处理系统及其运行管理

人工湿地污水处理技术是一种用人工方式将污水有控制地投配到种有水生植物的土地上，按不同方式控制有效停留时间并使其沿着一定的方向流动，在物理、化学、生物的共同作用下，通过过滤、吸附、沉淀、离子交换、植物吸收和微生物分解等来实现水质净化的生物处理技术。

7.3.1 人工湿地系统分类

在人工湿地处理污水的过程中，植物发挥着重要作用，植物自身吸收污染物质的同时还是众多微生物群落的载体。根据湿地中主要植物形式人工湿地可分为：浮游植物系统，挺水植物系统，沉水植物系统。其中沉水植物系统还处于实验室研究阶段，其主要应用领域在于初级处理和二级处理后的深度处理。浮游植物主要用于有机物、氮、磷的去除。目前所说的人工湿地系统都是指挺水植物系统。

根据系统布水或水流方式的不同，人工湿地系统可分为表面流湿地、潜流湿地、立式流湿地。表面流湿地和立式流湿地因环境条件差（易滋生蚊虫），处理效果受气温影响较大以及对基建要求较高，现已不再采用，人工湿地大部分采用潜流湿地系统。

7.3.1.1 表面流人工湿地

表面流人工湿地系统一般由水池和沟槽组成，并配有地下隔水层用于防止地下渗漏。和自然湿地相类似，水面位于湿地基质层以上，其水深一般为0.1～0.6m，污水流速比较缓慢（见图7-3）。污水从进口缓慢流过湿地表面，部分污水蒸发或渗入湿地，通过物理（沉降、过滤、紫外线照射等）、化学（吸附、中和、氧化还原等）和生物（微生物降解、植物根部摄取、微生物竞争等）过程得到净化，出水经溢流堰流出。

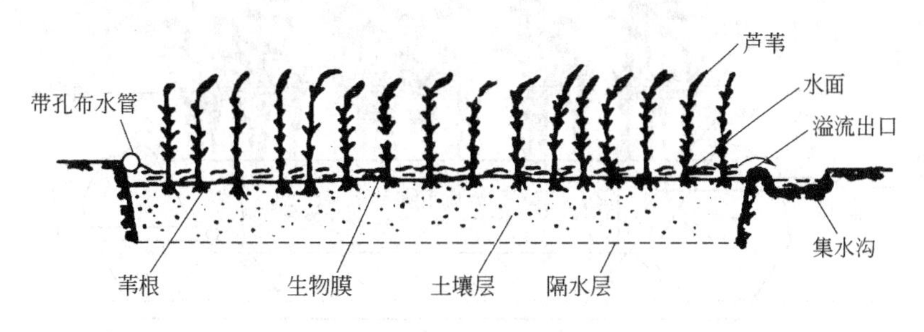

图7-3 表面流人工湿地构造示意图

表面流人工湿地最常见的用途是生活污水三级处理，也用于雨水径流和矿井排水的处理，具有投资少、操作简单、运行费用低等优点，并适合各种气候条件；缺点在于其耐受负荷低，处理能力有限，且炎热季节容易滋生臭味，引发蚊蝇。

7.3.1.2 潜流人工湿地系统

污水在湿地床的表面下流动，利用填料表面生长的生物膜、植物根系及表层土和填料的截留作用净化污水，其主要形式为采用各种填料的湿地植物床系统（图7-4）。湿地植物床由上下两层组成，上层是土壤，下层是由易使水流通过的介质组成的根系层，如粒径较大的砾石、炉渣或砂层等，在上层土壤层中种植耐水植物（如芦苇等）。

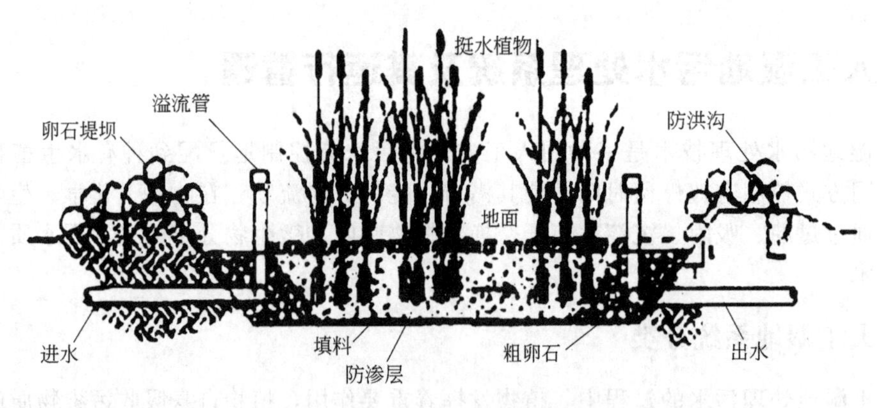

图 7-4　潜流人工湿地植物床系统

潜流式湿地能充分利用湿地的空间，发挥植物、微生物和基质之间的协同作用，因此在相同面积情况下其处理能力得到大幅提高。污水基本上在地面下流动，保温效果好，卫生条件也较好。根据污水在湿地中流动的方向不同可将潜流人工湿地系统分为水平潜流人工湿地、垂直潜流人工湿地和复合流潜流人工湿地 3 种类型，不同类型的湿地对污染物的去除效果不尽相同，各有优势。

(1) 水平潜流人工湿地

水平潜流人工湿地系统（图 7-5）水流从进口起在根系层中沿水平方向缓慢流动，出口处设水位调节装置，以使污水尽量和根系接触。与表面流人工湿地系统相比，水平潜流人工湿地系统的水力负荷高，常用于污水的二级处理，对 BOD_5、COD、SS 和重金属等污染物的去除效果好，且很少有恶臭和蚊蝇滋生现象。但控制相对复杂，脱氮除磷效果不如垂直潜流人工湿地。

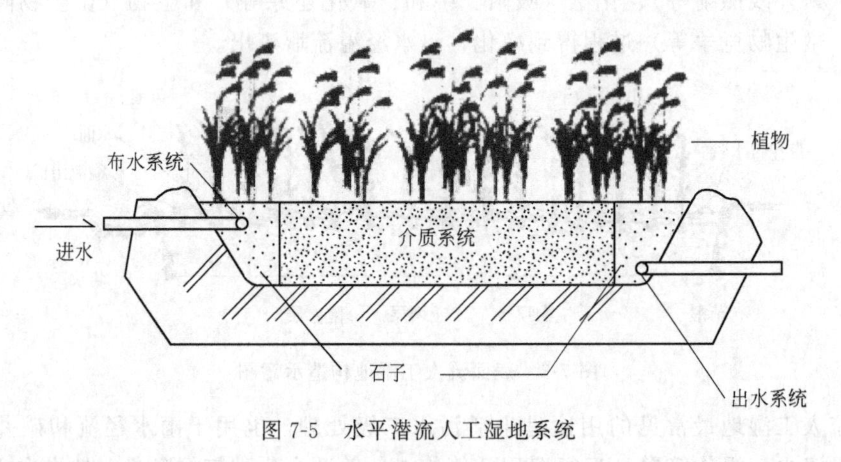

图 7-5　水平潜流人工湿地系统

(2) 垂直潜流人工湿地

垂直潜流人工湿地系统（图 7-6），其水流方向和根系层呈垂直状态，污水由表面纵向流至床底，在纵向流的过程中污水依次经过不同的介质层，达到净化水质的目的，其出水装置一般设在湿地底部。垂直潜流人工湿地的优点是占地面积较其他形式湿地小，处理效率高，整个湿地系统可以完全建在地下，地面可建成绿地和配合景观规划使用。

与水平潜流人工湿地相比，垂直潜流人工湿地床体形式的主要作用在于提高氧向污水及基质中的转移效率。其表层为渗透性良好的砂层，间歇式进水，提高氧转移效率，以此来提

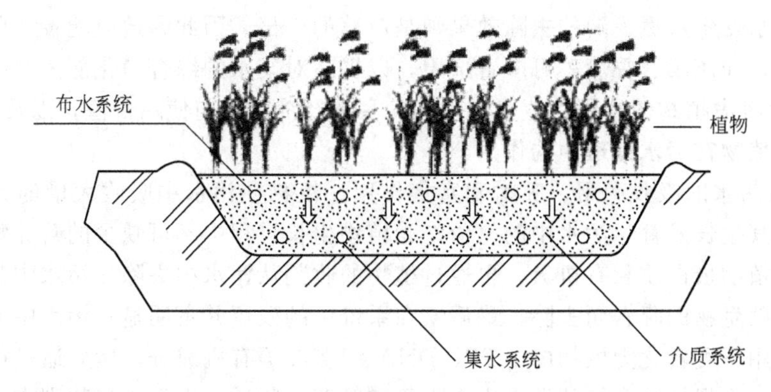

图 7-6　垂直潜流人工湿地系统

高 BOD 去除和氨氮硝化的效果。

(3) 复合流潜流人工湿地

复合流潜流人工湿地的水流既有水平流也有垂直流。在芦苇床基质层中，污水同时以水平流和垂直流的流态流出底部的渗水管。也可以用两级复合流潜流人工湿地组成串联的复合流潜流湿地系统，第一级湿地中污水以水平流和下向垂直流的组合流态进入第二级湿地，第二级湿地中，污水以水平流和上向垂直流的组合流态流出湿地。

7.3.2　人工湿地系统的主要组成及功能

人工湿地一般都由以下六部分构成：湿地植物（主要是根生挺水植物），微生物，水体层，湿地植物的落叶及微生物尸体等组成的腐质层，由填料、土壤和植物根系组成的基质层，底部的防渗层。处理污水的过程中，污染物的去除主要通过植物、微生物和填料的一系列物理、化学和生物过程来完成。

7.3.2.1　水生植物

(1) 水生植物的分类

湿地水生植物通常分为挺水植物、浮水植物和沉水植物，其分类及特点见表 7-2。

表 7-2　水生植物分类及特点

植物类型	生长特点	典型代表
挺水植物	茎生于底泥中，植物体上部露出水面	芦苇、香蒲
浮水植物	植物体整体或者叶都漂浮于水面	浮萍、睡莲
沉水植物	植物完全沉于水面以下，根扎于底泥或漂浮于水中	狐尾藻、金鱼藻

(2) 湿地植物的选择原则

人工湿地系统中植物的选用十分重要，一般以选择当地天然湿地中生存的植物为宜。具体的选择原则为：

① 选择优势种。根据进入系统的废水性质选择优势种，即对湿地环境具有较强的适应性，抗冻、耐热，即使在恶劣环境中也能生存；对污染物具有较强的吸收处理能力；对当地的土壤和周围的植物环境有很好的适应能力，抗病虫害。如芦苇易得，其去除碳素有机物和氮化合物较香蒲、灯芯草为佳，且耐盐性强，吸收重金属能力大。

② 配置合理。所选用植物之间配置要合理，以提高对污水的综合净化能力。如香蒲除

菌效率高，而水麦冬对氮、磷的去除效果则是芦苇的5倍。因此湿地应配置一些处理效果好的季节性植物，如芦苇、香蒲等可配置选用，以提高对废水的综合净化能力。

③ 应综合考虑植物的利用价值。如观赏、富有经济效益与使用价值，以及其他用途。

(3) 湿地植物在污水处理中的作用

① 植物对污水的吸收利用、吸附和富集作用。植物在污水中吸收大量的无机氮、磷等营养物质，供其生长发育。污水中的氮磷作为植物生长过程中不可缺少的营养物质被植物直接摄取，合成植物蛋白质和有机氮，再通过植物的收割从污水中去除，污水中其余的大部分氮通过系统中微生物的降解而去除，最后氮在系统中的残留并不明显；污水中无机磷在植物吸收及同化作用下可转化为植物的ATP、DNA、PNA等有机成分，然后通过植物的收割而从系统中去除。生根植物直接从沙土中去除氨磷等营养物质，而浮水植物则在水中去除营养物质。进行城镇污水处理试验中发现：种植水烛和灯芯草的人工湿地基质中，氨、磷的含量分别比无植物的对照基质中的含量低18%～28%和20%～31%，可见水烛和灯芯草吸收了污水中部分的氨和磷。

植物还能吸附、富集一些有毒有害物质，如重金属铅、镉、汞、砷等，其吸收积累能力为沉水植物＞浮水植物＞挺水植物，不同部位浓缩作用也不同，一般为根＞茎＞叶，各部分的累积系数随污水浓度的上升而下降。垂直流人工温地处理低浓度重金属污水的试验表明，风车草能吸收富集水体中30%的铜和锰，对锌、镉、铅的富集也在5%～15%。

② 植物的输氧作用。湿地环境对根多生物来说是种严酷的逆境，最严重的情况是湿地基质缺氧。缺氧条件下，生物不能进行正常的有氧呼吸，还原态的某些元素和有机物的浓度甚至达到有毒的水平。人工湿地中污染物所需的氧主要来自大气的自然复氧和植物输氧，植物能将经过光合作用产生的氧气通过气道输送到根区，在植物根区的还原态介质中形成氧化态的微环境。这种输氧作用使根毛周围形成一个好氧区域，离根毛较远的区域呈现缺氧状态，更远的区域为完全缺氧。这样使得根区有氧区域和缺氧区域共同存在，为根区的好氧、兼氧和厌氧微生物提供各自适宜的小生境，使不同的微生物各得其所，发挥相辅相成的作用。这样植物在为湿地系统输送氧的同时，还通过硝化、反硝化作用及微生物对磷的过量积累作用使氮、磷从污水中去除。

③ 植物根系分泌作用。植物自土壤环境中释放大量的分泌物，如糖类、醇类、氨基酸等，其数量占光合作用产量的10%～20%。根系的迅速腐解也向土壤中补充有机碳，这些物质为微生物的生长提供了丰富的营养，促进微生物的生长，植物的存在使系统中的微生物如硝化细菌、反硝化细菌、磷细菌及纤维素分解菌的数量显著增加。微生物是系统中有机物分解的主要“执行者”，把有机物作为丰富的能源，将其转化为营养物质和能源。因此，植物的存在间接加快了有机物的分解速率，植物根系释放到土壤中的酶可以直接降解有机化合物。

④ 植物对污水中藻类的抑制作用。藻类死亡后，残体留在系统中，形成水体的有机污染，同时，藻类自身吸收的氯、磷等元素又重新回到系统中，这样，藻类就缩短了氮、磷等元素的循环周期，严重地破坏了水体生态系统的平衡和稳定，直接影响污水湿地处理系统的效果。宽叶香蒲、凤眼莲等植物对藻类有较好的抑制作用，能减少藻类对污水湿地处理工程的不利影响。

⑤ 各类植物的协同作用。不同植物对于不同污染物的去除效果各异，如芦苇可分解酚，香蒲能去除污水中的有机污染物、无机污染物，可吸收铜、钴、镍、锰及氯化烃，根部能分

泌天然抗生物质，降低污水中的细菌浓度，去除病原体，大米草可以吸收污水中80%～90%的氮、磷；芦苇和香蒲能絮凝胶体，消除病原体，其空心茎有利于空气输送到根部，为微生物提供额外的氧。单一植物的净化能力总是有限的，应选择各物种的合理搭配，发挥各类植物的协调作用。目前，全球发现的湿地高等植物多达6000多种，但已被实际用于污水湿地处理过程的不过几十种，绝大多数植物还没被使用过。因此，发挥植物协同作用的潜在空间还很大。

⑥ 植物维持系统稳定的作用。维持人工湿地系统稳定运行的首要条件是保证湿地系统的水力传输，植物在这方面起着重要的作用。植物根及根系对介质具有穿透作用，从而在介质中形成许多微小的气室或间隙，减小了介质的封闭性，增强了介质的疏松度，使得介质的水力传输得到加强和维持。

植物的生长能加快天然土壤的水力传输，当植物成熟时，根区系统的水容量增大，当植物的根和根系腐烂时，剩下许多的空隙和通道，也有利于土壤的水力传输。

7.3.2.2　微生物

人工湿地系统的水生环境为微生物的繁殖和生长提供了良好的环境条件。这些微生物主要包括细菌和真菌，其在人工湿地处理系统对污染物的吸附和降解过程中起着核心作用，对不同污水中的化学组分具有同化、转化和循环作用。

(1) 微生物的主要种类及分布特点

① 微生物的种类。湿地系统的微生物极其丰富，主要有细菌、真菌、放线菌和原生动物等。

细菌是湿地微生物中数量最多的类群，在污水净化过程中起到重要作用，它能使复杂的含氮化合物转化为可供植物和其他微生物利用的无机氮化合物。

真菌是参与基质中有机物分解过程的重要成员之一，具有强大的酶系统，能促进纤维素、木质素和果胶等的分解，并能将蛋白质最终分解释放出氨。

放线菌在基质中的分布也很广泛，是基质中不含氮和含氮有机物分解的重要力量，能比真菌更强烈地分解氨基酸等含氮物质，还能形成抗生物质，维持湿地生态群落的动态平衡。

原生动物摄食一些微生物和碎屑，起到调节微生物群落的动态平衡和清洁水体的作用。它们共同协作，构成了互利共生的有机系统，共同完成对污水净化的任务。

② 人工湿地微生物的分布特点。湿地系统中沿着垂直方向不同深度处的微生物数量有所差异，通常上层微生物的数量远远大于下层。这是由湿地这一特殊生态系统内各层的性质决定的，由于湿地上层接触空气，可以更多地利用氧气，同时，湿地上层的植物根系也最为发达，根系输氧能力也最强，所以适合微生物的生长繁殖；但是随着湿地深度的增加，其氧含量和营养物质越来越少，导致微生物数量急剧减少，出现明显的分层分布。

(2) 微生物在污水处理中的作用

人工湿地净化污水过程中微生物是关键的因素，在BOD_5、COD、TN等降解过程中，湿地微生物发挥了重要作用。处理污染物的微生物主要是根部微生物，它们聚集于根际土壤，以根际分泌物为主要营养和能源物质。根际微生物不仅种类和数量远远高于非根际微生物，而且其代谢活动也比非根际微生物高。

植物根系将氧气输送至根部，形成了根表面的氧化状态，污水中大部分有机物在这一区域被好氧微生物分解成水和二氧化碳，氨则被硝化细菌硝化。离根表面越远的区域，氧气浓度逐渐降低，硝化作用仍然存在，但主要是靠反硝化细菌将污染物降解，并使氮以氮气的形式释放到大气中。在根部的还原状态区域，则是通过厌氧细菌的发酵将有机物分解成二氧化碳和甲烷，并进入大气。由于人工湿地存在着这样的氧化区、兼性区、厌氧区和还原区，通过不同区域微生物的相互合作，将有机物及含氮化合物等去除。

污水中的有机磷和溶解性较差的无机磷酸盐都不能直接被湿地植物吸收利用，必须经过磷细菌的代谢活动，将有机磷化合物转化成磷酸盐，将溶解性差的磷化合物完全溶解才能被湿地植物或填料吸附利用，从而通过湿地植物的收割或者填料的吸附而将磷从污水中去除。

人工湿地微生物的代谢活动是污水中有机物去除的关键因素，有机物主要通过人工湿地微生物的代谢活动降解成水和二氧化碳等无害物质。

7.3.2.3 基质层

基质层是人工湿地的核心。基质颗粒（即填料）的粒径、矿质成分等直接影响着污水处理的效果。目前人工湿地系统可用的填料基质主要有土壤、碎石、砾石、煤块、细砂、粗砂、煤渣、多孔介质、硅灰石和工业废弃物中的一种或几种组合的混合物。基质一方面为植物和微生物生长提供介质，另一方面通过沉积、过滤和吸附等作用直接去除污染物。

(1) 填料的种类及选择

① 填料的种类。目前使用最多的填料是砂石、砾石、陶粒及半软性填料和弹性填料等。其中，陶粒填料由于存在易堵塞滤池及池体基建费用高等缺点，虽然处理效果较好，但实际应用很少；弹性填料虽然处理效果不如陶粒，但是使用弹性填料的生物接触氧化工艺具有池型简单、方便更换等优点，实际应用更多。

悬浮填料在水中保持悬浮状，当微生物在填料表面生长时，使微生物具有良好的传质条件，得到充分的溶解氧进行生物反应。悬浮填料的比表面积通常较大，附着在填料表面的微生物数量大，种类多，形成的菌落密度是一般活性污泥法的数倍，使其对污染物的处理能力得到了有效的提高。

不同类型的基质以及基质粒径对污染物的去除效果有很大的影响。例如：运行初期基质对氨氮的理论最大吸附容量顺序为：煤灰渣＞沸石＞钢渣＞高炉渣＞瓜子片＞陶粒＞砾石＞砂子，选择含铝丰富的基质可有效提高垂直潜流人工湿地对 NH_3-N 的吸附效果。

② 填料的选择。填料的选择应遵循材料的易得、高效、价廉及安全无毒等原则。设计人工湿地时，选择填料应首先筛选对污染物去除能力强的当地材料，这样既能提高人工湿地对污水的净化能力和减少成本投入，又能延长人工湿地的使用寿命。另外，由于不同填料的渗透系数存在比较大的差异，应根据不同的人工湿地设计而选用不同的填料，如对于表面流人工湿地，可选择土壤作为填料，而潜流和垂直流人工湿地对填料的渗透系数要求比较高，应选用砂子、炉渣或二者与土壤的混合物等作为人工湿地的填料为宜。

湿地填料粒径的分布对湿地中的孔隙体积和水流模式有决定性作用，分层铺设的填料每层应力应均匀，如果大小颗粒掺杂会减小填料孔隙率，影响水流分布，改变水力学状态，影响填料的渗透性能，进而影响去除效果。粒径较大的填料可以有效防止堵塞的发生，但粒径过大会缩短水力停留时间，影响净化效果，所以需要在保证净化效果和防止堵塞之间选择一个最佳平衡点，多层填料的垂直流人工湿地还应考虑不同粒径填料的配比问题。

单一填料可能效果有限，考虑到填料的易得性和成本等，特别是各种填料之间存在互补效应，将除磷效果好和除氮效果好的填料组合在一起，能大大提高人工湿地处理污水的能力；一些填料之间还存在着协同效应，两种或几种填料组合在一起，比单个应用时脱氮除磷的效果要好。

(2) 填料对污染物的去除

① 对磷的去除。填料对磷的去除作用包括吸收和过滤等物理化学作用。当污水流经人工湿地时，填料通过物理和化学过程（如吸附、过滤、离子交换、络合反应等）去除污水中的氮、磷等污染物。人工湿地填料对磷的去除包括物理去除和化学沉淀去除两大过程，物理去除是指吸附在悬浮颗粒物上的固体磷经湿地表层填料的过滤拦截而沉积的过程，化学去除主要发生在填料中，并被认为是湿地除磷的主要机理。化学作用对无机磷的去除与湿地填料类型密切相关。填料的pH、氧化还原电位、可溶性铁、铝和锰及其氧化物、有效性钙和钙的化合物及有机质是影响湿地除磷的重要因素，其中又主要取决于填料的pH。pH值为7时，土壤中引起磷吸附和沉淀的主要元素是铁和铝，pH值较高时引起磷吸附沉淀的主要元素是钙。处理含磷浓度高的污水时，应选择钙、铁含量高且比表面积大的填料。

② 对氮的去除。在人工湿地系统中，通过微生物的硝化和反硝化作用去除氮，填料的选择影响硝化和反硝化的进行。选择比表面积较大的填料有利于生物膜的生长，进而影响氮的去除。

湿地填料所有理化性状都可能影响到它对污水的除氮效果，其中最重要的影响因子之一是氧化还原电位，它反映湿地填料发生氧化还原反应的能力大小，还会通过影响植物或微生物生长代谢过程间接影响到湿地的除氮效率。湿地填料的含水率对系统的除氮效率也有一定影响，湿地运行时填料通常处于饱水状态，有利于反硝化作用的进行。填料的类型、渗透率、胶体、pH、黏性及各种络合、螯合剂的存在，都会影响到人工湿地的除氮效率。

7.3.2.4 水体层

水体在表面流动的过程就是污染物进行生物降解的过程，水体层的存在提供了鱼、虾、蟹等水生动物和水禽等的栖息场所。

7.3.2.5 腐质层

腐质层中的主要物质就是湿地植物的落叶、枯枝、微生物及其他小动物的尸体。成熟的人工湿地可以形成致密的腐质层。

7.3.2.6 防渗层

防渗层是为了防止未经处理的污水通过渗透作用污染地下含水层而铺设的一层透水性差的物质。如果现场的土壤和黏土能够提供充足的防渗能力，如渗透率 $<10^{-7}$ cm/s，那么压实这些土壤作湿地的衬里已经足够。一般来说，防渗采用天然的形式是不够的，普遍采用的为人工防渗和天然防渗相结合的形式。人工防渗材料多为化学合成材料，如人工合成土工膜等。

7.3.3 人工湿地系统的优缺点

人工湿地系统相对于传统的污水处理工艺有很多优点，当然也有很多不足之处。

7.3.3.1 人工湿地的主要优点

(1) 污水处理具有高效性

人工湿地的显著特点之一是其对有机物有较强的降解能力，处理效果优于传统处理工艺。在进水浓度较低的情况下，人工湿地对 BOD_5 的去除率可达85%～95%，COD的去除率可达 80%以上，处理出水中 BOD_5 的浓度在 10mg/L 左右，SS 小于 20mg/L。我国大多数二级污水处理厂出水中 N、P 的含量较高，湿地对 N、P 有很高的去除率，可分别达到 60%、90%以上，而传统的污水回用工艺对 N、P 的去除率仅能达到 20%～40%。污水中的氮、磷可直接被湿地中的植物吸收，通过对植物的收割而从污水和湿地中去除。另外，氮还可通过湿地中微生物的硝化和反硝化作用去除，磷则通过微生物的积累和填料床的理化作用协同完成去除。此外，人工湿地对微量元素和病原体也有相当高的去除率。需要提到的是，由于湿地的类型、基质和植物的选取、气候、污染物浓度等方面的差异，污染物的去除率有一定的波动范围。

(2) 投资少，建设和运营低成本

国内外实践表明，人工湿地系统建设和运营成本低廉，仅为传统的二级污水处理厂的 1/10～1/5。在污水处理方面，由于人工湿地工艺无须曝气、投加药剂和回流污泥，也没有剩余污泥产生，因而可大大节省运行费用，通常只消耗少量电能，用于提高进水水位（如果水位无须提升则无此项费用）。由于人工湿地基本上不需要机电设备，故维护只是清理渠道及管理作物，一般农民完全可以承担，只需个别专业人员定期检查。高昂的运行费用常常是我国开展污水回用的限制条件，而人工湿地则避免了这些缺点。

(3) 处理方式灵活

人工湿地污水处理系统由预处理单元和人工湿地单元组成。人工湿地可根据污水处理厂的规模，或大或小、就地利用；建设施工方便；通过合理的设计布局，可将 BOD、SS、氮磷营养物、原生动物、金属离子和其他物质处理达到有关的排放标准。

一般来说，与人工湿地组合的预处理构筑物类型有：格栅、初沉池、化粪池、沼气净化池、稳定塘等。构建湿地单元中的流态通常采用推流式、阶梯进水式、回流式、综合式以及近年来出现的上行流-下行流复合水流方式。因此，可以根据实际情况和处理水质的要求，灵活地对人工湿地进行组合。

(4) 独特的环境和景观功能

人工湿地同自然湿地一样，由于栽种有大量的水生植物，所以对环境起到了绿化作用。尤其在城市里，成规模的人工湿地不但迅速增加了绿地面积、消除了城市热岛效应，还扩展了野生生物的生存空间，进而为人们提供了一个优美、新型的生态景观；还可直接和间接创造效益，如水产、畜产、造纸原料、建材、原生动物栖息、娱乐和教育。

7.3.3.2 人工湿地存在的主要问题

(1) 水力负荷小，占地面积大

人工湿地是在自然湿地的基础上发展起来的，其净化机理主要还是土壤对污染物的自然净化功能。由于土壤自身对污染物的降解能力差，水力负荷低，使得人工湿地需要较多的占地面积，制约了它的发展，特别是在土地资源紧缺的地区。

(2) 堵塞问题

人工湿地在实际工程中运行一段时间后往往会发生堵塞现象，它不仅影响到湿地系统水力负荷，也会影响湿地系统的寿命。所以弄清堵塞的原因，延缓系统的堵塞是湿地系统发展必须解决的问题。

(3) 冬季运行问题

气温的降低会影响人工湿地的正常运行，使污染物的去除率降低，因此，在冬季，湿地需要覆盖或增加人工湿地的构筑深度以达到保温的效果，在北方地区尤其要注意。

(4) 达到完全稳定运行需要时长

人工湿地系统在达到其最优效率时，需 2～3 个生长周期。因为当上下表面植物密度较大时，处理效率才能提高，所以湿地一般需建成几年后才能达到稳定运行。

7.3.4　人工湿地的运行与管理

污水湿地处理的运行管理主要包括设备管理、设施管理、田间管理和水质监控 4 个方面。其中设备运转、水质监控与其他污水处理厂的运行管理基本相同。设施维护与传统污水厂的不同之处在于基质层的堵塞问题，而田间管理则主要是湿地植物（多为芦苇）的管理，以下着重说明基质层的防堵塞措施及芦苇的管理。

(1) 防止基质堵塞的措施

潜流人工湿地中采用小粒径基质可有效保证出水水质，但随之亦使湿地容易发生堵塞壅水等现象。经研究，除需要采用预处理措施外，选择合适的填料粒径及级配、合适的进水方式、定期轮休、基质模块化更换、湿地中投放蚯蚓等措施也能有效保证湿地的长期稳定运行，且不发生堵塞壅水现象。

① 对进水进行预处理。不可生物降解的悬浮物在连续运行的人工湿地中长期积累，这是影响基质堵塞的重要因素之一。人工湿地进水中悬浮物的含量最好不要超过 20mg/L，负荷相当于 8g/(m² · d)。另有研究表明，种植植物的人工湿地在处理地下水时，进水悬浮物浓度应该控制在 10～20g/(m² · d) 范围内。因此，在湿地工艺的前端增加预处理措施是很有必要的，以尽量去除污水中的悬浮物和漂浮物以及其他一些不利于人工湿地处理过程的物质，从而减少其在湿地中的沉积，防止堵塞。

② 选择合适的填料粒径及级配。基质粒径分布对孔隙大小和水容量有决定性的影响，它是影响基质堵塞的主要因素。粒径较大的基质可以有效地防止堵塞的发生，但过大的粒径会缩短水力停留时间，进而影响净化效果。因此，基质粒径的选择需要在保证净化效果（小粒径）和防止堵塞（大粒径）之间寻求平衡点。对于有多层填料的人工湿地，除填料粒径外，不同粒径填料之间配比的选择也十分重要。

③ 选择合适的进水方式。间歇进水方式有利于滤床保持好氧状态，从而加快有机物的生物降解，同时缩短了填料的淹水时间，有利于湿地填料复氧，有效地避免了填料堵塞现象的发生。

间歇进水可以有效地防止湿地的堵塞，但会降低湿地的日处理量，从而在处理相同量污水的情况下会增加湿地的占地面积，增加投资费用。

④ 定期轮休。如果湿地没有轮休期而连续运行，基质堵塞的问题最容易发生。湿地通过轮休，一方面可以使大气中的氧进入湿地内部，激发好氧微生物的活性，加快降解基质中沉积的有机物；另一方面，由于系统停止进水，微生物新陈代谢需要的各种营养物得不到持续地补充，基质中的微生物会逐渐进入内源呼吸期，消耗本身资源并逐渐老化死亡。堵塞型垂直潜流人工湿地采取轮休措施后，单位基质中的堵塞物（不可滤物质）质量较轮休前减小。研究表明，轮休后不可滤物质中的有机物质量减少明显（短期和长期轮休分别减少 30.4%和 38.7%），不可滤无机物质量在短期轮休前后基本稳定，长时间轮休后（30d），不可滤无机物质量亦有较大幅度的减小（约减小 47.7%）。由此可见，轮休措施对解决人工湿地的堵塞有明显效果。

⑤ 基质模块化更换。由于堵塞物主要分布在布水管以下 20cm 高度的基质层内，因此该

层基质可采用模块化基质，当基质发生堵塞现象时，可直接进行局部更换。

⑥ 湿地中投放蚯蚓。湿地中投放适水蚯蚓不仅使基质保持松动状态，而且还能有效去除基质间不可滤堵塞物（有无蚯蚓的对比实验发现，蚯蚓可去除基质层约39%的堵塞物质），从而使湿地表层不会出现壅水现象。

(2) 芦苇管理

① 种植和生长管理。选择适合当地生长的优良品种，保留两个完整根节为一段，间隔2m栽植。种植季节通常选择在清明前后（气温在10℃以上）。种植后浇水保持湿度，待发芽长高后不断提高水深，以不淹没芽顶为限。为促使根系发育和主根扎深，应周期性停水晒田。

芦苇对高含盐土壤有较强的耐受力。对由土壤含盐量较低处移植的芦苇，湿地床土壤含盐量高会影响芦苇发育。当种植地点土壤含盐量较高时，应先行放水洗盐（应注意防止冲刷引起沟流，尤其是土壤平整后降雨和自然沉降时间较短时更应注意）。

在污水湿地中，污水中含有丰富的营养素。芦苇有生长期的特点，芦苇的全生育期可达190～230d，要经历出芽、生长、孕穗、开花、种子成熟和茎成熟等阶段。

② 收割。芦苇每年收割一次，收割可将成熟的芦苇连同吸收的营养物和其他成分从湿地田中移出，促使芦苇生根和维持下年度的生长和吸收，起到净化污水中污染物的作用。收割前应停止进水，使地面干燥，还要及时清理落下的残枝败叶，并平整土地，铲除凸起部分，填平沟道。

收割时应保持留下的芦苇茬在20～30cm，便于冬季运行时支撑冰面，也有利于春季发芽生产。

③ 病虫害防治。天然湿地是近年来全球生态环境保护的热点，它们对于缓冲暴雨径流水量、调节气候和提供生物栖息地、降解多种污染物具有重要作用。但人工湿地规模小，生态平衡能力弱，易发生植物病虫害问题，特别是在湿地运行初期应注意采取相应的防治措施。

(3) 四季运行管理

北方地区春季干旱少雨，蒸发量大，芦苇处于发芽和幼苗期，应及时调控进水，防止水量过大而淹没苇芽或水量过小形成盐分浓缩而伤害苗期发育。夏季气温高，湿地田间积累的污泥因分解快和供氧不足产生恶臭。如进水有机物浓度较高，可采取出水回流提高流速，冲刷前部积泥，增大前部水深，减轻恶臭问题。

夏、秋季发生暴雨时，注意调节进水量和保持湿地中水流流速在最大设计流速范围内，防止因过度冲刷而破坏处理田土层。

北方冬季气温低，会影响处理效果。宜在初冻时加大水深，当表面结冰后，芦苇茬支撑冰面，污水在冰下流动。多数情况下，由于污水温度较高，湿地并不结冰或只有湿地后部结冰，应根据监测结果对运行加以调控。

(4) 注意事项

① 人工湿地处理技术必须做好防渗系统，对于农村地区湿地防渗可采用土工膜或三灰土夯实等简易实用的方法。

② 人工湿地植物的选取。湿地植物是湿地处理系统最明显的生物特征，它是人工湿地的主要组成部分，在污水处理过程中起着重要的作用。湿地植物选取时应因地制宜，综合考虑植物的以下特征：耐水、根系发达、多年生、耐寒、吸收氮磷量大、兼顾观赏性和经济

性，要尽量选择当地的土著种。

③ 人工湿地植物栽种初期的管理主要是保证其成活率。湿地植物栽种最好在春季，植物容易成活。如果不是在春季栽种而是在冬季，应做好防冻措施，在夏季应做好遮阳防晒。总之，要根据实际情况采取措施以确保栽种植物的成活率。

④ 植物栽种初期为了使植物的根扎得比较深，需要通过控制湿地的水位，促使植物根茎向下生长。

⑤ 做好日常护理，防止其他杂草滋生并及时清除枯枝落叶，防止腐烂污染。

⑥ 对不耐寒的植物，在冬季来临之前要做好防冻措施或及时收割。

7.4 污水土地处理系统

污水土地处理系统（图 7-7）是一种将自然生态净化与人工湿地工艺相结合的小规模污水处理生态工程技术，其原理是通过农田、林地、苇地等土壤-微生物-植物组成的生态系统，进行一系列生物、化学、物理的固定与降解作用，对污水中的污染物实现净化并对污水及氮、磷等资源加以利用。该技术基于生态学原理，不仅对各种污染物有较高的去除效率，而且可以实现污水处理与利用相结合的目的，具有较高的中水回收率。

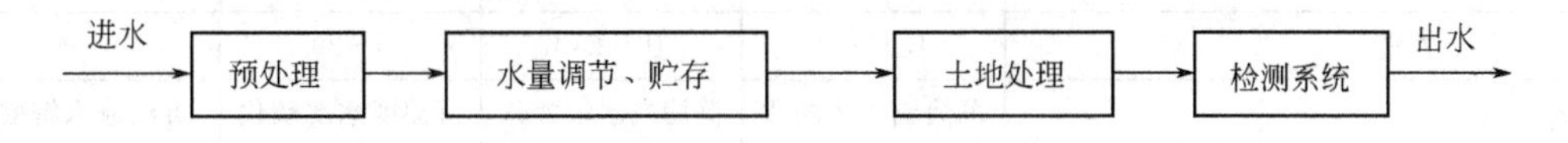

图 7-7 污水土地处理系统流程

7.4.1 污水土地处理系统的组成

污水土地处理系统主要由以下几部分组成：

① 污水的收集和预处理设备；

② 污水贮存和水量调节设备；

③ 污水的输送、投配与控制设备；

④ 污水的土地净化田；

⑤ 出水的收集和利用系统。

在污水土地处理系统中最核心的是污水土地净化田，它是组成完整系统的关键。农村经济条件有限，污水缺少健全的收集管网，污水土地处理技术用于经济欠发达农村地区处理生活污水时，由于贮存和预处理等设备投资问题，其处理规模不宜过大，净化出水的收集和再利用经济效益低，且再利用的途径较少。

7.4.2 土地处理系统水质净化的原理

土地处理系统对水质净化的原理主要有以下几个方面。

(1) 毛细管、虹吸及物理化学吸附过程

通过土壤的毛细管现象及表面张力原理，将水与污染物的胶体部分、溶解部分分离开来，土壤颗粒间的空隙能截留、滤除污水中的悬浮物及胶体物质，起到渗滤作用；土壤颗粒则吸附溶解性污染物存留于土壤中。

(2) 微生物代谢和有机物的分解过程

土壤或土壤处理系统填料中附生的微生物能对污水中的悬浮固体、胶性体、溶解性污染物进行生物降解，并利用污水中的有机物作为营养物质，进行新陈代谢。

(3) 植物的净化吸收过程

土地渗滤处理单元表面的草坪、花卉或树丛等植物，其根系生长入系统或填料内部后，因植物生长的需要而对污水中的氮、磷进行吸收利用，可达到降低污水中养分浓度的目的。

7.4.3 污水土地处理的主要工艺类型

根据处理对象的不同，土地处理系统可分为地表漫流、快速渗滤、慢速渗滤、地下渗滤等类型，其主要差别在于相应工艺中污水运移的速率和水力路径不同。土地污水处理中的地表漫流、快速渗滤、慢速渗滤需要一定的场地，处理场地土壤物理性质和水力学性质等都将影响到工程处理效果。土地处理系统各工艺类型的主要特点如表 7-3 所示。

表 7-3 土地处理系统各工艺类型的主要特点

项目	慢速渗滤	快速渗滤	地下渗滤	地表漫流
布水方式	喷灌、地表投配	地表投配	地下布水	喷灌、地表投配
水力负荷/(m/a)	0.6～6.0	6.0～170	0～10	3～20
周负荷率/(cm/周)	1.3～10	10～240	5～20	6～40
预处理要求	沉淀或水解酸化	沉淀或水解酸化	沉淀或水解酸化	沉淀或水解酸化
所需土地面积/($hm^2/10^4m^3$)	60～600	2～60	13～150	15～120
投配污水去向	蒸发、渗滤	渗滤	蒸发、渗滤	蒸发、渗滤
对植物的需要	必要	不必要	不必要	必要
对气候的要求	较温暖	无限制	无限制	较温暖
地下水位最小深度/m	0～1.5	0～4.5	2.0	—
是否影响地下水质	可能有影响	有影响	影响不大	影响轻微
有机负荷率/[kg/(10^4m^2·d)]	50～500	150～1000	—	40～120
场地坡度	种植物≤20% 不种植物≤40%	无限制	—	2%～8%
出水水质/(mg/L)	BOD_5≤2 TSS≤1 TN≤3 TP≤0.1	BOD_5≤5 TSS≤2 TN≤10 TP≤1	BOD_5≤10 TSS≤10	BOD_5≤10 TSS≤10 TN≤10 TP≤6
运行管理特点	种作物时严格管理，寿命长	运行管理简单，磷可能限制系统寿命	—	运行管理比较严格，寿命长

7.4.3.1 地表漫流

(1) 处理过程

地表漫流是以喷洒方式将污水投配在有多年生植被、坡度缓和、土壤渗透性较差的土地上，使其呈薄层沿地表缓慢流动，在流动的过程中得到净化。净化出水大部分以地面径流汇集、排放和利用，其过程如图 7-8 所示。该系统在低水平预处理的情况下可以得到净化效果较好的出水并以地表径流收集出水，是污水利用率高和对地下水影响最小的处理工艺。

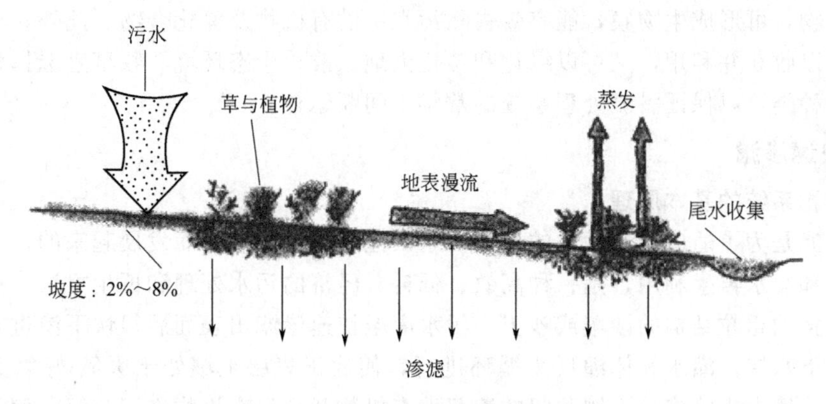

图 7-8　地表漫流示意图

适宜于地表漫流的土壤是透水性差的黏土和亚黏土，处理场的土地应有 2%～6%的中等坡度，地面无明显凹凸的平面。通常应在地面上种草本植物，以便为生物群落提供栖息场所和防止水土流失。在污水顺坡流动的过程中，一部分渗入土壤，并有少量蒸发，水中悬浮物被过滤截留，有机物则生存于草根和表土中，被微生物氧化分解。在不允许地表排放时，径流水可用于农田灌溉，或再经快速渗透回注于地下水中。

(2) 预处理

污水在投配前需经必要的预处理，进入地表漫流系统进行处理的污水需要适当的预处理，以去除污水中的油脂、沉砂与砂砾等物质，以免堵塞坡田、土壤孔隙及系统孔口和阀门。进水的 pH 值应该控制在 6～9；含盐量须控制在 3000mg/L 以内。对于农村生活污水的处理，其预处理程度可分为：

① 初级处理，如格栅、沉砂、隔油等；

② 一级处理，如沉淀、水解酸化；

③ 三级处理，主要指生物处理或稳定塘处理。

地表漫流系统只能在植被生长期正常运行，这就需要筛选那些净化和抗污能力强、生长期长的植被，同时设有供停运期使用的污水贮存塘。地表漫流的水力负荷率根据前处理程度的不同而异，一般在 2～10cm/d，流距在 30m 以上。

(3) 处理效果

地表漫流处理系统对悬浮固体浓度 SS、有机物、营养素、微量污染物及病原体均有很强的去除能力。当投配污水以薄层形式流经坡面时，由于流速低、水层薄，颗粒状有机物及 SS 被截留、沉淀去除；通过地表及作物形成的生物膜对溶解性有机物通过生物降解进行去除；通过生物硝化、反硝化对氮化合物进行去除。一般氮化合物的去除率约为 70%，当投配的污水中氮以有机氮和氨氮形式存在时，总氮的去除率将会提高；污水中的磷被土壤胶体所吸附并与钙、铁、铝等生成不溶性化合物沉积在土壤表面去除，去除率约为 50%。系统通过沉淀及土壤吸附、离子交换去除微量元素。此外，还能通过沉淀、土壤和作物的阻截、过滤、吸附、阳光照射等将污水中的病原体去除。

(4) 植物选择原则

植物是地表漫流系统的重要组成部分，通常在坡面上种植多年生、耐水、适合气候条件的牧草。坡田上茂盛的牧草，可以减缓水沿地表流动的速度，增加水流在坡面上的滞留时间，促进 SS 沉淀去除，并可防止地表土壤流失。植物根部附近及表层土壤存在着大量活性很强的微生物，可形成生物膜，能有效去除污水中的有机物及氮化合物。此外，坡面上生长的植物既可以收获并利用，又可以绿化和美化天地、改善生态环境。牧草宜选择种植和休眠时间错开的种类，以保证漫流处理系统的常年不间断运行。

7.4.3.2 快速渗滤

(1) 快滤系统的基本原理

快速渗滤是为了适应城市污水的处理出水回注地下水的需要而发展起来的，主要目的是补给地下水和废水再生利用，是一种高效、低耗、经济的污水处理和再生方法。处理场土壤应为渗透性强的粗粒结构的沙壤或沙土。污水灌至快速渗滤田表面后很快下渗进入地下，并最终进入地下水层。灌水和休灌反复循环进行，使滤田表层土壤处于厌氧-好氧交替运行的状态，依靠土壤微生物将被土壤截留的溶解性有机物和悬浮有机物进行分解，使污水得到净化，其过程如图 7-9 所示。

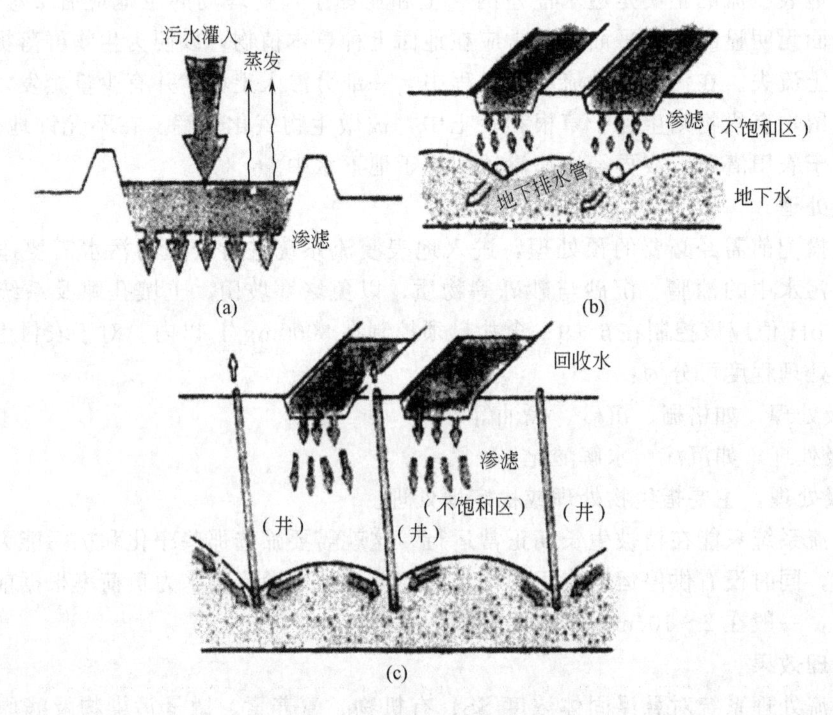

图 7-9 快速渗滤过程示意图

快速渗滤系统的水力负荷和有机负荷往往比其他类型的土地处理系统高很多。同时，通过合理设计并采取科学管理措施严格控制干湿期，其净化效果可以得到更大提高。

(2) 快滤系统的作用

在地下水位较低或是由于咸水入侵而使地下水质变坏的地方采用快速渗滤，能使水位提高或使水力梯度逆向，从而使地下水免受咸水入侵的危害。在需要利用或现有地下水质与回收水质不相容时，则可采用埋设地下集水管或用竖井将净化水提升回地面。快速渗滤的水力负荷可达 30m/d 以上，加之大多数快速渗滤系统并不回收处理水，因而其占地面积和处理费用要比地表漫流和慢速渗滤小。

快速渗滤一般需经预处理来减少污水中的 SS 浓度，以防止过滤土壤被堵塞。操作方式为灌水和休灌反复循环，以保持较高渗滤的速率，并防止污染物厌氧分解产生臭味。

快速渗滤系统具有较高的水力负荷，对生活污水具有较好的净化效果。渗滤池的土质要求通透性能强、活性高、水力负荷大。如无此类土质条件，也可以按照上述要求用砂、草炭及耕作土人工配置成滤料，制成人工滤床。一般在系统运行4～5周后，就需要对渗滤床耕作，以恢复其渗滤速率。快滤系统通过渗滤和过滤作用，能有效去除污水中的各种污染物，要想获得最佳的去除效果，最重要的是采用科学的运行机制，确定最佳投配周期、落干周期、渗滤速率等。

(3) 预处理及进水水质要求

为了保证快速渗滤系统有较大的渗滤速率和硝化速率，系统进水应进行适当的预处理。具体应按照不同的目标要求确定应该采用的预处理工艺。若以尽可能去除氮为目标，一般情况下，污水经过一级处理就可以满足要求。用二级或更高的预处理的出水脱氮效果不一定更好，含氮有机物过多地被去除会使水中C/N值比较低，从而导致脱氮效果降低。因此，一级处理出水的C/N值高对提高脱氮效果更合适。若可供使用的土地有限，需加大渗滤速率或者要求高质量的出水水质时，则应以二级处理作为预处理标准；若以使水力负荷、渗滤速率、硝化速率达到最大值为目标，污水通常经一级预处理即可。

(4) 污水的处理效果

污水中诸如BOD_5、COD、SS、氮、磷和大肠杆菌等污染物质都可以通过渗滤和过滤作用得到有效去除。

① 对BOD_5、COD的去除。快速渗滤系统对COD、BOD_5都有较高的去除率，主要是通过挥发、吸附、化学转化与生物降解等作用。有机质主要是靠生物降解作用，截留在土壤中的有机物质使微生物繁殖，微生物吸附在土壤上，形成由菌胶团和大量真菌菌丝组成的生物膜，有机物被降解的同时，生物膜由于新陈代谢作用不断更新，能长期保持对污染物的去除作用。微生物对有机物的降解主要是发生在系统停止布水时期——干化期，以好氧微生物分解为主，好氧降解比厌氧降解更为有效。

② 对氮、磷的去除。土壤去除氮是一个十分复杂的过程，好氧与厌氧环境的相互转换难以协调好，因此，大多数快速渗滤系统对氮的去除率一般在50%～70%。

由于快速渗滤系统没有植物对磷的吸收，磷没有气态形式，所以快速渗滤系统对磷的去除机理主要是土壤的物理、化学作用，即土壤本身对磷的容量。因此，磷要在土壤中迁移较长的距离才能有效地被去除。在快速渗滤系统中由于土层较薄，没有较长的迁移距离，同时快速渗滤系统又具有高水力负荷速率，因此对磷的处理效果不是很理想。在快速渗滤系统中磷的去除率一般为40%～80%。

③ 对病原微生物、SS的去除。快速渗滤系统对SS的去除主要靠土壤的机械截留作用，在典型的城市污水中，大部分悬浮固体为可降解的有机物，所以在一般快速渗滤系统出水中SS的浓度小于10mg/L。

在污水土地处理中，病原微生物有细菌、寄生虫和病毒，通过过滤、吸附、干化、辐照、生物捕食及暴露在不利条件下等方式被去除。对于个体较大的病毒微生物，表面过滤就可去除，病原性细菌通过土壤吸附和土壤表面的过滤作用去除，病毒则完全由土壤吸附作用去除。

④ 对微量污染物的去除。随着对人体健康有极大威胁的微量有机化合物的不断被发现，近年来对快速渗滤系统中微量有机物去除的研究也越来越多。

快速渗滤系统对微量有机物的去除十分有效，与常规的污水处理工艺比较，快速渗滤系统对微量有机物的去除效果更高。微量有机物在快速渗滤系统中经历挥发、吸附、降解等系列过程，主要净化机制为土壤吸附、挥发和生物降解，并且系统的氧化还原条件对生物降解的影响很大。不同有机物的降解特性也不同。例如，快速渗滤系统在淹水期时，氯代脂肪烃类质量持续下降，表明该类化合物在好氧和厌氧条件下均产生不同的生物降解作用；但芳香烃类则受到快速渗滤系统内部氧化还原条件的影响，如苯和甲苯在好氧条件下容易发生降解，在厌氧条件下基本不发生降解。

尽管快速渗滤系统对微量有机物的去除效率很高，仍很难在同一系统中将所有微量有机物同时去除，可能会造成某些组分污染地表水或地下水，因此，要针对不同污染物采取不同的对策。

7.4.3.3 慢速渗滤系统

(1) 慢速渗滤系统原理及特点

在慢速渗滤中，处理场上通常种植作物，污水经表面布水或喷灌布水投配到土壤表面，缓慢向下渗滤，借助土壤-植物-微生物的联合作用对污水进行净化，部分污水经蒸发或植物蒸腾作用进入大气，其他部分渗入地下。

慢速渗滤使用于渗水性较好的砂质土和蒸发量小、气候湿润的地区。由于水力负荷率比快速渗滤小得多，污水中的养料可被作物充分吸收利用，污染地下水的可能性也很小，因而被认为是土地处理中最适宜的方法。

慢滤系统的特点：

① 典型的慢速渗滤系统，所投配的污水一般不产生径流。污水与降水共同满足植物需要，并与蒸腾量大体平衡。渗滤水经土层进入地下水的过程是间歇性的且非常缓慢。

② 需要根据土壤、气候、污水的特点选择适宜的植物。

③ 处理系统中水和污水有机负荷较低，系统的处理效率高，再生水质好，渗滤水缓慢补给地下水，一般不产生次生污染问题。

④ 受气候和植物限制，在冬季、雨期和作物播种期，不能投配污水，污水需要另外处置。

⑤ 根据对作物、土壤、地下水影响的要求，预处理可采用一级处理、二级处理，并应对其中的工业废水加以控制。

(2) 预处理和进水要求

农村生活污水水质比较稳定，通常不含工业污染物质，因此预处理通常不必达到很高的程度，另外，由于慢速渗滤系统对污水中 BOD_5、SS、氮和磷的去除程度都很高，因此处理农村污水时，对进水预处理要求不高。

慢速渗滤系统预处理主要采用一级处理和二级处理。一级处理主要有沉淀池或水解酸化池，渗滤田产出的作物不供食用。二级处理主用稳定塘。慢速渗滤系统由于设计目的的不同，其限制因素和有机负荷、水力负荷均不一样。如进行以处理污水为主要目的的灌溉，水力负荷受限于土壤渗滤能力或氮负荷；当以提高作物产量和经济效益为目的时，水力负荷受作物对水和氮磷的需求量限制。

(3) 作物的选择

慢速渗滤系统对作物的选择是非常重要的。当系统处理以污水处理为目标时，可以选用多年生牧草，其生长期长，氮的利用率高，能忍耐的水力负荷强；当作物选用树木时，污泥可以回田；以种植谷物为主时，以满足谷物对水的需要为主，这时应对污水加以监管。

(4) 污水处理效果

慢速渗滤系统对污水中所含BOD_5、COD、SS、氮、磷、大肠杆菌及微量有机物均有很强的处理能力。工艺控制得当时，该系统对BOD_5、COD、SS、磷的去除效率均在90%以上，总氮的去除率在75%左右，氨氮去除率也在90%以上。氮的去除主要依靠植物通过根瘤菌的固氮作用对氮的摄取及土壤的脱氮作用。

慢速渗滤系统不但对污水中的常规污染物有很好的去除效果，其对污水中很多微量有机污染物质也有显著的去除效果，如氯仿、三氯甲烷、四氯乙烯等。此外，该渗滤系统对大肠杆菌有极强的去除能力，污水中的病毒和寄生虫等能通过慢速渗滤去除。由于慢速渗滤土地处理技术易与农业生产结合，工艺灵活，资金投入少，因此，该技术是土地处理技术中经济效益最大、水和营养成分利用率最高的类型，可适用于人口相对集中、排污系统比较完善的农村地区。

7.4.3.4 地下渗滤处理系统

(1) 地下渗滤系统的原理及特点

地下渗滤处理系统是将经过腐化池（化粪池）或酸化水解池预处理后的污水，有控制地投配到距地面约0.5m深、有良好渗透性的地层中，藉毛细管浸润和土壤渗透作用，污水向四周扩散，通过过滤、沉淀、吸附和微生物的降解作用，使污水得到净化的土地处理工艺，如图7-10所示。

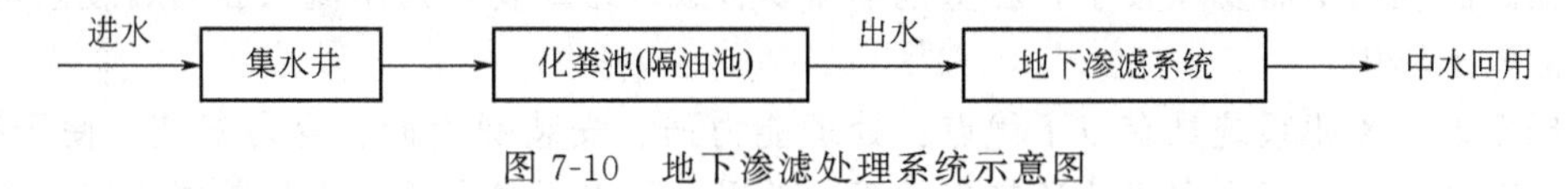

图7-10 地下渗滤处理系统示意图

地下渗滤系统适用于无法接入城市排水管网的小水量污水处理，如分散的居民点住宅、度假村、疗养院等。污水进入处理系统前需经化粪池或酸化水解池预处理。地下渗滤处理系统具有以下优点：

① 资源化利用土地，隐蔽处理，不破坏景观。整个处理装置放在地下，没有臭味，不与人体接触，保护居民健康。

② 对进水负荷变化适应能力强，能耐受冲击负荷。

③ 处理出水水质稳定良好，可回用于农业灌溉。

④ 去除有机物的同时，氮磷去除能力强。

⑤ 基建及运行管理费用低、运行管理简单、维护容易。

⑥ 污泥产量少，污泥处理处置费用低。

地下渗滤系统的处理方式是生态的工程方法，符合节能减排的要求，符合农村生活污水的排水特点。因地制宜地设计规划各个村庄和各农户的处理设施，在节约成本、合理规划的基础上，能够达到处理生活污水、改善农村居民生活环境、有效防止地表水及地下水污染的目的。

(2) 地下渗滤系统的类型

① 渗滤坑式地下渗滤系统。地下渗滤坑也称为地下渗井，是指在地下建造渗滤坑并利用渗滤坑周围和底部的土壤对化粪池出水进行处理的装置。渗滤坑由预处理池和砾石堆组成，预处理池由水泥、石头、塑料等组成，池壁上开有所需大小的孔，预处理池内部和周围由砾石填充，整个渗滤坑埋入具有合适渗透性的土壤中。污水经过化粪池处理之后首先进入

预处理池，而后由预处理池壁上的孔眼分别进入周围的砾石堆，在流经砾石堆之后渗入四周的土壤中，在此过程中得到净化。地下渗滤坑也是一种比较原始的地下渗滤系统，适于流量比较小的污水源。

② 渗滤沟式地下渗滤系统。也称为土壤净化槽，是目前最常用的地下渗滤装置。这种系统由化粪池、布水管、砾石堆、处理场地等构成，通常将布水管放入一系列并行的渗滤沟中，并且在布水管周围填上砾石堆。污水经过化粪池预处理之后，通过重力自流或者由泵输入埋在地下的渗滤沟中的布水管，布水管下方开有渗滤孔，污水通过渗滤孔进入由砾石组成的渗滤填料中，而后缓慢地向周围土壤浸润、渗透和扩散。砾石除了作为污水进入土壤的界面外，还具有贮存污水的作用，多孔的布水管由工程塑料 PVC 等构成，砾石和布水管都裹有防止土壤进入的合成纤维布。渗滤沟式地下渗滤系统提高了系统的污水处理能力，并且具有比较大的布水面积，处理出水的水质有所提高。

③ 渗滤管式或渗滤腔式地下渗滤系统。此种渗滤系统，特点是在土壤渗滤系统的渗滤沟中不再利用砾石堆，而是在处理场地中放置利用褶皱织物包裹的渗滤管或者做成具有一定空间的腔体结构。污水通过多孔渗滤管直接进入周围的土壤中。一般在布水管上方都设有检查井以便于检查和清除管子中可能堆积的污泥。渗滤腔式地下渗滤系统是近来国外比较热门的地下渗滤装置。渗滤腔也可以理解为底部开孔的大管子，腔体通常由硬质塑料、玻璃钢、砖、石头等构成。渗滤腔四周和底部开有小孔，使得污水能够从这些小孔中渗入到四周的土壤中，在渗滤腔内不需要埋管子，腔壁也不需要合成纤维织物，污水流入腔内后逐渐从底部和四周渗入土壤中。

无砾石地下渗滤系统具有以下优点：处理能力强、安装费用低、容易安装、便于维护、能防止砾石在渗滤过程中因风化所带来的不良效果、可以反复利用部件化装置、能够很方便地根据处理需要扩大或者缩小处理规模等，其系统示意图如图 7-11 所示。

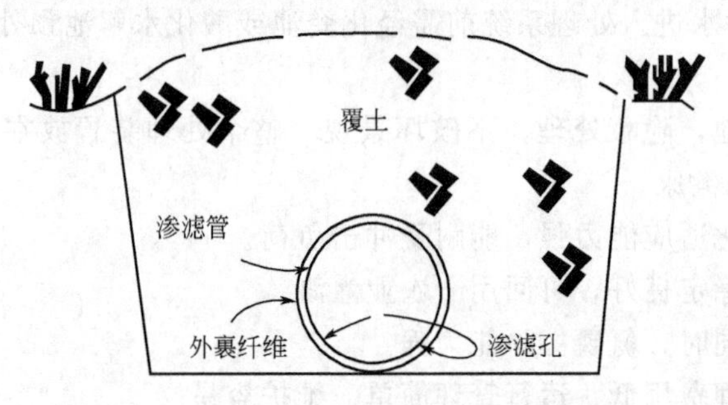

图 7-11　渗滤腔式地下渗滤系统示意图

④ 尼米槽式地下渗滤系统。尼米槽式地下渗滤系统也称为土壤毛细管渗滤系统。尼米槽式地下渗滤系统与传统地下渗滤系统的区别为：在布水管下方设有一个不透水的厌氧槽（即尼米槽），里面装有砂子或者其他填料，布水管的周围则是用合成纤维织物包裹的砾石，砾石上方为表层覆土。当污水从布水管中出来时，首先进入厌氧槽中，积累到一定程度后，在砂子及土壤毛细力的作用下扩散到厌氧槽上方和四周的土壤，而污水中的悬浮物则大多数被砂子截留，停留在厌氧槽中并在槽中逐渐液化、酸化，这样就可以减少土壤被堵塞的可能性，提高出水水质，且厌氧槽的存在也可以起到抗冲击的作用。

⑤ 其他改进式地下渗滤系统。改进式地下渗滤系统是指地下渗滤系统与其他工艺的联用，比较常见的有与人工湿地套用的地下渗滤工艺；与生物滤池套用的地下渗滤工艺；在干

旱地区使用的地下蒸发蒸腾渗滤床等。

7.4.4　污水土地处理的特点

7.4.4.1　土地处理的优点

（1）土地处理成本低廉

土地处理系统的费用包括基建费用、运转费用和维修费用三个方面。基建费用主要取决于土地价格和污水输送距离之远近，如果该系统需要对污水进行预处理，基建费用还包括预处理的花费。运转费用和维修保养费用取决于系统类型和污水的输送费用，一般是相当低的。

（2）污水处理与农业相结合，充分利用水资源

生活污水中含有氮和磷，它们是农作物生长发育所需要的营养元素，所以污水灌溉有其显著的经济意义。污水中除含有主要营养元素外，还含有其他对作物生长有益的元素。

（3）节省能源

污水的土地处理比机械处理节省能源，不仅运转耗能少，而且建设所需材料少，运行过程中基本不需加入化学品。

（4）净化过程属自然过程

污水土地处理是自然过程，靠自然环境的稀释和净化，因此，从环境角度考虑，它更易被接受。为了提高环境质量，在社区周围开辟绿地、广场和各种各样的娱乐游览区，这也为土地处理提供了场所。

7.4.4.2　土地处理的缺点

（1）恶化公共卫生状况

污水的土地处理可能导致环境卫生状况的恶化，可以传播许多以水为媒体的疾病。

（2）副作用的长期性

产生这些副作用的主要根源是重金属和有机毒物。重金属在土壤中积累，达到有害的程度，被作物吸收，进入食物链，最终进入人体。某些能引起生物突变和致癌的有机物质，在土地处理系统中迁移转化，影响食物链和污染地下水。

（3）占用土地资源

土地处理系统需要占用大面积的土地。

7.4.5　土地处理系统运行管理

（1）占地面积大及其处理

为保证良好的处理效果，地下渗滤系统水力负荷较低，由此带来的最大问题就是占地面积大，处理 $1m^3$ 的污水占地面积 $25m^3$ 以上，是 SBR 法的 5～8 倍。因此，提高水力负荷，减小占地面积是地下渗滤系统推广使用所要解决的主要问题。合理地选配渗滤基质、科学设计床体结构是目前研究较多的措施。

土壤作为地下渗滤系统的重要组成部分，对污染物起到物理截留、化学沉淀、吸附、氧化还原、络合及离子交换等作用，同时为微生物提供了必要的生存环境。土壤的颗粒组成、结构和级配等性质决定了地下渗滤系统的处理能力和净化效果，合理的土壤选配措施是地下渗滤系统高效处理的前提，改善土壤环境，使其具备颗粒结构发达、通透性好、吸附容量大、渗透率高、有机质含量丰富等特性，能显著提高系统的水力负荷，减少土地使用面积。

土壤中微生物分解代谢有机物，好氧条件下处理速率与效果远超厌氧条件，强化补氧可为微生物提供好氧条件，使地下渗滤系统在高负荷条件下仍能保证高效、稳定、长期运行，大大降低了土地占用面积。采用多层过滤结构与曝气装置相结合的措施，多层过滤结构的人工土层可增大土壤与有机物的接触氧化表面积，曝气保证了好氧环境，两者相结合有效地提高了地下渗滤系统的水力负荷。

(2) 土壤堵塞及其处理

地下渗滤系统堵塞的原因复杂，物理堵塞和生物堵塞是造成系统崩溃的主要原因。基质堵塞会降低系统的水力传导性，妨碍通气，降低地下渗滤系统的净化效果。

悬浮物产生的物理堵塞发生迅速，堵塞过程不可逆，在地下渗滤系统中应注意避免。通常，采用高效的预处理措施，降低进水的悬浮物浓度，可有效保障系统正常运转。

微生物过度繁殖及其胞外分泌物的积累或生物膜过度脱落都可能造成生物堵塞。其中，微生物降解污染物过程中产生的中间产物（胞外多糖）是土壤孔隙堵塞的重要原因，土壤中腐殖质的积累也会导致地下渗滤系统的堵塞。对于分散式生活污水，由于水力负荷较小，进水的有机质浓度也较低，故强化土壤的通气充氧作用便成为重要的防治腐殖质积累的手段。适宜的土壤改良措施，辅以干湿交替的运行方式可以缓解微生物作用导致的土壤堵塞问题。

土壤中微生物好氧-厌氧过程中产生 CO_2、CH_4、N_2 等气体，如不能及时从土层中排出，在土壤毛细管网中堆积，造成内压过大，阻碍了污水流过，造成土壤孔隙堵塞。采用干湿交替运行的方式，可有效防止气体对土壤孔隙造成的堵塞。

防止地下渗滤系统堵塞的根本手段是加强预处理措施。强化一级处理，降低地下渗滤系统进水悬浮物浓度，对防止堵塞，提高系统寿命，保障处理效率有重要意义。

第8章 污泥处理与处置

在城市污水处理过程中，无时无刻不在产生着大量的污泥。污泥既可以是废水中早已存在的，也可以是废水处理过程中形成的。正是这些污泥的不断产生，才使污染物与污水分离，从而完成污水的净化。对于产生的污泥，如果不予以有效的治理和处置，仍然会污染环境，使污水处理厂的功能不能完全发挥。

8.1 污泥的性质与一般方法

8.1.1 污泥种类与特性

污泥按照来源的不同，主要可分为初次沉淀污泥、剩余活性污泥、腐殖污泥、化学污泥和消化污泥；按照成分的不同，主要可分为有机污泥和无机污泥。

(1) 初次沉淀污泥

初次沉淀污泥指在初次沉淀池沉淀下来并排出的污泥，又称初沉污泥。初沉污泥以无机物为主，数量较大，易腐化发臭，可能含有虫卵和病变菌，是污泥处理的主要对象。正常情况下为棕褐色略带灰色，当发生腐蚀时，则为灰色或黑色；一般情况下，有难闻的气味。当工业废水比例较大时，气味会有所降低。初沉污泥的 pH 值一般在 5.5～7.5，典型值在 6.5 左右，略显酸性，含固量一般在 2%～4%，常在 3%左右，具体取决于初淀池的排泥操作。初淀污泥的有机成分一般在 55%～70%。

(2) 剩余活性污泥和腐殖污泥

来自活性污泥法和生物膜法后的二次沉淀池。前者称为剩余活性污泥，后者称为腐殖污泥。

(3) 化学污泥

用混凝、化学沉淀等化学法处理废水，所产生的污泥称为化学污泥。其性质取决于采用的混凝剂种类。当采用铁盐混凝剂时，可能略显暗红色。一般来说，化学污泥气味较小，且极易浓缩或脱水。由于其中有机成分含量不高，所以一般不需要消化处理。

(4) 消化污泥

初次沉淀污泥、剩余活性污泥和腐殖污泥等经过消化稳定处理后的污泥称为消化污泥，又称熟污泥。它是在好氧或厌氧条件下进行消化，使污泥中挥发物含量降低到固体相对地不易腐烂和不发生恶臭时的污泥的程度；其含水率约为 95%，容易脱水。

(5) 有机污泥

有机污泥主要含有有机物，典型的有机污泥是剩余生物污泥，如活性污泥和生物膜、厌氧消化处理后的消化污泥等，此外还有油泥及废水固相有机污染物沉淀后形成的污泥。

(6) 无机污泥

无机污泥主要以无机物为主要成分，亦称泥渣，如废水利用石灰中和沉淀、混凝沉淀和化学沉淀的沉淀物等。

8.1.2 污泥的性质指标

表征污泥性质的主要参数或项目有：含水率与含固率、挥发性固体与灰分、污泥的相对密度、脱水性能、污泥的比阻、毛细吸水时间、污泥的可消化程度、污泥的肥分和污泥的卫生学指标等。

(1) 含水率与含固率

含水率是污泥中含水量的百分数，含固率则是污泥中固体或干污泥含量的百分数，湿泥量与含固率的乘积就是污泥量。含水率降低（即含固量提高）将大大降低湿泥量（即污泥体积)，含水率发生变化时，可近似计算湿污泥的体积。通常当污泥含水率大于85%时，污泥呈流状；含水率介于65%～85%时，污泥呈塑态；含水率小于65%时，污泥呈固态。

当处理生活污水及性质与之相近的生产污水时，初次沉淀污泥的含水率为95%～97%，腐殖污泥的含水率为96%左右，而剩余污泥含水率可达99%以上。相对密度接近1。因此，污泥的体积、重量及污泥所含固体物浓度之间的关系可用式(8-1) 来表示。

$$\frac{V_1}{V_2}=\frac{W_1}{W_2}=\frac{100-p_2}{100-p_1}=\frac{C_2}{C_1} \tag{8-1}$$

式中　V_1，W_1，C_1——污泥含水率为 p_1 时的污泥体积、重量与固体物浓度；

V_2，W_2，C_2——污泥含水率变为 p_2 时的污泥体积、重量与固体物浓度。

式(8-1) 适用于含水率大于65%的污泥。因含水率低于65%以后，污泥颗粒之间不再被水填满，体积内有气体出现，体积与重量不再符合式(8-1) 关系。如污泥含水率从99%降低到96%时，污泥体积可以减少3/4，如式(8-2) 所示。

$$V_2=V_1\frac{100-p_1}{100-p_2}=V_1\frac{100-99}{100-96}=\frac{1}{4}V_1 \tag{8-2}$$

(2) 挥发性固体与灰分

挥发性固体即VSS，灰分即NVSS。挥发性固体表示污泥中的有机物含量，又称为灼烧减重；灰分则表示污泥中的有机物含量，也称为灼烧残渣。通常有机物含量越高，污泥的稳定性就更差。

(3) 污泥的相对密度

污泥相对密度指污泥重量与同体积水重量比。由于污泥含水率很高，污泥相对密度往往接近于1。由于水相对密度为1，所以湿污泥相对密度 γ 可用下式计算：

$$\gamma=\frac{p+(100-p)}{p+\frac{100-p}{\gamma_s}}=\frac{100\gamma_s}{p\gamma_s+(100-p)} \tag{8-3}$$

式中　γ——湿污泥相对密度；

p——湿污泥含水率,%；

γ_s——干污泥相对密度。

干固体物质由有机物（即挥发性固体）和无机物（即灰分）组成，有机物相对密度一般等于1，无机物相对密度为2.5～2.65，以2.5计，则干污泥平均相对密度 γ_s 为：

$$\gamma_s=\frac{250}{100+1.5p_v} \tag{8-4}$$

式中，p_v 为污泥中有机物含量,%。

确定湿污泥相对密度和干污泥相对密度，对于浓缩池的设计、污泥运输及后续处理都有实用价值。

(4) 脱水性能

污泥的脱水性能与污泥性质、调理方法及条件等有关，还与脱水机械种类有关。在污泥脱水前进行强处理，改变污泥粒子的物化性质，破坏其胶体结构，减少其与水的亲和力，从而改善脱水性能，这一过程称为污泥的调理或调质。

常用污泥过滤比阻抗值（r）和污泥毛细管吸水时间（CST）两项指标来评价污泥的脱水性能。

(5) 污泥的比阻

污泥脱水性能是指污泥脱水的难易程度，污泥比阻是指单位过滤面积上，单位干重滤饼所具有的阻力。污泥比阻也可反映污泥的脱水性能。

$$r=\frac{2PA^2}{\mu}\times\frac{b}{\omega} \tag{8-5}$$

式中　r——比阻，m/kg，1m/kg=9.81×10^3 s^2/g；

P——过滤压力，kg/m^2；

A——过滤面积，m^2；

μ——滤液的动力黏滞度，kg·s/m^2；

ω——滤过单位体积的滤液在过滤介质上截留的干固体重量，kg/m^3；

b——污泥性质系数，s/m^6。

(6) 毛细吸水时间

毛细吸水时间指污泥中的水在吸水纸上渗透距离为1cm时所需要的时间。比阻与毛细吸水时间之间存在一定的对应关系，通常比阻越大，毛细吸水时间越长。

(7) 污泥的可消化程度

可消化程度表示污泥中挥发性固体被消化降解的百分数。污泥中的有机物是消化处理的对象，有一部分易于分解（或称可被气化、无机化），另一部分不易或不能被分解，如纤维素、橡胶制品等。可用消化程度 R_d 表示，用下式计算：

$$R_d=\left(1-\frac{p_{V2}p_{s1}}{p_{V1}p_{s2}}\right)\times 100 \tag{8-6}$$

式中　R_d——可消化程度,%；

p_{s1},p_{s2}——生污泥及消化污泥的无机物含量,%；

p_{V1},p_{V2}——生污泥及消化污泥的有机物含量,%。

(8) 污泥的肥分

主要指氮、磷、钾、有机质、微量元素等的含量。肥分指标直接决定污泥是否适合于作为肥料进行综合利用。

(9) 污泥的卫生学指标

从废水生物处理系统排出的污泥含有大量的微生物，包括病原体和寄生虫卵。未经卫生处理的污泥直接排放到环境或施用于农田是不安全的。卫生学指标指污泥中微生物的数量，尤其是病原微生物的数量。

8.1.3 污泥的一般处理工艺

典型的污泥处理与处置基本流程如图8-1所示，包括四个处理或处置阶段，第一阶段为污泥浓缩，主要目的是使污泥初步减容，缩小后续处理构筑物的容积或设备容量，常采用的工艺有重力浓缩、离心浓缩和气浮浓缩等；第二阶段为污泥消化，主要目的是分解污泥中的有机物，减小污泥的体积，并杀死污泥中的病原微生物和寄生虫卵，污泥消化可分为厌氧消化和好氧消化两大类；第三阶段为污泥脱水，使污泥进一步减容，使污泥由液态转化为固态，方便运输和消纳，污泥脱水可分为自然干化和机械脱水两大类；第四阶段为污泥处置，目的是最终消除污泥造成的环境污染并回收利用其中的有用成分，主要方法有污泥填埋、污泥焚烧、污泥堆肥、用作生产建筑材料等。以上各阶段产生的清液或滤液中仍含有大量的污染物质，因而应送回污水处理系统中处理。

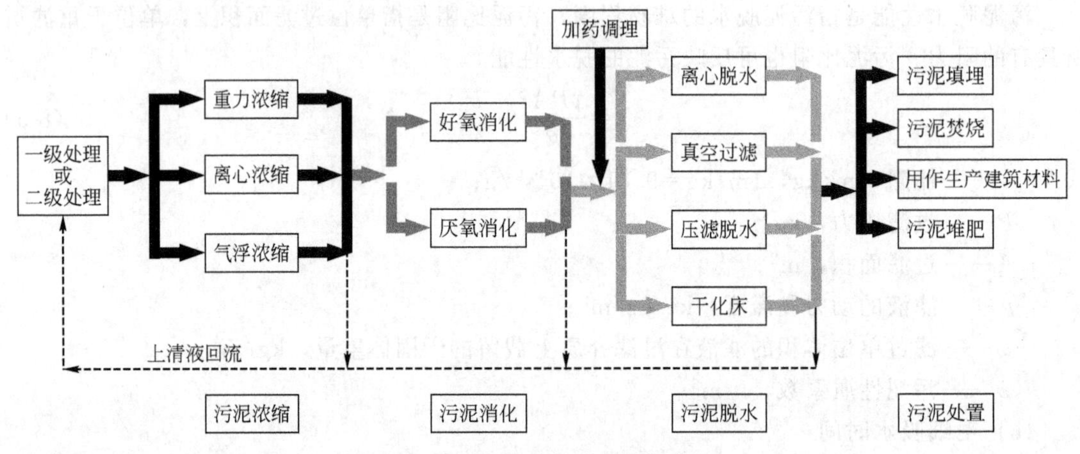

图8-1 污泥处理与处置基本流程

以上典型污泥处理工艺流程，可使污泥经处理后，实现“四化”：

① 减量化：由于污泥含水量很高，体积很大，呈流动性。经以上流程处理之后，污泥体积减至原来的十几分之一，且由液态转化成固态，便于运输和消纳。

② 稳定化：污泥中有机物含量很高，极易腐败并产生恶臭。经以上流程中消化阶段的处理以后，已腐败的部分有机物被分解转化，不易腐败，恶臭大大降低，方便运输及处置。

③ 无害化：污泥中，尤其是初沉淀污泥中，含有大量病原菌、寄生虫卵及病毒，易造成传染病面积传播。经过以上流程中的消化阶段，可以灭杀大部分的蛔虫卵、病原菌和病毒，大大提高污泥的卫生指标。

④ 资源化：污泥是一种资源，其中含有很多热量，其热值在10000～15000kJ/kg（干泥），高于煤和焦炭。另外，污泥中还含有丰富的氮磷钾，是具有较高肥效的有机肥料。通过以上流程中的消化阶段，可以将有机物转化成沼气，使其中的热量得以利用，同时还可以进一步提高其肥效。

8.1.4 污泥贮存与运输

8.1.4.1 污泥的贮存

① 避免污泥受到雨淋或水的浸泡，以免污泥中的污染物溶出，造成二次污染。

② 应当尽量缩短有机污泥在厂内的贮存时间，尤其是在夏季，以免污泥发生腐败，产生臭味。

③ 对含有病原体微生物、寄生虫卵的污泥，应该进行充分的消毒，并避免蚊蝇等的滋生。

④ 对于含有特殊有毒物质的污泥，应该严格按照国家相关规定进行贮存，以免产生危害。

8.1.4.2 污泥的运输

在污泥的处理过程中，污泥的输送是一项必须首先解决的问题。污泥的输送方式主要决定于污泥含水率的大小，并应考虑污泥的利用途径。一般有管道输送、汽车和驳船运送等。经验表明，对同样数量的污泥在运送距离不超过10km时，采用压力管道输送是比较经济也比较卫生的方法。一般输送的污泥的固体含量以5%为宜。当污泥运输距离较远时，应考虑通过脱水及干化等过程缩小污泥体积后再运送。

8.2 污泥浓缩工序运行管理

8.2.1 概述

8.2.1.1 污泥中的水分

污泥中所含水分大致分为以下4类：

① 游离水（又称间隙水）：指被污泥颗粒包围起来的水分，并不与污泥颗粒直接结合，一般占总水分的70%左右，这部分水可以通过重力沉淀（浓缩压密）而分离。

② 毛细水：指颗粒间毛细管内的水。毛细水约占总水分的20%，要脱除毛细水，必须向污泥施加外力，如离心力、负压力等，以破坏毛细管表面张力和凝聚力的作用。

③ 表面吸附水：在污泥颗粒表面附着的水分，其附着力较强，这部分水在胶体状颗粒、生物污泥等固体表面上常出现。这部分水的脱除比较困难，必须采用混凝方法，通过胶体颗粒的相互絮凝，排出附着在表面的水分。

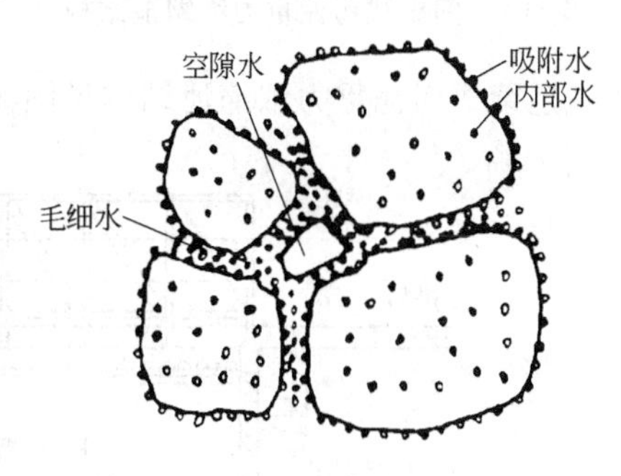

图8-2 污泥水分示意图

④ 内部水：指污泥颗粒内部结合的水分，如生物污泥中细胞内部水分，污泥中金属化合物所带的结晶水等。这部分水是不能用机械方法分离的，可以通过生物分解或热力方法除去。通常表面吸附水和内部水占污泥总水分的10%左右（图8-2）。

8.2.1.2 降低含水率的方法

污水处理过程中产生的污泥，其含水率很高，一般为9%～99.8%，体积很大，对污泥的处理、利用和运输造成很大困难。污泥中降低含水率的方法主要有用污泥浓缩去除污泥水分中的游离水；自然干化和机械脱水用于去除毛细水；干燥与焚烧用于去除内部水和表面吸附水。

其中，污泥浓缩的主要目的是降低污泥的含水率，使污泥体积大为降低，即通常所说的减容，因此可以大幅度降低后续处理的费用。主要的浓缩方法有重力浓缩法、气浮浓缩法和离心浓缩法等三种，在选择具体的污泥浓缩方法时，还应综合考虑污泥的来源、性质以及最终的处置方法等，下面将分别予以叙述。

8.2.2 常用污泥浓缩法

8.2.2.1 重力浓缩法

(1) 重力浓缩法原理

利用重力将污泥中的固体与水分离，使污泥的含水率降低的方法称为重力浓缩法，它适用于浓缩相对密度较大的污泥和沉渣，也是使用最广泛和最简便的一种浓缩方法。重力浓缩池可以用于浓缩来自初次沉淀池污泥或来自初次沉淀池污泥和二次沉淀池的剩余污泥的混合污泥或初次沉淀池与生物膜法二次沉淀池污泥的混合污泥，浓缩池也可直接浓缩来自曝气池的剩余污泥。

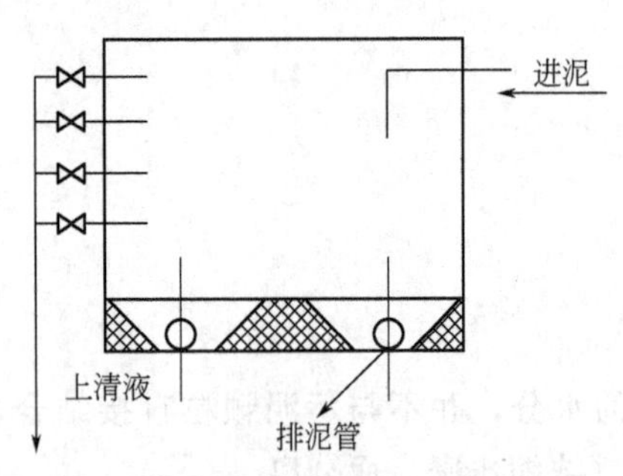

图 8-3 间歇式污泥重力浓缩池结构

(2) 重力浓缩池的运行方式

① 间歇运行。首先把待浓缩的污泥排入，经一定浓缩时间后，依次开启设在浓缩池上不同高度的清液管上的阀门，分层地放掉上清液，然后通过排泥管排放污泥后，再向浓缩池内排入下一待处理的污泥。间歇浓缩池可建成矩形或圆形，用于小型污水处理厂。间歇式污泥重力浓缩池结构见图 8-3。

② 连续运行。连续运行的浓缩池可采用沉淀池的形式，一般为竖流式（或辐流式），用于大型污水处理厂。连续式污泥重力浓缩池结构见图 8-4。

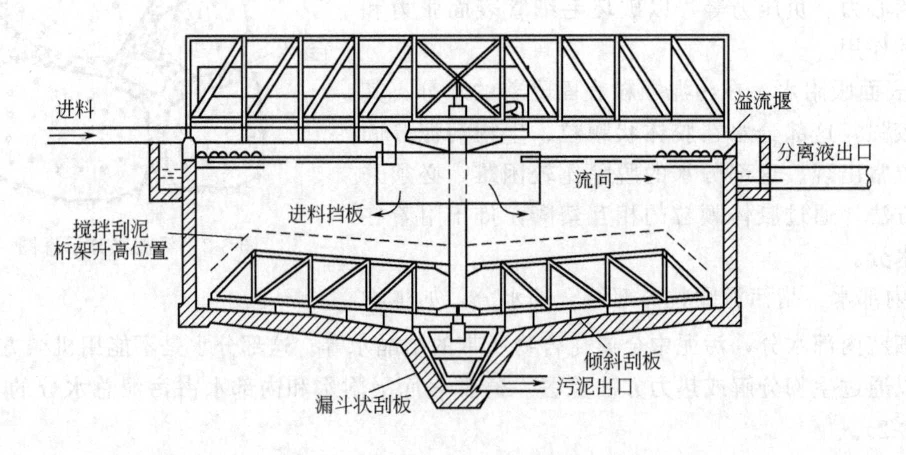

图 8-4 连续式污泥重力浓缩池结构

(3) 重力浓缩法特点

优点：运行费用低。

缺点：浓缩池体积大，浓缩时间长可能引起污泥腐化；上清液 BOD 浓度较高，若回流到污水处理系统中，将增加其 BOD 负荷。

8.2.2.2 气浮浓缩法

(1) 气浮浓缩原理

气浮浓缩与重力浓缩相反，它是依靠大量微小气泡附着在污泥颗粒的周围，通过减小颗粒的密度，形成上浮污泥层，撇除浓缩污泥层到污泥槽，并用浮渣泵把污泥槽污泥送到下一段污泥处理设施，气浮池下层液体回流到废水处理装置。气浮浓缩池的基本形式有圆形和矩形两种，见图 8-5。

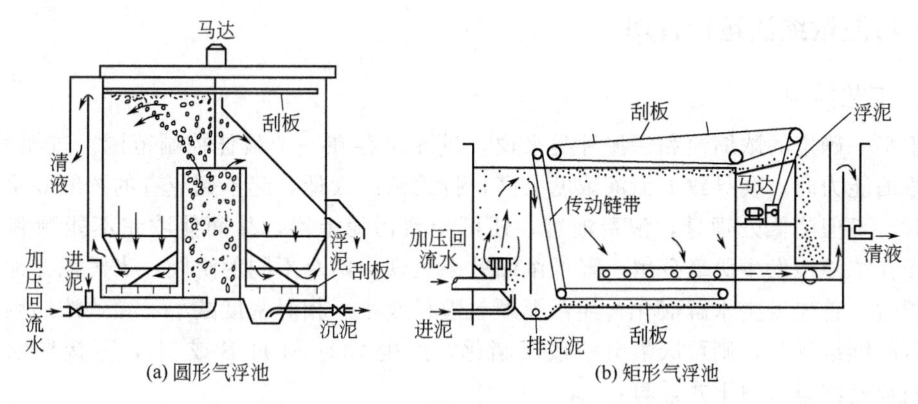

图 8-5 气浮浓缩池的基本形式

(2) 气浮浓缩法特点

优点：气浮法用于浓缩剩余活性污泥或腐殖污泥。其浓缩效果好于重力浓缩法，时间短，耐冲击负荷和温度的变化，污泥处于好氧环境，基本没有气味。

缺点：一是运行费用较高，二是运行管理较复杂。

8.2.2.3 离心浓缩法

(1) 离心浓缩法原理

离心浓缩法是利用污泥中固、液相对密度不同，在高速旋转的机械中具有不同的离心力而进行分离浓缩，经分离的固体颗粒和污泥分离液，由不同的通道导出机外。

(2) 离心浓缩装置的种类

主要有转盘式离心机、螺旋卸料离心机、筐式离心机。

(3) 离心浓缩装置的主要技术参数

离心浓缩装置的主要技术参数见表 8-1。

表 8-1 离心浓缩装置主要技术参数表

离心装置类型	处理能力/(m^3/min)	含水率/%		固体回收率/%	混凝剂投量/(kg/t)
		浓缩前	浓缩后		
转盘式	0.75	99～99.2	94.5～95	85～90	0
		—	—	90～95	0.5～1.5
	2	—	96	80	0
筐式	0.165～0.35	93	90～91	70～90	0
螺旋式	0.05～0.06	85	87～91	90	0

(4) 离心浓缩法特点

重力浓缩的动力是污泥颗粒的重力，气浮浓缩的动力是气泡强制施加到污泥颗粒上的浮力，而离心浓缩的动力是离心力。由于离心力是重力的500～3000倍，因而在很大的重力浓缩池内要经十几小时才能达到的浓缩效果，在很小的离心机内就可以完成，且只需十几分钟。对于不易重力浓缩的活性污泥，离心机可借其强大的离心力，使之浓缩。活性污泥的含固量在0.5%左右时，经离心浓缩，可增至6%。离心浓缩过程封闭在离心机内进行，因而一般不会产生恶臭。对于富磷污泥，用离心浓缩可避免磷的二次释放，提高污水处理系统总的除磷率。

8.2.3 污泥浓缩法运行管理

8.2.3.1 工艺控制

对于某一确定的浓缩池和污泥种类来说，进泥量存在一个最佳控制范围。进泥量太大，超过了浓缩能力时，会导致上清液浓度太高，排泥浓度太低，起不到应有的浓缩效果；进泥量太低时，不但降低处理量，浪费池容，还可导致污泥上浮，从而使浓缩不能顺利进行下去。污泥在浓缩池发生厌氧分解，降低浓缩效果表现为两个不同的阶段：当污泥在池中停留时间较长时，首先发生水解酸化，使污泥颗粒粒径变小，相对密度减小，导致浓缩困难；如果停留时间继续延长，则可厌氧分解或反硝化，产生CO_2和H_2S或N_2，直接导致污泥上浮。浓缩池进泥量可由下式计算：

$$Q_i=\frac{q_s A}{C_i} \tag{8-7}$$

式中 Q_i——进泥量，m^3/d；

C_i——进泥浓度，kg/m^3；

A——浓缩池的表面积，m^2；

q_s——固体表面负荷，$kg/(m^2 \cdot d)$。

固体表面负荷q_s是指浓缩池单位表面积在单位时间内所能浓缩的干固体量。q_s的大小与污泥种类及浓缩池构造和温度有关系，是综合反映浓缩池对某种污泥浓缩能力的一个指标。温度对浓缩效果的影响体现在两个相反的方面：当温度较高时，一方面污水容易水解酸化（腐败），使浓缩效果降低；但另一个方面，温度升高会使污泥的黏度降低，使颗粒中的空隙水易于分离出来，从而提高浓缩效果。在保证污泥不水解酸化的前提下，总的浓缩效果将随温度的升高而提高。综上所述，当温度在15～20℃时，浓缩效果最佳，初沉污泥的浓缩性能较好，其固体表面负荷q_s一般可控制在90～150kg/($m^2 \cdot d$)的范围内，活性污泥的浓缩性能很差，一般不宜单独进行重力浓缩。如果进行重力浓缩，则应控制在低负荷水平，q_s一般在10～4.30kg/($m^2 \cdot d$)。常见的形式是初沉污泥与活性污泥混合后进行重力浓缩，其q_s取决于两种污泥的比例。如果活性污泥量与初沉污泥量在1∶2～2∶1，q_s可控制在25～80kg/($m^2 \cdot d$)，常在60～70kg/($m^2 \cdot d$)。即使同一种类型的污泥，q_s值的选择也因厂而异，运行人员在运行实践中，应摸索出本厂q_s的最佳控制范围。

由式(8-7)计算确定的进泥量还应当用水力停留时间进行核算。水力停留时间计算如下：

$$T=\frac{V}{Q_i}=\frac{AH}{Q_i} \tag{8-8}$$

式中 A——浓缩池的表面积，m^2；

H——浓缩池的有效水深，通常指直墙深度，m。

水力停留时间一般控制在12～30h范围内。温度较低时，允许停留时间稍长一些；温度较高时，不应停留时间太长，以防止污泥上浮。

8.2.3.2　排泥控制

浓缩池有连续和间隔两种运行方式。连续运行是指连续进泥、连续排泥，这在规模较大的处理厂比较容易实现。小型处理厂一般只能间歇进泥并间歇排泥，因为初沉池只能是间歇排泥。连续运行可使污泥层保持稳定，对浓缩效果比较有利。无法连续运行的处理厂应“勤进勤排”，使运行尽量趋于连续，当然这在很大程度上取决于初沉池的排泥操作。不能做到“勤进勤排”时，至少应保证及时排泥。一般不要把浓缩池作为贮泥池使用，虽然在特殊情况下它的确能发挥这样的作用。每次排泥一定不能过量，否则排泥速率会超过浓缩速率，使排泥变稀，并破坏污泥层。

8.2.3.3　浓缩效果的评价

在浓缩池的运行管理中，应经常对浓缩效果进行评价，并随时予以调节。浓缩效果通常用浓缩比、分离率和固体回收率三个指标进行综合评价。浓缩比是指浓缩池排泥浓度与入流污泥浓度比，用 f 表示，计算如下：

$$f=\frac{C_u}{C_i} \tag{8-9}$$

式中　C_i——入流污泥浓度，kg/m^3；

C_u——排泥浓度，kg/m^3。

固体回收率是指被浓缩到排泥中的固体占入流总固体的百分比，用 η 表示，计算如下：

$$\eta=\frac{Q_u C_u}{Q_i C_i} \tag{8-10}$$

式中　Q_u——浓缩池排泥量，m^3/d；

Q_i——入流污泥量，m^3/d。

分离率是指浓缩池上清液量占入流污泥量的百分比，用 F 表示，计算如下：

$$F=\frac{Q_e}{Q_i}=\frac{1-\eta}{f} \tag{8-11}$$

式中　Q_e——浓缩池上清液流量，m^3/d；

f——污泥经浓缩池后被浓缩了多少倍；

η——经浓缩之后，有多少干污泥被浓缩出来；

F——经浓缩之后，有多少水分被分离出来。

以上三个指标相辅相成，可衡量出实际浓缩效果。一般来说，浓缩初沉污泥时，f 应大于2.0，η 应大于90%。如果某一指标低于以上数值，应分析原因，检查进泥量是否合适，控制的 q_s 是否合理，浓缩效果是否受到了温度等因素的影响。浓缩活性污泥与初沉污泥组成混合污泥时，f 应大于2.0，η 应大于85%。

8.2.4　各类污泥浓缩池运行管理注意事项

8.2.4.1　重力浓缩池

(1) 主要工艺参数

固体负荷：一般采用30～60kg/(m^2·d)；

浓缩时间：一般采用不小于12h；

污泥含水率：当采用99.2%～99.6%时，浓缩后污泥含水率为97%～98%；

有效水深：一般为4m；

刮泥机外缘线速度：重力浓缩池运行管理一般为1～2m/min，池底坡向泥斗的坡度不宜小于0.05。

(2) 重力浓缩池运行管理注意事项

① 入流污泥池中的初沉池污泥与二沉池污泥要混合均匀，防止因混合不匀导致池中出现异重流扰动污泥层，降低浓缩效果。

② 当水温较高或生物处理系统发生污泥膨胀时，浓缩池污泥会上浮和膨胀，此时投加Cl_2、$KMnO_4$等氧化剂抑制微生物的活动可以使污泥上浮现象减轻。

③ 必要时在浓缩池入流污泥中加入部分二沉池出水，可以防止污泥厌氧上浮，改善浓缩效果，同时还可以适当降低浓缩池周围的恶臭程度。

④ 浓缩池长时间没有排泥时，如果想开启污泥浓缩机，必须先将池子排空并清理沉泥，否则有可能因阻力太大而损坏浓缩机。在北方地区的寒冷冬季，间歇进泥的浓缩池表面出现结冰现象后，如果想要开启污泥浓缩机，必须先破冰也是这个道理。

⑤ 定期检查上清液溢流堰的平整度，如果不平整或局部被泥块堵塞必须及时调整或清理，否则会使浓缩池内流态不均匀，产生短路现象，降低浓缩效果。

⑥ 定期（一般半年一次）将浓缩池排空检查，清理池底的积砂和沉泥，并对浓缩机的水下部件的防腐情况进行检查和处理。

⑦ 定期分析测定浓缩池的进泥量、排泥量、溢流上清液的SS和进泥排泥的含固率，以保证浓缩池维持最佳的污泥负荷和排泥浓度。

⑧ 每天分析和记录进泥量、排泥量、进泥含水率、排泥含水率、进泥温度、池内温度及上清液的SS、TP等，定期计算污泥浓缩池的表面固体负荷和水力停留时间等运转参数，并和设计值进行对比。

8.2.4.2 气浮浓缩池

(1) 主要工艺参数

气浮浓缩池有圆形和矩形两种，多为矩形。矩形池的长宽比为（3～4）：1，深度与宽度之比一般小于0.3，有效水深为3～4m，池中水平流速为4～10mm/s。气浮浓缩法的气固比一般为0.01～0.04，表面水力负荷范围为1～3.6$m^3/(m^2 \cdot h)$，固体通量范围为1.8～5$kg/(m^2 \cdot h)$，回流比为25%～35%。所用溶气罐的容积折合加压溶气水停留时间为1～3min，罐体高度与直径之比为2～4，溶气工作压力为0.3～0.5MPa。

(2) 气浮浓缩池运行管理注意事项

① 巡检时，通过观察孔观察溶气罐内的水位。要保证水位既不淹没填料层，影响溶气效果，又不低于0.6m，以防出水中带大量未溶空气。

② 巡检时要注意观察池面情况。如果发现接触区浮渣面高低不平、局部水流翻腾剧烈，这可能是个别释放器被堵或脱落，需要及时检修和更换。如果发现分离区浮渣面高低不平、池面常有大气泡鼓出，这表明气泡与杂质絮粒黏附不好，需要调整加药量或改变混凝剂的种类。

③ 冬季水温较低影响混凝效果时，除可采取增加投药量的措施外，还可利用增加回流水量或提高溶气压力的方法，增加微气泡的数量及其与絮粒的黏附，以弥补因水流黏度的升

高而降低带气絮粒的上浮性能，保证出水水质。

④ 根据反应池的絮凝、气浮池分离区的浮渣及出水水质等变化情况，及时调整混凝剂的投加量，同时要经常检查加药管的运行情况，防止发生堵塞（尤其是在冬季）。

8.2.4.3 离心浓缩装置

（1）主要工艺参数

不同的离心浓缩装置具有不同的工艺参数，总体而言，衡量离心浓缩效果的主要指标是出泥含固率和固体回收率，固体回收率是浓缩后污泥中的固体总量与入流污泥中的固体总量之比，因此固体回收率越高，分离液中的SS浓度越低，即泥水分离效果和浓缩效果越好。在浓缩剩余活性污泥时，为取得较高的出泥含固率（>4%）和固体回收率（>90%），一般需要投加聚合硫酸铁（PFS）或聚丙烯酰胺（PAM）等助凝剂。

（2）离心浓缩装置运行管理注意事项

① 转盘式离心装置要求污泥先进行预筛选，以防止该离心装置排放嘴堵塞。

② 当停止、中断离心装置进料或进料量减少到最低值以下时，应及时用压力水冲洗，以防排出孔堵塞。转盘装置的转动部件，每两周必须进行人工冲洗。

③ 对于螺旋式离心机装置，磨损是一个严重的问题，应注意及时清洗设备。

④ 离心滤液会有相当多的悬浮固体，应回流到废水处理装置。

8.2.5 异常问题分析与排除

现象一：污泥上浮。液面有小气泡逸出，且浮渣量增多。

其原因及解决对策如下：

① 集泥不及时。可适当提高浓缩机的转速，从而加大污泥收集速度。

② 排泥不及时。排泥量太小，或排泥历时太短。应加强运行调度，做到及时排泥。

③ 进泥量太小，污泥在池内停留时间太长，导致污泥厌氧上浮。解决措施之一是加Cl_2、O_3等厌氧剂，抑制微生物活动；措施之二是尽量减少投运池数，增加每池的进泥量，缩短停留时间。

④ 由于初沉池排泥不及时，污泥在初沉池内已经腐败，此时应加强初沉池的排泥操作。

现象二：排泥浓度太低，浓缩比太小。

其原因及解决对策如下：

① 进泥量太大，使固体表面负荷q_a增大，超过了浓缩池的浓缩能力。应降低入流污泥量。

② 排泥太快。当污泥量太大或一次性排泥太多时，排泥速率会超过浓缩速率，导致排泥中含有一些未完成浓缩的污泥。应降低排泥速率。

③ 浓缩池内发生短流。能造成短流的原因有很多，溢流堰板不严整使污泥从堰板较低处短路流失，未经过浓缩，此时应对堰板予以调整。进泥口深度不合适，入流挡板或导流筒脱落，也可导致短流，此时可予以改造或修复。另外，温度的突变、入流污泥含固量的突变或冲击式进泥，均可导致短流，应根据不同的原因，予以处理。

8.2.6 分析测量与记录

8.2.6.1 分析项目

含水量（含固量）：浓缩池进泥和排泥，每天3次，取瞬时样；

BOD_5：浓缩池上清液，每天1次，取连续混合样；

SS：浓缩池上清液，每天3次，取瞬时样；

TP：浓缩池上清液，每天1次，取连续混合样。

8.2.6.2 测量项目

温度：进泥及池内污泥；

流量：进泥量与排泥量。

8.2.6.3 计算项目

计算并记录 q_s、T、f、η、F。

8.3 污泥消化工序运行管理

生污泥的性质极不稳定。这种污泥在非常新鲜的时候一般呈浅灰色，不散发恶臭，其水分也比较容易分离。但是一般在很短的时间内这种性质就会发生变化，颜色变成了深灰色或黑色，散发出恶臭，而且脱水也困难。因此，必须通过特殊的处理，使生污泥处理到具有良好的脱水性而又不散发恶臭的稳定状态。生污泥的这一变化过程称为广义的稳定化处理。

污泥消化是利用微生物的代谢作用，使污泥中的有机物质稳定化，减少污泥体积，降低污泥中病原体数量。当污泥中的挥发固体 VSS 含量降到 40 以下时，即可认为已达到稳定化。污泥消化稳定可分为厌氧消化和好氧消化两类，其中厌氧消化最为常用，这里主要介绍厌氧污泥消化。

8.3.1 污泥的好氧消化

8.3.1.1 污泥好氧消化原理

污泥好氧消化的基本原理是使微生物处于内源呼吸阶段，以其自身生物体作为代谢底物获得能量和进行再合成。由于代谢过程存在能量和物质的散失，使得细胞物质被分解的量远大于合成的量，通过强化这一过程达到污泥减量的目的。该反应可近似表示为：

$$C_5H_7NO_2+5O_2+H^+\longrightarrow 5CO_2+NH_4^++2H_2O+\text{能量} \tag{8-12}$$

由于污泥好氧消化时间可长达15～20d，利于世代时间较长的硝化菌生长，故还存在硝化作用：

$$NH_4^++2O_2\longrightarrow NO_3^-+H_2O+2H^+ \tag{8-13}$$

上述反应都是在微生物酶催化作用下进行的，其反应速率以及有机体降解规律可以通过参与反应的微生物活性予以反映。

描述污泥好氧消化过程微生物活性的参数有 VSS（挥发性悬浮固体浓度）、ABN（活性细菌数目）、OUR（氧摄取速率）、TTC-DHA（脱氢酶活性）、ORP（氧化还原电位）、SOUR（比氧摄取速率）等多种技术指标。

8.3.1.2 污泥好氧消化法分类

根据所采用的氧气来源的不同，又可分为空气好氧稳定法和纯氧稳定法。空气好氧稳定法即向消化池所通气体为空气，纯氧稳定法即向消化池通入高纯氧，后者较前者效果好，但纯氧稳定法运行费用更高。

好氧消化池见图 8-6，其构造主要包括：好氧消化室，进行污泥消化；泥液分离室，使污泥沉淀回流并排除上清液；消化污泥排除管；曝气系统，由压缩空气管、中心导流筒组成，提供氧气并起搅拌作用。消化池底坡度不小于 0.25，水深取决于鼓风机的风压，一般为 3～4m。好氧消化法的操作较灵活，可以间歇运行操作，也可连续运行操作。

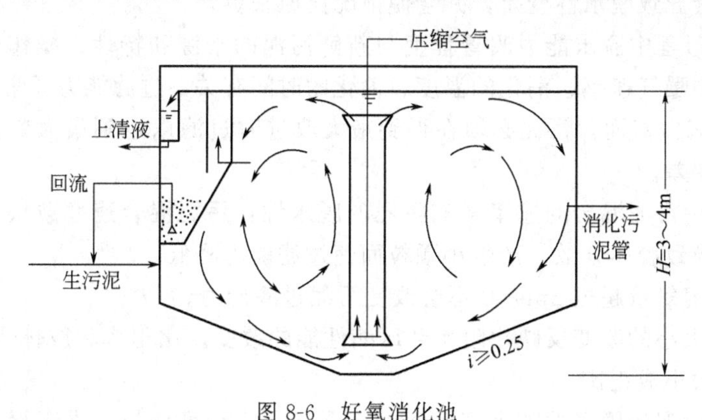

图 8-6　好氧消化池

8.3.1.3　污泥好氧消化的特点

污泥的好氧消化技术对污泥中挥发性固体量的降低接近于厌氧消化法，但需要大量供氧，因而能耗较大，运行费用高，所以一般只适用于小规模的废水厂。

(1) 优点

① 污泥好氧消化产品属于生物性稳定的最终产物。

② 稳定的最终产物没有臭味，所以地表处置是可行的。

③ 由于建造简单，好氧消化池的主要建设费用比厌氧消化池低。

④ 好氧消化的污泥通常有好的脱水性。

⑤ 对生物污泥而言，好氧消化所减少的挥发性固体百分比和厌氧消化是大致相同的。

⑥ 好氧消化的上清液比厌氧消化 BOD 浓度低，好氧的上清液通常可溶 BOD 低于 100mg/L，这是其很重要的一个优点，因为许多污水处理厂由于厌氧消化池循环高 BOD 的上清液而导致超负荷；好氧消化池上清液特性见表 8-2。

表 8-2　好氧消化池上清液特性

参数	标准值	参数	标准值
pH 值	7.0	悬浮固体	100～300mg/L
BOD_5	500mg/L	总有机氮	170mg/L
可溶的 BOD_5	51mg/L	总 P	98mg/L
COD	2500mg/L	溶解性 P	26mg/L

⑦ 好氧消化比厌氧消化有较高的肥料值。

(2) 缺点

① 好氧消化过程中需要大量供氧，因而能耗较大，运行费用高，所以一般只适用于小规模的废水厂。

② 固体的减少效率因温度变动而异。

③ 好氧消化后的污泥仍需经重力浓缩，通常在固体浓缩后方可获得较佳的上清液。

④ 在好氧消化后进行真空过滤，有些污泥不易脱水。

8.3.1.4 污泥好氧消化运行管理注意事项

① 在好氧消化过程中，最初发生的脱水能力的改进在曝气 1～5d 之后达到最大。然而更长时间的曝气会导致脱水性变差，并会使情况比原来更差。

② 好氧消化过程中脱水能力改善程度与新鲜污泥的来源和特性、操作生物固体的停留时间，消化过程中曝气速率、消化的温度、消化的时间有关，过滤能力通常借生物污泥调节可改进 23％～46％。然而，污泥必须在得到最大改进时过滤以达到最大效益，因此过度消化会使过滤能力变差。

③ 好氧消化中污泥混合的速率影响污泥的脱水性，污泥混合速率愈快，污泥絮凝所需力量愈大，这将导致胶体分散，产生小颗粒而使过滤能力降低。

④ 消化过程溶氧量超过 2mg/L 不会改变污泥过滤能力。

⑤ 中间粒子大小的改变反映比阻率和压缩性能的改变，比租率和胶体大小成反比关系，而压缩性和胶体大小成正比。

⑥ 废水活性污泥的脱水性随个别污泥的来源和稳定程度而异，人工聚合物调理的效用也受这些因素的影响。

⑦ 聚合物对废水活性污泥的调理效果是非常明显的。在所有好氧消化中，阴离子聚合物不利于过滤能力，而相对的，阳离子聚合物会增进好氧消化污泥的过滤能力。

8.3.2 污泥的厌氧消化

污泥的厌氧消化是利用兼性菌和厌氧菌进行厌氧生物反应，分解污泥中有机物质的一种污泥处理工艺。厌氧消化是使污泥实现“四化”的主要环节，其中随着污泥被稳定化，将产生大量高热值的沼气作为能源利用，使污泥实现资源化。

8.3.2.1 污泥厌氧消化机理

厌氧消化的三阶段理论：

① 水解阶段：在水解与发酵细菌作用下，使碳水化合物、蛋白质与脂肪水解与发酵转化成单糖、氨基酸、脂肪酸、甘油及二氧化碳、氢等；水解与发酵细菌，包括细菌、原生动物和真菌，多数为专性厌氧菌，也有不少兼性厌氧菌。

② 产酸阶段：在产氢产乙酸菌的作用下，把第一阶段的产物转化成氢、二氧化碳和乙酸。

③ 产甲烷阶段：通过两组生理上不同的产甲烷菌的作用，一组把氢和二氧化碳转化成甲烷，另一组是对乙酸脱羧产生甲烷。甲烷菌是绝对的厌氧菌。

8.3.2.2 污泥厌氧消化法的分类

(1) 低负荷消化法

低负荷污泥消化池通常为单级消化过程。低负荷污泥消化池内不加热，不设搅拌装置，间歇投加污泥和排出污泥，一般负荷率为 0.4～1.6kgVSS/(m^3·d)。由于这种单级消化池存在池内分层、温度不均匀、有效容积小等问题，使其消化时间长达 30～60d，此种低负荷消化法仅适用于小型污水处理厂的污泥处理。

(2) 高负荷消化法

高负荷消化是在高负荷消化池中进行的，消化池内设有搅拌设备，其搅拌、污泥投配及熟污泥排除等工序为24h连续进行，不存在分层现象，全池都处于活跃的消化状态。消化时间仅为低负荷消化池的1/3左右（10～15d），固体负荷提高4～6倍。

(3) 两相消化法

在两相消化系统内，产酸和甲烷阶段分别在两个单独的反应池中完成。现在在实际应用中，两级消化系统是将污泥消化和浓缩分两段进行。

两级消化产量比单级消化增加10%～15%。

8.3.2.3 厌氧消化的影响因素

(1) 温度

有机物进行厌气分解的微生物，根据其生活条件所要求的最佳温度，可以分为低温细菌（嗜冷细菌）、中温细菌（嗜温细菌）和高温细菌（嗜热细菌）三类。这些种类不同的细菌的活动在不同的温度条件下或是活跃，或是抑制。

甲烷菌对于温度的适应性，可分为两类：中温甲烷菌（最适宜温度为33～35℃）和高温甲烷菌（最适宜温度为50～55℃）。两区之间的温度，反应速率反而减退。中温或高温厌氧消化允许的温度变动范围为±(1.5～2.0)℃，当有±3℃的变化时，就会抑制消化过程。

(2) 负荷

厌氧消化池的容积决定于厌氧消化的负荷率。

负荷率的表达方式有两种：容积负荷（以投配率为参数）、有机物负荷（以有机负荷率为参数）。

投配率是指日进入的污泥量与池子容积之比，在一定程度上反映了污泥在消化池中的停留时间。投配率的倒数就是生污泥在消化池中的平均停留时间。例如，投配率为5%，即池的水力负荷率为0.05$m^3/(m^3 \cdot d)$时，停留时间为1/0.05=20d。

有机物负荷率是指每日进入的干泥量与池子容积之比，单位：kg干泥/($m^3 \cdot d$)。它可以较好地反映有机物量与微生物量之间的相对关系。容积负荷较低时，微生物的反应速率与底物（有机物）的浓度有关。在一定范围内，有机负荷率大，消化速率也高。

由于污泥的消化期（生污泥的平均逗留时间）是污泥消化过程的一个不可忽视的因素，因此，用有机物容积负荷计算消化池容积时，还要用消化时间进行复核。消化时间，可以指固体平均停留时间，也可以指水力停留时间。消化池在不排出上清液的情况下，固体停留时间与水力停留时间相同。我国习惯上计算消化时间时不考虑排出上清液，因此消化时间是指水力停留时间。

(3) 搅拌和混合

在有机物的厌氧发酵过程中，让反应器中的微生物和营养物质（有机物）搅拌混合，充分接触，将使得整个反应器中的物质传递、转化过程加快。通过搅拌，可使有机物充分分解，增加了产气量（搅拌比不搅拌可提高产气量20%～30%）。此外，搅拌还可打碎消化池面上的浮渣。

在不进行搅拌的厌氧反应器或污泥消化池中，污泥成层状分布，从池面到池底，越往下面，污泥浓度越高，污泥含水率越低，到了池底，则是在污泥颗粒周围只含有少量水。在这些水中包含了有机物厌氧分解过程中的代谢产物，以及难以降解的惰性物质（尤其在池底大量积累）。微生物被这种含有大量代谢产物、惰性物质的高浓度水包围着，影响了微生物对养料的摄取和正常的生活，以致降低了微生物的活性。通过搅拌，可使池内污泥浓度分布均匀，可调整污泥固体颗粒与周围水分之间的比例关系，同时亦使得代谢产物和难降解物不在池底过多积累，而是在整个反应器内分布均匀。这样就有利于微生物的生长繁殖和提高它的活性。

搅拌时产生的振动可使得污泥颗粒周围原先附着的小气泡（有时由于不搅拌还可能形成一层气体膜）被分离脱出。此外，微生物对温度和 pH 值的变化也非常敏感，通过搅拌还能使这些环境因素在反应器内保持均匀。

搅拌采用间断运行，在污泥消化池的实际运行中，采用每隔 2h 搅拌一次，搅拌 25min 左右，每天搅拌 12 次，共搅拌 5h 左右。

(4) C/N 比

碳作为能力供给的来源，氮则作为行程蛋白的要素，对微生物来说都是非常重要的营养素。厌氧菌的分解活动，受被分解物质的成分，尤其是碳氮比的影响很大。

如果 C/N 比太高，细胞的氮量不足，消化液的缓冲能力低，pH 值容易降低；C/N 比太低，氮量过多，pH 值可能上升，会抑制消化过程。

(5) 有毒物质

污泥中含有有毒物质时，根据其种类与浓度的不同，有时是给污泥的消化、脱水、堆肥等各种处理过程带来影响，有时则是使污泥不能在农业上加以利用。由于处理厂的污泥数量与成分经常变化，为了早期发现有毒物质的危险含量，必须进行长期的观察。对于有毒物质的容许限度有很多不同的看法，如有毒物质的容许限度是指一种毒物，还是同时存在几种毒物，或是由这些毒物混入的频度来决定。

在消化过程中对消化有抑制作用的物质主要有重金属离子、硫、氨以及有机酸等，达到一定的浓度时，消化就会受到抑制。

(6) 酸碱度、pH 值和消化液的缓冲作用

pH 值影响微生物细胞吸收脂肪酸的作用。一般说来，脂肪酸在 pH 值低时比 pH 值高时更能迅速地进入细胞内部。

对甲烷菌来说，弱碱性环境是绝对必要的。最佳的 pH 值为 7.0～7.5。正常的甲烷菌与兼性厌氧菌共生时，消化物质的 pH 值就自然成为 6.8～7.6。如果甲烷菌本身的养分——有机酸过量，其生存就会受到不良影响，但在消化过程第一阶段产生的兼性厌氧菌则几乎不受（或完全不受）自己分泌物的影响。另一方面，如果有机酸浓度在 3000mg/L 以上，那么，无论 pH 值为多少，甲烷菌的生命活动均将受到影响。但是，由于污泥中含有无数种不同的具有缓冲作用的物质，所以，有机酸含量与氢离子浓度之间并无直接关系。

8.3.2.4 厌氧消化系统的组成

污泥厌氧消化系统由五部分组成：消化池池体结构、进排泥系统、搅拌系统、加热系统、集气系统。普通消化池的构造见图 8-7。

(1) 消化池池体结构

消化池按其容积是否可变，分为定容式和动容式二类。定容式消化池是指消化池的容积在运动中不变化，也称为固定盖式消化池（见图 8-8），该种消化池往往需附设可变容的湿式气柜，用以调节沼气产量的变化。动容式消化池（见图 8-9）的顶盖可上下移动，因而消化池的气相容积可随气量的变化而变化，该种消化国外采用较多，国内目前普遍采用的是定容式消化池。

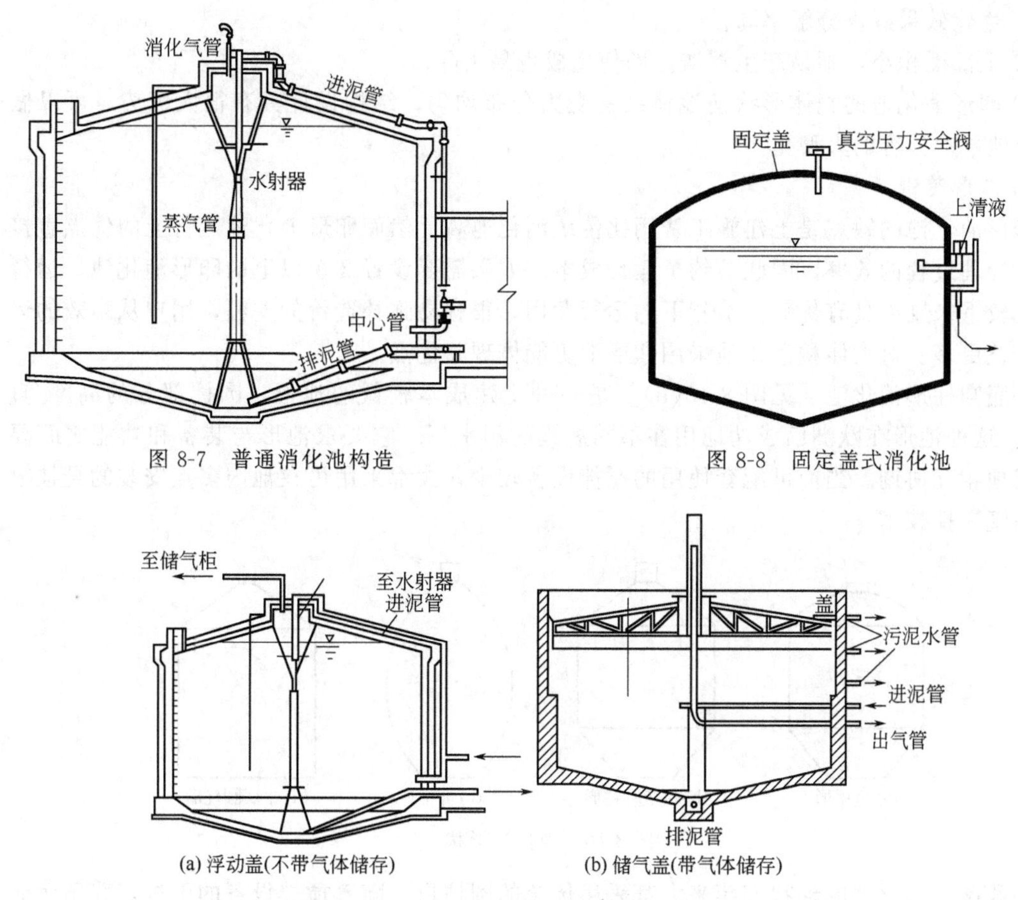

图 8-7 普通消化池构造

图 8-8 固定盖式消化池

(a) 浮动盖(不带气体储存)

(b) 储气盖(带气体储存)

图 8-9 动容式消化池

好的消化池池形应具有结构条件好、防止沉淀、没有死区、混合良好、易去除浮渣及泡沫等优点。消化池按池形，主要分有龟甲形、传统圆柱形、卵形、平底圆柱形四种池型。龟甲形消化池［见图 8-10(a)］在英、美国家采用得较多，此种池形的优点是土建造价低、结构设计简单，但要求搅拌系统具有较好地防止和消除沉积物效果，因此相配套的设备投资和运行费用较高。传统圆柱形消化池在中欧及中国，常用的消化池的形状是圆柱状中部、圆锥形底部和顶部的消化池池形［见图 8-10(b)］。这种池形的优点是热量损失比龟甲形小，易选择搅拌系统，但底部面积大，易造成粗砂的堆积，因此需要定期进行停池清理；更重要的是在形状变化的部分存在尖角，应力很容易聚集在这些区域，使结构处理较困难。底部和顶部的圆锥部分，在土建施工浇铸时混凝土难密实，易产生渗漏。卵形消化池［见图 8-10(c)］在德国从 1956 年就开始采用，并作为一种主要的形式推广到全国，应用较普遍。卵形消化池最显著的特点是运行效率高，经济实用。其优点可以总结为以下几点：

① 其池形能促进混合搅拌的均匀，单位面积内可获得较多的微生物。用较小的能量即可达到良好的混合效果。

② 卵形消化池的形状有效地消除了粗砂和浮渣的堆积，池内一般不产生死角，可保证生产的稳定性和连续性。根据有关文献介绍，德国有的卵形消化池已经成功地运转了 50 年而没有进行过清理。

③ 卵形消化池表面积小，耗热量较低，很容易保持系统温度。

④ 生化效果好，分解率高。

⑤ 上部面积小，不易产生浮渣，即使生成也易去除。

⑥ 卵形消化池的壳体形状使池体结构受力分布均匀，结构设计具有很大优势，可以做到消化池单池池容的大型化。

⑦ 池形美观。

卵形消化池的缺点是土建施工费用比传统消化池高。然而卵形消化池运行上的优点直接提高了处理过程的效率，因此节约了运行成本。如果需要设置 2 个以上的卵形消化池，运行费用比较下来则更具有优势。节省下的运行费用，很容易弥补造价的差额，用户从高效的运行中受益更多。对大体积消化池采用卵形池更能体现其优点。

平底圆柱形消化池［见图 8-10(d)］是一种土建成本较低的池形，圆柱部分的高度/直径≥1。这种池形在欧洲已成功地用在不同规模的污水厂。它要求池形与装备和功能之间要能很好地相互协调。当前可配套使用的搅拌设备较少，大都采用可在池内多点安装的悬挂喷入式沼气搅拌技术。

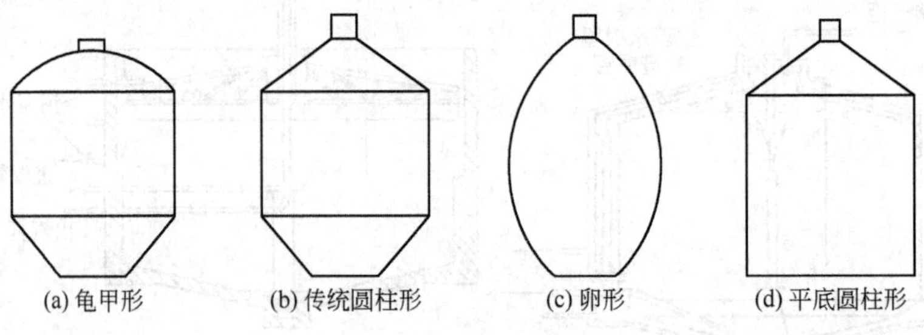

图 8-10　消化池形状

在我国，消化池的形状多年来大都采用传统的圆柱形，随着搅拌设备的引进，我国污泥消化池的池形也变得多样化。近几年中我国先后设计并施工了多座卵形消化池，改变了国内消化池池形单一的状况。

(2) 进排泥系统

进泥：新污泥一般由泵提升，经池顶进泥管送入池内。如果污泥含固率太高（例如超过4%～5%），泵送可能会有困难，如果污泥的含水率高，不含粗大的固体，传统的离心式污水泵就可以很好地运行。如果污泥中含有粗大的固体（如破布、绳索、木片等）及浓度较高时，一般用螺杆式泵。

排泥：排泥时，污泥沿池底排泥管排出。进泥、排泥管的直径不应小于 200mm。进泥和排泥可以连续或间歇进行。操作顺序一般是先排泥到计量槽，再将相等数量的新污泥加入池中。进泥过程中要充分混合。

(3) 搅拌系统

消化池的搅拌方法主要有三种，即螺旋桨搅拌（见图 8-11)、鼓风机搅拌（见图 8-12)、射流器搅拌。

(4) 加热系统

池内加热系统热量直接通入消化池内，对污泥进行加热，有热水加热和蒸汽直接加热两种方法，如图 8-13 所示。前一种方法的缺点是热效率较低，循环热水管外层易结泥壳，使热传递效率进一步降低；后一种方法热效率很高，但能使污泥在池外进行加热，有生污泥预热和循环加热两种方法，如图 8-14 所示。前者系将生污泥在预热池内首先加热到所要求的

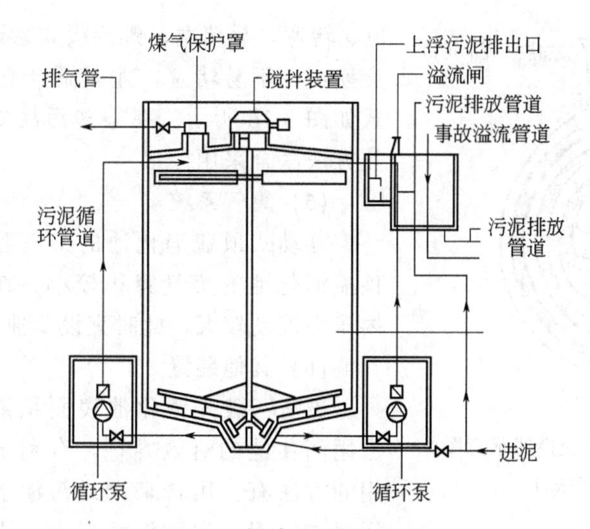

图 8-11 螺旋桨搅拌的消化池

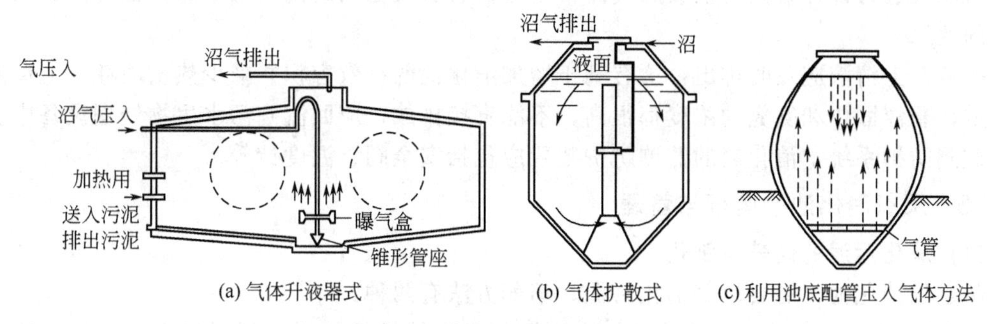

(a) 气体升液器式　(b) 气体扩散式　(c) 利用池底配管压入气体方法

图 8-12 鼓风机搅拌的消化池

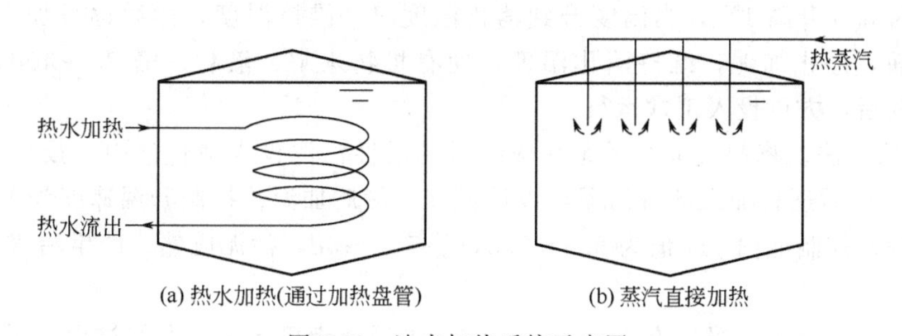

(a) 热水加热(通过加热盘管)　(b) 蒸汽直接加热

图 8-13 池内加热系统示意图

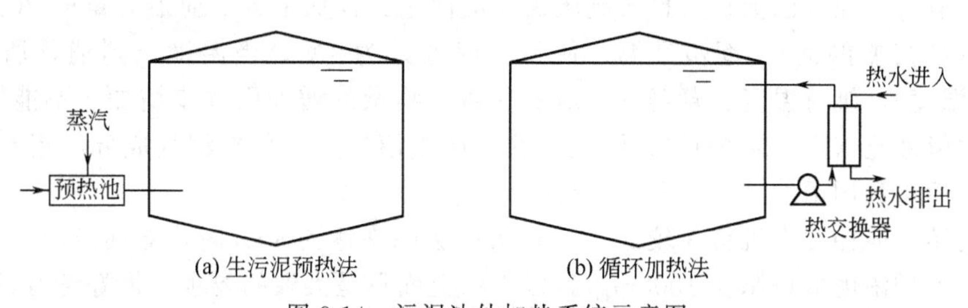

(a) 生污泥预热法　(b) 循环加热法

图 8-14 污泥池外加热系统示意图

温度，再进入消化池；后者系将池内污泥抽出，加热至要求的温度后再打回池内。循环加热方法采用的热交换器有三种：套管式、管壳式、螺旋板式。前两种为常见的形式，因有

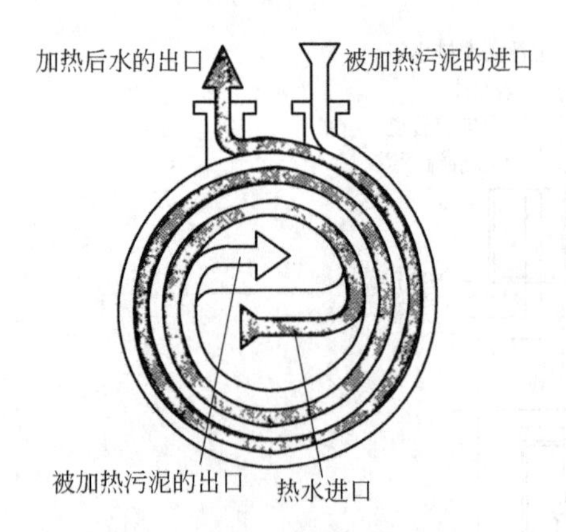

图 8-15 螺旋板式热交换器示意图
(多尔-奥利弗式)

360°转弯，易堵塞；螺旋板式系近年来出现的新型热交换器，不易堵塞，尤其适于污泥处理，其结构形式如图 8-15 所示。在很多污泥处理系统中，以上加热方法联合采用。

(5) 集气系统

浮动式顶盖消化池的集气容积较大，而固定式顶盖消化池的集气容积较小，在加料和排料时，池内压力波动较大，此时宜设单独的污泥气贮气罐。

(6) 其他装置

破渣：破碎消化池表面积累的浮渣，减少浮渣占用消化池的有效容积，有利于污泥气的释放。常用的方法有：用自来水或污泥上清液喷淋；将循环污泥或污泥液送到浮渣层上；用鼓风机或用射流器抽吸污泥气进行搅拌，只要抽吸的气体量足够，会造成池面的搅动较剧烈，也可达到破碎浮渣层的效果。

排液：上清液应及时排出，这有利于增加消化池的有效容积并减少热量消耗。上清液污染严重，悬浮固体和氨氮的浓度都很高，不能直接排放，应回流到污水生物处理设备中。

监测防护系统：消化池的监测防护装置应包括安全阀、温度计等。

8.3.2.5 厌氧消化池的运行与管理

(1) 消化污泥的培养与驯化

新建的消化池，需要培养消化污泥，培养方法有两种：

① 逐步培养法。将每天排放的初次沉淀污泥和浓缩后的活性污泥投入消化池，然后加热，使每小时温度升高 1℃，当温度升到消化温度时，维持温度，然后逐日加入新鲜污泥，直至设计泥面，停止加泥，维持消化温度，使有机物水解、液化，需 30～40d，待污泥成熟、产生沼气后，方可投入正常运行。

② 一步培养法。将初次沉淀污泥和浓缩后的活性污泥投入消化池内，投加量占消化池容积的 1/10，以后逐日加入新鲜污泥至设计泥面。然后加温，控制升温速度为 1℃/h，最后达到消化温度，控制池内 pH 值为 6.5～7.5，稳定 3～5d，污泥成熟、产生沼气后，再投加新鲜污泥。

总而言之，厌氧污泥培养方法有多种，建议采用逐步培养法，大致过程如下：好氧系统经浓缩池的剩余污泥（已厌氧）投入到厌氧反应池中，投加量为反应器容量的 20%～30%，然后加热（如需要的话），逐步升温，使每小时温升为 1℃，当温度升到消化所需温度时（根据设计温度），维持温度。营养物量应随着微生物量的增加而逐步增加，不能操之过急。当有机物水解液化（需一两个月）、污泥成熟并产生沼气后，分析沼气成分，正常时进行点火试验，然后再利用沼气，投入日常运行。

启动初始一般控制有机负荷较低。当 COD_{Cr} 去除率达到 80%时才能逐步增加有机负荷。完成启动的乙酸浓度应控制在 1000mg/L 以下。上面只是大致的要求，最好请有经验的人来指导。

(2) 厌氧消化工艺控制

厌氧消化工艺控制的目的是保持稳定而高效的消化效果。厌氧消化效果具体体现在以下四个方面：较高的有机物分解率，较高的沼气产量，沼气中较高的甲烷含量，较高的病原菌及蛔虫卵杀灭率。

① 进排泥及上清液控制。污泥厌氧消化系统进排泥控制与系统的消化能力有着千丝万缕的联系。常用两个指标衡量消化能力，一个是最短允许消化时间，另一个是最大允许有机负荷。最短允许消化时间 T_m（d）即达到要求的消化效果时，污泥在消化池内的最短允许水力停留时间。最大允许有机负荷 F_v［kg/(m^3·d)］即达到要求的消化效果时，单位消化池容积在单位时间内所能消化的最大有机物量。消化温度波动越小，混合搅拌越均匀充分，T_m 越小，F_v 越大，系统的消化能力越大。

在实际运行控制中，投泥量不能超过系统的消化能力，否则将降低消化效果。但投泥量也不能太低，如果投泥量远低于系统的消化能力，且能保证消化效果，但污泥处理效果量将大大降低，造成消化能力的浪费。最佳投泥量应为低于系统能力的最大投泥量，可计算如下：

$$Q_i=\frac{VF_v}{C_i f_v} \tag{8-14}$$

式中 V——消化池有效容积，m^3；

F_v——消化系统的最大允许有机负荷，kg/(m^3·d)；

C_i——进泥的污泥浓度，kg/m^3；

f_v——进泥干污泥中有机分，%；

Q_i——投泥量，kg/d。

按上式算得的投泥量还应该核算消化时间：

$$T=\frac{V}{Q_i}\geqslant T_m \tag{8-15}$$

式中 T——污泥消化时间，d；

T_m——最短允许消化时间，d。

排泥量应与进泥量完全相等，并在进泥之前先排泥。现在的处理厂，包括在一些很有影响的大型污水处理厂的消化系统中，绝大部分采用底部排泥，对于这些底部直接排泥的消化系统，尤应注意排泥的平衡。如果排泥量大于进泥量，消化池工作液位下降，出现真空状态。真空度升至一定值时，消化池池顶的真空安全阀被破坏，空气进入池内，产生爆炸的危险。另外，对于混凝土结构不好、产生裂缝的消化池，空气会直接被抽入池内。如果排泥量小于进泥量，消化池的液体上升，污泥自溢流管溢走，得不到消化处理；如果此时溢流管路被堵塞或不畅，消化池气相工作压力会升高，破坏压力安全阀，使沼气逸入大气中，同样存在沼气爆炸的危险。目前国内有一些新建的处理厂采用底部进泥上部溢流排泥的方式。这种方式可保证进泥量与排泥量自动一致，不存在工作液位变化的问题，但应注意进泥之前应先充分搅拌。如果停止搅拌静置一段时间后再排泥，则充分消化的污泥由于其颗粒密度增大而沉至底部，上部溢流排走的系未经充分消化的污泥。最佳的进排泥方式为上部进泥下部溢流排泥，该种方式可使泥位保持稳定，并保证充分消化的污泥被排走。但当进泥温度太低时，该种方式应注意热沉淀问题。所谓热沉淀，是指温度很低的冷污泥突然遇热后，会迅速下沉，其原因是冷污泥密度大，热污泥密度小，导致异重流现象。另外，大型消化系统一般进泥次数多，每次进泥历时短，即使发生热沉淀，在冷污泥沉至底部以前，本次排泥已结束；一些小型处理厂在冬季应采取防止热沉淀的措施，措施之一是缩短每次进泥时间，使上部冷污泥尚未到达底部前，排泥已结束；措施之二是污泥入池前先进行初步预热，减小污泥与池内的温度。

关于上清液的水质，各厂存在较大的差别。但总的来看，上清液的水质非常差，且消化时间越短，水质越差。通过排放上清液，可提高消化池排泥浓度，减少污泥调质的加药量。不排放上清液，消化排泥浓度一般低于消化进泥浓度。上清液排放量与消化排泥量之和应等于每次的进泥量，否则消化池工作液位也将上升或下降。上清液的每次排放量应认真确定，排放量太少，起不到浓缩消化污泥的作用；排放量太大，会使上清液中固体物质浓度高，回到水区的固体负荷大。一般来说，上清液排放量不可超过进泥量的1/4，具体取决于本厂消化污泥的浓缩分离性能，可在实际运行中调试出最合适的排放量。

② pH及碱度控制。正在运行时，产酸菌和甲烷菌会自动保持平衡，并将消化液的pH值自动维持在6.5～7.5的近中性范围内。此时，碱度一般在1000～5000mg/L（以$CaCO_3$计），典型值在2500～3500mg/L。导致pH及碱度变化的原因主要有：

a. 温度波动太大。由于甲烷菌对温度波动极其敏感，温度波动大时，可降低甲烷菌的活性，使其分解挥发脂肪酸的速率下降。而产酸菌受温度影响较小，此时产酸菌仍会源源不断地将有机物分解成挥发性脂肪酸。这样，在消化液内便会造成挥发性脂肪酸积累。积累的挥发性脂肪酸会与消化液中的碱度反应，将HCO_3^-逐渐消耗掉。

随着H^+的增多，消化液的pH值将逐渐下降。当VFA积累至2000mg/L以上时，pH值可降至4.43，此后一般不再下降。而此时甲烷细菌早已完全失去了活性，不再产生甲烷，消化系统被完全破坏。

b. 投入的有机物超负荷。投泥量突然增多或进泥中含泥量升高时，可导致有机物超负荷。由于消化液中有机物增多，产酸菌的活性将增大，会产生出较多的挥发性脂肪酸VFA。而甲烷菌增殖速率很慢，不能立即将增多的VFA分解掉，因此会造成VFA积累，使pH值降至6.5以下。

c. 水力超负荷。水力超负荷是指投泥的体积量突然增多，使消化时间缩短，并低于T_m。由于甲烷菌世代期长，消化时间缩短会将部分甲烷菌冲刷掉，并且得不到恢复，这样必然也会造成VFA积累，导致pH值降至6.5以下。

d. 甲烷菌中毒。进泥中含有毒物时，会使甲烷菌中毒而受到抑制或完全失去活性。此时往往产酸菌并没中毒，而仍产生VFA，因此必然导致VFA积累，使pH值降至6.5以下。

控制措施：

a. 立即外加碱源，增加消化液中的碱度。

b. 寻找pH值下降的原因并针对原因采取相应的控制措施，待恢复正常，停止加碱。

在加碱的过程中应注意防止二氧化碳被消耗造成气相负压；防止加药过量，钠离子和氨根离子对甲烷菌造成活性抑制。

③ 毒物控制。入流中工业废水成分较高的污水处理厂，其污泥消化系统经常会出现中毒问题。当出现重金属的中毒问题时，根本的解决方法是控制上游有毒物质的排放，加强污染源管理。在处理厂内常可采用一些临时性的控制方法，常用的方法是向消化池内投加Na_2S。绝大部分有毒重金属离子能与S^{2-}反应形成不溶性的沉淀物，从而使其失去毒性。而Na_2S的投加量可根据重金属离子的种类及污泥中的浓度计算确定。

④ 搅拌系统的控制。良好的搅拌可提供一个均匀的消化环境，是得到高消化效果的前

提。完全混合搅拌可使池容100%得到有效利用，但实际上消化池有效容积一般仅为池容的70%左右。对于搅拌系统设计不合理或控制不当的消化池，其有效池容会降至实际池容的50%以下。实际上，各地大量处理厂的运行证明，搅拌是高效消化的最关键的操作。很多产气量很低的处理厂，对搅拌系统进行改造或合理控制以后，大都获得了较高的产气量。

对于搅拌系统的运行方式，尚有不同的意见。一种意见认为应保持连续搅拌，另一种意见认为连续搅拌没有必要，只要每天搅拌数次，总搅拌时间保持6h之上，即可满足要求。目前运行的消化系统绝大部分都采用间歇搅拌运行，但应注意以下几点：

a. 在投泥过程中，应同时进行搅拌，以便投入的生污泥尽快与池内原消化污泥均匀混合；

b. 在蒸汽过程中，应同时进行搅拌，以便将蒸汽热量尽快散至池内各处，防止局部过热，影响甲烷菌活性；

c. 在排泥过程中，如果底部排泥，则尽量不搅拌，如果上部排泥，则宜同时搅拌。

在消化系统试运行中或正常运行以后改变搅拌工况时，对搅拌混合效果进行测试评价，往往是很重要的。在池顶设有观测窗的消化池，可以从观测窗观测搅拌的均匀性，但此方法很难较准确地对搅拌效果做出评价。常用的评价方法有纵横取样法和示踪法。取样法系在消化池不同位置以及不同深度取泥样，测定其含固量。如果最不利点与全池平均值的绝对偏差低于0.5%，则说明搅拌效果尚可，否则应加强搅拌系统的控制或予以改造。示踪法系采用放射性同位素或染料作为示踪剂，进行示踪试验，测定消化池的停留时间分布，实测的停留时间与理论停留时间越接近，说明搅拌效果越好。常用的示踪剂有Na24、Au128、氚、LiCl、KCl等。

除要控制以上谈论的搅拌历时以外，还存在着搅拌强度的问题。搅拌强度的控制因搅拌方式不同而各异。沼气搅拌常用气量控制搅拌强度，沼气用量可由下式计算：

$$Q_a = KA \tag{8-16}$$

式中 A——消化池的表面积，m^2；

K——搅拌强度，系指满足混合要求时，单位消化池面积单位时间内所需要的气量，$m^3/(m^2 \cdot h)$，K值一般在$1 \sim 2m^3/(m^2 \cdot h)$的范围内，具体可在运行实际中确定出本厂的最佳值。

当采用机械搅拌时，一般用搅拌设备的功率控制搅拌强度。搅拌功率用下式计算：

$$P = WV \tag{8-17}$$

式中 V——消化池处于完全的混合状态下的体积，m^3；

W——搅拌强度，一般要求$40W/m^3$，而实际一般控制在$10W/m^3$左右，即能得到较满意的混合搅拌效果，当然具体还与池型以及搅拌器的设计布置有关。

⑤ 沼气收集系统的控制。沼气收集系统的运行应能充分适应沼气产量的变化。沼气产量可用下式计算：

$$Q_a = (Q_i C_i f_i - Q_u C_u f_u) q_a \tag{8-18}$$

式中 Q_a——总沼气产量，m^3/d；

Q_i，Q_u——进、排泥量，m^3/d；

C_i，C_u——进、排泥的浓度，kg/m^3；

f_i，f_u——进、排泥干固体的有机物，%；

q_a——厌氧分解单位重量的有机物所产生的沼气量，$m^3/kgVSS$。

随着进排泥、加热及搅拌系统的变化，q_a 也会变化，但对于典型的城市污水污泥泥质来说，正常运行时 q_a 一般在 $0.75 \sim 1.0 m^3/kgVSS$。

(3) 消化池日常维护管理

① 定期取样分析检测——微生物的管理。厌氧消化过程是在密闭厌氧条件下进行的，微生物在这种条件下生存不能像好氧处理中作为指标生物的各种生物那样，依靠镜检来判断污泥的活性。只能采用反应微生物代谢影响的指标间接判断微生物活性，与活性污泥好氧处理系统相比，污泥厌氧消化系统对工艺条件及环境因素的变化，反映更敏感。为了掌握消化池的运转正常，应当及时监测、化验上述要求的每日瞬时监测、化验指标，如温度、pH值、沼气产量、泥位、压力、含水率、沼气中的组分等。根据需要快速做出调整，避免引起大的损失。

② 泄空清砂清渣。一般 5 年左右进行一次，彻底清砂和除浮渣，还要进行全面的防腐、防渗检查与处理。主要对金属管道、部件进行防腐，如损坏严重应更换，有些易损坏件最好换不锈钢材料。对池壁进行防渗、防腐处理。维修后投入运行前必须进行满水试验和气密性试验。对于消化池内的积砂和浮渣状况要进行评估，如果严重，说明预处理不好，要对预处理改进，防止沉砂和浮渣进入。另外放空消化池以后，应检查池体结构变化，是否有裂缝，是否为通缝，请专业人员处理，借此时机也应将仪表大修或更换。

③ 定期维护搅拌系统。沼气搅拌主管常有被污泥及其他污物堵塞的现象，可以将其余主管关闭，使用大气量冲吹被堵塞管道。对于由机械搅拌桨被棉纱和其他长条杂物缠绕发生的故障，可采取反转机械搅拌器甩掉缠绕杂物。另外，要定期检查搅拌轴与楼板相交处的气密性。

④ 定期检查维护加热系统。蒸汽加热管道、热水加热管道、热交换器内的泥处理管道等都有可能出现堵塞、锈蚀现象，一般用大流量冲洗。套管式管道要注意，冲洗热水管道时要保证泥管中的压力，防止将内管道压瘪或拆开清洗。

⑤ 对日常运行状况、处理措施、设备运行状况都要求做出书面记录，为下一班次提供运行数据，并做好报表向上一级管理层报告，提供工艺调整数据。

⑥ 经常检测、巡视污泥管道、沼气管道和各种阀门，防止其堵塞、漏气或失效。日常对可能有堵塞管道上设置的活动清洗口，利用高压水冲洗。对于阀门除应按时上润滑油脂外，还应对常闭闸门、常开闸门定时活动，检验其是否能正常工作。有严重问题时也需要停运处理或更换。

⑦ 定期检验压力、保险阀、仪表、报警装置，送交市专门的技术监督部门，获得国家权威认可后，才能装上使用。

⑧ 酸清洗系统，防止结垢。

系统结垢原因是进泥中的硬度（Mg^{2+}）以及磷酸根离子（PO_4^{3-}）与在消化液中产生的大量 NH_4^+ 结合，生产磷酸铵镁沉淀，反应式如下：

$$Mg^{2+} + NH_4^+ + PO_4^{3-} \longrightarrow MgNH_4PO_4 \downarrow \qquad (8\text{-}19)$$

如果在管道内结垢，将增大管道阻力；如果热交换器结垢，则降低热交换器效率。在管路上设置活动清洗口，经常用高压水清洗管道，可有效防止垢的增厚。当结垢严重时，最基本的方法是用酸清洗。

⑨ 消化池进行全面防腐防渗检查。消化池内的腐蚀现象很严重，既有电化学腐蚀也有生物腐蚀。电化学腐蚀主要是消化过程产生的 H_2S 在液相形成氢硫酸导致腐蚀。生物腐蚀

不被引起重视，而实际腐蚀程度很严重，用于提高气密性和水密性的一些有机防渗防水涂料，经一段时间常被微生物分解掉，而失去防水防渗效果。消化池停运放空后，应根据腐蚀程度，对所有金属部件进行重新防腐处理，对池壁应进行防渗处理。另外，放空消化池以后，应检查池体结构变化，是否有裂缝，是否为通缝，并进行专门处理。重新投运时宜进行满水试验和气密性试验。

⑩ 消化池泡沫处理。当产生泡沫时，一般说明消化系统运行不稳定，因为泡沫主要是由于CO_2产量太大形成的，当温度波动太大或进泥量发生突变等时，均可导致消化系统运行不稳定，CO_2产量增加，导致泡沫的产生。如果将运行不稳定因素排除，则泡沫也一般会随之消失。在培养消化污泥过程中的某个阶段，由于CO_2产量大，甲烷产量小，因此也会存在大量泡沫。随着甲烷菌的培养成熟，CO_2产量降低，泡沫也会逐渐消失。消化池的泡沫有时是由于污水处理系统产生的诺卡氏菌引起的，此时曝气池也必然存在大量生物泡沫，对于这种泡沫，控制措施之一是暂不向消化池投放剩余活性污泥，但根本性的措施是控制污水处理系统内的生物泡沫。

⑪ 消化系统保温措施。因为如果不能有效保温，冬季加热的耗热量会增至很大。很多处理厂由于保温效果不好，热损失很大，导致需热量超过了加热系统的负荷，不能保证要求的消化温度，最终造成消化效果大大降低。故应定期检查消化池及加热管路系统的保温效果，如果不佳，应更换保温材料。

⑫ 消化池与其管道、阀门在冬季必须注意防冻，在北方寒冷地区进入冬季结冰之前必须检查和维修好保温设施，如消化池顶上的沼气管道，水封阀（罐）。沼气提升泵房内的门窗必须完整无损坏，最好门上加棉帘子，湿式脱硫装置要保证在10℃以上工作。特别是室外的沼气管道、热水管道、蒸汽管道和阀门都必须做好保温、防晒、防雨等工作。

⑬ 沼气柜尤其是湿式沼气柜更容易受H_2S腐蚀，通常3年一小修，5年一大修。要对柜体防腐，腐蚀严重的钢板要及时更换，阴极保护的锌块此时也应更换，各种阀门，特别是平常不易维修和更换的闸门修理没有保证的话就应换新，确保5年内不出问题。

⑭ 安全运行。整个消化系统要防火、防毒。所有电气设备应采用防爆型，接线要做好接地、防雷。坚决杜绝可能造成危害的事故苗头。严禁在防火、防爆警区域内吸烟和防止有可能出现火花等明火，如进入该区域内的汽车应戴防火帽，进入的人应留下火种，带钉鞋和穿产生静电的工作服都是不允许进入的。另外报警仪等都应正常维护保养，按时到权威部门鉴定、标定，确保能正常工作。还要备好消防器材、防毒呼吸器、干电池手电筒等以备急用。

(4) 厌氧消化运行注意事项

对于污泥消化系统的运行，除了消化池、沼气贮柜、沼气利用等区域注意防爆安全外，还存在以下几点值得注意的问题：

① 脱硫。由于沼气中H_2S浓度太高（最高约为6000mg/L），采用的干式脱硫塔容易出现超温（>60℃）。因此，在运行管理中应加强脱硫塔填料的翻新及补充。另外，在消化池进料中投加铁盐也可降低沼气中H_2S的含量，但会增加运行成本。

② 管道堵塞。运行中发现，从消化池出泥管到后浓缩池、从后浓缩池到脱水机前的贮泥池，以及离心脱水机上清液输送管道都容易被堵塞。其原因是磷酸铵镁（MAP）的形成。在厌氧消化中，有机物得到分解，并释放出PO_4^{3-}、NH_4^+。由于该厂位于沿海地区，地下水位较高，管网易受海水潮位等因素的影响，不可避免地有一定量的海水渗入下水道，从而

增加了污水中Mg^{2+}的浓度。消化池排放污泥在接触大气后，会释放一定的CO_2，使污泥中的pH值呈弱碱性，更有利于MAP的形成。经验表明，此物质易在垂直下降的管道上、管道的弯头处及不光滑的管壁上形成，因而这部分管道宜采用PE、PEHD及不锈钢管材。发生堵塞的管道可采用机械法疏通（如管道疏通车）。

③ 沼气发电机组的操作和维护。沼气发电机组特别是并网控制系统是进口的先进设备，在国内应用较少，污水处理厂维护人员需积累经验才能进行独立的有效维护。

机组采用的是并入厂内低压电网运行的工作方式。但由于厂内电网容量小，机组的工作较易受到厂内电网参数波动的影响而报警停机，需专人值班操作。

【实例】某厂是A-B工艺，污泥消化池有时不稳定，尤其是过一段时间就会产生消化池内泡沫过多的状况，很容易泄压，也很容易将阻火器阻塞。此种状况一旦出现，就会发生需长时间排放冷凝水的现象。请帮助分析原因并提出解决办法。

【答】可能是新鲜污泥投加到消化池后没充分搅拌。一般来说，新鲜污泥投入后几小时内，池内污泥至少应该全部翻动一次，这样可使泥温和污泥浓度均匀，稳定池内的碱度，防止污泥分层和形成浮渣。还要确认投配率是否相对稳定，温度是否过低，这些会造成生化不彻底，使浮渣增多。

8.3.2.6 消化池异常问题的分析与排除

(1) VFA（挥发性有机酸）/ALK（碱度）升高

其原因及控制对策如下：

① 水力超负荷。水力超负荷一般是由于进泥量太大，消化时间缩短，对消化液中的甲烷菌和碱度过度冲刷，导致VFA/ALK升高，如不立即采取控制措施，可进而导致产气量降低和使沼气中甲烷的含量降低。首先应将投泥量降至正常值并减少排泥量；如果条件许可，还可将消化池部分污泥回流至一级消化池，补充甲烷菌和碱度的损失。

② 有机物投配超负荷。进泥量增大或泥量不变，而含固率或有机分升高时，可导致有机物投配超负荷。大量的有机物进入消化液，使VFA升高，而ALK却基本不变，VFA/ALK会升高，控制措施是减少投泥量或二消污泥；当有机物超负荷是由于处理厂进水中有机物增加所致时（如大量化粪池污水过污泥进入），应加强上游污染源管理。

③ 搅拌效果不好。搅拌系统出现故障，未及时排除，搅拌效果不佳，会导致局部VFA积累，使VFA/ALK升高。

④ 温度波动太大。温度波动太大，可降低甲烷菌分解VFA的速率，导致VFA积累，使VFA/ALK升高。温度波动如因进泥量突变所致，则应增加进泥次数，减少每次进泥量，使进泥均匀。如因加热量控制不当所致，则应加强系统的控制调节。有时搅拌不均匀，使热量在池内分布不均匀，也会影响甲烷菌的活性，使VFA/ALK升高。

⑤ 存在毒物。甲烷菌中毒以后VFA速率下降，导致VFA/ALK积累，使VFA升高。此时应首先明确毒物种类，如为重金属类中毒，可加入Na_2S降低毒物浓度；如为S^{2-}类中毒，可加入铁盐降低S^{2-}浓度。解决毒物问题的根本措施是加强上游污染源的管理。

(2) 产气量降低

其原因及解决对策如下：

① 有机物投配负荷太低。在其他条件正常时，沼气产量与投入的有机物成正比，投入

有机物越多，沼气产量越多；反之，投入有机物越少，则沼气产量也越少。出现此种情况，往往是由于浓缩池运行不佳，浓缩效果不好，大量有机固体从浓缩池上清液流失，导致进入消化池的有机物降低所致。此时可加强对污泥浓缩的工艺控制，保证要求的浓缩效果。

②甲烷菌活性降低。由于某种原因导致甲烷菌活性降低，分解 VFA 速率降低，因而沼气产量也降低。水力超负荷、有机物投配超负荷、温度波动太大、搅拌效果不均匀、存在毒物等因素，均可使甲烷菌活性降低，因而应分析具体原因，采取相应的对策。

(3) 消化池气相出现负压，空气自真空安全阀进入消化池

其原因及控制对策如下：

① 排泥量大于进泥量，使消化池液位降低，产生真空。此时应加强进、排泥量的控制，使进、排泥量严格相等，溢流排泥一般不会出现该现象。

② 用于沼气搅拌的压缩机的出气管路出现泄漏时，也可导致消化池气相出现真空状态，应及时修复管道泄漏处。

③ 加入 $Ca(OH)_2$、NH_4OH、NaOH 等药剂补充碱度，控制 pH 值时，如果投入过量，也可导致负压状态，因此应严格控制该类药剂的投入量。

④一些处理厂用风机或压缩机抽送沼气至较远的使用点，如果抽气量大于产气量，也可导致气相出现真空状态，此时应加强抽气与产气量的调度平衡。

(4) 消化池气相压力增大，自压力安全阀逸入大气

其原因及控制对策如下：

① 产气量大于用气量，而剩余的沼气又无畅通的去向时，可导致消化池气相压力增大，此时应加强运行调度，增大用气量。

② 由于某种原因（如水封罐液位太高或不及时排放冷凝水）导致沼气管路阻力增大时，可使消化池压力增大。此时应分析沼气管阻力增大的原因，并及时予以排除。

③ 进泥量大于排泥量，而溢流管又被堵塞，导致消化池液位升高时，可使气相压力增大，此时应加强进排泥量的控制，保持消化池工作液位的稳定。

(5) 消化池排放的上清液含固量升高，水质下降，同时还使排泥浓度降低

① 上清液排放量太大，可导致含固量升高。上清液排放量一般应是相应每次进泥量的 1/4 以下；如果排放太多，则由于排放的不是上清液，而是污泥，因而含固量升高。

② 上清液排放太快时，由于排放管内的流速太大，会携带大量的固体颗粒被一起排走，因而含固量升高，所以应缓慢地排放上清液，且排放量不宜太大。

③ 如果上清液排放口与进泥口距离太近，则进入的污泥会发生短路，不经泥水分离直接排走，因而含固量升高；对于这种情况，应进行改造，使上清液排放口远离进泥口。

(6) 消化液的温度下降，消化效果降低

① 蒸汽或热水量供应不足，导致消化池温度也随之下降。

② 投泥次数太少、一次投泥量太大时，可使加热系统超负荷，因加热量不足而导致温度降低，此时应缩短投泥周期，减少每次投泥量。

③ 混合搅拌不均匀时，会使污泥局部过热，局部由于热量不足而导致温度降低，此时应加强搅拌混合。

8.3.2.7 分析测量与记录

(1) 消化系统正常运行的分析测量项目

流量：包括投泥量、排泥量和上清液排放量，应测量并记录每一运行周期内的以上各值。

pH 值：包括进泥、消化液排泥和上清液的 pH 值，每天至少测两次。

含固量（%）：包括进泥、排泥和上清液的含固量，每天至少分析一次。

有机分（%）：包括进泥、排泥和上清液干固体中的有机分，每天至少分析一次。

碱度（mg/L）：包括测定进泥、排泥、消化液和上清液中的碱度，每天至少一次，小型处理厂可只测消化液中的 ALK。

VFA（mg/L）：测定进泥、排泥、消化液和上清液中的 VFA 值，每天至少一次，小型处理厂可只测消化液中的 VFA。

BOD_5（mg/L）：只测上清液中的 BOD_5 值，每两天一次。

SS（mg/L）：只测上清液中的 SS 值，每两天一次。

NH_3-N（mg/L）：包括测定进泥、排泥、消化液和上清液中的 NH_3-N 值，每天一次。

TKN（mg/L）：包括测定进泥、排泥、消化液和上清液中的 TKN 值，每天一次。

TP（mg/L）：只测上清液中的 TP，每天一次。

大肠菌群：测进泥和排泥的大肠菌群，每周一次。

蛔虫卵：测进泥和排泥的蛔虫卵数，每周一次。

沼气成分分析：应分析沼气中的 CH_4、CO_2、H_2S 三种气体的含量，每天一次。

沼气流量：应尽量连续测量并记录沼气产量。

（2）通过以上分析数据，计算并记录沼气产量

有机物分解率（%）：η（即污泥的稳定化程度）；

分解单位重量有机物的产气量（m^3/kgVSS）：q_a；

有机物投配负荷［kgVSS/(m^3·d)］：F_V；

消化时间（d）：T；

消化温度（℃）：t；

另外，还应记录每个工作周期的操作顺序及每一操作的历时。

8.4 污泥的脱水与干化工序运行管理

污泥经浓缩、消化后，尚有 95%～96% 的含水率，体积仍然很大。为了综合利用和进一步处置，必须对污泥进行脱水和干化处理。将污泥的含水率降低到 80%～85% 以下的操作叫脱水。脱水后的污泥已经成为泥块，具有固体特性，能装车运输，便于最终处置和利用。将脱水污泥的含水率进一步降低到 50%～65% 以下（最低达 10%）的操作叫干燥（或称干化）。

8.4.1 污泥脱水的基本理论

污泥脱水的作用是去除污泥中的毛细水和表面附着水。经过脱水处理后，污泥含水率可从 96% 左右降到 60%～80%，其体积为原来的 1/10～1/5，有利于运输和后续处理。污泥脱水是依靠过滤介质（多孔性物质）两面的压力差作为推动力，使水分强制通过过滤介质，固体颗粒被截留在介质上，以达到脱水的目的。过滤过程中，开始时滤液只需克服过滤介质的阻力，当滤饼逐渐形成后，滤液还需克服滤饼本身的阻力，因此真正的过滤层包括滤饼与过滤介质。

8.4.2 污泥的脱水性能及其影响因素

8.4.2.1 脱水性能指标

脱水性能是指污泥脱水的难易程度。不同种类的污泥，其脱水性能不同；即使同一种类的污泥，其脱水性能也因厂而异。衡量污泥脱水性能的指标主要有二，一个是污泥的比阻（R），另一个是污泥的毛细吸水时间（CST）。

污泥的比阻是指在一定压力下，在单位过滤介质面积上，单位重量的干污泥所受到的阻力，常用R(m/kg）表示，计算公式如下：

$$R=2PA^2b/(\mu W) \tag{8-20}$$

式中 P——脱水过程中的推动力，N/m^2，对于真空过滤脱水，P为真空形成的负压，对于压滤脱水，P为滤布施加到污泥层上的压力；

A——过滤面积，m^2；

μ——滤液的黏度，$N \cdot s/m^2$；

W——单位体积滤液上所产生的干污泥重量，kg/m^3；

b——比阻测定中的一个斜率系数，s/m^6，其值取决于污泥的性质。

R的单位还常采用s^2/g，m/kg与s^2/g的换算关系为：$1m/kg=9.81\times10^3 s^2/g$。已有很多人发现，$s^2/g$是一个错误单位，不能真正反映比阻的物理意义。因此在实际测定中，最好统一采用m/kg作为比阻的单位。污泥的毛细吸水时间是指污泥中的毛细水在滤纸上渗透1cm距离所需要的时间，常用CST表示。比阻和污泥的毛细吸水时间均有专用的测定装置。

R和CST是衡量污泥脱水性能的两个不同的指标，各有优缺点。一般来说，比阻能非常准确地反映出污泥的真空过滤脱水性能，因为比阻测定过程与真空过滤脱水过程是基本相近的。比阻也能较准确地反映出污泥的压滤脱水性能，但不能准确地反映污泥的离心脱水性能，因为离心脱水过程与比阻测定过程相差甚远。CST适用于所有的污泥脱水过程，但要求泥样与待脱水污泥的含水率完全一致，因此CST测定结果受污泥含水率的影响非常大。例如，同一污水处理系统产生的污泥，不管排泥浓度高低，其脱水性能应是相同的，其CST值也应相等。但实测CST时，含水率越大，CST也越大。另外，比阻R测定过程较复杂，受人为因素干扰较大，测定结果的重现性较差；CST测定简便，测定速度快，测定结果也较稳定，因此在实际运行控制中一般都采用CST作为污泥脱水性能指标。

8.4.2.2 不同污泥的脱水性能及其影响因素

不同种类的污泥，脱水性能相差很大，因而其R值和CST值相差甚远。即使同一种污泥，不同处理厂测得的R和CST也相差较多（有时会相差几倍）。

一般来说，初沉污泥的脱水性能较好；一些处理厂的初沉污泥，其比阻R会低至2.0×10^{13}m/kg，此时污泥不经过调质，也可进行机械脱水。入流污水中工业废水的成分会影响初沉污泥的脱水性能，但其影响有时增强有时削弱，具体取决于工业废水的成分。钢铁或机械加工行业的废水，会使初沉污泥的脱水性能增强；而食品酿造或皮革加工等行业的废水会使初沉污泥的脱水性能降低。腐败的污泥脱水性能会降低，因污泥颗粒变小，会产生气体。

活性污泥的脱水性能一般都很差，其比阻常在10.0×10^{13}m/kg，CST常在100s之上，不经调质，无法进行机械脱水。泥龄越长的污泥，脱水性能越差；SVI值越高的污泥，其脱水性能也越差。一般来说，发生膨胀的活性污泥，无法进行机械脱水，否则会耗用大量的化学药剂进行调质。

初沉污泥与活性污泥的混合污泥，其脱水性能取决于两种污泥分别的脱水性能，以及每种污泥所占的比例。一般来说，活性污泥比例越大，混合污泥的脱水性能也越差。

消化污泥与消化前的生污泥相比，虽然污泥颗粒减小，但颗粒的有机分降低，密度增大，黏度减小，因而其脱水性能会略有提高。但已发现一些处理厂的污泥经消化之后比阻增大，脱水性能恶化。其原因是消化采用机械搅拌，搅拌强度太大，将污泥絮体打碎。采用沼气搅拌的消化池一般无此情况。

8.4.3 污泥脱水分类

污泥脱水分为干化脱水和机械脱水两大类。干化脱水也称干燥，其目的在于脱掉污泥中的表面水分，干化脱水分为自然干化脱水和热干燥处理技术两类，因热干燥处理技术由其他工业领域引入污泥处理中的时间不长，发展还不够成熟，故本节不做详细说明，本节重点介绍自然干化脱水和机械脱水的运营管理。自然干化脱水系将污泥摊置到由砂石铺垫的干化场上，通过蒸发、渗透和清液溢流等方式，实现脱水。机械脱水系利用机械设备进行污泥脱水。

8.4.3.1 自然干化脱水

(1) 干化场分类

自然干化脱水的干化场分为两大类，一是人工滤层干化场，是指需人工铺设滤层的干化场，又分为敞开式干化场和有盖式干化场两种；二是自然滤层干化场，是指利用自然土质等作为滤层的干化场，该法适用于自然土质渗透性能好、地下水位低的地区。

人工滤层干化场的构造见图 8-16，它由不透水底板、排水系统、滤水层、输泥管、隔墙及围堤等部分组成。有盖式的，设有可移开（晴天）或盖上（雨天）的顶盖，顶盖一般用弓形复合塑料薄膜制成，移置方便。

滤水层的上层用细矿渣或砂层铺设，厚度 200～300mm；下层用粗矿渣或砾石，层厚 200～300mm。排水管道系统用 100～150mm 的陶土管或盲沟铺成，管道之间中心距 4～8m，纵坡 0.002～0.003，排水管起点覆土深（至砂层顶面）为 0.6m。不透水底板由 200～400mm 厚的黏土层或 150～300mm 厚的三七灰土夯实而成，也可用 100～150mm 厚的素混凝土铺成，底板有 0.01～0.02 的坡度坡向排水管。

隔墙与围堤把干化场分隔成若干分块，通过切门的操作轮流使用，以提高干化场利用率。在干燥、蒸发量大的地区，可采用由沥青或混凝土铺成的不透水层且无滤水层的干化场，依靠蒸发脱水。这种干化场的优点是泥饼容易铲除。

(2) 干化场的脱水特点

污泥在干化场上是借助渗透、蒸发和人工滗除等过程而脱水的。渗透过程在污泥排入后 2～3h 完成，可使污泥含水率降至约 85%。此后水分只能依靠蒸发脱水，经数周后，含水率可降低至 75%左右。

这种脱水方式适于村镇小型污水处理厂的污泥处理，维护管理工作量很大，且产生大范围的恶臭。

(3) 污泥在干化场上脱水的影响因素

影响干化场脱水的因素主要是气候条件和污泥性质。气候条件包括当地的降雨量、蒸发

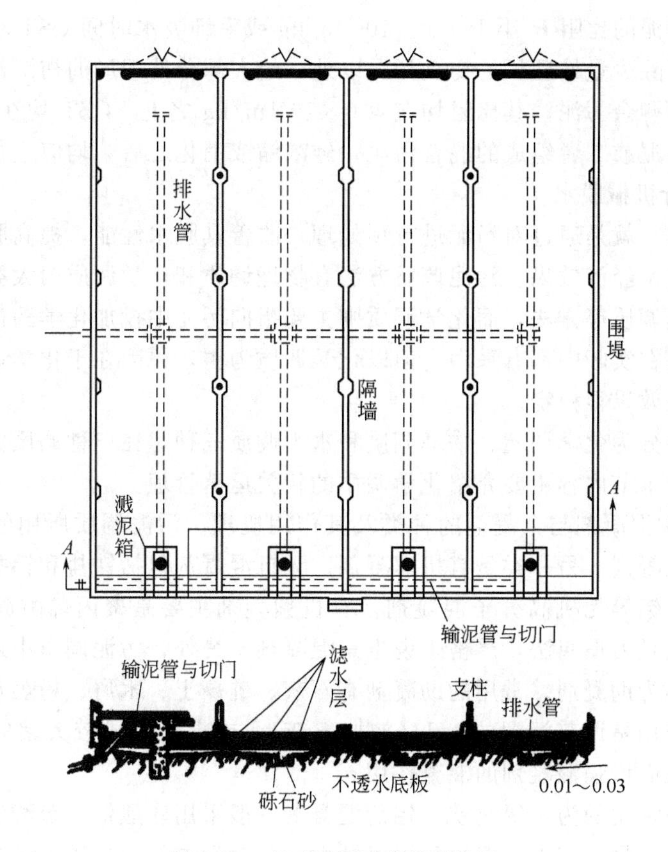

图 8-16 人工滤层干化场的构造

量、相对湿度、风速和年冰冻期。污泥性质对脱水影响较大，例如初沉污泥或浓缩后的活性污泥，由于比阻较大，水分不易从稠密的污泥层中渗透下去，往往会形成沉淀，分离出上清液，故这类污泥主要依靠蒸发脱水，可在围堤或围墙的一定高度上开设撇水窗，撇除上清液，加速脱水过程。而消化污泥在消化池中承受着高于大气压的压力，污泥中含有许多沼气泡，排到干化场后，由于压力的降低，气体迅速释出，可把污泥颗粒挟带到污泥层的表面，使水的渗透阻力减小，提高了渗透脱水性能。

8.4.3.2 机械脱水

(1) 机械脱水原理

污泥机械脱水原理是以过滤介质（多孔性材质）两面的压力差作为推动力，使污泥中的水分强制通过过滤介质（称滤液），固体颗粒被截留在介质上（称滤饼），从而达到脱水的目的。

造成压力差推动力的方法有三种：在过滤介质的一面造成负压（如真空吸滤脱水）；加压把污泥中的水分压过过滤介质（如压滤脱水）；通过离心作用使固滤分离（如离心机脱水）。

(2) 机械脱水的预处理——污泥调质

污泥在机械脱水前，一般应进行预处理，也称为污泥的调理或调质。这主要是因为城市污水处理系统产生的污泥，尤其是活性污泥脱水性能一般都较差，直接脱水将需要大量的脱水设备，因而不经济。污泥的比阻 R 和毛细吸水时间 CST 越大，污泥的脱水性能越差。一般认为，只有当污泥的比阻 R 小于 4.0×10^{13}m/kg 或毛细吸水时间 CST 小于 20s 时，才适合进行机械脱水。除少量处理厂的初沉污泥以外，绝大部分处理厂的初沉污泥和所有污水处理工艺系统产生的剩余污泥，其比阻均在 4.0×10^{13}m/kg 之上，CST 均在 20s 之上。因此，初沉污泥、活性污泥或二者组成的混合污泥，经浓缩或消化之后，均应进行调质，降低其 R 值或 CST，再进行机械脱水。

所谓污泥调质，就是通过对污泥进行预处理，改善其脱水性能，提高脱水设备的生产能力，获得综合的技术经济效果。污泥调质方法有物理调质和化学调质两大类。物理调质有淘洗法、冷冻法及热调质等方法，而化学调质则主要指向污泥中投加化学药剂，改善其脱水性能。以上调质方法在实际中都有采用，但以化学调质为主，原因在于化学调质流程简单，操作不复杂，且调质效果很稳定。

污泥调质主要分为化学调质、物理调质和水力调质三种，在三种调质方式中因化学调质应用最为普遍，故本节内容主要介绍化学调质的相关运营管理。

① 化学调质中混凝剂与絮凝剂的种类及其作用机理。污泥调质所用的药剂可分为两大类，一类是无机混凝剂，另一类是有机絮凝剂。无机混凝剂包括铁盐和铝盐两类金属盐类混凝剂以及聚合氧化铝等无机高分子混凝剂。有机絮凝剂主要是聚丙烯酰胺等有机高分子物质。絮凝剂一词只是习惯叫法，严格来说也是混凝剂。另外，污泥调质中还使用一类不起混凝作用的药剂，称为助凝剂。常用的助凝剂有石灰、硅藻土、木屑、粉煤灰、细炉渣等惰性物质。助凝剂的作用是调节污泥的 pH（如加石灰），或提供形成较大絮体的骨料，改善污泥颗粒的结构，从而增强混凝剂的混凝作用。

铁盐混凝剂中常用的为三氯化铁。铝盐混凝剂一般采用硫酸铝。硫酸铝混凝剂调质效果不如三氯化铁，且用量也较大，但由于无腐蚀性，且储运方便，使用也较多。而使用三氯化铁的一个较大缺点，是其对金属管道或设备有较强烈的腐蚀性，使之降低使用寿命。三氯化铁适合的 pH 值在 6.8～8.4，因其水解过程中会产生 H^+，降低 pH 值，因而一般需投加石灰作为助凝剂。三氯化铁在对污泥的调质中能生成大而重的絮体，使之易于脱水，因而使用较多。对于混合生污泥来说，三氯化铁的加药量一般为 20%～60%，要求相应的石灰投加量一般为 200%～400%，消化污泥的石灰投加量一般为 100%～200%。

聚合氯化铝作为一种高分子无机混凝剂，调质效果好，投药量少，虽价格偏高，但也有相当程度的使用。目前，人工合成有机高分子絮凝剂在污泥调质中得到普遍使用，并基本上已取代了无机混凝剂。常用的有机高分子絮凝剂是聚丙烯酰胺（俗称三号絮凝剂，PAM），其聚合度 n 高达 20000～90000，相应的分子量高达到 50 万～800 万，通常为非离子型高聚物，但通过水解可产生阴离子型，也可通过引入基团制成阳离子型。污泥调质常采用阳离子型聚丙烯酰胺，其作用机理包括两个方面：一是其分子上带电的部位能中和污泥胶体颗粒所带的负电荷，使之脱稳；二是利用其高分子的长链条作用把许多细小污泥颗粒吸附并缠结在一起，结成较大的颗粒。前一作用称为压缩双电层，后一作用称为吸附架桥。

按照离子密度的高低，阳离子聚丙烯酰胺又分成弱阳离子、中阳离子和强阳离子三种，实际中采用都较多。离子密度越高，其中和负电荷使污泥胶体颗粒脱稳的作用越强，但高离子密度的 PAM 的分子量往往较小，吸附架桥能力较弱。因此以上三种 PAM 的污泥调质效果一般相差不大。表 8-3 为三种阳离子 PAM 的相对离子密度、分子量以及调质加药量。

表 8-3 三种阳离子 PAM 的相对离子密度、分子量及调质加药量

分类	相对离子密度/%	分子量	调质加药量
弱阳离子 PAM	<10	4000000～8000000	0.25～5.0
中阳离子 PAM	10～25	1000000～4000000	1.0～5.0
强阳离子 PAM	>25	500000～1000000	1.0～5.0

② 调质药剂的选择。目前调质效果最好的药剂是阳离子聚丙烯酰胺，虽然其价格昂贵，但使用却越来越普遍。但具体到某一处理厂来说，应根据本厂的具体情况，在满足要求的前提下，选择综合费用最低的药剂种类。

采用铁盐或铝盐等无机混凝剂，一般能使污泥量增加 15%～30%，另外其肥效和热值也都将大大降低。因此当污泥消纳场离处理厂距离较远或污泥的最终处置方式为农用或焚烧时，一般不适合采用无机混凝剂进行污泥调质。但当消纳厂离处理厂很近，且处置方式为卫生填埋时，采用该类药剂有可能使综合费用降低。另外，使用该类药剂还能在一定程度上降低脱水过程中产生的恶臭。富磷污泥脱水时，还能降低磷向滤液中的释放量；当采用石灰做助凝剂时，石灰还能起到一定的消毒效果。

采用聚丙烯酰胺进行调质，泥量基本不变，其肥效和热值都不降低，因此当污泥脱水后用作农肥或焚烧时，最好采用该类药剂。另外，阳离子型聚丙烯酰胺在调质过程中，能与一些溶解性折光物质生成沉淀，因而脱水滤液中污染物相对较少，呈透明状。

调质药剂的选择还与脱水机的种类有关系。一般来说，带式压滤脱水机可采用任何一种药剂进行调质污泥，而离心脱水机则必须采用高分子絮凝剂，其原因是离心机内空间较小，对泥量要求很严格，如果采用无机药剂，使泥量增加很多，将大大降低离心机的脱水能力。

很多处理厂为降低污泥调质的综合费用，进行了大量的探索。一个主要途径就是采用了各种各样的复合药剂，即采用两种或两种以上的药剂进行污泥调质。主要有以下几种组合方式：

a. 三氯化铁与阴离子聚丙烯酰胺组合，先加三氯化铁，再加后者。其原理是三氯化铁的电中和作用可使污泥胶体颗粒脱稳，再通过阴离子聚丙烯酰胺的吸附架桥作用，形成较大的污泥絮体。两种药剂的共同作用，使总的药剂费用降低。

b. 三氯化铁与弱阳离子聚丙烯酰胺组合，先加三氯化铁，再加后者。其原理与组合 a. 基本相同。

c. 聚合氯化铝与弱阳离子聚丙烯酰胺组合。

d. 石灰与阴离子聚丙烯酰胺组合。

e. 聚合氯化铝与三氯化铁或硫酸铝组合。

f. 阳离子聚丙烯酰胺与一些助凝剂，如粉煤灰、细炉渣、木屑等合用，可降低其用量；国外一些处理厂尝试在阳离子聚丙烯酰胺加入污泥之前，先加入少量高锰酸钾，可使耗药量降低 25%～30%，同时还具有降低恶臭的作用。

g. 阳离子型和阴离子型聚丙烯酰胺共用。

许多污水处理厂的运行经验表明，药剂组合使用，往往比单独使用一种的调质效果要好，综合费用会降低，但具体采用哪种组合方式，则因厂而异，处理厂可结合本厂特点，选择出本厂的最佳组合方式。可用烧杯搅拌试验初步选择调质药剂，程序如下：

a. 取几个 1L 的烧杯洗净待用。

b. 向每个烧杯中加入 600mL 的待脱水泥样。

c. 向每个泥样中加入不同种类的调质药剂，投加量可按照每种药剂的使用说明，或参照其他处理厂的投加量确定。

d. 向每个泥样中放入相同的搅拌器进行搅拌，搅拌速度为 75r/min，搅拌时间控制在 30s，然后停止搅拌，并取出搅拌器。

e. 观测污泥絮体形成情况及其沉降情况，对絮体较大、沉降较快的泥样，对应的调质药剂为最佳选择。

通过以上程序初步选择的药剂，还需用比阻或毛细吸水时间进一步确认并确定最佳投药量，详见后述。

③ 最佳投药量的确定。投药量与污泥本身的性质、环境因素以及脱水设备的种类有关系。要综合以上因素，找到既满足要求又降低加药费用的最佳投药量，一般必须进行投药量的试验。程序如下：

a. 按照所选药剂的使用说明或相近处理厂的运行经验，确定一个大致的投药量范围。例如，当采用带式压滤脱水机对初沉生污泥进行脱水时，如采用 PAM 调质，投药量可选择在 1.0‰～5.0‰的范围内。

b. 在所选择的投药量范围内，确定几个投药量。例如在 0.1%～0.5%的范围内，可确定 0.1%、0.2%、0.3%、0.4%、0.5%五个投药量。

c. 取几个泥样，每个泥样的体积可在 50～200mL。按照泥样的量、泥样的含固量、絮凝剂溶液的浓度及所确定的投药量，计算出应向每个泥样中投加的絮凝剂溶液量。

d. 测定每一投药量所对应的泥样的 R 或 CST。采用带式压滤脱水或真空过滤脱水时，采用 R 或 CST 皆可，但最好采用 R；采用离心脱水时，最好采用 CST。应注意，絮凝剂溶液不能向几个泥样同时投加，应测定一个，投加一个。

e. 绘制泥样的 R 或 CST 值与对应的投药量之间的变化曲线，曲线上的最低点对应的投药量即为最佳投药量。

不管污泥原来的 R 或 CST 多高，经加药调质以后，均应将 R 降为 4.0×10^{13} m/kg 以下，否则，投药范围选择不合理或药剂选择不合理，应予以重新选择或确定。

投药量除与污泥本身性质和脱水方式有关外，还与污泥温度有关系。温度越高，投药量越小；反之，温度越低，投药量越多。一般来说，在保证同样调质效果的前提下，夏季比冬季减少 10%～20%的投药量。

上述所谓的投药量，实际上是指污泥中单位重量的干固体所需投加的絮凝剂干重量，因而准确地应称之为干污泥投药量，用 f_m 表示。实际中，常采用 kg/Mg 作为 f_m 的单位，即每吨干污泥所需投加药量的千克数，这是一个千分比（‰）的概念。实际运行中，应根据泥质的变化情况，通过比阻或CST 试验，定期确定或调整 f_m 值。利用 f_m 可较准确地计算出每天每班实际要投加的药量。计算如下：

$$M=Q_s C_0 f_m \tag{8-21}$$

式中 f_m——干污泥投药量，kg/Mg；

C_0——待脱水污泥的浓度，kg/m³；

Q_s——污泥量，m³/d；

M——每天加药量，kg/d。

【例 8-1】 某厂采用带式压滤脱水，采用阳离子聚丙烯酰胺进行污泥调质。试验确定干污泥投药量为 3.5kg/Mg，待脱水污泥的含固量为 4.5%。试计算每天污泥量为 $1800m^3/d$ 时所需投加的总药量。

【解】 已有数据及单位换算如下：

$$Q_s=1800m^3/d,\ C_0=4.5\%=45kg/m^3$$

$$f_m=3.5kg/t=3.5kg/1000kg$$

将 Q_s、C_0、f_m 代入式(8-21)，得

$$M=1800\times45\times3.5/1000=284\ (kg)$$

即该厂每天污泥调质所投加的阳离子型聚丙烯酰胺量为 284kg。

④ 投药系统及其操作。投药有干投和湿投两种方法，污泥调质投药常采用湿投法。投加系统一般包括干粉投加及破碎装置、溶药混合装置、贮药池、计量泵和混合器等部分。

在投药过程的操作中主要有以下问题需要特别注意：

a. 保证 PAM 充分溶解。PAM 通常应贮存在低温干燥的环境中，因 PAM 遇热或潮湿易结饼失效。干粉加入溶药池后，至少应持续低速搅拌 30min 以上，以保证 PAM 充分溶解。没有充分溶解的 PAM 呈黏糊状，会堵塞计量泵、管道及脱水机的滤布。可用一种简单的方法检验药剂是否充分溶解。取配制好的少量药液滴到一块玻璃片上，观察其是否平稳流动。如果流动不均匀，说明溶解不充分，应继续搅拌。溶液池的温度应控制在 10℃以上，否则很难充分溶解。配制好的絮凝剂溶液在 24h 内一般不会失效，因此运行中可一次性配好一天的用药量。配制的 PAM 溶液浓度越低，调质效果越好，因低浓度时易溶解，且大分子链能充分伸展开来，充分发挥吸附架桥作用，但太低了会增大脱水机入流量，影响脱水能力。实际运行中，一般将 PAM 配制成浓度为 0.1%～1.0%的溶液。如有可能，可再低一些，但配制浓度一定不能过高。

b. 絮凝药剂的配制浓度应控制在一定范围内。为保证污泥浓缩与脱水效果，在污泥脱水絮凝剂的配制方面，絮凝药剂的配制浓度应控制在 0.1%～0.5%范围内。浓度太低则投加溶液量大，配药频率增多；浓度过高容易造成药剂黏度过高，可能导致搅拌不够均匀，螺杆泵输送药液时阻力增大，容易加快设备损耗和管路堵塞。另外，不同批次和不同型号的絮凝剂密度差别较大，需根据实际情况定期或不定期地标定药剂的配制浓度，适时调整药剂的用量，保证污泥脱水效果和减少药剂浪费。同时，干粉药剂在贮存和使用过程中注意防潮防失效。

(3) 机械脱水设备分类

机械脱水的种类很多，按脱水原理可分为真空过滤脱水、污泥压滤脱水和离心脱水三大类，国外目前正在开发螺旋压榨脱水，但尚未大量推广。以下对各类机械脱水设备的运营管理进行分述。

① 真空过滤机

a. 工作原理：真空过滤脱水系将污泥置于多孔性过滤介质上，在介质另一侧造成真空，将污泥中的水分强行“吸入”，使之与污泥分离，从而实现脱水。常用的设备有各种形式的真空转鼓过滤脱水机。

b. 特点：真空过滤脱水的特点是能够连续生产，运行平稳，可自动控制。主要缺点是附属设备较多，工序较复杂，运行费用较高。国内使用较广的是 GP 型转鼓真空过滤机，其构造见图 8-17。转鼓真空过滤机脱水系统的工艺流程见图 8-18。

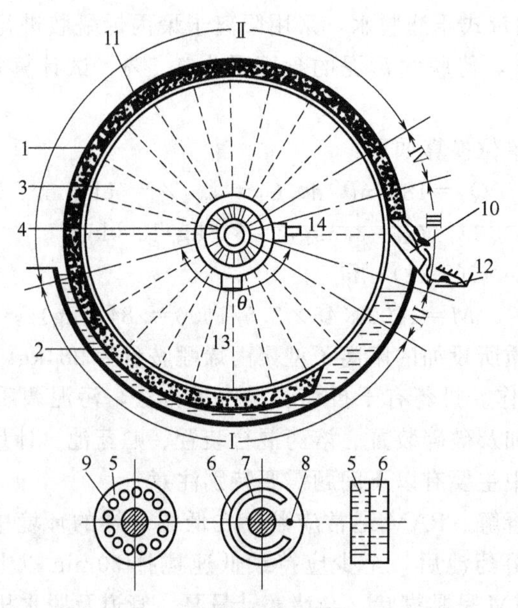

图 8-17 GP 型转鼓真空过滤机构造

Ⅰ—滤饼形成区；Ⅱ—吸干区；Ⅲ—反吹区；Ⅳ—休止区；
1—空心转筒；2—污泥槽；3—扇形格；4—分配头；5—转动部件；6—固定部件；
7—与真空泵通的缝；8—与空压机通的孔；9—与各扇形格相通的孔；10—刮刀；
11—泥饼；12—皮带输送器；13—真空管路；14—压缩空气管路

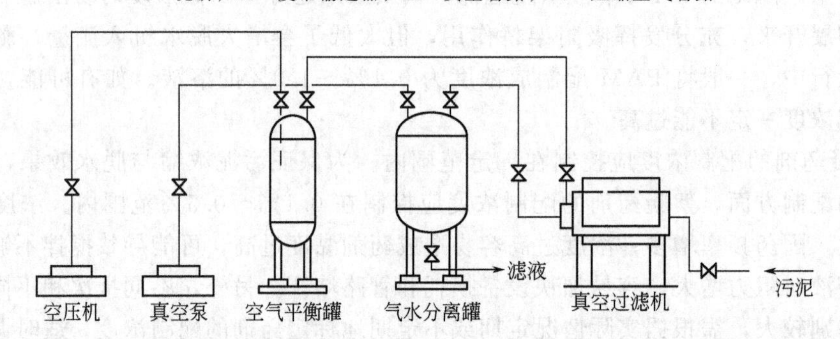

图 8-18 转鼓真空过滤机脱水系统的工艺流程

覆盖有过滤介质的空心转筒 1 浸在污泥槽 2 内。转鼓用径向隔板分隔成许多扇形格 3，每格有单独的连通管，管端与分配头 4 相接。分配头由两片紧靠在一起的转动部件 5（与转鼓一起转动）与固定部件 6 组成。转动部件 5 有一列小孔 9，每孔通过连接管与各扇形格相连。固定部件 6 有缝 7 与真空管路 13 相通，孔 8 与压缩空气管路 14 相通。当转鼓某扇形格的连通孔 9 旋转处于滤饼形成区Ⅰ时，由于真空的作用，将污泥吸附在过滤介质上，污泥中的水通过过滤介质后沿真空管路 13 流到气水分离罐。吸附在转鼓上的滤饼转出污泥槽后，若管孔 9 在固定部件的缝 7 范围内，则处于吸干区Ⅱ内继续脱水，当管孔 9 与固定部件的孔 8 相通时，便进入反吹区Ⅲ与压缩空气相通，滤饼被反吹松动，然后由刮刀 10 刮除，滤饼经皮带输送器外输，再转过休止区Ⅳ进入滤饼形成区Ⅰ，周而复始。

c. 适用范围：真空过滤脱水是目前应用较多的机械脱水方法，使用的机械是真空过滤机。主要用于初次沉淀池污泥及消化污泥的脱水。

d. 运营注意事项：GP 型真空转鼓过滤机的运行中遇到的主要问题是过滤介质紧包在转

鼓上，清洗不充分，易于堵塞，影响过滤效率。为解决这个问题，可采用链带式转鼓真空过滤机，即用辊轴把过滤介质转出，卸料并将过滤介质清洗干净后转至转鼓。

② 污泥压滤机。压滤也是一种常用的机械脱水方法，它的推动力是由正压和大气压之差造成的。压滤脱水系将污泥置于过滤介质上，在污泥一侧对污泥施加压力，强行使水分通过介质，使之与污泥分离，从而实现脱水，常用的设备有各种形式的板式压滤机和带式压滤脱水机。

a. 板式压滤机。工作原理：将带有滤液的滤板和滤框平行交替排列，每组滤板和滤框中间夹有滤布。用可动段把滤板和滤框压紧，使滤板和滤框之间构成一个压滤室。污泥从料液进口流出水通过滤板从滤液排出口流出，泥饼堆积在框内滤布上，滤板和滤框松开后泥饼就很容易剥落下来。板式压滤机可分为板框压滤机（见图 8-19）、箱式压滤机和由两者合成的压滤机。

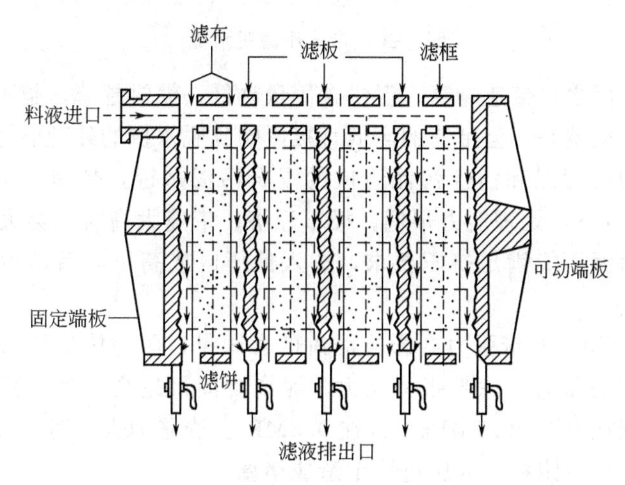

图 8-19　板框压滤机

特点：板框压滤机优点是结构简单，操作容易，运行稳定故障少，保养方便，设备使用寿命长，过滤推动力大，所得泥饼含水量低；过滤面积选择范围灵活，且单位过滤面积占地较少；对物料的适应性强。其缺点是不能连续运行，处理量小，滤布消耗大。

适用范围：主要适应于中、小型污泥脱水处理场合。

运营注意事项：板框压滤机运行中遇到的主要问题是滤布清洗不充分，易于堵塞，影响过滤效率。故因形成良好的工作习惯，勤洗滤布，必要的时候对滤布进行更换。

b. 带式压滤脱水机。工作原理：带式压滤脱水机（见图 8-20）由滤带、辊压筒、滤带张紧系统、滤带调偏系统、滤带驱动系统和滤带冲洗系统组成。污泥流入在辊之间连续转动的上下两块带状滤布上后，滤布的张力和轧辊的压力及剪力、剪切力依次作用于夹在两块滤布之间的污泥上而进行重力浓缩和加压脱水。脱水泥饼由刮泥板剥离，剥离了泥饼的滤布用水清洗，以防止滤布孔堵塞，影响过滤速率。

特点：带式压滤脱水机利用滤布的张力和压力在滤布上对污泥施加压力使其脱水，并不需要真空或加压设备，动力消耗少，操作管理较方便，可以连续操作，因而应用最为广泛。

带式压滤脱水机工艺控制：

ⓐ 带速控制。滤带的行走速度控制着污泥在每一工作区的脱水时间，对出泥泥饼的含固量、泥饼厚度及泥饼剥离的难易程度都有影响。带速越低，泥饼含固量越高，泥饼越厚，

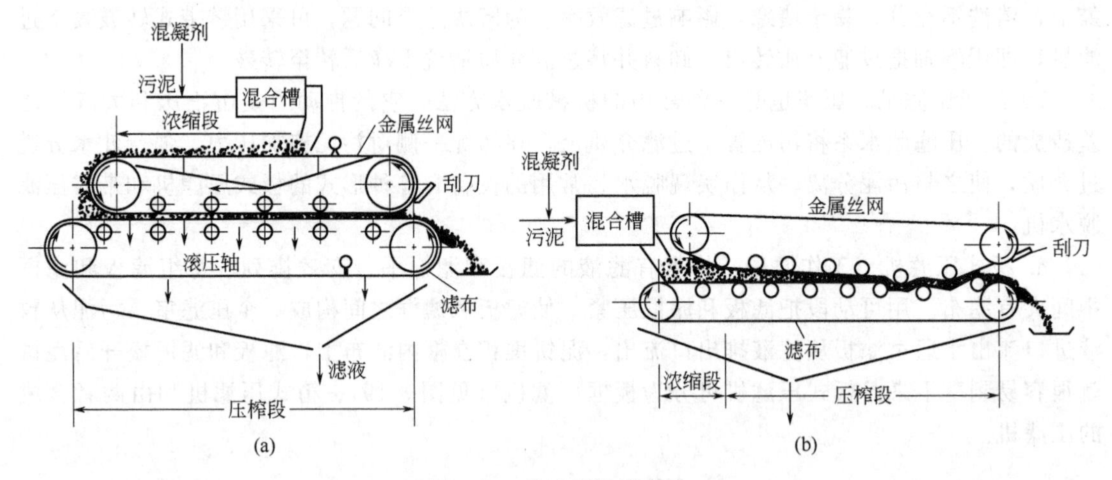

图 8-20　带式压滤脱水机

越易从滤带上剥离；反之，带速越高，泥饼含固量越低，泥饼越薄，越不易剥离。因此，从泥饼质量看，带速越低越好，但带速的高低直接影响到脱水机的处理能力，带速越低，其处理能力越小。对于初沉污泥和活性污泥组成的混合污泥来说，带速一般应控制在 2～5m/min。在 1.0m/min 以下，处理能力很低，极不经济；带速太高时，会大大缩短重力脱水时间，使在楔形区的污泥不能满足挤压要求，进入低压区或高压区后，污泥将被挤压溢出滤带，造成跑料。

ⓑ 滤带张力的控制。滤带张力会影响泥饼的含固量，因为施加到污泥层上的压力和剪切力直接决定于滤带的张力。滤带张力越大，泥饼含固量越高。对于城市污水混合污泥来说，一般将张力控制在 0.3～0.7MPa，常在 0.5MPa。当张力太大时，会将污泥在低压区或高压区挤压出滤带，导致跑料，或压进滤带造成堵塞。

ⓒ 调质的控制。污泥调质效果，直接影响脱水效果。加药量不足、调质效果不佳时，污泥中的毛细水不能转化成游离水在重力区被脱去，因而由楔形区进入低压区的污泥仍呈流动性，无法挤压；如果加药量太大，一是增大处理成本，更重要的是由于污泥黏性增大，极易造成滤带被堵塞。对于城市污水混合污泥，采用阳离子 PAM 时，干污泥投药量一般为 1～10kg/t。

ⓓ 处理能力的控制。带式压滤脱水机的处理能力有两个指标：一个是进泥量，另一个是进泥固体负荷。

进泥量是指每米带宽在单位时间内所能处理的湿污泥量 [$m^3/(m \cdot h)$]，常用 q 表示。进泥固体负荷是指每米带宽在单位时间内所能处理的总干污泥量 [$kg/(m \cdot h)$]，常用 q_s 表示。

在污泥性质和脱水效果一定时，q 和 q_s 也是一定的，如果进泥量太大或固体负荷太高，将降低脱水效果。一般来说，q 可达到 $4 \sim 7m^3/(m \cdot h)$，q_s 可达到 $150 \sim 250kg/(m \cdot h)$。$q$ 和 q_s 乘以脱水机的带宽，即为该脱水机的实际允许进泥量和进泥固体负荷。

为保持带式压滤脱水机的正常运行，需注意以下操作与维护事项：

ⓐ 注意时常观察滤带的损坏情况，并及时更换新滤带。滤带的使用寿命一般在 3000～10000h，如果滤带过早被损坏，应分析原因。滤带的损坏常表现为撕裂、腐蚀或老化，滤带的材质或尺寸不合理、滤带的接缝不合理、滚压筒不整齐、张力不均匀、纠偏系统不灵敏

均会导致滤带被损坏，应予以及时排除。

ⓑ 每天应保证足够的滤布冲洗时间。脱水机停止工作后，必须立即冲洗滤带，不能过后冲洗。另外，还应定期对脱水机周身及内部进行彻底清洗，以保证清洁，降低恶臭。

ⓒ 按照脱水机要求，定期进行机械检修维护。例如按时加润滑油、及时更换易损件等等。

ⓓ 脱水机房内的恶臭气体，除影响身体健康外，还腐蚀设备。因此脱水机易腐蚀部分应定期进行防腐处理，加强室内通风。增大换气次数，也能有效地降低腐蚀程度。如有条件，应对恶臭气体封闭收集，并进行处理。

ⓔ 应定期分析滤液的水质，有时通过滤液水质的变化，能判断脱水效果是否降低。

正常情况下，滤液水质应在以下范围：SS＝200～1000mg/L，BOD_5＝200～800mg/L。如果水质恶化，则说明脱水效果降低，应分析原因。

ⓕ 滤带刮刀采用软性材质，减少对滤带和滤带接口处的磨损。

ⓖ 保证自控系统设有连锁保护装置，防止错误动作给整机造成的损伤。

带式压滤脱水机运行中常见问题及其解决办法：

ⓐ 滤带打滑。这主要是进泥超负荷，应降低进泥量；滤带张力太小，应增加张力；辊压筒损坏，应及时修复或更换。

ⓑ 滤带跑偏。这主要是进泥不均匀，在滤带上摊布不均匀，应调整进泥口或更换平泥装置；辊压筒局部损坏或过度磨损，应予以检查更换；辊压筒之间相对位置不平衡，应检查调整；纠偏装置不灵敏，应检查修复。

ⓒ 滤带堵塞严重。这主要是每次冲洗不彻底，应增加冲洗时间或冲洗水压力；滤带张力太大，应适当减小张力；加药过量，即PAM加药过量，黏度增加，常堵塞滤布，另外未充分溶解的PAM也易堵塞滤带；进泥中含砂量太大，也易堵塞滤布，应加强污水预处理系统的运行控制。

ⓓ 泥饼含固量下降。这主要是加药量不足、配药浓度不合适或加药点位置不合理，达不到最好的絮凝效果；带速太大，泥饼变薄，导致含固量下降，应及时降低带速，一般应保证泥饼厚度为5～10mm；滤带张力太小，不能保证足够的压榨力和剪切力，使含固量降低，应适当增大张力；滤带堵塞，不能将水分滤出，使含固量降低，应停止运行，冲洗滤带。

③ 离心脱水机

a. 工作原理：用于离心脱水的机械叫离心机。离心脱水系统通过水分与污泥颗粒的离心力之差使之相互分离从而实现脱水，常用的设备有各种形式的离心脱水机。锥筒式离心脱水机（见图8-21）主要由转筒和带空心转轴的螺旋输送器组成，污泥由空心轴送入转筒后，在高速旋转产生的离心力作用下，立即被甩入转筒腔内。污泥颗粒密度较大，因而产生的离心力也较大，被甩贴在转筒内壁上，形成固体层；水密度小，离心力也小，只在固体层内侧产生液体层。固体层的污泥在螺旋输送器的缓慢推动下，被输送到转筒的锥端，经转筒周围的出口连续排出，液体则由堰口溢流排至转筒外，汇集后排出脱水机。

b. 特点：离心机占地小、自动化程度高，一般为全封闭型式，利于改善作业环境。但离心机电耗较高，噪声较大，维修技术要求高，污泥的预处理要求较高。

c. 适用范围：离心脱水机单机处理量较大，可达50m^3/h以上，处理负荷达1500kg/h，数倍于带式脱水机，较适用于大型污水处理厂，不适用于污泥固液相对密度较为接近的污泥脱水。

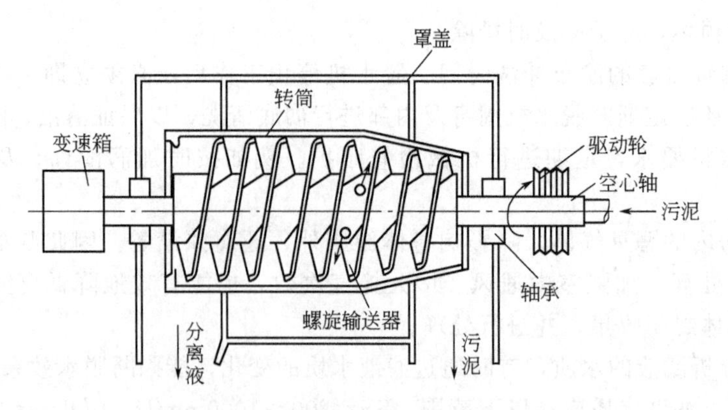

图 8-21　锥筒式离心脱水机构造示意图

若要离心脱水机的污泥脱水处理达到理想的分离效果，可以从两方面来考虑：

a. 转速差越大，污泥在离心机内停留时间越短，泥饼含水率就越高，分离水含固率就可能越大。反之，转速差越小，污泥在离心机内停留时间越长，固液分离越彻底，但必须防止污泥堵塞。利用转速差可以自动地进行调节，以补偿进料中变化的固体含量。

b. 当污泥性质已经确定时，可以改变进料投配速率，减少投配量，改善固液分离；增加絮凝剂加注率，可以加速固液分离速率，提高分离效果。

离心脱水机运营中常见问题及其解决办法：

a. 开机报警或振动报警。离心脱水机开启时低差速报警引起主电机停机或者振动较大、声音异常，造成报警停机。上述情况为上次停机前冲洗不彻底所致，即冲洗不彻底会导致两种情况发生：一是离心机出泥端积泥多导致再次开启时转鼓和螺旋输送器之间的速差过低而报警；二是转鼓的内壁上存在不规则的残留固体导致转鼓转动不平衡而产生振动报警。

b. 轴温过高报警。这主要是由于润滑脂油管堵塞致润滑不充分、轴温过高。由于离心脱水机的润滑脂投加装置为半自动装置，相对人工投加系统油管细长，间隔周期长，投加一次润滑脂容易发生油管堵塞的现象。一旦发生，需要人工及时清理，其主要原理是较频繁地加油以保证细长油管的有效畅通。当然，润滑脂亦不能加注过多，否则亦会引起轴承温度升高。

c. 主机报警而停机。开启离心脱水机或运行过程中调节脱水机转速，主电机变频器调节过大或过快，容易造成加（减）速过电压现象，导致主电机报警。运行中发现，一般变频调节在 2Hz 左右比较安全。离心脱水机在冲洗状态下，尤其在高速冲洗时，也易造成加（减）速过电压现象，所以在高速冲洗时离心脱水机旁应有运行人员监护。

d. 离心脱水机不出泥。在离心脱水机正常运转的情况下，相关设备正常运转，但出现不出泥现象，滤液比较浑浊，差速和转矩也较高，无异响，无振动，高速和低速冲洗时转矩左右变化不大，亦出现过转矩忽高忽低的现象，再启动时困难，无差速。

这种情况多发生在雨季，由于来水量大，对生物池的污泥负荷冲击大，导致剩余污泥松散、污泥颗粒小。而污泥颗粒越小，比表面积越大（呈指数规律增大），则其拥有更高的水合强度和对脱水过滤更大的阻力，污泥的絮凝效果差且不易脱水。此时，如不及时进行工艺调整，则离心脱水机可能会出现转矩力不从心的现象（过高），恒转矩控制模式下差速会进行跟踪。一旦差速过大，很容易导致污泥在脱水机内停留时间短、固环层薄；另一方面，转速差越大，由于转鼓与螺旋之间的相对运动增大，对液环层的扰动程度必然增大，固环层内部分被分离出来的污泥会重新返至液环层，并有可能随分离液流失。这种情况下会产生脱水机不出泥的现象。

在进泥浓度较低且污泥松散的情况下，采用高转速、低差速和低进泥量运行能够有效解决不出泥的问题，并且运行效果也不错。高转速是为了增加分离因数，一般来说污泥颗粒越小密度越低，需要的分离因数较高，反之需要较低的分离因数；采用低差速可以延长污泥在脱水机内的停留时间，污泥絮凝效果增强的同时在转鼓内接受离心分离的时间将延长，同时由于转鼓和螺旋之间的相对运行减少，对液环层的扰动也减轻，因此固体回收率和泥饼含固率均将提高；低进泥量亦增加固体回收率和泥饼含固率。

8.4.3.3 分析测量及记录

每班应监测分析以下指标：进泥量及含固率，泥饼的产量及含固率，滤液的流量及水质（SS、BOD_5、TN、TP 可每天一次），絮凝剂的投加量，冲洗水水量及冲洗后水质、冲洗次数和每次冲洗历时。还应计算或测量以下指标：滤带张力、带速、固体回收率、干污泥投药量、进泥固体负荷。

8.5 污泥的资源化利用

污泥资源化是污泥今后处置的一个大趋势，各项实验室研究也正在进行中，虽然部分研究还没有工业化应用，但是基于技术的发展，会有更科学有效的资源化利用模式，目前按照所获产品种类不同，可将污泥资源化利用模式分成：建材利用模式、农业利用模式、能源利用模式、污泥蛋白质利用技术。

8.5.1 建材利用模式

8.5.1.1 污泥制砖

污泥制砖有两种方法，一种是用干污泥直接制砖；另一种是用污泥焚烧灰渣制砖。污泥制砖的前提是其成分与传统制砖原料黏土具有相似性，生活污泥燃烧产物和黏土的化学成分基本接近，在适当调整以及混入适量添加剂后，完全可以制备建筑用砖。西方国家常采用污泥焚烧灰制砖，我国则倾向采用干化污泥制砖，充分利用污泥中有机质的发热量，降低烧砖能耗。当污泥与黏土按质量比 1∶10 配料时，污泥砖与红砖的强度基本一致，污泥焚烧灰制砖时，因污泥的性质不同，焚烧灰成分相差很大，需加以区别。

8.5.1.2 污泥制陶粒

陶粒作为一种人造轻质粗集料，因质轻、高强、保温等特性备受关注，是具有发展潜力的新型建材。污泥制陶粒是以污泥为主要原料，掺加适量辅料，经过成球、干燥、预处理、焙烧、冷却而制成的轻质陶粒。

8.5.1.3 污泥制水泥

利用污泥灰分高，其化学特性与水泥生产所用的原料基本相似的特征，可以将污泥干化和研磨后添加适量石灰制成水泥。此外，水泥窑具有燃烧炉温高和处理物料量大等特点，利用城市污泥烧制水泥同时兼具减容和减量作用。日本将城市垃圾焚烧灰和下水道污泥一起作为原料，生产所谓“生态水泥”，这种水泥的原料中有 60％为废弃物（污泥占 20％～30％），烧成温度1000～1300℃，燃料用量与二氧化碳排放量都比生产普通水泥少。但是，利用污泥制水泥的部分技术问题，如污泥中含活性阴离子氯，可造成钢筋发生小孔腐蚀，限制了污泥水泥的应用范围。

8.5.2 农业利用模式

8.5.2.1 堆肥

污泥农业利用中的主要模式即污泥堆肥。城市污泥含有大量的有机质和一些植物必需养分，在消除重金属与病原菌之后，可部分替代化肥。与纯猪粪和猪厩肥相比，我国城市污泥中TN和TP含量比纯猪粪和猪厩肥高，但K含量比纯猪粪和猪厩肥低，施用时若补充钾肥，则可获得化肥的农用效果。同时，经处理后的污泥是一种生物质肥料，替代化肥后可以有效避免农业面源污染，环境效益明显。

堆肥化过程有好氧堆肥和厌氧堆肥两种。好氧堆肥由四个阶段组成，即升温阶段、高温阶段、降温阶段和腐熟阶段。好氧法是在通气条件下通过好氧微生物活动，使污泥中的有机物得到降解稳定的过程，此过程速度快，堆肥温度高（一般为50～60℃，极限可达80～90℃）。厌氧堆肥是通过微生物的固体发酵对有机物进行降解和稳定化，该过程速度较慢，堆肥时间是好氧法的3～4倍。因厌氧法时间周期长，处理同样的污泥量，所需设备体积大，故目前污泥堆肥法基本上采用的是好氧堆肥。

污泥堆肥产品还可与市场销售的无机氮、磷、钾化肥配合生产有机、无机复混肥，这种复混肥在向农作物提供速效肥源的同时，还能向农作物根系引入有益微生物，充分利用土壤潜在肥力，并提高化肥利用率。

8.5.2.2 生产动物饲料

污泥中含有大量有价值的物质，各种氨基酸之间相对平衡，因此是一种很好的饵料蛋白加工原料。目前，国内有部分研究者已经开始了用活性污泥生产的饲料来喂养家禽的研究，并且通过实验表明对动物没有毒害或副作用，但是总体而言，该种利用模式尚属于起步阶段。

8.5.3 能源利用模式

8.5.3.1 厌氧消化制沼气

污泥中含有的大量有机物，在厌氧条件下，经历水解发酵、产氢产乙酸、产甲烷3个阶段产生沼气。此过程的前两个阶段不产生甲烷，第三个阶段产生甲烷。污水处理过程产生的剩余污泥，进入消化设施，通过控制pH值、营养物比例（主要为C/N）、含水率、温度、停留时间（SRT）等，实现污泥的稳定化和甲烷等燃料气体的产生。

厌氧消化工艺成熟，产生的沼气可实现能源化利用，国内目前有约5%的污泥集中处置场所采用该种利用模式。但是，由于投资较高，工艺复杂，运行有一定难度，厌氧消化并未得到很好的普及应用，已建成的消化设施也有部分未正常运行。

8.5.3.2 燃烧发电

污泥燃料发电方法目前有两种，一种是污泥能量回收系统，简称HERS（hyperion energy system）法，第二种是污泥燃料化法，简称SF（sludge fuel）法。

HERS法是将剩余活性污泥和初沉池污泥分别进行厌氧消化，产生的消化气经过脱硫后，用作发电的燃料。HERS法所用的物料是经过机械脱水的消化污泥，经历了污泥热值降低的消化过程。污泥能量回收有两种方式，即厌氧产生消化气和污泥燃烧产生热能，然后以电力形式回收利用。

SF法将未消化的混合污泥经过机械脱水后，加入重油，调制成流动浆液送入蒸发器蒸发，然后经过脱油，变成污泥燃料，该法不经过污泥热值降低的消化过程，直接将生成污泥蒸发干燥制成燃料。重油返回作污泥流动介质重复利用，污泥燃料燃烧产生蒸汽，作为污泥干燥的热源和发电，回收能量。

8.5.3.3 低温热解制油

污泥低温热解制油是目前正在发展的一种新的热能利用技术。污泥低温热解是利用污泥中有机物的热不稳定性，在无氧的条件下加热污泥干燥至一定温度（小于500℃），由于干馏和热分解作用使污泥转化为油、反应水、不凝性气体（NNG）和炭4种可燃性产物。污泥低温热解产生的衍生油黏度高、气味差，但发热量可达到29～42.1MJ/kg，而现在使用的三大能源：石油、天然气、原煤的发热量分别为41.87MJ/kg、38.97MJ/kg、20.93MJ/kg。可见，污泥低温热解油具有较高的能源价值，热解生成的油（质量类似于中号燃料油）可以用来发电等。污泥低温热解制油还具备设备较简单，无须耐高温、高压设备，对环境造成二次污染的可能性小，与焚烧技术投资相当或略低等优点。

该方法的不足之处在于：低温热解制油技术所采用的污泥需经干燥脱水，使其含水率在5%以下，这样就要消耗大量的能量。所以这种技术的能量剩余不是很高。另外，在产生的油中会产生大量的多环芳烃物质，对环境产生不利的影响。

8.5.3.4 高温热解

污泥高温热解法是在惰性气体环境中实现对污泥的分解，传统的高温热解控制温度为500℃左右，其具有污泥体积大量减少、重金属有效固定、重金属热析出量较低等特点，但是因为其在升温过程中产物油中带来的可能有害健康的物质，致使传统高温热解污泥存在一定的风险，产生油类的应用也受到很大的限制。污泥高温热解过程可以同时产生大量的气体及油类物质，这些物质具有较高的热值，可被用作燃料或化学原料。

8.5.4 污泥蛋白质利用技术

污泥含有蛋氨酸、胱氨酸、苏氨酸和缬氨酸为主的粗蛋白氨基酸，是一种潜在的畜禽饲料原料。另外，作为一种微生物絮体，污泥中的微生物胞内、胞外酶及其他代谢产物含量非常高，从中可提取微生物絮凝剂，作为水处理工艺的替代化学絮凝药剂，不仅可以去除水体中的悬浮物，还同时避免了二次污染，对后续水处理无不利影响。但是，污泥蛋白质利用技术尚属于起步阶段。

第9章 水处理机械设备运行维护

9.1 阀门

阀门可定义为通过改变管道通路断面以控制管道内流体流量、流向及压力值的装置。阀门在管路中主要起到的作用是：接通或截断介质；防止介质倒流；调节介质的压力、流量等参数；分流、混合或分配介质；防止介质压力超过规定数值，以保证管路或容器、设备的安全。阀门的传动方式有：手动、气动、电动、液动及电磁动等。

阀门在管道工程上有着广泛的应用，由于使用目的的不同，阀门的类型多种多样。特别是近年来阀门的新结构、新材料、新用途不断发展，为了统一制造标准，也为了正确选用和识别阀门，便于生产、安装和更换，阀门的品种规格正向标准化、通用化、系列化方向发展。

9.1.1 阀门的分类

根据启闭阀门的作用不同，阀门的分类方法很多，最基本参数是流通直径和介质的工作压强，阀门一般按作用和用途来分类。这里介绍几种分类方式。

9.1.1.1 按作用和用途分类

① 截断阀：又称闭路阀，其作用是接通或截断管路中的介质流。截断阀类包括闸阀、截止阀、旋塞阀、球阀、蝶阀和隔膜阀等。

② 止回阀：又称单向阀或逆止阀，其作用是防止管路中的介质倒流。水泵吸水管的底阀也属于止回阀类。

③ 安全阀：安全阀类的作用是防止管路或压力容器装置中的介质压力超过规定数值，从而达到安全保护的目的。

④ 调节阀：调节阀类包括调节阀、节流阀和减压阀。其作用是调节介质的压力、流量等参数。

⑤ 分流阀：分流阀类包括各种分配阀和疏水阀等，其作用是分配、分离或混合管路中的介质。

9.1.1.2 按公称压力分类

① 真空阀：指工作压力低于标准大气压的阀门。

② 低压阀：指公称压力 $PN \leqslant 1.6$MPa 的阀门。

③ 中压阀：指公称压力 PN 为 2.5MPa、4.0MPa、6.4MPa 的阀门。

④ 高压阀：指公称压力 PN 为 10～80MPa 的阀门。

⑤ 超高压阀：指公称压力 $PN \geqslant 100$MPa 的阀门。

9.1.1.3 按工作温度分类

① 超低温阀：用于介质工作温度 $t < -100$℃的阀门。

② 低温阀：用于介质工作温度 $-100℃ \leqslant t \leqslant -40℃$的阀门。

③ 常温阀：用于介质工作温度 $-40℃ \leqslant t \leqslant 120℃$的阀门。

④ 中温阀：用于介质工作温度 $120℃ < t \leqslant 450℃$的阀门。

⑤ 高温阀：用于介质工作温度 $t > 450$℃的阀门。

9.1.1.4 按驱动方法分类

① 自动阀：指不需要外力驱动，而是依靠介质自身的能量来使阀门动作的阀门。如安全阀、减压阀、止回阀、自动调节阀等。

② 动力驱动阀：动力驱动阀可以利用各种动力源进行驱动。

a. 电动阀，借助电力驱动的阀门。

b. 气动阀，借助压缩空气驱动的阀门。

c. 液动阀，借助油等液体压力驱动的阀门。

d. 手动阀，借助手轮、手柄、杠杆、链轮，由人力来操控阀门动作。当阀门启闭力矩较大时，可在手轮和阀杆之间设置齿轮或蜗轮减速器。必要时，也可利用万向接头及传动轴进行远距离操作。

9.1.1.5 按公称通径分类

① 小通径阀门：公称通径 $DN \leqslant 40$mm 的阀门。

② 中通径阀门：公称通径 DN 为 50～300mm 的阀门。

③ 大通径阀门：公称通径 DN 为 350～1200mm 的阀门。

④ 特大通径阀门：公称通径 $DN \geqslant 1400$mm 的阀门。

9.1.1.6 按阀体材料分类

① 金属材料阀门：其阀体等零件由金属材料制成，如铸铁阀、碳钢阀、合金钢阀、铜合金阀、铝合金阀、铅合金阀、钛合金阀、蒙尔合金阀等。

② 非金属材料阀门：其阀体等零件由非金属材料制成，如塑料阀、陶瓷阀、搪瓷阀、玻璃钢阀等。

③ 金属阀体衬里阀门：阀体外形为金属，内部凡与介质接触的主要表面均为衬里，如衬胶阀、衬塑料阀、衬陶瓷阀等。

9.1.1.7 按连接方法分类

① 螺纹连接阀门：阀体带有内螺纹或外螺纹，与管道螺纹连接。

② 法兰连接阀门：阀体带有法兰，与管道法兰连接。

③ 焊接连接阀门：阀体带有焊接坡口，与管道焊接连接。

④ 卡箍连接阀门：阀体带有夹口，与管道夹箍连接。

⑤ 卡套连接阀门：与管道采用卡套连接。

⑥ 对夹连接阀门：用螺纹直接将阀门及两头管道穿夹在一起的连接形式。

9.1.2 阀门的型号

阀门型号表示方法按 JB/T 308—2004 标准进行。

阀门型号各单元表示的方法如下：

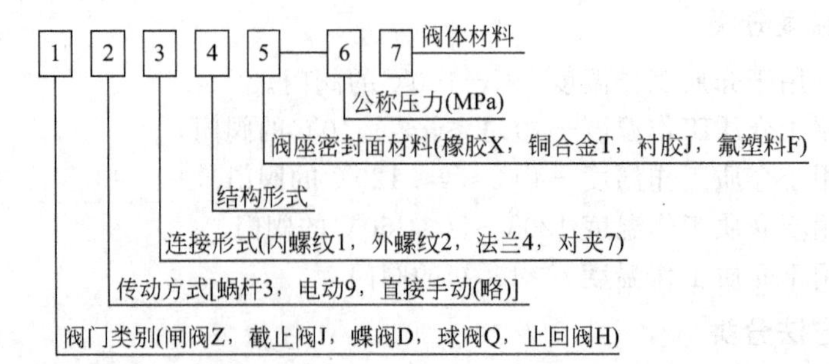

(1）阀门类型代号用汉语拼音字母表示方法的规定

类型	闸阀	截止阀	节流阀	球阀	碟阀	隔膜阀	旋塞阀	止回阀和底阀	安全阀	减压阀	疏水阀	柱塞阀	管夹阀
代号	Z	J	L	Q	D	G	X	H	A	Y	S	U	GJ

注：用于低温（低于－40℃）、保温（带加热套）和带波纹管的阀门，应在类型代号前分别注代号“D”“B”和“W”。

(2）阀门传动方式代号用阿拉伯数字表示方法的规定

传动方式	电磁动	电磁液动	电液动	蜗轮	正齿轮	锥齿轮	气动	液动	气液动	电动
代号	0	1	2	3	4	5	6	7	8	9

注：1. 用手轮、手柄或扳手传动的阀门以及安全阀、减压阀、疏水阀，省略本代号。

2. 对于气动或液动：常开式用6K、7K表示，常闭式用6B、7B表示，气动带手动用6S表示，防爆电动用9B表示，蜗杆T形螺母用3T表示。

(3）阀门连接形式代号用阿拉伯数字表示方法的规定

连接式形	内螺纹	外螺纹	法兰	焊接	对夹	卡箍	卡套
代号	1	2	4	6	7	8	9

注：焊接包括对焊和插焊。

(4）阀门结构形式代号用阿拉伯数字表示方法的规定

① 闸阀结构形式表示方法：

<table>
<tr><td rowspan="4">结构形式</td><td colspan="5">明杆</td><td colspan="3">暗杆</td></tr>
<tr><td colspan="3">楔式</td><td colspan="2">平行式</td><td colspan="2">楔式</td><td>平行式</td></tr>
<tr><td rowspan="2">弹性闸板</td><td colspan="2">刚性</td><td colspan="2">刚性</td><td colspan="2">刚性</td><td>刚性</td></tr>
<tr><td>单闸板</td><td>双闸板</td><td>单闸板</td><td>双闸板</td><td>单闸板</td><td>双闸板</td><td>双闸板</td></tr>
<tr><td>代号</td><td>0</td><td>1</td><td>2</td><td>3</td><td>4</td><td>5</td><td>6</td><td>8</td></tr>
</table>

② 截止阀、柱塞阀和节流阀结构形式表示方法：

<table>
<tr><td rowspan="2">结构形式</td><td rowspan="2">角式</td><td rowspan="2">直通式</td><td rowspan="2">角式（锻造）</td><td rowspan="2">直流式</td><td colspan="2">平衡</td></tr>
<tr><td>直通式</td><td>角式</td></tr>
<tr><td>代号</td><td>2</td><td>3</td><td>4</td><td>5</td><td>6</td><td>7</td></tr>
</table>

③ 球阀结构形式表示方法：

结构形式	浮动				固定
	直通	三通式		四通式	直通式
		L形	T形		
代号	1	4	5	6	7

④ 蝶阀结构形式表示方法：

结构形式	杠杆式	垂直板式	斜板式
代号	0	1	3

注：垂直板三杆式用IS表示。

⑤ 隔膜阀结构形式表示方法：

结构形式	屋脊式	截止式	直流式	闸板式
代号	1	3	5	7

⑥ 旋塞阀结构形式表示方法：

结构形式	填料			油封	
	直通式	T形三通式	四通式	直通式	T形三通式
代号	3	4	5	7	8

⑦ 止回阀和底阀结构形式表示方法：

结构形式	升降			旋启			
	浮球式	直通式	立式	单瓣式	多瓣式	双瓣式	碟式
代号	0	1	2	4	5	6	7

⑧ 安全阀结构形式表示方法：

结构形式	弹簧式									脉冲式
	封闭				不封闭					
	带散热片全启式	微启式	全启式	带扳手全启式	带扳手			微启式	带控制机构全启式	
					双弹簧微启式	微启式	全启式			
代号	0	1	2	4	3	7	8	5	6	9

注：杠杆式安全阀，在上述结构式代号前加注代号“G”。脉冲式副阀用9a表示。

⑨ 减压阀结构形式表示方法：

结构形式	薄膜式	弹簧薄膜式	活塞式	波纹管式	杠杆式
代号	1	2	3	4	5

⑩ 疏水阀结构形式表示方法：

结构形式	浮球式	钟形浮子式	双金属片式	脉冲式	热动力式
代号	1	5	7	8	9

(5) 阀座密封面或衬里材料表示方法

阀座密封面或衬里材料	代号	阀座密封面或衬里材料	代号	阀座密封面或衬里材料	代号
铜合金	T	软橡胶	X	硬橡胶 *	J
合金钢	H	尼龙塑料	N	聚四氟乙烯 *	SA
渗氮钢	D	氟塑料	F	聚三氟氯乙烯 *	SB
渗硼钢	P	衬胶	J	聚氯乙烯 *	SC
巴氏(轴承)合金	B	衬铅	Q	酚醛塑料 *	SD
硬质合金	Y	搪瓷	C	衬塑料 *	CS

注：1. 有 * 符号的材料代号是过去的材料代号。

2. 由阀体直接加工的阀座密封面材料代号用“W”表示。

3. 当阀座和阀瓣（闸板）密封面材料不同时，用低硬度材料代号表示（隔膜阀除外）。

(6) 阀门公称压力表示方法

公称压力用压力数值（MPa 数值的 10 倍）表示，并用短横线与前五个单元分开，如 *PN* 1.6（16），表示公称压力为 1.6MPa，即 16kgf/cm²。

(7) 阀体材料表示方法

阀体材料	代号	阀体材料	代号	阀体材料	代号
灰铸铁 HT250	Z	碳素钢 ZG25Ⅱ	C	铬镍钼钛耐酸钢 Cr18Ni12Mo2Ti	R
可锻铸铁 KTH300-60	K	铬钼耐热钢 Cr5Mo	I	铬钼钒合金钢 12CrMoV	V
球墨铸铁 QT400-15	Q	铬镍钛耐酸钢 1Cr18Ni9Ti	P	铜合金 H62	T
高硅铸铁 *	G	铝合金 *	L	铅合金 *	B

注：1. 有 * 符号的材料代号是过去曾用过的材料代号。

2. 对于 *PN*≤1.6MPa 的灰铸铁阀体和 *PN*≥2.5MPa 的碳素钢阀体，则省略本单元。

(8) 阀门型号举例

J11T-16K：截止阀，内螺纹连接，直通式，铜合金密封面，公称压力为 *PN* 1.6MPa，阀体材料为可锻铸铁。

Z44W-10K：闸阀，法兰连接，明杆，平行式刚性双闸板，由阀体直接加工的密封面，公称压力 *PN* 1.0MPa，阀体材料为可锻铸铁。

A47H-16C：安全阀，法兰连接，不封闭，带扳手弹簧微启式，合金钢密封面，公称压力 *PN* 1.6MPa，阀体材料为碳素钢。

9.1.3 阀门的选用原则

选用阀门首先要掌握介质的性能、流量特征以及温度、压力、流速、流量等性能，然后结合工艺、操作、安全诸因素，选用相应类型、结构形式、型号规格的阀门。

阀门启闭件及阀门的通道形状使阀门具有一定的流量特征。在选用阀门时，必须考虑到这一点。

(1) 接通和截断介质用阀门

通常选用流阻较小，通道为直通的阀门。这类阀门有闸阀、截止阀、柱塞阀。向下闭合式阀门，由于通道曲折，流阻比其他阀门高，故较少选用。但是，在允许有较高流阻的场合也可选用闭合式阀门。

(2) 控制流量用的阀门

通常选用易于调节流量的阀门，如调节阀、节流阀、柱塞阀。因为它的阀座尺寸与启闭件的行程之间成正比例关系。旋转式（如旋塞阀、球阀、蝶阀）和挠曲阀体式（夹管阀、隔膜阀）阀门也可用于节流控制，但通常仅在有限的阀门口径范围内适用。在多数情况下，人们通常改变截止阀的阀瓣形状后作节流阀。应该指出，用改变闸阀或截止阀的开启高度来实现节流作用是极不合理的，因为管路中介质在节流状态下流速很高，密封面容易被冲刷、磨损，失去切断、密封作用。同理，用节流阀作为切断装置也是不合理的。

(3) 换向分流用阀门

根据换向分流需要，这种阀可有三个或更多的通道，适宜选用旋塞阀和球阀。大部分换向分流用的阀门都选用这类阀门。在某种情况下，其他类型的阀门用两只或更多只适当地相互连接起来，也可作介质的换向分流。

(4) 带有悬浮颗粒的介质用阀门

如果介质带有悬浮颗粒，最适于采用其启闭件沿密封面的滑动带有擦拭作用的阀门，如平板闸阀。

阀门的通道截面积与流速、流量有着直接关系，而介质流速与介质流量是相互依存的两个量。当介质流量一定时，介质流速大，通道截面积可小些；介质流速小，通道截面积可大些。反之，阀门截面积大，其介质流速小，阀门通道截面积小，其介质流速大。介质流速大，阀门通径可以小些但流体阻力损失大，阀门在使用过程中容易损坏。介质流速大，对易燃易爆介质会产生静电效应，造成危险或发生事故；介质流速太小，使用效率低，不经济。对黏度大和易燃的介质，应取较小的介质流速。油及黏度大的液体应随黏度的大小选择介质流速，一般取0.1～2m/s。

9.1.4　常用阀门种类

比较常见的阀门有闸阀、截止阀、蝶阀、球阀、隔膜阀、旋塞阀、止回阀（单向阀）、安全阀、减压阀等。本节将简介在环保工程中最常见的5种阀门，即闸阀、截止阀、蝶阀、球阀和旋塞阀、止回阀。

(1) 闸阀

闸阀由阀体、闸板、密封件和启闭装置组成。阀板的运动方向与流体方向相垂直，其优点是当阀门全开时通道完全无障碍，不会发生缠绕，特别适用于含有大量杂质的污水、污泥管道。它的流通直径一般为：100～1000mm，最大工作压力可达4MPa。流通介质可以是清水、污水、污泥、浮渣或空气。其缺点是密封面太长，易于外泄漏，运动阻力大，体积较大等。闸阀主要在环保工程的设备和管道中作截流和切换流道之用，作调节流量使用时效果不如截止阀，一般不宜作调节流量之用。

闸阀是利用在阀体内与介质流动方向垂直的阀板升降来控制阀门的启闭的。根据阀板形状的不同，可将闸阀分为楔式闸阀和平行式闸阀。根据阀杆升降结构的不同，可将闸阀分为明杆式闸阀和暗杆式闸阀。明杆式闸阀的阀杆随着阀门的开启缓缓向上伸出，便于从阀杆升降的高低，识别调节量的大小。暗杆式闸阀的阀杆在阀体内部，阀门开启时，阀杆并不向上伸出。明杆式闸阀的阀杆外露，便于涂抹防锈和润滑油脂，因而在一般情况下，明杆式闸阀可用于输送腐蚀性介质的管道和室内管道上，暗杆式闸阀可用于输送非腐蚀性介质的管道和安装操作位置受限制的地方。从结构上讲，平行式闸阀比楔式闸阀易于制造，便于修理，不易变形，但不适用于输送含有杂质的介质，一般用于输送清水。图 9-1 所示为法兰明杆闸阀。

闸阀的特点：

① 密封性能较截止阀好；

② 流体阻力小；

③ 具有一定的调节性能，并能从阀杆升降的高低识别调节量的大小；

④ 适于制成大口径的阀门；

⑤ 除用于蒸汽和一般液体介质外，还适用于黏度较大和含有粒状固体的介质；

⑥ 加工较截止阀复杂，密封面磨损后不便于修理。

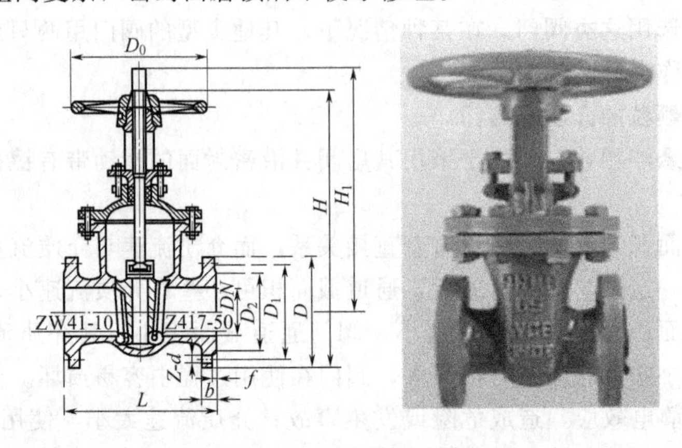

图 9-1 法兰明杆闸阀

(2) 截止阀

截止阀是利用装在阀杆下面的阀盘与阀座（阀体的突缘部分）相配合来控制阀门的启闭。截止阀的启闭件是塞形的阀瓣，密封面呈平面或锥面，阀瓣沿流体的中心线做直线运动。阀杆的运动形式，有升降杆式（阀杆升降，手轮不升降），也有升降旋转杆式（手轮与阀杆一起旋转升降，螺母设在阀杆上）。根据阀体内流道形状和密封面形式的不同，截止阀可分为直通式、直流式和柱塞式三种结构形式。图 9-2 为直通式、直流式截止阀的构造。

直通式截止阀的阀杆中心线与介质流动方向垂直，介质流经阀体内部时，流动方向做多次 90°转折，因而流体阻力较大；直流式截止阀的阀杆中心线与介质流动方向呈 45°夹角，介质流经阀体内部时流动方向转折较小，因而流体阻力较小。直通式和直流式截止阀的密封面均为一环形平面，而柱塞式截止阀的密封件是阀杆下端的柱塞，其密封面为一圆柱形，因而调节流量更为精确，但流体阻力也较大。

截止阀在环保工程的设备和管道中作截流、切换流道和调节流量使用，但流体阻力较大，为防止堵塞或磨损，不宜用于带颗粒和黏度较大的介质。各种截止阀见图 9-3。

截止阀的特点：

① 与闸阀比较，调节性能较好，但因阀杆不是从手轮中升降，不易识别调节量的大小；

② 密封性一般较闸阀差，如介质中含有机械杂质时，在关闭阀板时易损伤密封面；

③ 流体阻力较闸阀、球阀、旋塞阀大；

④ 密封面较闸阀少，便于制造和检修；

⑤ 价格比闸阀便宜；

⑥ 适用于蒸汽和一般液体等介质，不宜用于黏度较大、易沉淀的介质。

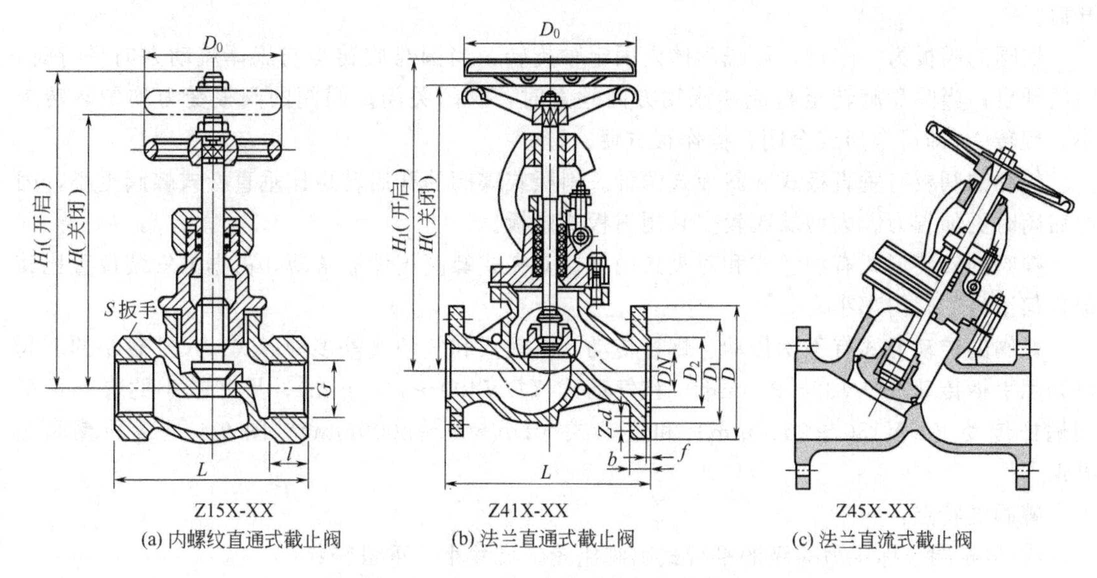

Z15X-XX (a) 内螺纹直通式截止阀

Z41X-XX (b) 法兰直通式截止阀

Z45X-XX (c) 法兰直流式截止阀

图 9-2 直通式、直流式截止阀的构造

(a) 内螺纹截止阀　(b) 直角式截止阀　(c) 法兰截止阀

图 9-3 截止阀

(3) 蝶阀

蝶阀是污水处理厂中使用最为广泛的一种阀门，它的流通介质有污水、清水、活性污泥及低压气体等。蝶阀由阀体、内衬、蝶板及启闭机构几部分组成。阀体一般由铸铁制成，与管道的连接方式大部分为法兰盘。内衬多由橡胶材料或者尼龙材料制成，可实现阀体与蝶板间的密封，避免介质与铸铁阀门的接触以及法兰盘密封。蝶板的材质由介质来决定，有的是加防腐涂层或镀层的钢铁材料，有的是不锈钢或者铝合金。小型蝶阀可直接用手柄转动，大一些的要借助蜗杆蜗轮减速增力，还可用齿轮减速和螺旋减速使得蝶板转动。电动蝶阀的启闭机构由电机、减速机构、开度表及电器保护系统组成。启闭机构与阀体之间用盘根或橡胶油封等密封，以防止介质泄漏，其优点是密封性好、成本低，缺点是阀门开启后，蝶板仍横在流通管道的中心，会对介质的流动产生阻碍，介质中的杂质会在蝶板上造成缠绕。因此，在含浮渣较多的管道中应避免使用蝶阀。蝶板附近有较多沉砂淤积，泥砂会阻碍蝶板的再次开启。

蝶阀的阀板为一圆盘，可绕阀体内固定轴旋转，当圆盘旋转至与流体流动方向平行时，阀门开启；当圆盘旋转至与流体流动方向垂直时，阀门关闭。蝶阀的阀板受力均匀，转矩小，旋转90°即可全启或全闭，操作很方便。

蝶阀的阀板有垂直板式和斜板式两种。斜板式蝶阀的开启转矩比垂直板式蝶阀更小，因此启闭时更加省力。大型蝶阀较多采用斜板式阀板。

蝶阀的安装形式有法兰式和对夹式两种。对夹式蝶阀阀体非常薄，占据的安装位置比其他任何型号的阀门都小。

蝶阀的传动方式有手柄传动、蜗杆传动、电动式和气动式等多种形式。尺寸较小的蝶阀可采用手柄传动（*DN*32～300mm）和气动式（*DN*400～1100mm），尺寸较小的蝶阀可采用蜗杆传动（*DN*150～2000mm）和电动式（*DN*500～2000mm）。图9-4是各种蝶阀的外形。

蝶阀的特点：

① 与相同公称压力等级的平行式闸阀比较，尺寸小，重量轻；

② 密封性能好；

③ 开启力小，开关较快；

④ 具有一定的调节性能；

⑤ 适用于温度低于800℃，压力低于1MPa的一般液体介质。

(a) 液压操纵法兰蝶阀

(b) 蜗轮蜗杆传动法兰蝶阀

(c) 手动对夹蝶阀

(d) 电动法兰蝶阀

图9-4　各种蝶阀的外形

(4) 球阀和旋塞阀

球阀的启闭件是一个中间有孔的球体，旋塞阀的启闭件是一个有孔的圆柱体（或锥形栓塞），二者皆绕垂直于通道的轴线旋转，从而达到启闭通道的目的。这两种阀门主要供开启和关闭管道和设备介质之用。

球阀的密封形式有两种，一种称为浮动球，其球体阀芯与阀体内表面不紧密接触，靠两者之间的弹性密封圈进行密封。另一种称为固定球，靠球体阀芯与阀体内表面紧密接触得以密封。各种球阀的外形与内部结构见图 9-5 的示例。

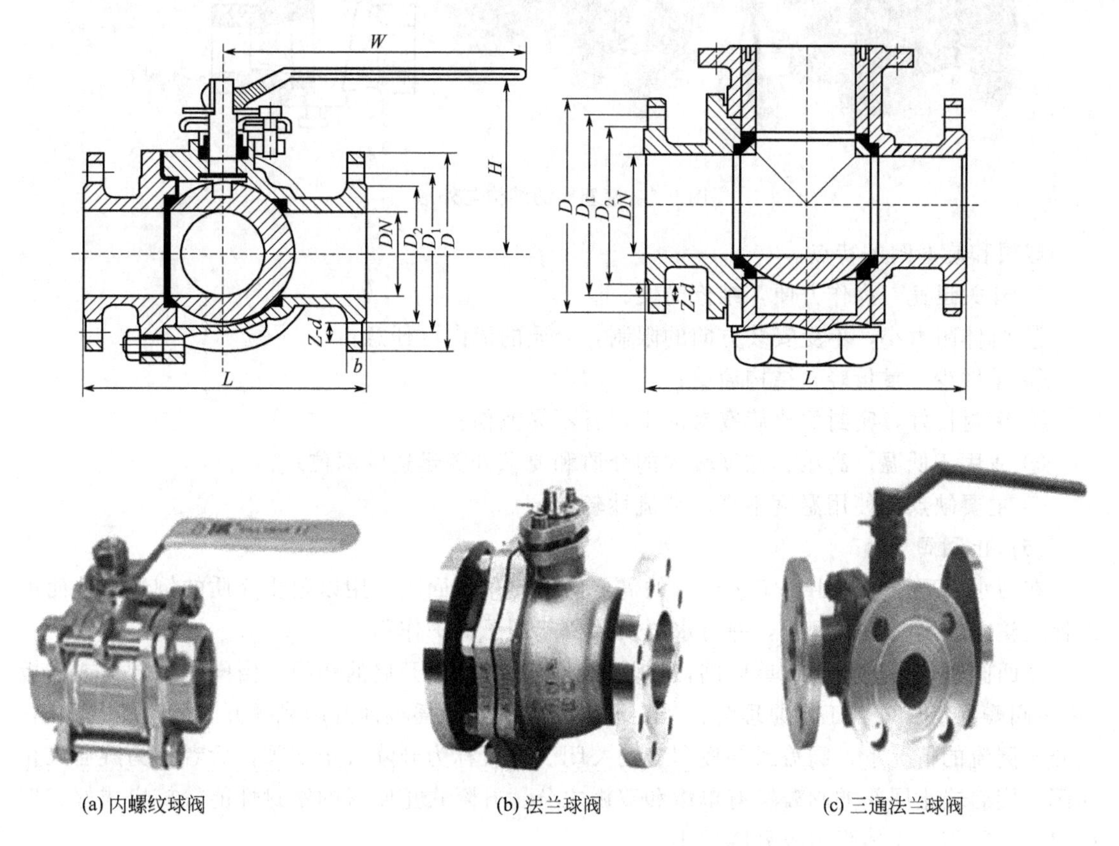

(a) 内螺纹球阀　　(b) 法兰球阀　　(c) 三通法兰球阀

图 9-5　各种球阀的外形与内部结构

旋塞阀由于密封面的形式不同，可分为填料旋塞、油密封式旋塞和无填料旋塞。

球阀适用于在环保工程的设备和管道中作截流和切换流道之用，不宜做调节流量使用。

球阀按结构形式可分为：浮动球阀、固定球阀、弹性球阀和油封球阀，按通道可分为直通球阀、角式球阀或三通球阀。直通球阀阀芯上的开了 L 为“一”字形，阀芯上的“一”字形孔与流道平行时阀门开启，垂直时阀门关闭。三通球阀阀芯上的开孔有“L”形和“T”形两种形式，“L”形只能启闭和切换流向，“T”形除启闭和切换流向外，还能用于将一根管道的流体分成两路。

旋塞阀按结构形式可分为紧定式旋塞阀、自封式旋塞阀、填料式旋塞阀和注油式旋塞阀四种。按通道形式分为直通式、三通式或四通式三种。旋塞阀的结构与外形见图 9-6。旋塞阀的塞子和塞体是一个配合很好的圆锥体，其锥度一般为 1∶6 和 1∶7。旋塞阀在管路中主要用作切断、分配和改变介质流动方向。旋塞阀是历史上最早被人们采用的阀件。由于结构简单，开闭迅速（塞子旋转四分之一圈就能完成开闭动作），操作方便，流体阻力小，至今仍被广泛使用。目前主要用在低压、小口径和介质温度不高的情况下。

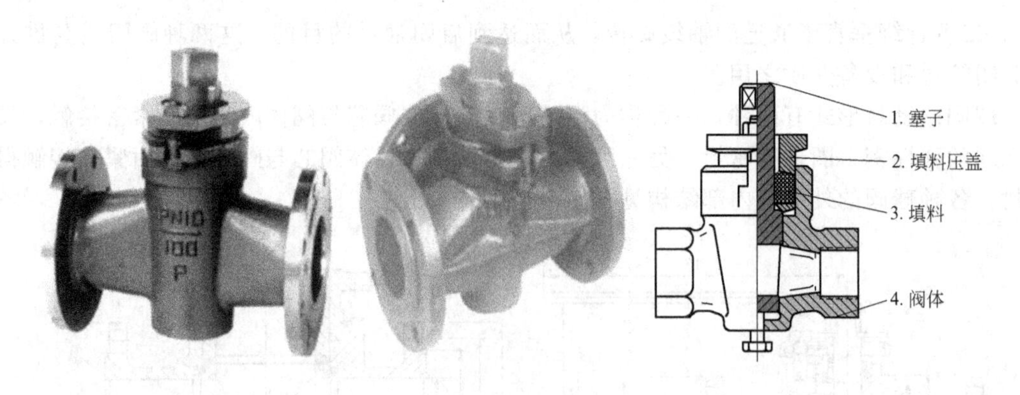

图 9-6 旋塞阀的结构与外形

球阀和旋塞阀的特点：

① 开关迅速，操作方便，维修简便；

② 流体阻力小，不受安装方向的限制，介质的流向可任意；

③ 零件少，重量轻，结构简单；

④ 密封性好，密封面比旋塞易加工，且不易擦伤；

⑤ 适用于低温、高压、黏度较大的介质和要求开关迅速的部位；

⑥ 主要缺点是使用温度不高，节流性较差。

（5）止回阀

在污水处理厂中，由于工艺运行的需要，常使用止回阀，用以阻止介质的倒流，从而可以保证整个管网的正常运行，并对水泵及风机起到了保护作用。

止回阀也称为逆止阀或单向阀，它是一种自动关闭或开启的阀门，由阀体和阀盖或摇板（也称阀瓣）组成。其工作原理为：当介质顺流时阀盖或摇板即升起或摇开，管道畅通无阻；当介质倒流的情况下，阀盖或摇板即自动关闭。前者称为升降式止回阀，后者称为旋启式止回阀。旋启式止回阀的阀瓣又有单瓣和双瓣之分。升降式止回阀的密封性能较旋启式好，但旋启式止回阀的流体阻力较升降式小。

安装在水泵吸水管底端的止回阀称为底阀。当水泵启动时底阀自动开启，流体通过底阀进入吸水管到达水泵。水泵停止运转时，吸水管内流体在重力作用下流向底阀，此时底阀自动关闭，使吸水管内流体保持充满状态，从而免除了下次启动水泵时的引水操作，大大方便了水泵的启动。

止回阀的外形与内部结构见图 9-7。止回阀一般适用于洁净介质，不宜用于含有固体颗粒和黏度较大的介质。

9.1.5 阀门的检修与维护

① 阀门的润滑部位以螺杆、齿轮及蜗轮蜗杆为主，这些部位应每三个月加注一次润滑脂，以保证转运灵活和防止生锈。有些闸或阀的螺杆是露天的，应每年至少一次将暴露的螺杆清洗干净，并涂上新的润滑脂，有些内螺旋式的闸门，其螺杆长期与污水接触，应经常将附着的污物清理干净后涂以耐水冲刷的润滑脂。

② 在使用电动阀门时，应注意手轮是否脱开，扳杆是否在电动的位置上。如果不注意脱开，在启动电机时一旦保护装置失效，手柄可能高速转动伤害操作者。

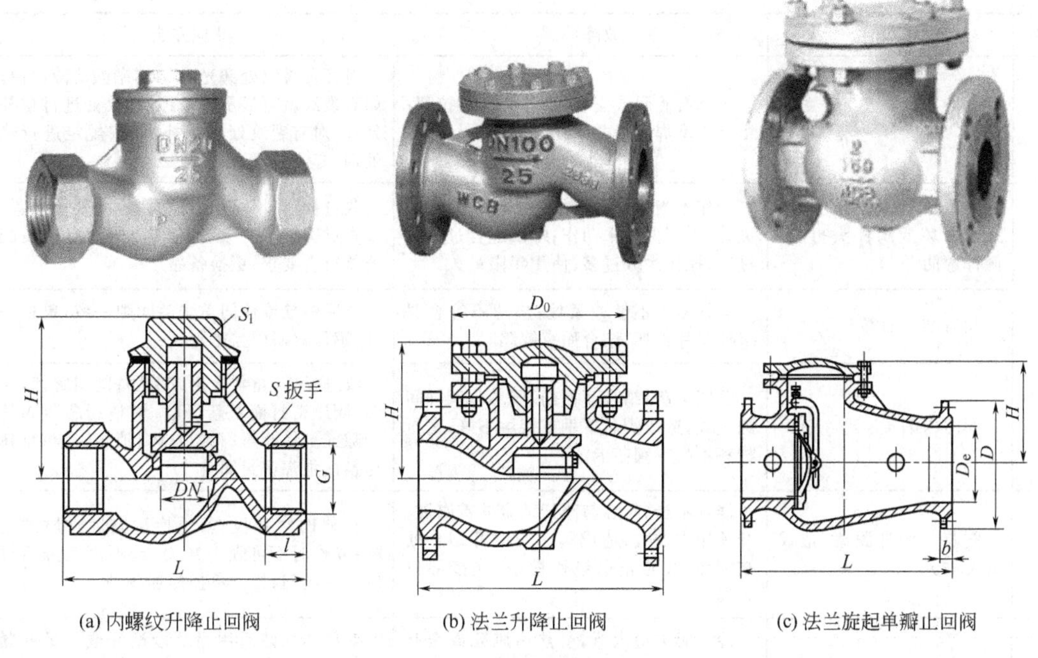

(a) 内螺纹升降止回阀　(b) 法兰升降止回阀　(c) 法兰旋起单瓣止回阀

图 9-7　止回阀的外形与内部结构

③ 在手动开或关阀门时应注意，一般用力不要超过15kg，如果感到很费劲，就说明阀杆有锈死、卡死或者弯曲等故障，此时应在排除故障后再转动；当闸门闭合后，应将闸门的手柄反转一两圈，以免给再次开启造成不必要的阻力。

④ 电动闸与阀的转矩限制机构，不仅起转矩保护作用，当行程控制机构在操作过程中失灵时，还起备用停车的保护作用。其动作转矩是可调的，应将其随时调整到说明书给定的转矩范围之内。有少数阀门是靠转矩限制机构来控制阀板压力的，如一些活瓣式闸门、锥形泥阀等，如调节转矩太小，则关闭不严；反之则会损坏连杆，更应格外注意转矩的调节。

⑤ 应将阀门的开度指示器的指针调整到正确的位置，调整时首先关闭阀门，将指针调零后再逐渐打开；当阀门完全打开时，指针应刚好指到全开的位置。正确的指示有利于操作者掌握情况，也有助于发现故障，例如当指针未指到全开位置而马达停转，就应判断这个阀门可能卡死。

⑥ 在北方地区，冬季应注意阀门的防冻措施，特别是暴露于室外、井外的阀门，冬季要用保温材料包裹，以避免阀体被冻裂。

⑦ 长期闭合的污水阀门，有时在阀门附近形成一个死区，其内会有泥砂沉积，这些泥砂会对蝶阀的开合形成阻力。如果开阀的时候发现阻力增大，不要硬开，应反复做开合运动，以促使水将沉积物冲走，在阻力减小后再打开阀门。同时如发现阀门附近有经常积砂的情况，应时常将阀门开启几分钟，以利于排除积砂；同样对于长期不启闭的闸门或阀门，也应定期运转一两次，以防止锈死或淤死。

⑧ 在可燃气体管道上工作的阀门如沼气阀门，应遵循与可燃气体有关的安全操作规程。

9.1.6　阀门常见故障及处理

阀门的常见故障、原因及其处理方法见表 9-1。

表 9-1　阀门常见故障、原因及其处理方法

序号	故障现象	故障原因	处理方法
1	阀体渗漏、有裂纹	阀体有砂眼或裂纹；阀体补焊时拉裂；结合面堆焊质量差	对怀疑裂纹处磨光，用4%硝酸溶液浸蚀，如有裂纹就可显示出来；对裂纹处进行挖补处理；对有裂纹处进行补焊，按规定进行热处理，车光并研磨
2	阀杆及与其配合的丝母螺纹损坏或阀杆头折断、阀杆弯曲	操作不当，开关用力过大，限位装置失灵，过力矩保护未动作；螺纹配合过松或过紧；操作次数过多、使用年限过久	改进操作，不可用力过大；检查限位装置，检查过力矩保护装置；选择材料合适，装配公差符合要求；更换备品
3	阀盖结合面漏	螺栓紧力不够或紧偏；垫片不符合要求或垫片损坏；结合面有缺陷	重紧螺栓或使门盖法兰间隙一致；更换垫片；解体修研门盖密封面
4	阀门内漏	关闭不严；结合面损伤；阀芯与阀杆间隙过大，造成阀芯下垂或接触不好；密封材料不良或阀芯卡涩	改进操作，重新开启或关闭；阀门解体，阀芯、阀座密封面重新研磨；调整阀芯与阀杆间隙或更换阀瓣；阀门解体，消除卡涩；重新更换或堆焊密封圈
5	阀芯与阀杆脱离，造成开关失灵	修理不当；阀芯与阀杆结合处被腐蚀；开关用力过大，造成阀芯与阀杆结合处被损坏；阀芯止退垫片松脱、连接部位磨损	检修时注意检查；更换耐腐蚀材质的门杆；操作时不可强力开关，或不可全开后继续开启阀门；检查更换损坏备品
6	阀杆升降不灵或开关不动	冷态时关得太紧，受热后胀死或全开后太紧；填料压得过紧；阀杆间隙太小而胀死；阀杆与丝母配合过紧，或配合螺纹损坏；填料压盖压偏；门杆弯曲；介质温度过高，润滑不良，阀杆严重锈蚀	对阀体加热后用力缓慢试开或开足并紧时再稍关；稍松填料压盖后试开；适当增大阀杆间隙；更换阀杆与丝母；重新调整填料压盖螺栓；校直门杆或进行更换；门杆采用纯净石墨粉做润滑剂
7	填料泄漏	填料材质不对；填料压盖未压紧或压偏；加装填料的方法不对；阀杆表面损伤	正确选择填料；检查并调整填料压盖，防止压偏；按正确的方法加装填料；修理或更换阀杆

9.2 水泵

水泵是通过将机械能转换为液体能量，并用于输送液体的机械设备。在废水处理中，水泵类设备占机械设备投资费用的15%～20%，是主要的动力设备，也是主要的耗能设备。

水泵的种类和规格繁多，结构及形式多样。根据水泵的工作原理主要分为叶片式水泵、容积式水泵和其他类型水泵等三大类型。在城镇污水处理工程中，大量使用的水泵是叶片式水泵，其中又以离心泵最为普遍。叶片式水泵在水泵中是一个大类，其特点是依靠叶轮的高速旋转以完成其能量的转换，由于叶轮形状的不同，旋转时流体通过叶轮受到的质量力就不同，水流流出叶轮时的方向也就不同，根据叶轮出水流方向可将叶片式水泵分为径向流、轴向流和斜向流三种。径向流的称为离心泵，液体质点流动时主要受到的是离心力作用。轴向流的叶轮称为轴流泵，液体质点在叶轮中流动时主要受到向升力的作用。斜向流的叶轮称为混流泵，它是上述两种叶轮的过渡形式，液体质点在这种水泵流动时，既受离心力的作用，又有轴向升力的作用。

各种类型的水泵都有其适用范围，在实际使用中，可根据所需流量及扬程的大小，以及所输液流的性质等因素来合理地选用。由于水泵的种类和规格繁多，其特性请参考专业工具书或设备使用说明书。

9.2.1　水泵的结构与原理

9.2.1.1　离心泵

离心泵具有性能范围广泛、流量均匀、结构简单、运转可靠和维修方便等诸多优点，因此离心泵在工业生产中应用最为广泛。除了在高压、小流量或计量时常用往复式泵，液体含气时常用旋涡和容积式泵，高黏度介质常用转子泵外，其余场合，水处理工程中绝大多数使用离心泵。据统计，在废水处理装置中，离心泵的使用量占水泵总量的70%～80%。

(1) 离心泵的工作原理

离心泵主要由叶轮、轴、泵壳、轴封及密封环等组成。一般离心泵启动前泵壳内要灌满液体，当电动机带动泵轴和叶轮旋转时，液体一方面随叶轮做圆周运动，另一方面在离心力的作用下自叶轮中心向外周抛出，液体从叶轮获得了压力能和速度能。当液体流经蜗壳到排液口时，部分速度能将转变为静压力能。在液体自叶轮抛出时，叶轮中心部分形成真空，与吸入液面的压力形成压力差，于是液体不断地被吸入，并以一定的压力排出。离心泵的工作原理见图9-8。

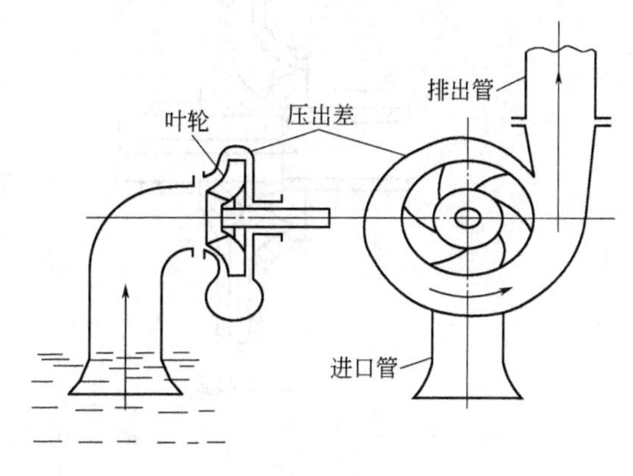

图9-8　离心泵工作原理

(2) 离心泵的主要零部件

离心泵的结构剖面图见图9-9。

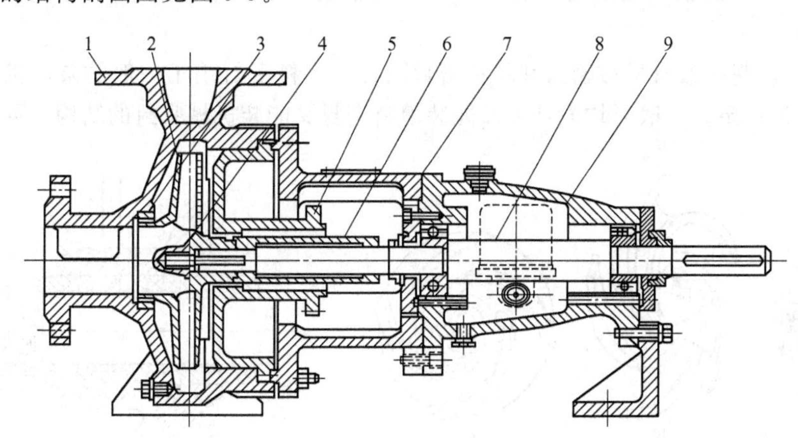

图9-9　离心泵结构剖面图

1—泵壳；2—叶轮；3—密封环；4—叶轮螺母；5—泵盖；6—密封部件；7—中间支承；8—轴；9—悬架剖件

① 泵壳。泵壳有轴向剖分式和径向剖分式两种。大多数单级泵的壳体都是蜗壳式的，多级泵径向部分壳体一般为环形壳体或圆形壳体。一般蜗壳式泵壳内腔呈螺旋形液道，用以收集从叶轮中甩出的液体，并引向扩散管至泵出口。泵壳承受全部的工作压力和液体热负荷。

② 叶轮。叶轮是唯一的做功部件，泵通过叶轮对液体做功。叶轮一般可分为单吸式和

双吸式（见图 9-10），单吸式叶轮有闭式、开式、半开式三种形式（见图 9-11）。闭式叶轮由叶片、前盖板、后盖板组成。半开式叶轮由叶片和后盖板组成。开式叶轮只有叶片，无前后盖板。闭式叶轮效率较高，开式叶轮效率较低，双吸式叶轮从双面进水，轴向力相互抵消，故理论上双吸叶轮没有轴向力。叶轮的材料一般采用铸铁、铸钢、青铜玻璃钢等，选择叶轮材料时，主要考虑机械强度、耐腐蚀和耐磨性能。抽送清水一般用闭式叶轮，抽送含杂质的废水用开式或半开式叶轮。

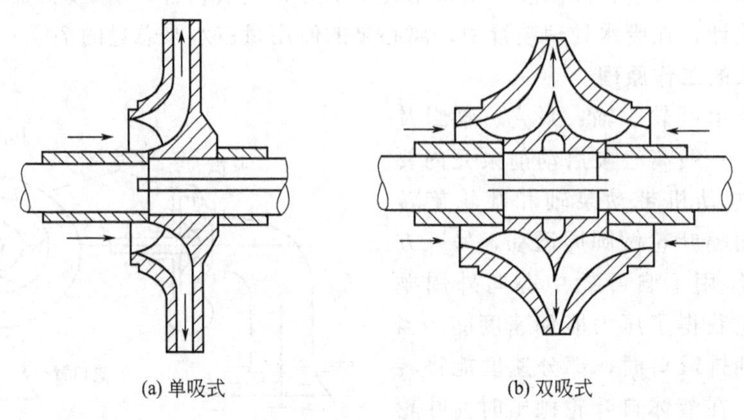

图 9-10　叶轮示意图

③ 密封环。密封环的作用是防止泵的内泄漏和外泄漏，由耐磨材料制成的密封环，镶于叶轮前后盖板和泵壳上，磨损后可以更换。如部分潜污泵的口环采用橡胶水封，密封效果好。

④ 轴和轴承。泵轴一端固定叶轮，一端装联轴器。根据泵的大小，轴承可选用滚动轴承和滑动轴承。

⑤ 轴封。轴封一般有机械密封和填料密封两种。填料密封用于一般的泵，机械密封用于耐酸强腐蚀性液体泵。一般泵均设计成既能装填料密封又能装机械密封的结构，见图 9-12。

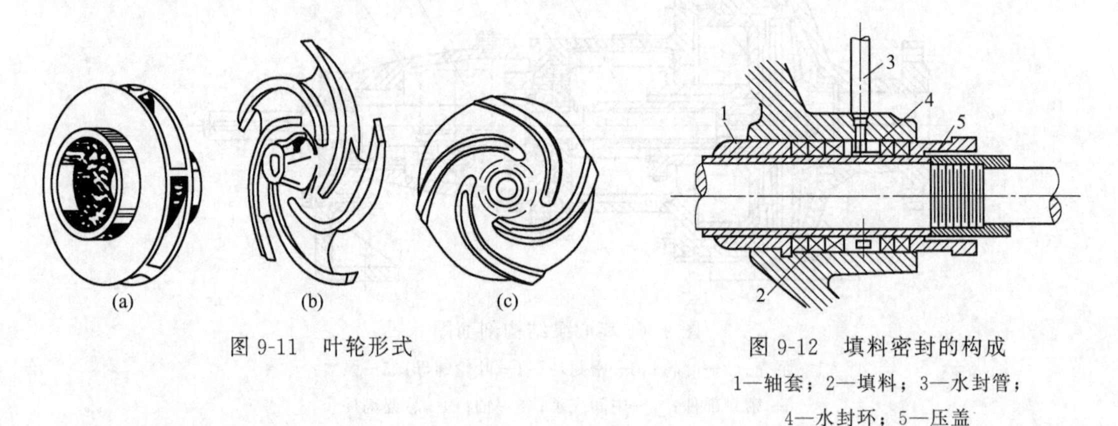

图 9-11　叶轮形式

图 9-12　填料密封的构成

1—轴套；2—填料；3—水封管；4—水封环；5—压盖

⑥ 联轴器。电动机的动力要由联轴器传递给水泵。联轴器俗称“靠背轮”，有刚性和弹性两种。刚性联轴器实际上就是两个法兰的连接，它在泵轴与电机轴的连接中无法调节不同心度，因此，要求安装精度高。中小型水泵机组和大中型立式泵机组的连接，常用的是圆盘形弹性联轴器。它实际上是钢柱销带有弹性橡胶圈（或六爪弹性垫）的联轴器。在泵轴与电机轴的连接中，为了减少传动时因机轴有少量偏心而引起的轴周期性的应力和振动，常采用

这种弹性连接。

(3) 离心泵的特性曲线

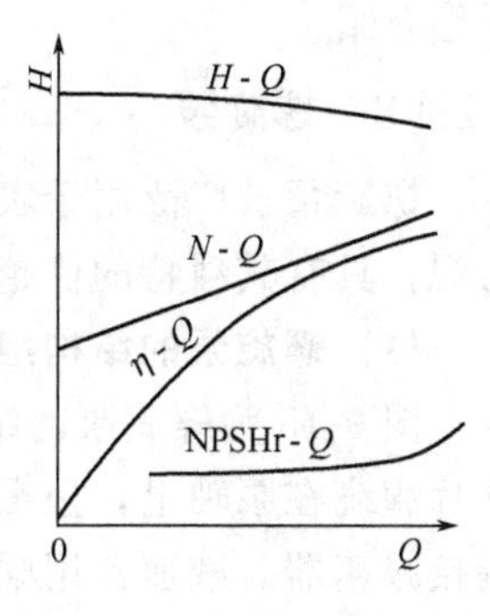

图 9-13 离心泵的特性曲线

离心泵的特性曲线反映水泵在恒定转速下的各项性能参数。国内泵厂提供的典型的特性曲线如图 9-13 所示，一般包括 H-Q 线、N-Q 线、η-Q 线和 NPSHr-Q 线。它是选择和使用水泵的依据。其中 Q-H 叫扬程曲线，Q-P 叫功率曲线，η-Q 叫效率曲线，NPSHr-Q 叫必需气蚀余量曲线。

从功率曲线可见，当 $Q=0$ 时 P 最小，所以离心泵都是在闭阀（$Q=0$）下启动，待启动正常后再开阀门放水。

Q-η 曲线的最高点是最高效率点，或称最佳工况点。水泵、铭牌上标明的特征值是在最高效率下的流量 Q、扬程 H、轴功率 N 和允许吸上真空度 H_s。

一般水泵运行中的工作范围必须保证在最高效率点的 5%～8%范围内。

9.2.1.2 轴流泵和混流泵

(1) 轴流泵

① 轴流泵的工作原理与结构。轴流泵是流量大、扬程低、比转数高的叶片式泵，轴流泵的液流沿转轴向流动，但其设计的基本原理与离心泵基本相同。

轴流泵的结构见图 9-14，过流部件由进水管、叶轮、导叶、出水弯管和泵轴等组成，叶轮为螺旋桨式。

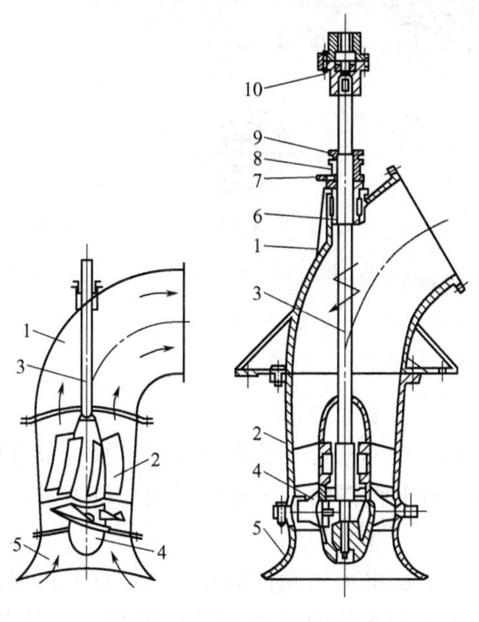

图 9-14 轴流泵的结构

1—出水弯管；2—导叶；3—泵轴；4—叶轮；5—进水管；6—轴承；7—填料盒；8—填料；9—填料压盖；10—联轴器

② 轴流泵的分类。根据叶轮的叶片是否可调，轴流泵可分为：固定叶片式轴流泵（叶片不可调）、半调节叶片式轴流泵（停机拆下叶轮后可调节叶片安装角）和全调节叶片式轴流泵（有一套调节机构使泵在运转中可以调节叶片安装角）等。

③ 轴流泵的特点：

a. 轴流泵适用于大流量、低扬程；

b. 轴流泵的 H-V 特性曲线很陡，关死扬程（流量 $Q=0$ 时）是额定值的 1.5～2 倍；

c. 与离心泵不同，轴流泵流量愈小，轴功率愈大；

d. 高效操作区范围很小，在额定点两侧效率急剧下降；

e. 轴流泵的叶轮一般浸没在液体中，因此不需考虑气蚀，启动时也不需灌泵。

④ 流量调节。轴流泵一般不采用出口阀调节流量，常用改变叶轮转速或改变叶片安装角度的方法调节流量。

(2) 混流泵

混流泵内液体的流动介于离心泵与轴流泵之间，液体斜向流出叶轮，即液体的流动方向相对叶轮而言既有径向速度，也有轴向速度，其特性也介于离心泵与轴流泵之间。这里不做详细介绍。

9.2.1.3 螺旋泵

螺旋泵被广泛用于农业灌溉、排涝、提升污水及污泥等方面，尤其是提升污水处理厂的污泥，具有其独特的优越性。

(1) 螺旋泵的结构组成及工作原理

图 9-15 为螺旋泵的结构组成和安装方式。泵壳为一圆筒，亦可用圆底形斜槽代替泵壳。叶片缠绕在泵轴上，呈螺旋状，叶片断面一般呈矩形。泵轴主体为一圆管，下端有轴承，上端接减速器。减速器用联轴器连接电动机，构成泵组。泵组用倾斜的构件承托，泵的下端浸没在水中。

螺旋泵在工作时，电机带动泵轴及叶轮转动，叶轮给流体一种沿轴向的推力作用，使流体源源不断地沿轴向流动。

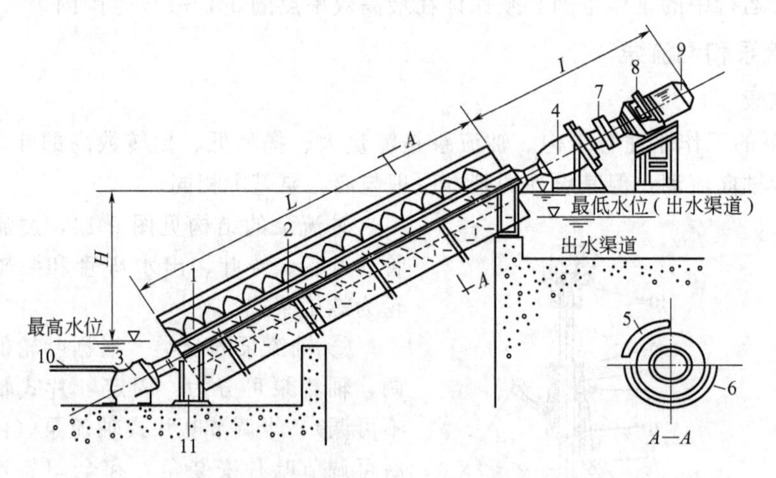

图 9-15 螺旋泵的结构组成和安装方式

1—螺旋轴；2—轴心管；3—下轴承座；4—上轴承座；5—罩壳；6—泵壳；7—联轴器；8—减速箱；9—电动机；10—润滑水管；11—支架

(2) 螺旋泵的工作特性

螺旋泵的特点是扬程低，转速低，流量范围较大，效率稳定，适合于农业排水、城市排涝，尤其适用于污水厂提升回流活性污泥。在螺旋泵提升范围内，当进水量变化较大时，螺旋泵仍能高效率运行。

在实际使用中，进水水位的合理选择十分重要。当进水水位变化很大（进水量变化很大引起的）时，可采用多台不同提升水量和不同提升水头的螺旋泵并列布置以满足实际要求。例如，合流雨水泵站中，晴天和暴雨时可分别运行不同流量和不同提升水头的螺旋泵。一般在低进水位时采用小流量高扬程的螺旋泵；高进水位时，采用大流量低扬程的螺旋泵。

(3) 螺旋泵的特点及适用范围

与其他类型的水泵相比，螺旋泵具有以下特点：

① 没有堵塞问题，结构简单，可自行制造，无须辅助设备；

② 无须正规泵站，基建投资省，低速运行，机械磨损小，维修方便，电能消耗少；

③ 在提升高度和提升流量相同时，螺旋泵消耗的电能少于其他类型的泵，运行费用低；
④ 占地较大。

螺旋泵最适用于扬程较低（一般 3～6m）、进水水位变化较小的场合。由于它转速小，用于提升絮体易碎的回流活性污泥具有独特的优越性。

9.2.1.4 潜水排污泵

潜水排污泵（以下简称潜污泵）的特点是机泵一体化，可长期潜入水中工作。近年来，潜污泵在给排水工程中应用越来越广泛。潜水排污泵按其叶轮的形式分离心式、轴流式和混流式。图 9-16 为潜水排污泵内部结构。

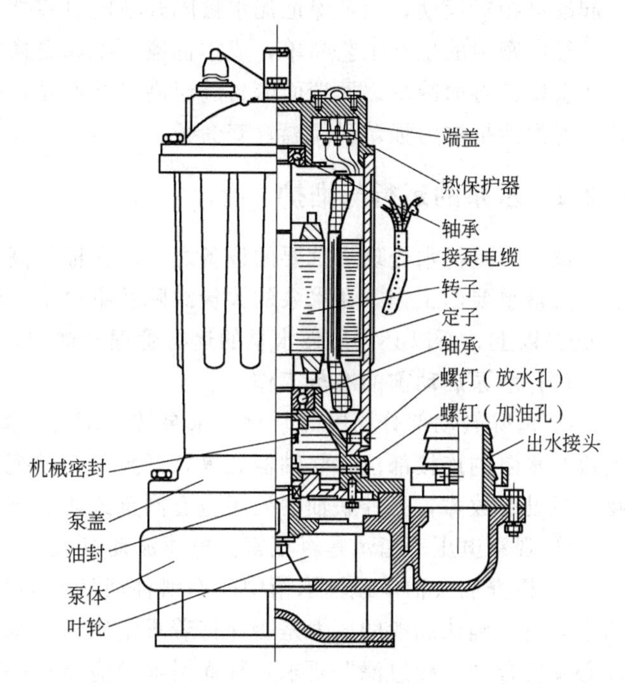

图 9-16 潜水排污泵内部结构

离心式潜污泵的工作原理、特性曲线及计算方法与前述离心泵是基本相同的，我们可根据每台泵的说明书或样本中所给的性能曲线及现场的实际情况计算该台水泵的流量、扬程、效率等参数。

与一般离心泵相比，潜水泵的特点是全泵（包括电机）潜入水下工作，因此这种泵的结构紧凑、体积也小。由于安装这种泵不需要牢固的基座，不需要庞大的泵房及辅助设备，不需要吸水及吸水阀门，更不需要吸水泵、真空泵等设施，因此可以在很大程度上节约构筑物及辅助设备的费用。大部分潜水泵维修时可将其整体从水中吊出，而不需要排空泵中的积水，因此检修工作比一般离心泵要方便些。由于全泵潜入水中，因而不存在吸上真空高度问题，也不会发生气蚀现象。潜水泵的缺点是对电机的密封要求非常严格，如果密封质量不好，或者使用管理不好，会因漏水而烧坏电机。

(1) 潜水泵电机的冷却

潜水泵的电机由于其密封的结构限制，它不可能像一般电机那样用风扇来冷却定子与转子。它的冷却介质只能是运转介质的水。一般来说，小型的潜水泵由于电机生产的热量不多，利用电机壳上的轴向分布的很多散热片来将热量导入水中。对于大中型潜水泵，由于电机产生的热量很多，要采用强制冷却的方法。这些水泵的定子外室有一冷却水套，冷却水套与蜗壳相通，在叶轮旋转时，靠叶轮背部的小叶片使泵体内部产生的少量水流入定子室外圈的水套中，由水套上部的排水口排出，进行强制循环冷却。

综上所述，潜水泵是靠其周围的冷水冷却电机和轴承的，因此潜水泵不允许长时间空车运行，否则电机会因热量散不出去而烧坏。

(2) 潜水泵的密封

由于潜水泵的电机长年在水下工作，而电机又需要在干燥的环境里才能保持其定子线圈与转子线圈的绝缘，因此潜水泵电机的密封质量是其能否运行的关键。这些密封主要分为两大类，无相对运动的密封（静密封）和有相对运动的密封（动密封）。潜水泵电机电缆与接线盒之间的密封、上下壳体之间的密封以及电机壳体与泵体之间的密封，均属于无相对运动的密封。这些密封处除电缆进入电机的密封属于专用密封以外，其余部位一般采用标准橡胶O形圈加不干性密封胶。这些部位只要密封件完好，操作得当，其密封质量是容易保证的。

潜水泵电机的输出轴与电机壳之间的密封属于有相对运动的机械密封。国内外潜水泵机械密封的形式多种多样，但大致可分为两类：径向密封，利用弹性材料如氯丁橡胶制成的有骨架和无骨架的密封环来达到密封的目的；端面密封，利用一对或两对高硬度材料制成的环（如碳化硅、金属陶瓷），两个环的端面具有较高的精度和光洁度，两个高光洁度的平面压在一起既可相对运动，又可保证泥水被隔开在电机室外。

径向密封的生产工艺简单，成本低廉，维修更换方便，但易磨损，特别是含泥沙较多的水质会使其寿命减少；而端面密封属于高科技产品，生产工艺复杂，成本较高，但其密封性好，对泥沙抵抗力强，耐高温，寿命长。

9.2.2 水泵的运行与维护

离心泵是污水处理最重要的设备之一，保证其高效、安全运行，同时精心维护保养是值班人员最重要的工作。在水泵的大量故障及事故中，运行的管路不善所导致各种故障及事故占90%以上，所以必须加强水泵的运行管理及维护。

(1) 水泵启动前的准备工作

① 清除转动部分周围的杂物。水泵转动部分主要指外裸露部分，如大型电机的侧向及电机与水泵的连接部位，联轴器处等，开泵前必须把周围环境清除干净，以免开泵时带入杂物造成设备故障，另外联轴器处还应有同定式防护罩。

② 观察电压表指示是否正常。电压波动过大时，应先采取措施然后才能启动水泵。

③ 检查加入轴承或轴承箱中的润滑油或润滑脂是否适量，油质是否合格，对强制润滑的水泵还要确认润滑的压力是否保持着规定压力。水泵对润滑油的使用要求很高，所加润滑油必须符合“三级过滤”要求，加润滑油前应检查一下油的生产日期、牌号、生产厂家及合格证，如果储藏时间过长必须具有相应的化验报告，加油还应根据温度的变化适时调整油品牌号，代用油要符合以优代劣的原则且经过有关部门批准。

④ 盘泵。盘泵一般分为手动或工具及电动的方法。较小的泵用人力转动泵的靠背轮（联轴器），转速一般在100～200r/min，感觉是否灵活，有无杂声磨卡。较大的泵人力不能驱动时，可用电动盘泵，电动盘泵应注意电流情况及停泵的随走时间，而且最好是点动。

⑤ 将各冷却水管、轴承的润滑水管等水管道上的阀全开并观察必要的冷却水，是否流动着或保持着必要的压力。

⑥ 位于吸水侧（进水）管路的阀门处于全开，位于排水（出口）侧的阀门全闭，并检查轴封渗水情况及进出水阀的漏水情况和管线上的压力表是否完好。

⑦ 对于入口为负压的离心泵，要向泵壳和吸水管内充满水（灌泵或抽真空引水），其目的是将泵壳内和吸水管中的空气排除。这是因为在有空气存在的情况下，泵吸入口真空无法形成和保持。

⑧ 对于特殊要求的泵如高温用泵（或低温用泵）还要预热（预冷）等。

(2) 水泵起（启）动时的注意事项

① 对于非自吸式水泵，必须采用灌水或用真空泵抽气引水方法给吸水管和泵体内充满

水；对于水泵安装低于污水池水面的自灌式水泵，只需打开进水阀，水就会自动充满吸水管和泵体。

② 现场观察水泵的状态，保证在进口阀门全开、出水阀关闭、打开进出水压力表的状态下启动水泵。这是因为闭阀启动时，所需功率最小，启动电流也最小，对水泵及电气设备有保护作用。待达到额定转速，确认压力已经上升之后，再把出口阀慢慢地打开。

③ 启动时空转（不带载荷闭闸）时间不能过长，一般为 2～3min。因为当流量等于零时，相应的泵轴功率并不等于零，而此时功率主要消耗在水泵的机械损失上，长时间闭闸空转会使泵壳内的液体气化，水温度上升，泵壳、轴承发热严重时可导致泵壳的热力变形。

④ 启动时如发现有电机有“嗡嗡”声而未转动有可能是缺相运行，此时，应迅速切断电源，待检查原因处理后再重新启动。对于较大的电机带动的泵每两次启动间隔要 5min 以上，且连续启动次数最好不超过两次，以保护电气设备。

⑤ 对于降压启动的水泵，切换时间不宜过短或过长，最好在 4～10s，以达到保护电气设备的目的。另外启动时操作人员不能马上离开现场，必须观察进出水压力表读数是否正常，观察电流表读数是否正常，确认泵已经切换正常运行后才能离开现场。

⑥ 在降压启动时，要特别注意电流表的动作、开关柜内的声响及指示灯的转换（看颜色），特别是在有其他泵运行的情况下，周围噪声很大；这一点很重要，主要是防止烧坏频敏及电气设备。

(3) 离心泵运行中检查内容

① 离心泵启动后。首先要检查电流情况，进出口压力及流量是否在规定范围内。通常情况下，排出口压力变化剧烈或下降时，往往是因为吸入侧有固体杂物堵塞或者是吸入了空气，当系统需求过大时压力也会降低。另外，异物流过泵内部时，往往电流数值急剧跳动。当电流表读数过大时，可能是系统供水量大或泵内发生了摩擦或磨卡等，当出水单向阀脱落或没打开时电流读数会很小。

② 检查轴承工作是否正常。离心泵安全运行时，滚动轴承温度不得比室温温度高 35℃。最高不得高于 70℃；滑动轴承（轴瓦）最高不得超过 65℃，最好设法使轴承保持在室温 40℃以下进行监测。用油润滑时油位要求：无油环的滚动轴承，油面应不低于最下部滚珠中心，对于用甩油环式油润滑，油面应能埋浸油环直径的 1/6～1/4。要定时检查监视油面计或油标透视窗，另外还要经常查明甩油环是否正常地动作，轴承冷却系统是否畅通，凡是油质不合格、变质、有进水及有杂质的，坚决不能使用。坚持润滑油使用中的“五定”“三过滤”原则。使用润滑脂润滑的轴承，加油脂量应加到轴承箱空腔的 1/3～1/2 处。

③ 检查轴封处的温度和渗漏。机械密封一般渗漏较小或不漏，用填料装置密封，对填料压盖部位的渗漏，正常应控制液体处于分滴、不连续成线即可。渗漏过多时，应均匀地、逐步地拧紧填料压盖。在温度过高的情况下（填料压盖部位液体温度超过 30℃），可把填料压盖放松，短暂地多渗漏一些，待填料与轴驯熟后，再重新拧紧。注意不能单边拧压盖螺栓，以防磨损轴（轴套）和压盖。轴封处的轴或轴套如果存在缺陷，填料会很快失效（即吃盘根），此时应停车进行检修。另外，要选择规格性能合适的填料（盘根），并注意适时添加和更换。

④ 检查水泵的振动及音响情况。当水泵从吸入管吸进空气或固体杂物时，往往会发出异常的音响，并随之产生振动，而因气蚀、压力脉动等也会产生振动。当水泵零部件出现故障，如地脚螺栓松动，转子不平衡，水泵与电机轴不同心、不对中等时，也会导致发出异常

声响及水泵振动。水泵异音的判断大都靠经验，而振动既可凭经验判定，也可参照有关标准（比如旋转机械振动诊断国际标准 ISO 2372）。在使用有关标准判断时，应该做到定点（部件）、定时（周期）、定人、定使用仪器，并持之以恒。

⑤ 当生产上艺需要增加或减少水量时，必须注意不能用水泵的进水阀门调节，而只能用出口阀门进行调节。

⑥ 观察控制柜或控制台的电流和电压表读数是否正常。注意集水池液位，为保证水泵高效，应尽量接近高水位运行。

(4) 停泵时的注意事项

① 对于使用冷却水的水泵，要先停泵再关闭冷却水阀；对于强制润滑的水泵要先停泵再关闭润滑油压力阀。

② 离心泵通常是先关闭进出水压力表和关闭出水阀后再停车。此时如果把进口阀门先关闭的活，容易引起气蚀。如果不关闭出口阀就停泵的活，有可能在水泵及管路中因水流速度发生逆变而引起压力递变，即造成停泵水锤。停泵水锤危害很大，轻则造成水泵管线跑水、叶轮松动，严重时可能造成泵房被淹、设备损坏，甚至造成人员伤亡。近年来广泛使用的微阻缓闭止回阀有效地缓解了这一问题。

③ 运行中如果遇到突然断电而停车的时候，首先要拉掉电源开关，同时手动关闭出口阀。

④ 停车后，应该注意水泵的随走时间，即水泵停车后的惯性运转时间。时间过短，就要检查泵内是否有磨卡现象。另外停车后还要注意水泵是否有倒转现象，倒转可能是出口阀门不严或没关到底。倒转对水泵有危害，特别是轴流泵，有时可能造成叶轮脱落。

(5) 停泵后的维护保养

不管是几小时至几天的暂时停泵，还是由于工艺调整、季节运行、备台充足等形成的长期停泵，停泵后的维护保养都是必不可少的重要工作。

① 作为备用泵或暂时停用泵，要事先做好准备，使之根据实际的需要随时都能启动和投入生产。这类情况泵的润滑油或润滑水、轴承冷却系统、密封部位的密封水等，要做到能够随时供给。

② 对于长时间不做运行的泵，应把泵内的液体放掉。在冬季，如果泵壳内、密封箱内以及轴承内等处水冻结，可能会因体积膨胀而出现龟裂或产生破坏，因此要特别注意防冻。另外，为了使轴承、轴、填料压盖、联轴器等的加工面不生锈，要预先用油或脂，或防锈剂涂抹。

③ 为了防止长期停用的泵内部生锈而不能运行，同时防止卧式泵泵轴长期停在一种状态下而可能产生弯曲，要定期盘泵，一般每周一次。较小的泵用人力，较大的泵用电动；电动盘泵一般要运行几分钟，听声音、观察电流以确认泵是否有问题。卧式泵盘泵一般应转几圈。

④ 当做泵房内卫生时应当特别注意，不要用水管直接冲刷泵，这样会使轴承的润滑油进水，给以后的运行带来隐患。

⑤ 对于并联运行的污水泵，泵出水管为立式（竖向）出水时，如果介质中含有固体颗粒物且间断运行时，应当定期轮流开泵十几分钟，以免出水闸被脏物堵塞。

(6) 水泵的常见故障

水泵运行中的故障分为腐蚀和磨损、机械故障、性能故障及轴封故障四类，这四类故障往往相互影响，难以分开。如叶轮的腐蚀和磨损会引起性能故障和机械故障，轴封的损坏也会引起性能故障和机械故障。

① 腐蚀和磨损：腐蚀的主要原因是选材不当，发生腐蚀故障时，应从介质和材料两方面入手解决。磨损常发生在输送浆液时，主要原因是介质中含有固体颗粒。对输送浆液的水泵，除水泵过流部件应采用耐磨材料外，对于易磨损的部件应定时予以更换。

② 机械故障：振动和噪声是主要的机械故障。振动的主要原因是轴承损坏、转子不平衡或出现气蚀和装配不良，比如水泵与电动机不同轴、基础刚度不够或基础下沉、配管蹩劲等。

③ 性能故障：性能故障主要指流量、扬程不足。水泵气蚀和驱动机超载等是其主要原因，当水泵运行参数偏离额定值幅度较大时也会产生性能故障。

④ 轴封故障：轴封故障主要指密封处出现泄漏或温度过高。填料密封泄漏的主要原因是填料选用不当、轴（或轴套）磨损，机械密封泄漏的主要原因是端面损坏或辅助密封圈被划伤或折皱，温度过高主要是填料压得过紧导致的。

(7) 水泵的大修

离心泵的大修应每年进行一次，若累计运行时间未满2000h，可按具体情况适当延长。检修主要工作有：检查、校正或者更换轴和轴套。对叶轮和叶片进行检查和修补，检查、更换密封环，电机轴承清洗换润滑脂，更换压紧填料，检查校正真空表和压力表，检查联轴器及连接螺栓，对配电柜内设备连线进行检查调整。

9.3 风机

环保工程中常用风机主要包括鼓风机、通风机等。鼓风机一般用于曝气、吹扫、搅拌等，较常用的为离心式鼓风机和罗茨式鼓风机两种。常用的通风机有离心式通风机和轴流式通风机两种。中大型离心式通风机常用于大气污染的除尘工程中，轴流式通风机则通常于地下泵房、加药间、仓库及降噪工程等处的空气置换，结构一般都比较简单。

9.3.1 鼓风机

(1) 离心式鼓风机

离心式鼓风机的原理是利用高速旋转的叶轮产生的离心力将气体加速，然后减速、改变流向，使动能转化为势能（压力），然后随着流体的增压，又使静压能转化为速度能，从而把输送的气体送入管道或容器内。

单级离心式鼓风机的压力增高主要发生在叶轮中，其次发生在扩压过程。多级离心式鼓风机利用回流器使气体进入下一个叶轮，产生更高的压力。离心式鼓风机实际上是一种变流量恒压装置，当鼓风机以恒速运行时，在鼓风量固定的情况下，所需功率随进气温度的降低而升高。离心式鼓风机的特点是空气量容易控制，通过调节出气管上的阀门即可改变压缩空气量。如果把电机上的安培表改为流量表，即可把电流表上的电流刻度对应的风量值更直观地予以调节。

离心式鼓风机噪声较小，效率较高，适用于大、中型污水处理厂。如果所配电机为变速电机，离心式鼓风机就变为变速鼓风机，根据曝气池混合液溶解氧浓度，可以自动调整鼓风机开启台数和转数，以最大限度节约能耗。

离心式鼓风机是由机壳、转子组件、密封组件、轴承、润滑装置及其他辅助零件组成的。图 9-17 为一台单级离心式鼓风机剖面图，其基本结构由进口、叶轮、机壳等部件组成。单级离心式鼓风机的机壳多为蜗形壳。

图 9-18 为一台二级离心式鼓风机剖面图。其转子由优质碳素钢轴 1 和两个相同的合金钢叶轮 2 组成，并由电动机通过减速机构驱动。当转子转动后，气体自吸气口 3 吸入，经过第一个叶轮作用后，气体被排入机壳，并沿导流板 4 进入第二叶轮，最后经扩散室 5 进入排风口 6。多级鼓风机的机壳由机壳内的回流室、隔板组成。

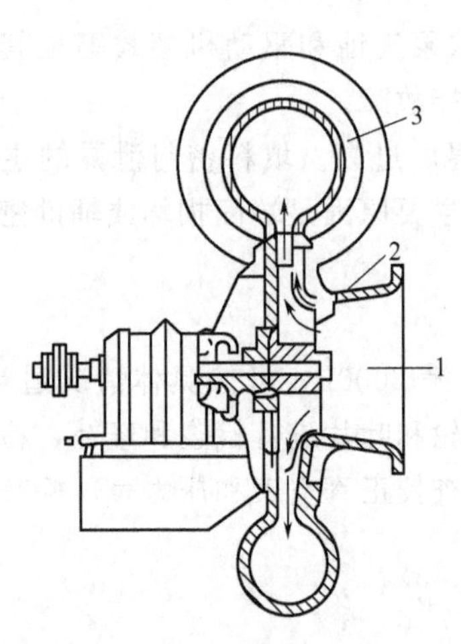

图 9-17 单级离心式鼓风机剖面图

1—进口；2—叶轮；3—蜗形壳

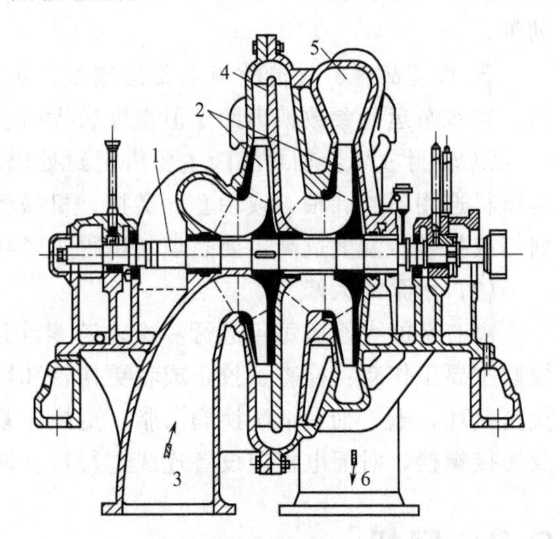

图 9-18 二级离心式鼓风机剖面图

1—钢轴；2—叶轮；3—吸气口；4—导流板；5—扩散室；6—排风口

离心式鼓风机的结构包括：

① 机壳。离心式鼓风机的机壳由铸铁制作，或用钢板焊接而成。机壳根据叶轮形式可做成水平部分或蜗壳状。对于低压离心式鼓风机，机壳大都做成水平刮分式；对于单级鼓风机大都做成蜗壳式。蜗壳的作用主要是将叶轮增压的气体收集起来，然后流入流道。离心式多级鼓风机机壳内有回流室、隔板扩压器等零件气体由扩压器进入间流室，然后引入下一级叶轮，连续地把气体送入流道。

② 转子组件。离心式鼓风机主要部件是转子，它由叶轮、主轴、轴套、排气室、平衡盘、密封、联轴器等部件组成。叶轮由轮盘、轮毂和叶片铆接、焊接或整体铸造而成，其主要作用是使气体通过叶轮后提高压力和气流速度。主轴上装有风机的转动部件，一般离心式鼓风机的轴伸出机壳外面，其作用是传递转矩使叶轮旋转。联轴器连接电机轴和风机轴，传递驱动机的转矩，同时也起到安全连接作用。

③ 密封。离心式鼓风机的级间密封多是迷宫式密封，应用最多的迷宫式密封结构有拉别令密封和梳齿密封。拉别令密封和梳齿密封的镶片一般是薄片金属，例如合金铝和不锈钢薄片。轴端密封多是 O 形圈和涨圈式密封。

④ 进口叶片调节控制装置。进口叶片调节控制装置用来调节来自风叶的空气流。进门叶片调节控制装置由钢板焊接制成，所有的叶片都制作成在叶片主轴周围旋转 90°，以便调整来自风扇的空气流动率。叶片的方向可闭合可敞开，以适应风扇的旋转方向，以便给予风机叶轮的入口部件有效的预旋流。

⑤ 轴承。轴承是支撑转子、保证转子能平稳旋转的部件，同时还可调节旋转转子产生的径向力和轴向力。对于低压低转速的风机，大多选用滑动轴承；对于中压以上高转速风机，大多选用滚动轴承。

⑥ 润滑系统。离心式鼓风机的润滑系统一般采用恒油位自流式润滑，其形式很多，但对于大型高速风机，则单独有油泵、油箱、过滤器、冷却器等润滑系统。

离心式鼓风机的性能、规格和尺寸可参见各类给水排水或水处理设计手册——常用设备分册的有关章节。

(2) 罗茨式鼓风机

罗茨式鼓风机为容积回转式鼓风机，在制造时要求两转子和壳体的装配间隙很小，故气体在压缩过程中回流很少，此种鼓风机的压力比其他型式的鼓风机要高，根据操作要求，压力在一定范围内可调，但体积流量不变。罗茨式鼓风机是低压容积式鼓风机，产生的压缩空气量是固定的，而排气压力由系统阻力决定，即根据需要确定，因此适用于鼓风压力经常变化的场合。罗茨式鼓风机噪声较大，必须在进风和送风的管道上安装消声器，鼓风机房采取隔音措施。

卧式结构的罗茨式鼓风机进气口方向，如从强度角度考虑，以上进下排为好，罗茨式鼓风机的工作过程如图 9-19 所示。其主动轴的进气方向和进、排气口方向系基本结构形式。用户若需要改进排气口方向，应在订货时提出要求。

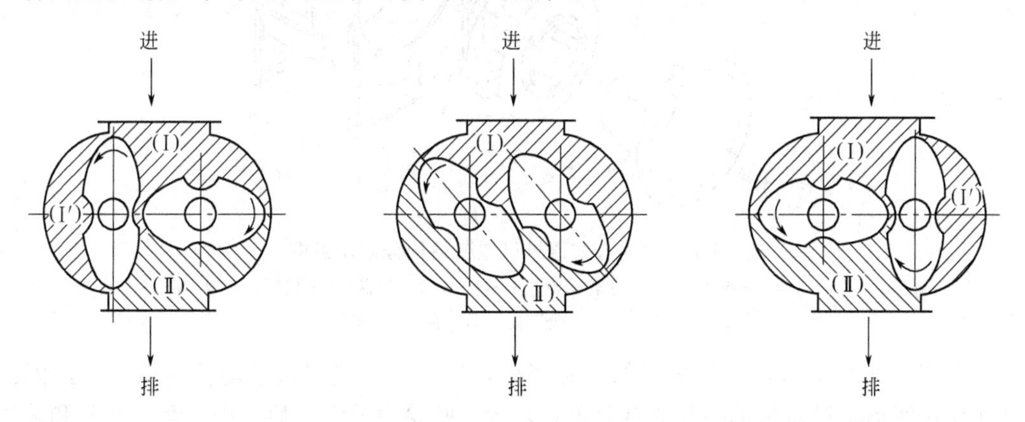

(a) 机体内容积被叶轮分割成三个区域 (b) 机体内容积被叶轮分割成两个区域 (c) 机体内容积仍被叶轮分割成三个区域

图 9-19 罗茨式鼓风机的工作过程

在鼓风机机体内通过同步齿轮的作用，使两转子相对地呈反方向旋转，由于叶轮相互之间和叶轮与机体之间皆具有适当的工作间隙，所以构成进气腔与排气腔相互隔绝（存在泄漏），借助于叶轮旋转，机体内的气体由进气腔被推送至排气腔后排出机体，达到鼓风的作用。

罗茨式鼓风机按传动方式分为直联式、带轮传动式、减速器传动式等三类。

罗茨式鼓风机用于污水处理厂主要为生化反应充氧。在选用风机时，风压取决于水深、管道阻力和水的黏度，风量取决于水的体积；对于小型污水处理设备，罗茨风机的升压一般为 34.3～39.2kPa（3500～4000mmH_2O），流量为 10m^3/min 以下。但现在也有较大的风机用于污水处理，流量达到 60m^3/min。

罗茨式鼓风机性能、规格和尺寸可参见各类给水排水或水处理设计手册——常用设备分册的有关章节。

9.3.2 通风机

离心式通风机的工作原理与离心泵大致相同，只不过作用的介质是气体而不是液体。电动机带动叶轮旋转，叶轮上叶片流道间的气体在离心力的作用下，从叶轮中心被甩向叶轮边缘，以较高的速度离开叶轮，进入机壳运动，最后经出风口排向输气管道；同时，叶轮中心处产生真空，周围气体在外界压力作用下而被吸向叶轮，这样不断吸入，不断流出，风机源源不断送风。风机各主要部件的作用是：进风口（吸入口）引入气体流入叶轮，把电机的机械能传递给气体，使气体获得压力能和动能；螺旋形机壳收集气体，导向输气管，在这导向的过程中把一部分动能转换为压力能。

图 9-20 为离心式通风机主要结构分解示意图，它主要由吸入口、叶轮、机壳（蜗壳）、支架及传动部件等部件组成。叶轮由叶片和连接叶片的前盘和后盘组成，叶轮后盘装在转轴上（图中未标出），机壳支撑在支架上。

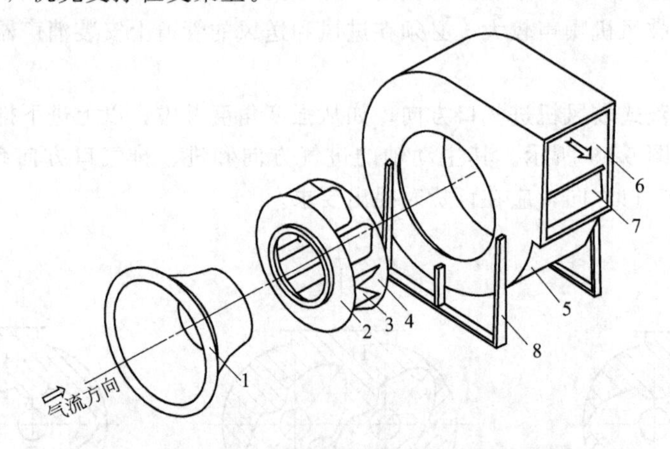

图 9-20 离心式通风机主要结构分解示意图

1—吸入口；2—叶轮前盘；3—叶片；4—后盘；5—机壳；6—出口；7—截流板，即风舌；8—支架

① 叶轮。叶轮是离心式通风机的心脏部分，通过它直接将机械能传递给气体，因此它的尺寸和几何形状对通风机的性能有着重要影响。叶轮由前盘、后（中）盘、叶片和轮毂等组成（见图 9-21），一般采用焊接或铆接加工。双侧进气的离心式通风机叶轮（双吸叶轮），

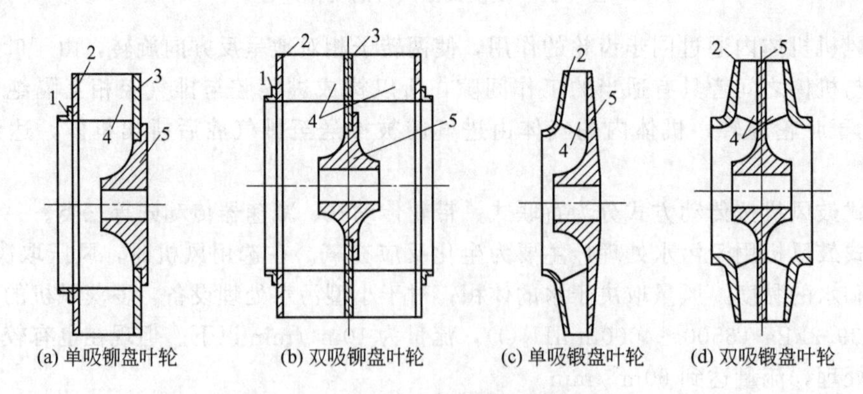

图 9-21 离心式通风机叶轮结构型式

1—进口圈；2—盖盘；3—圆盘；4—叶片；5—轴盘

两侧各有一个相同的前盘，叶轮中间有一个铆接在轮毂上的中盘。叶轮前盘的形式有平前盘、锥形前盘和弧形前盘等几种。弧形前盘叶轮气流流动情况好，效率较高，但制造工艺复杂。平前盘叶轮因气流进入叶片转弯后分离损失较大，效率低，但叶轮制造工艺简单。锥形前盘叶轮的效率、工艺性均居中。

通风机叶轮上的叶片数目比较多而且长度较短，低压通风机叶片是平直的，与轴心成辐射状安装；中、高压通风机的叶片是弯曲的。图9-22是几种离心式通风机的叶片形状图。

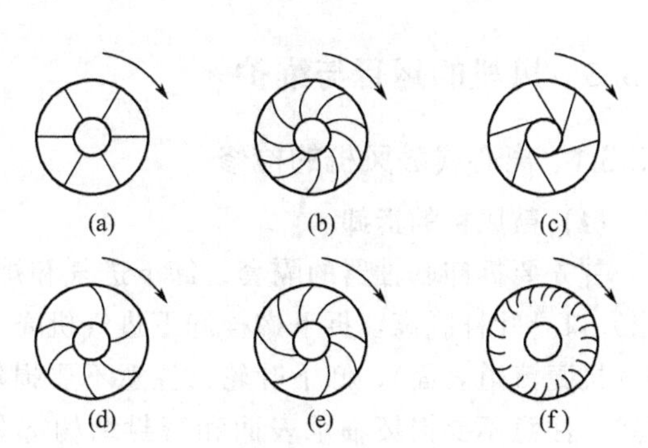

图9-22　几种离心式通风机的叶片形状图

② 进口集流器（吸入口）。离心式通风机一般均装有进口集流器，它的作用是保证气流均匀地充满叶轮进口，尽可能符合叶轮进口气流的流动状况，减小流动损失和降低进口涡流噪声。从流动方面比较，锥形比筒形好，弧形比锥形好，组合型比非组合型好。在大型离心式通风机上多采用弧形或锥形集流器，中小型离心式通风机多采用弧形集流器，以提高风机效率和降低噪声。离心式通风机进口集流器的形式如图9-23所示。

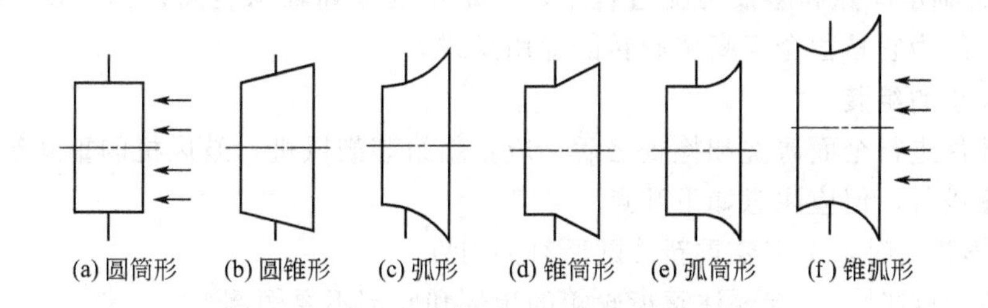

图9-23　离心式通风机进口集流器的形状

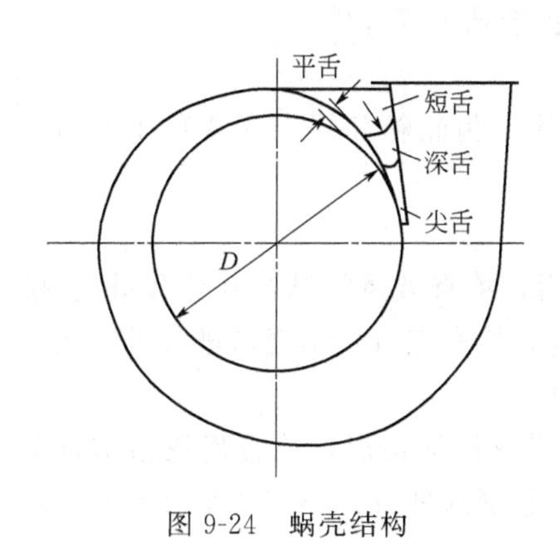

图9-24　蜗壳结构

③ 机壳。机壳也称蜗壳，它是包围在叶轮外面的外壳。中低压离心式通风机的机壳是阿基米德螺线状的，断面沿叶轮旋转方向渐渐扩大。在出口处最大，气流出口处多采用矩形截面。蜗壳的作用是将叶轮中流出的气体汇聚起来，导至风机的排出口，并将气体的部分动能扩压转变为静压。它与叶轮的匹配好坏对离心通风机气动性能、噪声性能有很大影响。离心通风机蜗壳工作原理与离心泵蜗壳工作原理相同。蜗壳的结构见图9-24。

④ 支撑与传动部件。离心式通风机的传动部分包括轴和轴承，有的还包括联轴器和带轮，它是通风机与电动机连接的部件。机座一般用铸铁铸成或用型钢焊接而成。

离心式通风机的性能、规格和尺寸可参见有关给水排水或水处理设计手册——常用设备分册的有关章节。

9.3.3 风机的运行与维护

9.3.3.1 离心式鼓风机的检修

（1）鼓风机的拆卸

首先要拆卸联轴器的隔套。卸下进气和排气侧连接管，把进（出）口导叶驱动装置与进（出）口导叶杆脱离，拆下螺栓卸下进气机壳（在这种情况下注意一定不要损坏叶轮叶片和进气机壳流道表面），卸下叶轮，注意不要损坏密封结构部分，然后拆下密封，拆卸齿轮箱箱盖，注意不要损坏轴承表面和密封结构部分，拆卸轴端盖，最后测量轴承和齿轮间隙之后，拆卸高速轴轴承、低速轴轴承和大齿轮轴，并且要用油清洗每个拆下的部件。

（2）鼓风机的检查

① 齿轮齿的检查。检查齿轮箱内大小齿轮齿的任何损坏情况。

② 测量增速齿轮的齿隙。

③ 清理叶轮，应彻底清除灰尘，以防止其不平衡，并且不要使用钢丝刷或类似物，以避免造成叶轮表面的损坏。

④ 通过叶轮的液体渗透试验，看叶轮上是否有裂纹，尤其要注意叶片根部。

⑤ 除去外部扩压器的灰尘。彻底清除黏结到扩压器上的灰尘，因为它可以使流量降低。

⑥ 检查轴承的每个孔，拆卸之后，用油进行清洗，并查看轴承内侧的每个孔中有无阻塞物。

⑦ 在检查轴承间隙和磨损情况过程中，一定不要损坏轴承表面，也不要对轴承做任何改变或调整，因为它是适合于高速旋转的专用型式。

（3）鼓风机的组装

对每个部件进行全面清洗和检查之后，应重新组装鼓风机，鼓风机的重新组装顺序按照拆卸的逆顺序进行，但应注意如下几点：

① 当泵体装入时，一定要重新装配所有的内件。

② 当安装油封时，一定要注意齿轮箱的顶部和底部不要颠倒。

③ 当轴承装入时，应固定每个螺钉和柱销。

④ 在安装轴承箱的上半部过程中，不要毁坏油封、止推轴承等部件。

⑤ 当安装齿轮箱盖时，打入定位锥销。

⑥ 当装入叶轮螺母和叶轮键时，为防止双头螺栓（用于齿轮箱和蜗壳安装）在拆卸时松动，应把防松油漆涂在螺栓上。

（4）大修后的检查

① 检查鼓风机是否有气体泄漏情况。鼓风机大修之后，检查鼓风机结合部分和进气/排气连接部分是否漏气。启动鼓风机，用肥皂水做泄漏检查，检查点有：蜗壳与进气机壳之间的结合部分、进气机壳进口连接部分及蜗壳出口连接部分。

② 检查齿轮箱的油泄漏情况。在鼓风机大修之后如果有漏油情况，检查齿轮箱结合部分，检查点有：齿轮箱盖、体之间的结合部，尤其是要注意密封部分；再有就是泵壳与齿轮箱之间的结合部分。

（5）机组运行中的维护

① 要定期检查润滑油的质量，在安装且第一次运行 200h 后进行换油，被更换的油如果未变质，经过滤机过滤后仍可重新使用，以后每隔 30d 检查一次，并做一次油样分析，发现变质应立即换油，油号必须符合规定，严禁使用其他牌号的油。

② 应经常检查油箱中的油位，不得低于最低油位线，并要经常检查油压是否保持正常值。

③ 应经常检查轴承出口处的油温，应不超过 60℃，并根据情况调节油冷却器的冷却水量，使进入轴承前的油温保持在 30～40℃。

④ 应定期清洗滤油器。

⑤ 经常检查空气过滤器的阻力变化，定期进行清洗和维护，使其保持正常工作。

⑥ 经常注意并定期测听机组运行的声音和轴承的振动。如发现异声或振动加剧，应立即采取措施，必要时应停车检查，找出原因，排除故障。

⑦ 严禁机组在喘振区运行。

⑧ 应按照电机说明书的要求，及时对电机进行检查和维护。

9.3.3.2　鼓风机的常见故障及原因

鼓风机常见故障及其原因见表 9-2。

表 9-2　鼓风机常见故障及其原因

故障现象	可能产生的原因	故障现象	可能产生的原因
开车时无气流、无压力	(1)电机或电源故障； (2)旋转方向错了； (3)联轴器或轴断裂； (4)抱轴，方向节等处被大量缠绕物塞死，无法转动	排气量低	(1)放空阀全开或半开； (2)导叶完全关闭； (3)进口导叶系统局部卡住； (4)进气过滤器堵塞； (5)管路系统泄漏或阀门开关泄漏
运行时有杂音，振动大	(1)机组找正精度被破坏； (2)联轴器对中不好或损坏； (3)变速箱齿轮或轴承损坏； (4)鼓风机轴承损坏； (5)轴承间隙过大； (6)轴承压盖过盈太小； (7)主轴弯曲； (8)转子、叶轮平衡不好	轴承温度高	(1)油号不对； (2)润滑油未充分冷却； (3)供油不足； (4)油压太低； (5)油泵转向错误； (6)油变质或油中有水分； (7)轴承损坏； (8)轴承间隙过小
油压太低	(1)油泵故障； (2)滤油器堵塞； (3)油压表失灵； (4)安全阀损坏； (5)管路漏油； (6)油箱缺油； (7)油温太高	喘振	(1)鼓风机转速太低； (2)进气通道阻塞； (3)进气压力损失太高； (4)进气温度太高； (5)进口导叶松动、失灵或太紧； (6)叶轮损坏； (7)排气总管压力太高； (8)放空阀损坏，造成开车、停车喘振
油温太高	(1)冷却水量太少； (2)冷却水温度太高； (3)环境温度高； (4)油号不对； (5)轴承或齿轮损坏	功率消耗太高	(1)进口导叶滞住、排气压力降低； (2)变速箱或鼓风机有机械故障(如轴承、齿轮或轴损坏)； (3)进口导向叶片失灵

9.4　污水污泥处理专用机械设备

9.4.1　格栅除污机

在水处理工程中用于拦截和清除水中悬浮和漂浮固形物的机械称为格栅除污机。目前国内生产此类设备的厂家很多，其形式、种类繁多。按安装的形式分为固定式格栅除污机和移动式格栅除污机。按格栅间隙分为粗格栅除污机、细格栅除污机和网式格栅除污机。按格栅角度分为弧形格栅除污机、倾斜格栅除污机和垂直格栅除污机。按齿耙的运行方式可分为回转式（HF）格栅除污机、链传动式（GL）格栅除污机等。回转式格栅除污机为没有静止栅条，由密布的齿耙随着回转式牵引链的运动将水中污物打捞出来的格栅除污机，代号为HF，见图9-25。链传动式格栅除污机为通过链带动若干组齿耙插入静止的栅条，将污物与水分离的格栅除污机，代号为GL，见图9-26。链传动式格栅除污机的栅隙为相邻两静止栅条内侧的距离，回转式格栅除污机的栅隙为相邻两齿耙间内侧的距离。

图9-25　回转式格栅除污机

图9-26　链传动式格栅除污机

格栅除污机的命名采用大写汉语拼音字母和阿拉伯数字表示。

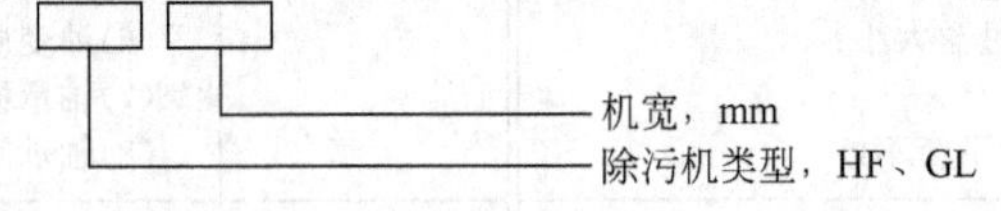

例如：HF1000指机宽为1000mm的回转式格栅除污机。

9.4.2　除砂与砂水分离设备

9.4.2.1　除砂机

除砂机是用机械的方法将沉砂构筑物中分离出的砂粒进行清除的设备。早期常用抓斗式或链斗式，利用链条刮板从池底集砂沟中收集沉砂，并通过抓斗将收集的沉砂装车运走。目前新型的除砂手段是用安装在往复行走的桁车上的泵抽出池底的砂水混合物，再利用旋流式砂水分离器或水力旋流器加螺旋洗砂机将砂和水分开，完成除砂、砂水分离、装车等工序。

(1) 抓斗式除砂机

机器的主要部件包括行走桁架、刚性支架、挠性支架、鞍梁、抓斗启闭装置、小车行走装置、抓斗等。

当沉砂池底积累了一部分砂子后，操作人员将小车开到某一位置，用抓斗深入到池底砂沟中抓取池底的沉砂，提出水面，并将抓斗升到储砂池或砂斗上方卸掉砂子。操作人员要熟练掌握抓斗的开合，避免抓斗对池壁的碰撞及对池底的冲击。

(2) 链斗式除砂机

链斗式除砂机实际上是一部带有多个V形砂斗的双链输送机。主要部件包括两根主链、

V 形斗、传动链驱动装置、导轨。

除砂的工作过程中，通过传动链驱动轴带动链轮旋转，使 V 形砂斗在沉砂池池底砂沟中沿导轨移动，将沉砂刮入斗中。斗在通过链轮以后改变方向，逐渐将砂送出水面。V 形砂斗脱离水面后，斗中的水从 V 形砂斗下的污水小孔滤出，流回池内。V 形砂斗到达最上部的从动链轮处，发生翻转，将砂倒入下部的砂槽中。与此同时，设在上部的数个喷嘴向 V 形砂斗内喷出压力水，将斗内黏附的砂子冲入砂槽，砂槽内的砂靠水冲入集砂斗中，砂在集砂斗中继续依靠重力滤除所含水分，积累到一定数量后，集砂斗可翻转，将砂卸到运输车上。

(3) 桁车泵吸式除砂机

该类除砂机适用于平流式沉砂池。每台除砂机安装一台到数台离心式砂泵用来从池底将沉积在沟底中的砂浆抽出，送到池边的砂渠，使之通过砂渠流到集砂井，或者直接将砂水混合物抽送到砂水分离器中。桁车泵吸式除砂机具有结构简单、紧凑、操作方便、费用低的优点，但砂水分离效果差，如果池底积累的大量沉砂将泵及吸口埋住，将造成砂泵无法工作；或者异物吸入泵中也会造成泵卡死。

9.4.2.2　砂水分离器

除砂机从池底抽出的混合物，其含水率高达 97%～99%，还混有一定量的有机污泥。这样的混合物运输、处理比较困难，因此需要无机砂粒与水及有机污泥分开，这就是污水处理的砂水分离及洗砂工序，常用的砂水分离设备有水力旋流器、振动筛式砂水分离器和螺旋砂水分离器。

(1) 水力旋流器

水力旋流器又称为旋流式砂水分离器，结构简单，上部是一个有顶盖的圆筒，下部是一个向下的锥体。入流管在圆筒上部从切线方向进入圆筒；溢流管从顶盖中心引出；锥体的下部连有排砂管。为了减轻砂粒的磨损和腐蚀，水力旋流器多用耐磨铸铁制造，水力旋流器的内部一般设置一层耐腐蚀的橡胶衬里。砂水混合物一起沿切线方向进入旋流器内做回转运动，形成内外旋流，砂粒与水因为密度差异，砂粒在离心的作用下被甩向器壁后沿着器壁滑向锥底，而水经内旋流从上部排出。水力旋流器的结构及工作原理示意图见图 9-27。

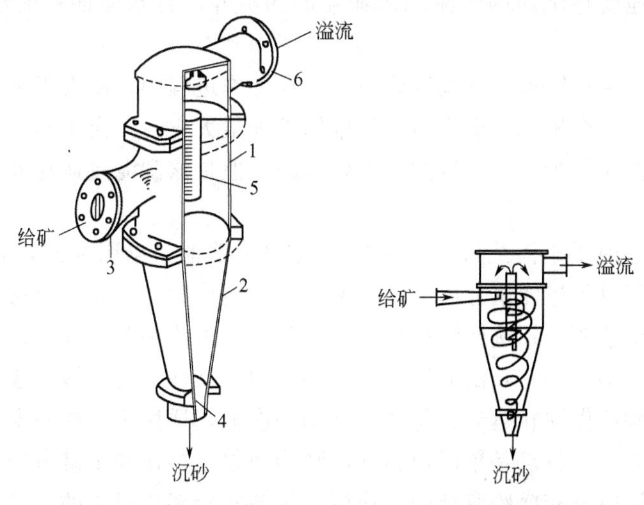

图 9-27　水力旋流器的结构及工作原理示意图

1—圆柱体壳；2—圆锥体壳；3—入流口；4—沉砂排出口；5—溢流管；6—溢流排出管口

（2）螺旋砂水分离器

螺旋砂水分离器有两个作用，一是进一步完成砂水分离及砂与有机污泥的分离，二是将分离的干砂装车。砂水分离器主要由无轴螺旋、衬条、U形槽、水箱、导流板、出水堰驱动装置等组成，其结构及外形见图9-28。砂水混合液从分离器一端顶部输入水箱，混合液中重量较大的如砂粒等将沉积于槽形底部。在螺旋的推动下，砂粒沿斜置的U形槽底提升，离开液面后继续推移一段距离，在砂粒充分脱水后经排砂口卸至盛砂桶。而与砂分离后的水则从溢流口排出并送往进水池螺旋。砂水分离器的沉淀装置和输砂装置为封闭式一体化结构，并具有结构紧凑、重量轻、高工作可靠性、维修工作量少等特点。砂水分离器分离效率可达96%～98%，可分离出粒径≥0.2mm的颗粒，回收率不低于98%；直径大于0.1mm的砂粒去除率不小于80%。

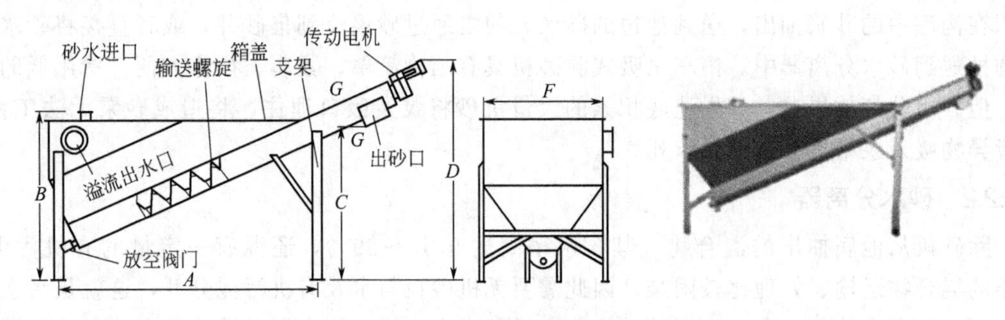

图9-28　螺旋砂水分离器的结构及外形图

9.4.3　刮泥机与吸泥机

（1）刮泥机

刮泥机是将沉淀池中的污泥刮到一个集中部位的设备，多用于初沉池、二沉池和重力式污泥浓缩池。主要包括链条刮板式刮泥机、桁车式刮泥机和回转式刮泥机。

链条刮板式刮泥机工作时在两根结束相等连成封闭环状的主链上，每隔一定间距装有一块刮板。由驱动装置带动主动链轮转动，链条在导向链轮及导轨的支撑下缓慢转动，并带动刮板移动，刮板在池底将沉淀的污泥刮入池端的污泥斗，在水面回程的刮板则将浮渣倒入渣槽。

桁车式刮泥机安装在矩形平流式沉淀池上。在工作进程中，浸没于水中的只有刮泥板及浮渣刮板，而在返程中全机都提出水面，给维修带来很大方便。由于刮泥与刮渣都是单项运动，污泥在池底停留时间少，刮泥机的工作效率高。但是该刮泥机运动复杂，因此故障率相对高些。

回转式刮泥机适用于辐流式沉淀池和圆形污泥浓缩池，见图9-29，它具有刮泥及防止污泥板结的作用，用以促进泥水分离。按桥架结构不同分为全跨式和半跨式；按驱动方式不同分为中心驱动和周边驱动；按刮泥板形式不同分为斜板式和曲板式。

支座式单周边驱动（半跨）刮泥机桥架一端与中心立柱上的旋转支座连接，另一端安装驱动结构和滚轮，桥架做回转运动，每转一圈刮一次泥，适用于有中心支墩的中小池径的圆形二沉池的排泥除渣。其特点是单周边驱动，结构简单，操作和维修方便。

双周边驱动刮泥机具有横跨直径的工作桥，旋转式桁架为对称的双臂式桁架，刮泥板也是对称布置的，也称全跨式刮泥机。

(a) 单周边驱动刮泥机

(b) 双周边驱动刮泥机

图 9-29 回转式刮泥机

(2) 吸泥机

吸泥机是将沉淀池池底的污泥吸出的设备，一般用于二沉池吸出活性污泥回流至曝气池。大部分的吸泥机在吸泥过程中都有刮泥板辅助，因此也称吸刮泥机。

常用的吸泥机有回转式吸泥机（用于辐流二沉池）和桁车式吸泥机（用于平流二沉池）。吸泥方式有静压式（气提辅助）、虹吸式、静压式与虹吸式和泵吸式等形式。

桁车式吸泥机包括桥架和使桥架往复行走的驱动系统，有两根或多根吸泥管，吸泥管固定在桥架上，吸泥方式有虹吸式和泵吸式两种。在沉淀池一侧或双侧装有一导泥槽，将吸取的污泥引到配泥井或回流污泥泵房及剩余污泥泵房。桁车式吸泥机行走速度一般为：0.3～1.5m/min，过快会影响污泥的沉降。

回转式吸泥机按驱动方式分为中心驱动和周边驱动。中心驱动的回转式吸泥机驱动机、减速机都安装在吸泥机的中心平台上，周边驱动的回转式吸泥机在桥架的一端或两端安装驱动电动机及减速机。

9.4.4 污泥脱水机

污泥经浓缩之后，其含水率仍在94%以上，呈流动状，体积很大，因此还需进行污泥脱水。浓缩主要是分离污泥中的空隙水，而脱水则主要是将污泥中的吸附水和毛细水分离出来，这部分水分占污泥中总含水量的15%～25%。假设某处理厂有1000m^3由初沉污泥和活性污泥组成的混合污泥，其含水率为97.5%，含固量为2.5%，经浓缩之后，含水率一般可降为95%，含固量增至5%，污泥体积则降至500m^3。此时体积仍很大，外运处置仍很困难。如经过脱水，则可进一步减量，使含水率降至75%，含固量增至25%，体积则减至100m^3以下，其体积减至浓缩前的1/10，大大降低了后续污泥处置的难度。

污泥脱水分为自然干化脱水和机械脱水两大类。自然干化系将污泥摊置到由级配砂石铺垫的干化场上，通过蒸发、渗透和清液溢流等方式，实现脱水。这种脱水方式适于村镇小型污水处理厂的污泥处理，维护管理工作量很大，且产生大范围的恶臭。

机械脱水系利用机械设备进行污泥脱水，因而占地少，与自然干化相比，恶臭影响也较小，但运行维护费用较高。机械脱水的种类很多，按脱水原理可分为真空过滤脱水、压滤脱水和离心脱水三大类。

(1) 真空过滤脱水

真空过滤机为早期使用的连续机械脱水机械，有转筒式、绕绳式、转盘式三种类型。其中应用最广的是GP型转鼓真空过滤机。由于真空过滤机噪声大、产生的泥饼含水率高、占地大，而其构造及性能本身又无较大的改进，20世纪80年代以来，已很少采用。

（2）压滤脱水

压滤与真空过滤基本理论相同，只是压滤推动力为正压，而真空过滤为负压。常用的压滤机有板框压滤机和带式压滤机两种。

① 板框压滤机。板框压滤机的构造简单，推动力大，适用于各种性质的污泥，且形成的滤饼含水率低。但它只能间断运行，操作管理麻烦，滤布易坏。如图 9-30 所示，板与框相间排列，在滤板的两侧覆有滤布，板与框之间构成压滤室，在板与框的上端部位开有小孔，污泥由该通道进入压滤室，滤液在压力下通过滤布，沿沟槽与孔道排出。脱水结束后将可动端板拉开，清除滤饼。压滤脱水的过滤周期 1.5～4h。

图 9-30 板框压滤机

② 带式压滤机。带式压滤机中，较常见的是滚压带式压滤机。其特点是可以连续生产，机械设备较简单，动力消耗少，无须设置高压泵或空压机，已经被广泛用于污泥的机械脱水。

滚压带式压滤机由滚压轴及滤布带组成，压力施加在滤布带上，污泥在两条压滤带之间挤轧，由于滤布的压力或张力得到脱水。其基本流程如下：

污泥先经过浓缩段，依靠重力过滤脱水，浓缩时间一般为 10～30s，目的是使污泥失去流动性能，以免在压轧时被挤出滤布带；之后进入压轧段，依靠滚压轴的压力与滤布的张力除去污泥中的水分，压轧段的停留时间为 1～5min。

滚压的方式一般有两种，一种是相对压榨式，滚压轴上下相对，压榨的时间几乎是瞬时的，但压力大，见图 9-31(a)；另一种是水平滚压式，滚压轴上下错开，依靠滚压轴施于滤布的张力压榨污泥，因压榨的压力受张力的限制，压力较小，故所需压榨时间较长，但在滚压过程中对污泥有一种剪切力的作用，可促进污泥的脱水，见图 9-31(b)。

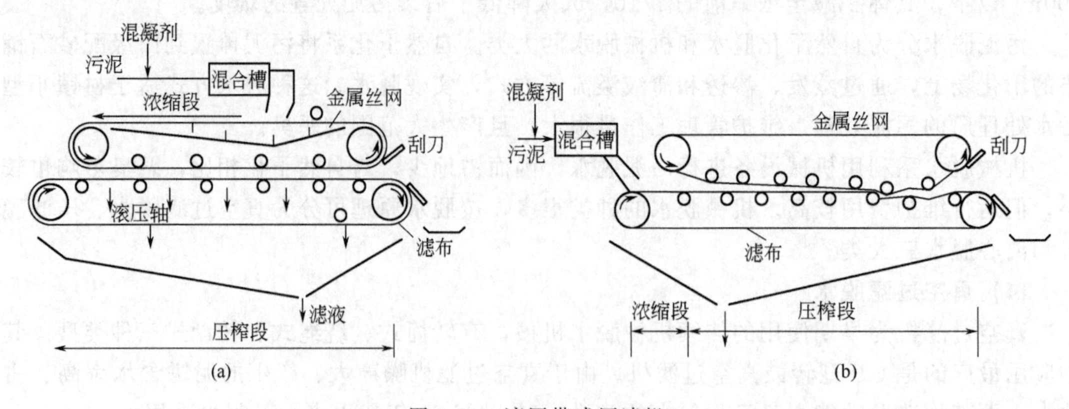

图 9-31 滚压带式压滤机

（3）离心脱水

离心脱水是用离心机使污泥中的固、液分离。离心脱水采用的设备是离心机。污泥脱水常用中、低速转筒式离心机（转速为1000～3000r/min），离心力场可达到重力场的1000倍以上。

转筒式离心机的主要组成部分是转筒和螺旋输泥机，如图9-32所示。工作过程如下：污泥通过中空转轴的分配孔连续进入筒内，在转筒的带动下高速运转，并在离心力的作用下泥水分离。螺旋输泥机和转筒同向旋转，但转速有差异，即两者有相对转动，这一相对转动使得泥饼被推出排泥口，而分离液从另一端排出。

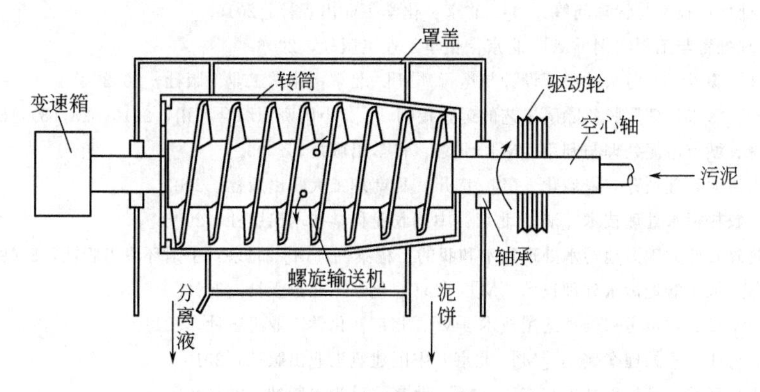

图9-32　转筒式离心机

离心脱水的优点是可以连续生产，处理量大，操作方便，可自动控制，卫生条件好，基建和占地少；缺点是对污泥的预处理要求高，必须使用高分子聚合电解质作为调理剂，设备易磨损。

参 考 文 献

[1] 王洪臣. 城市污水处理厂运行控制与维护管理 [M]. 北京：科学出版社，1997.

[2] 林荣忱. 污废水处理设施运行管理 [M]. 北京：北京出版社，2006.

[3] 张国徽. 环境污染治理设施运营研究 [M]. 沈阳：辽宁科学技术出版社，2012.

[4] 张波. 环境污染治理设施运营管理 [M]. 北京：中国环境科学出版社，2006.

[5] 沈晓南. 污水处理厂运行和管理问答 [M]. 2版. 北京：化学工业出版社，2015.

[6] 郑在洲，何成达. 城市水务管理 [M]. 北京：中国水利水电出版社，2003.

[7] 赵庆祥. 污泥资源化技术 [M]. 北京：化学工业出版社，2002.

[8] 郭树君. 污水处理厂技术与管理问答 [M]. 北京：化学工业出版社，2015.

[9] 张辰. 污泥处理处置与工程实例 [M]. 北京：化学工业出版社，2006.

[10] 曾科，卜秋平，陆少鸣. 污水处理厂设计与运行 [M]. 北京：化学工业出版社，2002.

[11] 张金华，裴叶. 污水处理厂脱氮除磷工艺的运行控制 [J]. 中国资源综合利用，2010，28 (8)：58-60.

[12] 杨震，刘俊来. 城市污泥处理与利用 [M]. 北京：科学出版社，2003.

[13] 周少奇. 城市污泥处理处置与资源化 [M]. 广州：华南理工大学出版社，2002.

[14] 张克强，等. 农村污水处理技术 [M]. 北京：中国农业科学技术出版社，2006.

[15] 汪俊三. 植物碎石床人工湿地污水处理技术和我的工程案例 [M]. 北京：中国环境出版社，2009.

[16] 尹军，崔玉波. 人工湿地污水处理技术 [M]. 北京：化学工业出版社，2006.

[17] 张统，王守中，等. 村镇污水处理适用技术 [M]. 北京：化学工业出版社，2011.

[18] 李兵第，等. 村庄污水处理案例集 [M]. 北京：中国建筑工业出版社，2010.

[19] 周家正. 新农村环境污染治理技术与应用 [M]. 北京：科学出版社，2010.

[20] 吴迪. 农村生活污水综合处理与安全利用技术 [M]. 天津：天津科技翻译出版社，2009.

[21] 崔理华，卢少勇. 污水处理的人工湿地构建技术 [M]. 北京：化学工业出版社，2009.

[22] 蒋克彬，等. 农村生活污水分散式处理技术与应用 [M]. 北京：中国建筑工业出版社，2009.

[23] 张后虎，祝栋材. 农村生活污水处理技术及太湖流域示范工程案例分析 [M]. 北京：中国环境科学出版社，2011.

[24] 张大群. 污水处理机械设备设计与应用 [M]. 3版. 北京：化学工业出版社，2016.

[25] 崔理华，卢少勇. 污水处理的人工湿地构建技术 [M]. 北京：化学工业出版社，2009.

[26] 人力资源社会保障部教材办公室. 污水处理工（三级）[M]. 北京：中国劳动社会保障出版社，2018.

[27] 人力资源社会保障部教材办公室. 污水处理工（四级）[M]. 北京：中国劳动社会保障出版社，2018.

[28] 人力资源社会保障部教材办公室. 污水处理工（五级）[M]. 北京：中国劳动社会保障出版社，2018.